ZIEGNER

KLAUS RÖRENTROP

# Entwicklung der modernen Regelungstechnik

# Entwicklung der modernen Regelungstechnik

von

Dr.-Ing. KLAUS RÖRENTROP

Mit 51 Bildern

R. Oldenbourg Verlag

München · Wien 1971

Die mit diesem Buch inhaltlich weitgehend übereinstimmende Dissertation des Verfassers wurde 1970 mit dem Rudolf-Kellermann-Preis des Vereins Deutscher Ingenieure ausgezeichnet.



Druck: Graphische Anstalt E. Wartelsteiner, Garching-Hochbrück.
Printed in Germany

ISBN 3-486-38961-0

# *Inhaltsverzeichnis*

# *Geleitwort*

Vor rund hundert Jahren gab es ein sechsbändiges Werk "Das Buch der Erfindungen, Gewerbe und Industrien", eine großartige Enzyklopädie über die Entwicklung des technischen Wissens von den damals bekannten Frühkulturen bis hin zum Zeitalter der Dampfmaschinen und der Elektrotechnik. Es war eine Gemeinschaftsarbeit vieler Verfasser, welche sogar die Technologie der bildenden Künste und Musikinstrumente einschloß, und viel mehr als eine Datensammlung. Die zu dem seinerzeit in enormen Auflagen verkauften Werk beitrugen, versuchten – über die Darstellung der Fakten hinaus – die Evolution tragender Ideen nachzuzeichnen, und im Vorwort zur 7. Auflage von 1875 heißt es: "... es wird nichts mehr erfunden, sondern nur erdacht".

Seitdem sind viele Monographien über Ausschnitte aus der von einzelnen nicht mehr überschaubaren Geschichte der Natur- und Ingenieurwissenschaften erschienen. Der unmittelbare Nutzen einer Abhandlung darüber, welche Wege oder Umwege die Vorfahren gegangen sind, ist freilich für den mit aktuellen Aufgaben beschäftigten Ingenieur gering. Aber es ist reizvoll zu erkennen, mit welch unzulänglichen Mitteln geniale Einzelgänger die Lösung von Problemen für eine spätere Generation vorbereitet haben. Die Regelungstechnik war wenigstens bis zur Wende zum 20. Jahrhundert auf Empirie und Konstruktionstalent gegründet, die Mehrzahl der damals gebräuchlichen und auch nach heutigen Gesichtspunkten zweckmäßigen Geräte war auf bestimmte Maschinen und Anlagen "maßgeschneidert". Mehrere Jahrzehnte verstrichen, bis aus dem Erahnen tieferer Zusammenhänge der Austausch zwischen der komplexen Anlagentechnik und Nachrichtentechnik fruchtbar wurde und das, was wir heute Systemtheorie nennen, in Erscheinung trat.

Wer die im gleichen Verlag veröffentlichte Schrift von O. Mayr "Zur Frühgeschichte der technischen Regelungen" kennt, mag den Wunsch verspürt haben, auch die anschließende Epoche in ebenso kritischer Weise durchleuchtet zu sehen. Das vorliegende Buch von K. Rörentrop verzichtet mit Recht auf eine Beschreibung von Regelgeräten außer in den Fällen, wo es zum Erkennen der Anstöße zur Begriffsbildung wünschenswert war. Ein sehr reichhaltiges Quellenverzeichnis stützt den Text, der im wesentlichen die Geschichte der Theorie von ihren Anfängen bis heute mit großem Einfühlungsvermögen und erschöpfend behandelt. Das Buch ist überdies nicht das Alterswerk eines Mannes, der sich aus dem aktiven Dienst zurückgezogen hat, sondern von einem jungen Wissenschaftler aus der Schule von H. Schlitt geschrieben. Es müßte füglich alle ansprechen, die sich dem schon so alten und immer wieder neue Zweige treibenden Fach verschrieben haben.

O. Schäfer

# *Vorwort*

Die Regelung technischer Vorgänge und Zustände hat von ihren Anfängen bis heute das Interesse einer breiteren Öffentlichkeit erregt; die Gründe dafür sind verschiedener Art: Zum einen verbindet die Regelungstechnik mehrere technische Teilgebiete wie den Maschinenbau und die Elektrotechnik und zum anderen schafft sie notwendige Voraussetzungen für die Automatisierung industrieller Prozesse.

Über die regelungstechnische Entwicklung ist bisher wenig bekannt. Die Verteilung auf mehrere Gebiete der Technik und die starke mathematische Beeinflussung mögen dazu geführt haben, daß die Materie, die unter den Ingenieuren als schwierig galt, bisher nicht behandelt worden ist; für einen technisch nicht ausgebildeten Historiker dürfte es nahezu unmöglich gewesen sein, die sachlichen Zusammenhänge dieses Fachgebietes einzuschätzen.

Der Zeitpunkt für eine eingehende Untersuchung der Entwicklung der Regelungstechnik ist jetzt besonders günstig, da die Regelungstechnik einerseits eine genügend lange selbständige Entwicklung durchgemacht hat und andererseits aber in so starkem Maße divergiert, daß es in einigen Jahren kaum mehr möglich sein wird, ihre gesamte Entwicklung zu verfolgen.

Die in diesem Buch dargelegten Untersuchungsergebnisse sind mit der Zielsetzung angestrebt worden, eine Beurteilung und Wertung der regelungstechnischen Entwicklung für sich und ihren Einfluß auf die technische Gesamtentwicklung zu ermöglichen.

Die Beurteilung bestimmter Entwicklungen ist sicher nicht unabhängig von nationalen Gesichtspunkten, was sich schon aus der unterschiedlichen Verfügbarkeit der Informationsquellen ergibt, doch ist versucht worden, dieser Einschränkung möglichst zu entgehen.

Besonders problematisch ist die Übersicht des konstruktiven Teils der Gerätetechnik, weil sich dieser nur beschränkt in den Fachzeitschriften widerspiegelt; auch ist auf diesem Gebiet der Anteil militärischer Geheimpatente nicht unerheblich. Da die Gerätetechnik hinsichtlich ihrer konstruktiven Durchbildung aber nicht im Vordergrund der hier aufgezeichneten Untersuchungen gestanden hat, ist der genannte Einfluß nicht gravierend.

Der zeitliche Beginn der aufgezeigten Entwicklungen liegt um das Jahr 1800. Seit jener Zeit läßt sich von einer wirklichen Technik der Regelungen sprechen, weil man damals begann, die verfügbaren Kraftmaschinen, nämlich Kolbendampfmaschinen, Wasserräder und etwas später auch Wasserturbinen, systematisch mit Reglern für die Drehzahl auszustatten.

Der weiter zurück liegende Zeitraum der vorindustriellen Regelungen ist in einem Buch von MAYR [1] behandelt worden.

Die Gliederung des vorliegenden Buches ist nicht chronologisch, sondern sachbezogen erfolgt. Eine chronologische Hauptgliederung hätte den Nachteil gehabt, daß zuviele Angaben nebeneinander gestanden hätten, deren sachlicher Zusammenhang das nicht rechtfertigen würde.

In dem ersten Teil sind in zwei Kapiteln die Gesamtentwicklung der Regelungstechnik und darüber hinaus jene Teilentwicklungen aufgezeichnet, die sich nicht einem der im zweiten Teil zusammengefaßten elf Kapitel über spezielle Entwicklungen unterordnen lassen.

Dadurch, daß die Einteilung der Kapitel nach neueren Unterscheidungsbegriffen erfolgt ist, ergibt sich, daß das erste Kapitel einen erheblichen Teil der damaligen Entwicklungen direkt umfaßt, während das zweite Kapitel stärker durch die anderen entlastet ist und nur teilweise detaillierte Untersuchungsergebnisse enthält.

Die einzelnen Abschnitte der Kapitel stellen keine isoliert zu sehenden Einheiten dar; sie sind eng miteinander verzahnt und sollen im wesentlichen Schwerpunktbildungen im Rahmen des jeweiligen Kapitels kennzeichnen.

Ich möchte dieses Vorwort nicht schließen, ohne Herrn Prof. Dr. Schlitt für die Anregung zu diesem Buch und für zahlreiche wissenschaftliche Hinweise zu danken.

Erlangen, Frühjahr 1970 K. Rörentrop

# *Erster Teil:*

# Die allgemeine Entwicklung der Regelungstechnik

# *1. Kapitel:* Regelungstechnik in den Jahren 1800-1920

## 1.1 Einleitung

Obwohl technische Regeleinrichtungen vereinzelt schon früher benutzt wurden [siehe 1 MAYR], setzte eine breitere Anwendung erst im Zusammenhang mit der Drehzahlregelung von Kolbendampfmaschinen ein.

In der Literatur wird meist dem Engländer James WATT die Erfindung des Fliehkraftreglers und seine erste Anwendung für Dampfmaschinen zugeschrieben; man hielt sich dabei an das Britische Patent Nr. 1432 aus dem Jahre 1784, das die Bezeichnung trägt: "Certain new Improvements upon Fire and Steam Engines and upon Machines worked or moved by the same". Der für Regelungen in Frage kommende sechste Teil der Patentschrift behandelt aber Regelventile ("regulating valves") und nicht etwa den fraglichen WATTschen Fliehkraftregler. Wie MAYR in der oben zitierten Arbeit gezeigt hat, war das Fliehkraftpendel zu jener Zeit auch gar nicht mehr patentfähig, da es schon verschiedentlich, unter anderem zur Regelung des Abstandes von Mahlsteinen in Getreidemühlen, verwendet worden war.

Wenn damit auch WATT die eigentliche Erfindung abgesprochen werden muß, bleibt doch das große Verdienst, die Bedeutung des Fliehkraftreglers für die Regelung der von WATT selbst entwickelten Dampfmaschine erkannt und seine Einführung durchgesetzt oder zumindest zugelassen zu haben.

## 1.2 Frühe Drehzahlregelungen an Kraftmaschinen

In den Jahren um 1890, als die WATTschen Dampfmaschinen schon größere Verbreitung zu erlangen begannen, wurden die Regler noch als Geheimnis gehütet und vor der Konkurrenz verborgen gehalten. Lange konnte man diese Geheimhaltung allerdings nicht durchhalten, so daß selbst auf dem europäischen Kontinent bald Lehrbücher für Ingenieure erschienen, in denen Fliehkraftregler besprochen wurden.

Besonders in Frankreich stand das Ingenieurwesen damals nach England in einer gewissen Blüte, und so darf es nicht verwundern, daß die ersten einschlägigen Bücher auch dort erschienen. HACHETTE gab in seinem "Traité élémentaire des machines" [2, 1811] eine Abbildung mit Beschreibung des Fliehkraftreglers an, und BORGNIS stellte ihn in seinem Buch "Traité complet de mécanique" [3, 1818] als "pendule conique de WATT" vor, erwähnte die Verwendung bei Dampfmaschinen und empfahl, ihn auch bei Wasserrädern einzusetzen. Obwohl in der Folgezeit sehr viele und auch verschiedene Reglerkonstruktionen vorgestellt wurden, blieb doch diejenige von WATT aufgrund ihrer Einfachheit und Robustheit noch lange Zeit maßgeblich. Das Prinzip des WATTschen Fliehkraftreglers geht aus Bild 1 hervor.

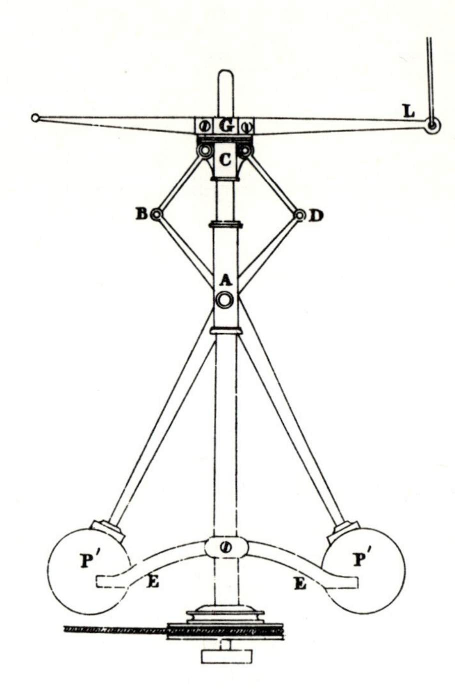


**Bild 1:**
Fliehkraftregler nach WATT

In Deutschland lag zu Beginn des neunzehnten Jahrhunderts die industrielle Entwicklung weit hinter der englischen zurück. Diese Tatsache drückt sich auch in der Behandlung des Regelungsproblems aus. Die wohl älteste, einschlägige deutsche Literaturstelle findet sich aus dem Jahre 1826 bei VON LANGSDORF [4], der schrieb:

> "Ein wichtiger Gebrauch von Schwungkolben zeigt sich bei einer Vorrichtung, die man Regulator, Moderator, konisches Pendel nennt".

VON LANGSDORF beschrieb einen Fliehkraftregler für Wasserräder und führte aus:

> "Bei schnellerem Umlaufe des Wasserrades werden die Schwungkugeln genötigt, sich weiter von der Spindel zu entfernen, was nicht geschehen kann, ohne daß der Ring durch die Verbindungsstangen an der Spindel höher hinauf geschoben wird, da dann die Fallschütze bei gehörig eingerichtetem Übergewicht Freiheit erhält, tiefer herab zu sinken . . .".

Nach dieser Funktionsbeschreibung finden sich erste Ansätze einer analytischen Beschreibung derart, daß für bestimmte Stellungen des oben genannten Ringes, der hier die Funktion der späteren Muffe oder Hülse ausübt, die Kräfte ausgerechnet wurden, welche zur Hebung der Fallschütze erforderlich waren.

Auch der Engländer TREDGOLD gab in seinem 1827 erschienenen Buch "The Steam Engine" [5] und in der französischen Ausgabe des Jahres 1838 keine weitergehenden Untersuchungen des von ihm beschriebenen WATTschen Fliehkraftreglers an, doch wies er auf einen Regler nach PREUS [6] hin, dessen Abbildung sich bei PONCELET [siehe unten] findet und der nach der Beschreibung integrierendes Verhalten gehabt haben muß.

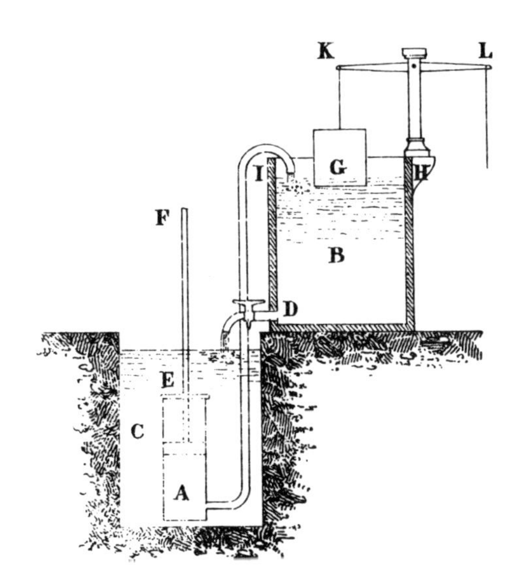


**Bild 2:**
Hydraulischer Regler nach PREUS

Die Funktionsweise war so, daß die im unteren Bassin befindliche Pumpe von der zu regelnden Maschine angetrieben wurde und entsprechend der Drehzahl Wasser in das obere Bassin förderte. Der auf diese Weise drehzahlabhängige Wasserstand trug einen Schwimmer, dessen Lage über Hebel und Züge auf den Zulauf der zu regelnden Maschine wirkte.

Es ist aber offensichtlich, daß dieser Regler ziemlich viel Raum eingenommen hat, was wohl seiner Verbreitung mit im Wege gestanden hat, denn in dieser Form findet sich der hydraulische Regler später nicht mehr.

Die bedeutendste frühe Abhandlung über regelungstechnische Probleme und Vorrichtungen ist in dem "Cours de Mécanique appliqué aux Machines" [7] von PONCELET enthalten, der 1826 erstmalig als lithographierte Ausgabe erschien und während PONCELETs Tätigkeit als Lehrer an der Polytechnischen Schule in Metz entstand. Diese Abhandlung hebt sich sowohl durch den Umfang als auch die Zusammenschau verschiedener Konstruktionsprinzipien und die analytische Behandlung deutlich von den oben zitierten Arbeiten ab, obgleich auch PONCELET bei einer statischen Betrachtungsweise der Regler stehen blieb und nur die Muffenstellung für bestimmte Drehzahlen berechnete.

Beachtenswert ist die Einordnung der Regelvorrichtungen in den Gesamtrahmen der Maschinenmechanik. PONCELET behandelte nebeneinander Bremsvorrichtungen ("modérateurs"), Regler ("régulateurs"), Schwungräder und Getriebe als übergeordnete Gruppen zur Beeinflussung von Maschinenbewegungen.

Die Gruppe der Bremsvorrichtungen war dadurch gekennzeichnet, daß bei ungewollt hohem Istzustand der zu regelnden Größe die überschüssige Energie vernichtet wurde. In dieser Gruppe erfaßte PONCELET einfache Backenbremsen für Wagenräder, Sicherheitsdampfventile, Windflügelregler und andere. Während die Bremsen entsprechend der heutigen Terminologie eindeutig nicht zu den Reglern gehören, sondern nur gegebenenfalls als Stellglieder dienen, liegt bei den Sicherheitsventilen ein Grenzfall vor, doch werden sie meist als Druckregler angesehen. Die sogenannten Windflügelregler (siehe Bild 3) stellen keine eigentlichen Regler dar; sie sind lediglich Rotationssysteme, die mit steigender Drehzahl den Belastungswiderstand kräftig erhöhen und dem angekoppelten System einen stärkeren Selbstausgleich verleihen. Derartige Windflügelregler wurden damals verschiedentlich zur Schaffung von Kurzzeituhren für physikalische Experimente verwendet. Später fanden sie Verwendung beispielsweise in den Morseapparaten von SIEMENS aus dem Jahre 1862 und in den Schlagwerken der Pendeluhren, den sogenannten Regulatoren.

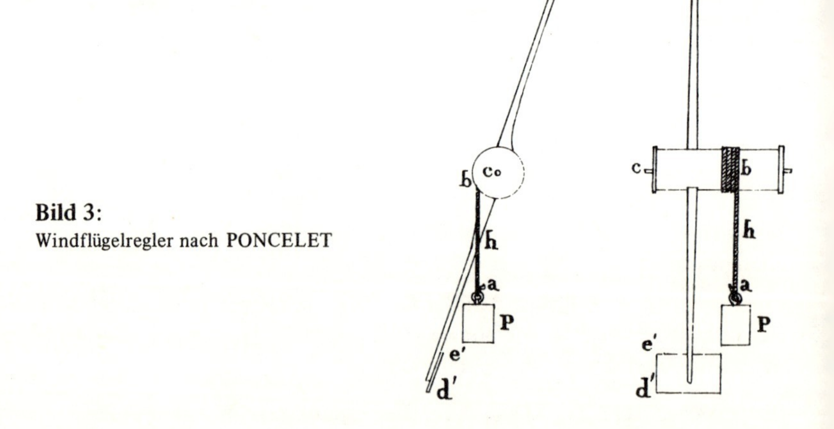


**Bild 3:**
Windflügelregler nach PONCELET

Die Bezeichnung "modérateur" hat hier bei PONCELET einen erheblich anderen Sinn als in späteren Aufsätzen von SIEMENS [8, 1866] und MAXWELL [9, 1868]. Die beiden letztgenannten verstanden darunter solche Regler, welche die zu regelnde Maschine nicht immer wieder auf die gleiche Drehzahl regelten, und setzten sie gegen die "governor" ab, die jene Eigenschaft aufwiesen. Als "modérateur" wurden also auch proportional arbeitende Fliehkraftregler nach dem WATTschen Prinzip angesehen.

In der Gruppe der Regler behandelte PONCELET verschiedene Variationen des WATTschen Fliehkraftreglers, den von PREUS vorgeschlagenen Pumpenregler [siehe oben] und ferner eine besonders interessante Vorrichtung, die wir heute als Störgrößenaufschaltung bezeichnen.

Zur Terminologie ist anzumerken, daß PONCELET den Fliehkraftregler als "pendule conique" oder "régulateur à force centrifuge" bezeichnete und darauf hinwies, daß die Engländer "gouverneur" (tatsächlich wohl governor) dazu sagten.

Die bereits erwähnte Störgroßenaufschaltung zielte darauf ab, den Energiezufluß der Kraftmaschinen von der Belastung durch die Arbeitsmaschinen abhängig zu machen.

Wie aus Bild 4 hervorgeht, war die Antriebswelle $AA'$ unterbrochen und durch eine elastische Verbindung aus sechs Federlamellen wieder verbunden worden. Bei Belastungsänderungen entstand eine dazu annähernd proportionale Verdrehung der beiden großen Zahnräder gegeneinander. Diese Verdrehung wirkte sich in einer transversalen Bewegung des breiten Zahnrades und, damit verbunden, einer Verstellung des Stellgliedes aus, was hier durch einen Dampfschieber oder eine Fallschütze, je nach Art der Antriebsmaschine, gebildet gewesen sein wird.

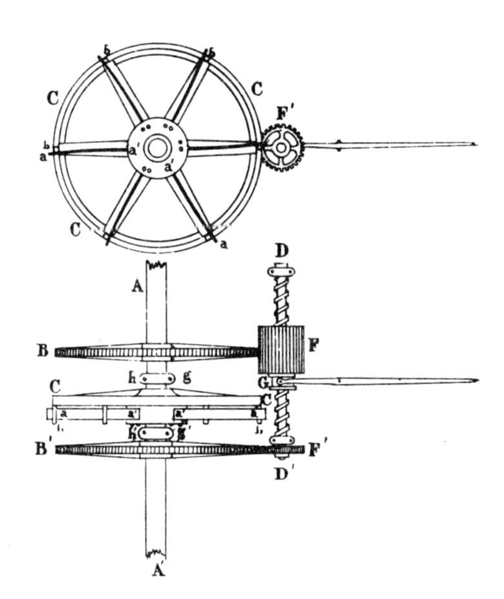


**Bild 4:**
Störgrößenaufschaltung nach PONCELET

Obwohl PONCELET diese Anordnung als Regler bezeichnete, erkannte er aber den wesentlichen Unterschied und Nachteil, der darin liegt, daß nur Belastungsstörungen ausgeglichen werden, und der dazu geführt hat, daß man heute eine Störgrößenaufschaltung nicht als eigentliche Regelung betrachtet.

Hinsichtlich der von PONCELET ebenfalls behandelten Schwungräder muß festgehalten werden, daß hier das für die Regelung von Kolbenmaschinen bedeutsame Zusammenspiel erkannt wurde, welches darin besteht, daß durch die Schwungräder jene Drehzahlschwankungen ausgeglichen werden, die durch die periodischen Schwankungen der Triebkräfte hervorgerufen werden, während die Regler solche Schwankungen beeinflussen, welche über mehr als eine Periode hinausreichen.

TREDGOLD und PONCELET haben mit ihrer statischen Betrachtungsweise der Regler für Jahrzehnte die Regelung der Dampf- und Wasserkraftmaschinen maßgeblich beeinflußt. Die Außerachtlassung der dynamischen Gegebenheiten von Reglern und Maschinen führte vielfach zu mangelhaften Regelungen. Mit Hilfe der damals bekannten Reglertheorien konnten keine allgemeingültigen Aussagen getroffen werden, und so wurde zu jeder speziellen Reglerkonstruktion eine eigene "Theorie" entwickelt.

Wie wir heute wissen, weisen die damaligen Regelstrecken, also in erster Linie Kolbendampfmaschinen und Wasserräder, sehr voneinander abweichendes Regelverhalten auf.

Ein vollbeaufschlagtes Wasserrad wird nach einer völligen Entlastung etwa zwei- bis dreimal schneller laufen als zuvor. Eine entlastete Kolbendampfmaschine hingegen hat praktisch keine Drehzahlbegrenzung, sondern beschleunigt die Drehung bis zur Selbstzerstörung durch Überschreiten bestimmter Festigkeitsgrenzen. Sie zeigt demnach ausgeprägt integrierendes Verhalten, das heißt, sie ist eine Regelstrecke ohne Ausgleich.

Die etwas später aufkommenden Turbinen zeigten im Prinzip gleiches Verhalten wie die Wasserräder, doch lag die Leerlaufdrehzahl meist noch niedriger, und zwar ungefähr bei dem zweifachen der Drehzahl des höchsten Drehmomentes.

Da man sich in den ersten Jahrzehnten des neunzehnten Jahrhunderts dieser Unterschiede zwischen den Maschinen nicht bewußt war, ergaben sich unterschiedliche Erfahrungen bei der Regelung mit gleichen Reglern; diese Erfahrungen wurden sowohl im negativen als auch im positiven Sinn der jeweiligen Konstruktion zugeschrieben und führten zu sehr unterschiedlichen Beurteilungen.

Während die theoretische Behandlung der Regelungsprobleme in der Zeit nach PONCELETs bedeutender Veröffentlichung längere Zeit stagnierte, lassen sich konstruktive Fortschritte durchaus aufzeigen. Im Jahre 1834 konstruierte BOURNE einen Federregler und setzte ihn 1837 auf dem Dampfschiff "Don Juan" ein [siehe 10 DARMSTAEDTER und DUBOIS-REYMOND]. Für die Regelung der Schiffsmaschinen war dies ein großer Gewinn, weil die Fliehkraftregler mit ausschließlicher Gewichtsbelastung schon wegen der starken Schiffsbewegungen selbst zu schwingen anfingen; aber auch die stationären Dampfmaschinen sollten von der Federbelastung profitieren.

Die Anwendung eines Fliehkraftreglers auf einem damals noch im Experimentierstadium befindlichen Gebiet vermerkte SEUFERT [11, 1920], der darauf hinwies, daß WRIGHT im Jahre 1833 eine doppelwirkende Verbrennungskraftmaschine mit zwei Ladepumpen herstellte, wobei der Gasgehalt der Ladung durch den Fliehkraftregler bestimmt wurde.

Den zum Teil schlechten Erfahrungen mit Fliehkraftreglern versuchte man durch ausgeklügelte, komplizierte Konstruktionen und die Verwendung anderer Meßprinzipien für die Drehzahl und deren Änderungen entgegenzuwirken.

Während man konstruktiven Maßnahmen zur Abänderung des WATT-Reglers hauptsächlich bei der Regelung der Dampfmaschinen nachging, finden sich grundsätzlich andere Prinzipien bei der Regelung von Wasserrädern. Beispielsweise wendete man auf diesem Gebiet auch den hydraulischen Regler nach PREUS [siehe oben] an, der jedoch im Winter zu Schwierigkeiten bei Eisgang führte. Man versuchte es daher mit pneumatischen Wasserradreglern. Aus dieser Gruppe wurden besonders die Konstruktionen von BRANCHE und MOLINIÉ bekannt. Beide sollen sich nach ARMENGAUD [15, 1859] und BOURNE [siehe 16 LÜDERS, 1861] bewährt haben. ARMENGAUD schrieb über den BRANCHEschen Regler, der in einer Sägemühle eingesetzt worden war, er hätte "... selbst bei den größten Änderungen der Last die normale Umdrehzahl so rasch wieder hergestellt, daß dieselbe in der Minute nahezu konstant blieb".

Die Funktionsweise des MOLINIÉschen Reglers, der nach Aussage von BUDAU [17, 1906] sehr verbreitet war, geht aus Bild 5 hervor. Auffallendes Bauteil des 1838 erfundenen Reglers ist ein doppeltwirkender Blasebalg.

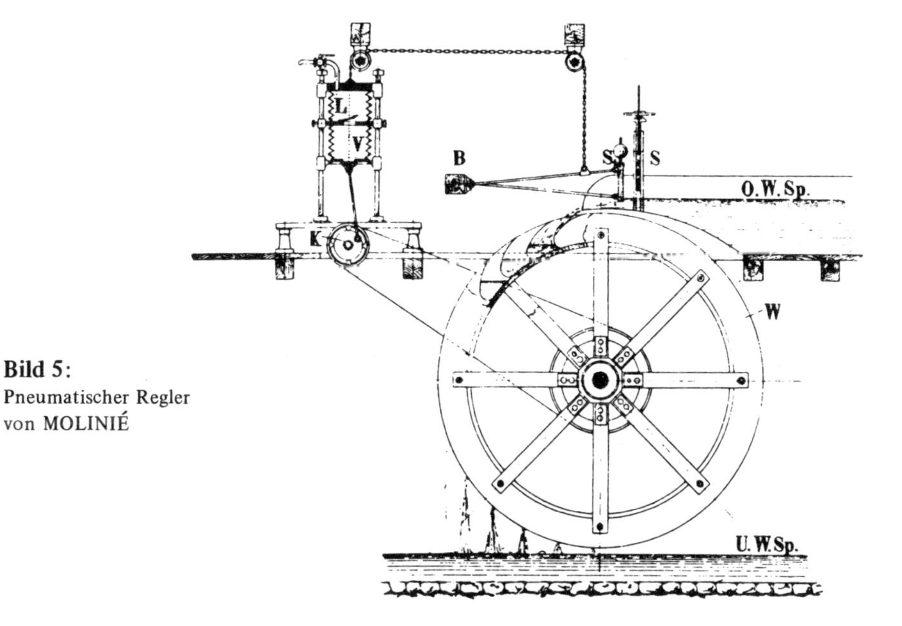


**Bild 5:**
Pneumatischer Regler von MOLINIÉ

Ein anderes Regelungsprinzip, das in Konkurrenz mit dem von WATT treten sollte, wurde im Jahre 1845 von Werner und Wilhelm SIEMENS in Dingler's Polytechnischem Journal [18, 1845] vorgestellt, gemäß einer späteren Bemerkung [siehe 8 SIEMENS, 1866] aber schon 1843 erfunden; es handelt sich um das später sogenannte SIEMENSsche Beharrungsprinzip.

Der Grundgedanke besteht darin, die bei Belastungsänderungen sich bemerkbar machenden Wirkungen zwischen der zu regelnden Maschine und einer frei mitrotierenden Masse zur Verstellung der Zuflußorgane der Maschine nutzbar zu machen.

Als freie Masse benutzten die Gebrüder SIEMENS im Gegensatz zu späteren Konstruktionen ein Zentrifugalpendel, das über ein Differentialgetriebe von der zu regelnden Maschine angetrieben wurde [siehe Bild 6].

Um dem Zentrifugalpendel eine von der antreibenden Maschine möglichst unabhän-

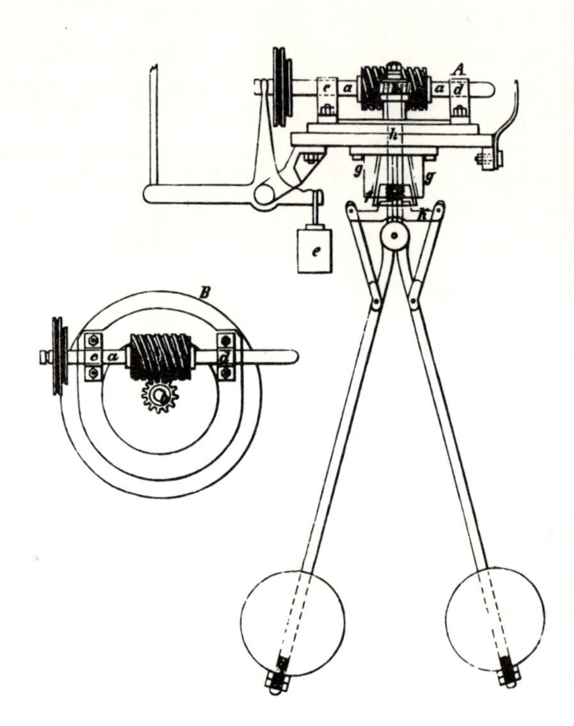

**Bild 6:**
Differenz-Regler von SIEMENS

gige, gleichförmige Drehzahl zu vermitteln, verbanden sie es nach der für astronomische Fernrohre oben bereits geschilderten Art mit einer Bremsvorrichtung zu einem gesonderten Bremsregler.

Die Drehzahldifferenz zwischen der treibenden Welle und dem Bremsregler wurde mittels des Getriebes zur Verstellbewegung ausgenutzt.

Neben der im Bild ersichtlichen Differentialgetriebeart schlugen die Gebrüder SIEMENS noch zwei andere vor, nämlich eine Kombination von Schraube und Mutter sowie drei miteinander im Eingriff stehende Räder (Planetengetriebe).

Da die genannte Drehzahldifferenz wesentlich das Verhalten des Reglers bestimmt, schlugen die Gebrüder SIEMENS die Bezeichnung Differenz-Regulator vor, die sich aber nicht durchsetzte, denn schon ein Jahr später sprach WOODS [20, 1846] davon als "Chronometric Governor"; diese Bezeichnung setzte sich auch in verdeutschter Form durch ("Chronometrischer Regulator") und wurde auch von SIEMENS [siehe 21 SIEMENS, 1853; 8 SIEMENS, 1866] übernommen. Sie hebt die Bedeutung des integrierten Bremsreglers als Drehzahl- oder Zeitgeber hervor.

In späteren Aufsätzen [21 SIEMENS, 1853; 8 SIEMENS, 1866] stellte Wilhelm SIEMENS diesen Regler wegen seines integrierenden Verhaltens, welches Regelabweichungen gänzlich ausregelte, in Gegensatz zu dem WATTschen Regler [wegen der daraus resultierenden Bezeichnungen "governor" und "moderator" siehe oben bei PONCELET].

Die Verstellkraft des SIEMENSschen Reglers stützte sich, zumindest im ersten Augenblick einer Drehzahländerung, auf die Beharrungswirkung des Fliehkraftpendels. Aufgrund dieser Tatsache leitete man das Grundprinzip der späteren Beharrungsregler [siehe unten] von der SIEMENSschen Konstruktion ab, obwohl das dynamische Verhalten je nach spezieller Konstruktion durchaus sehr verschieden sein konnte.

Das "SIEMENSsche Regulierprinzip", wie es auch genannt wurde, fand unmittelbar nach seiner Erfindung bei einer beträchtlichen Anzahl von Maschinen Anwendung [siehe 21 SIEMENS, 1853], doch konnte es im großen und ganzen das WATTsche Prinzip nicht verdrängen. SIEMENS selbst erklärte das in der letztzitierten Arbeit mit der gerätetechnischen Empfindlichkeit und den beträchtlichen Kosten des Reglers, doch wird das integrierende Verhalten des Reglers bei der Regelung von Kolbendampfmaschinen auch Anlaß zu Schwingungen gegeben haben.

Wenn sich auch die unmittelbare Konstruktion der Gebrüder SIEMENS letztlich nicht durchsetzen konnte, so wurde doch das Beharrungsprinzip ab etwa 1870 und besonders in den neunziger Jahren aufgegriffen und vielfach angewendet.

Die Tatsache, daß mit den Gebrüdern SIEMENS sehr vielseitig interessierte Menschen zu der Entwicklung der Regelungstechnik beigetragen haben, spiegelt sich auch darin, daß sie die wirtschaftliche Bedeutung erkannten.

Wilhelm SIEMENS [siehe 21, 1853] wies auf die Bedeutung der Regelung für eine große Produktion hin und erkärte, daß diese nur bei hoher Drehzahl der Arbeitsmaschinen zu erreichen sei; hohe Drehzahlen seien aber, mit genügender Sicherheit verbunden, nur bei Regelung möglich. Weitere Vorteile sah er in der durch Regelung erst gewährleisteten, gleichmäßigen Produktqualität und ferner in der mit der gleichmäßigen Bewegung verbundenen, geringeren Abnutzung der Maschinen.

Die oben zitierte Bemerkung von SIEMENS über die hohen Kosten eines chronometrischen Reglers hängt eng mit dem damaligen Stand der Fertigungstechnik zusammen.

WATT selbst war noch froh gewesen, als es ihm nach der Erfindung des Kanonenbohrers durch WILKINSON ab 1774 möglich war, die Kolben und Zylinder seiner Dampfmaschinen so zu bauen, daß "kein Geldstück mehr zwischen ihnen durchfallen konnte".

Das Problem der Fertigung genauer Muttern und Schrauben konnte erst als gelöst betrachtet werden, nachdem MAUDSLEY die Drehbank bis etwa um 1810 zu einem Präzisionswerkzeug entwickelt hatte; dazu ging er von der bis dahin üblichen Holzbauweise ab und baute die Drehbänke aus Metall; ferner führte er den Support ein, um das Schneidenwerkzeug nicht mehr mit der Hand halten zu müssen.

Schwierig war noch die Bearbeitung ebener Flächen; eine Hobelmaschine wurde erst 1825 von CLEMENT erfunden.

Wenn man sich vergegenwärtigt, wann diese neuen Erfindungen für die Fertigung von Reglern, die besonders in dem damals noch industriell rückständigen Deutschland in Handwerksbetrieben erfolgte, zur Verfügung gestanden haben mögen, kommt man zu dem Schluß, daß um 1850 ein großer Teil der mechanischen Instrumente noch mit verhältnismaäßig einfachen Mitteln gefertigt werden mußte und infolgedessen teuer war. Der SIEMENSsche Regler enthielt viel mehr feinmechanische Bauteile als der

WATTsche Regler, beispielsweise das Differentialgetriebe mit den Verzahnungen, so daß die Kostendifferenz erheblich gewesen sein kann.

### 1.3 Drehzahlregelungen an astronomischen Geräten

Offenbar unbeachtet von den Ingenieuren jener Zeit, die sich mit der Regelung von Kraftmaschinen befaßten, waren auf dem Gebiete der astronomischen Geräte ähnliche Regelungsprobleme aufgetaucht, die in konstruktiver Hinsicht teilweise zu befriedigenden Lösungen geführt worden waren.

Das Hauptanliegen bestand darin, die astronomischen Fernrohre den Relativbewegungen der beobachteten Gestirne nachzuführen und dafür den antreibenden Uhrwerken eine sehr gleichförmige Rotationsbewegung zu verleihen.

Für diesen Zweck waren verschiedene Regler nach dem Fliehkraftprinzip gebaut worden, die aber nicht wie bei der Dampfmaschinenregelung die Energiezufuhr beeinflußten, sondern auf eine mechanische Reibungsbremse wirkten, welche gegebenenfalls die überschüssige Energie vernichtete. Eine derartige, eigentlich unökonomische Art der Regelung konnte man sich hier leisten, da sowohl die Antriebsenergie als auch die gegebenenfalls vernichtete Energie gering waren.

Später sind solche Regler, die man als Bremsregler bezeichnete, allerdings auch für die Regelung von Kraftmaschinen herangezogen worden.

Mit der genannten Zielsetzung konstruierte FRAUNHOFER einen bekannt gewordenen Zentrifugalregler [siehe Bild 7] für den Refraktor der Sternwarte Dorpat. Er benutzte zwei Schwunggewichte, die federnd an einem Doppelhebel angebracht waren und durch die Fliehkraft gegen eine konische Bremstrommel gedrückt wurden. Durch die Konizität und die axiale Verstellbarkeit der Bremstrommel ermöglichte FRAUNHOFER die Einstellbarkeit der Solldrehzahl. Dieser Regler erlangte eine derartige Berühmtheit, daß er von dem Engländer AIRY in dessen bedeutendem Aufsatz "On the Regulator of the Clock- work for effecting uniform Movement of Equatorials" [12, 1840] ausführlich beschrieben wurde; auch SCHULER [13, 1935] stellte ihn noch vor.

Aus dem zitierten Aufsatz von AIRY geht hervor, daß verschiedene Modifikationen des WATTschen Fliehkraftreglers für die Regelung der Rotationsbewegung solcher Refraktoren damals im Gebrauch waren.

Die wesentliche Bedeutung der AIRYschen Arbeit besteht aus heutiger Sicht nicht so sehr in der Erklärung und Zusammenschau verschiedener, gebräuchlicher Konstruktionen, als vielmehr darin, daß AIRY als erster die Differentialgleichungen der Bewegung des Fliehkraftpendels aufstellte und versuchte, mit ihrer Hilfe die beobachteten Schwingungen des Fliehkraftpendels zu erklären.

AIRY ging von der Beobachtung aus, daß die Schwungkugeln meist keine Kreisbahn beschrieben, sondern elliptische Bewegungen ausführten und dadurch die für den Regelvorgang wichtige Muffe zwangen, auf der Spindel eine periodische Vertikalbewegung auszubilden. AIRY berechnete nun für einige bestimmte Konstruktionen des

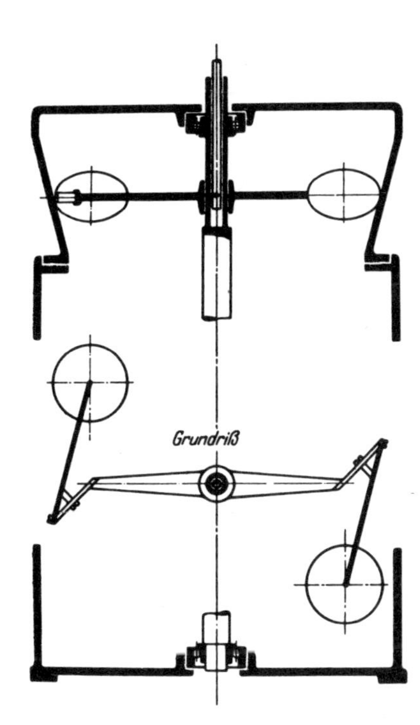


**Bild 7:**
Fliehkraftregler nach FRAUNHOFER

Fliehkraftpendels das Verhältnis der Schwingungsdauer des Pendels zur Drehungsdauer und versuchte, auf diese Weise Anhaltspunkte für konstruktive Maßnahmen zu erhalten, welche von der elliptischen Bewegung hinwegführten; er mußte aber feststellen, daß alle untersuchten Konstruktionen nicht frei von dem Mangel blieben. Mathematisch gestalteten sich die Untersuchungen ziemlich schwierig, weil AIRY nichtlineare Differentialgleichungen ansetzte.

Es mag erstaunen, daß die von AIRY gewiesene, analytisch-dynamische Vorgehensweise nicht sofort aufgegriffen und für die Untersuchung der Regelung von Kraftmaschinen nutzbar gemacht wurde, obwohl diese damals bereits wirtschaftliche Bedeutung hatte. Der Grund dafür wird nicht darin gelegen haben, daß die AIRYschen Ansätze die Dynamik der Regelstrecke außer acht ließen und so nicht unmittelbar übertragen werden konnten, sondern vielmehr darin, daß der zititerte Aufsatz von AIRY ebenso wie ein späterer, noch zu besprechender, in astronomischen Zeitschriften erschien, die nur einem kleinen Kreis von Fachleuten zugänglich wurden, während umgekehrt die Regelung der Kraftmaschinen und darunter besonders die der Dampfmaschinen im Zuge der aufkommenden Industrialisierung und der Abkehr vom Handwerksbetrieb allgemeineres Interesse beanspruchte.

Der entscheidende Anstoß zur Erzielung kreisförmiger Bewegungen der Fliehkraftpendel und zur Vermeidung der unerwünschten, periodischen Vertikalbewegung der Reglermuffe ging wieder von AIRY aus, der dieses Problem weiter verfolgt hatte und in einem Aufsatz [14, 1850] die Konstruktion eines Flüssigkeitsdämpfers mit dem Medium Wasser angab. Er berichtete von guten Erfahrungen und stellte die lineare

Differentialgleichung der gedämpften Hülsen- oder Muffenbewegung des aus Fliehkraftregler und Dämpfungstopf bestehenden Systems auf; ferner diskutierte AIRY verschiedene Lösungen der Gleichung.

## 1.4 Regelungen für Druck, Temperatur, Luftfeuchte und Wasserstand

Die aufkommende Industrialisierung lief damals hauptsächlich auf eine Mechanisierung bestimmter, bis dahin handwerklich ausgeführter, Produktionen hinaus. Die Mechanisierung ihrerseits profitierte von der Verfügbarkeit ausreichender maschineller Kräfte. Diese Abhängigkeiten und die Kenntnis der Bedeutung der Drehzahlregelung für die maschinellen Kräfte begründeten das starke öffentliche Interesse an der Drehzahlregelung.

Daneben wurden aber auch andere physikalische Größen geregelt.

Ausgehend von England setzte das Bestreben ein, die Straßen der Großstädte mit Gaslicht zu versehen.

Die durch CLEGG eingerichtete Straßenbeleuchtung im Londoner Kirchenspiel St. Margareths wurde am 1. April 1820 in Betrieb genommen. Eine derartige Gasverteilung war nur möglich, weil zuvor von MURDOCH und CLEGG die nötigen Gasdruckregler gebaut worden waren.

Über einen federbelasteten Druckregler für Wasserleitungen von BURGESS aus Glasgow wird aus dem Jahre 1849 berichtet.

Die heutige Verbreitung wärmetechnischer Regelanlagen legt die Vermutung nahe, daß auch in dieser Richtung frühzeitig Versuche unternommen worden sind.

Erste Versuche knüpften sich an Thermostate. Die Kombination von Metallen verschiedener Wärmeausdehnungsverhältnisse wurde zwar schon 1726 von HARRISON für die Längenkompensation von Uhrenpendeln technisch verwertet, doch blieb diese Kombination lange auf die genannte Anwendung beschränkt.

Die Bezeichnung des "Thermostaten" und seine Verwendung zur Temperaturregelung geht auf den Engländer URE zurück, dem 1830 ein Patent mit dem Titel "An Apparatus for Regulating Temperature in Vaporisation, Distillation and other Processes" eingeschrieben wurde. Die verbreitete Verwendung von UREs Thermostat, dessen Funktionsweise aus Bild 8 hervorgeht, ist nicht belegt und auch nicht sehr wahrscheinlich, weil damals die Herstellung von Bimetallstreifen noch sehr unvollkommen und schwierig war [siehe 22 RAMSEY].

Im Jahre 1866 berichtete GASSIOT [23] von zwei vor längerer Zeit von APPOLD gebauten Regelungen für die Temperatur und die Luftfeuchtigkeit von Wohnräumen. Beide arbeiteten als Zweipunktregler auf Luftklappen, entsprechend deren Stellung mehr oder weniger vorgewärmte, beziehungsweise vorgefeuchtete, Luft in den Raum geblasen wurde. Der Regler für die Temperatur [siehe Bild 9] arbeitete nach dem Waagebalkenprinzip. Der "Waagebalken" bestand aus einer Glasröhre, die teilweise mit Quecksilber gefüllt war, dessen Lage einerseits das Heben und Senken des Balkens aus-

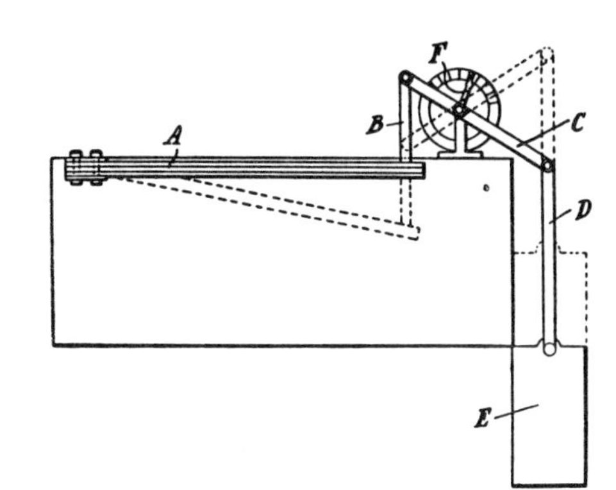


**Bild 8:**
UREs Thermostat

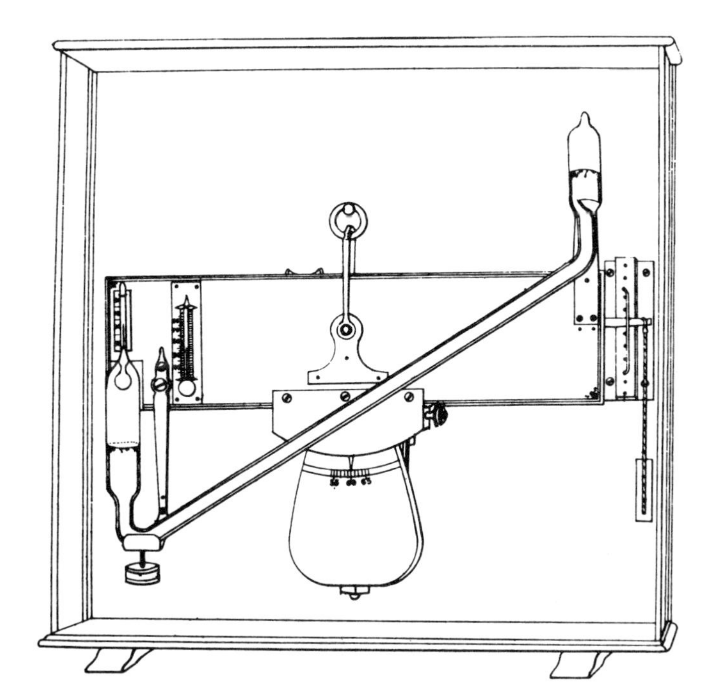

**Bild 9:**
APPOLDs
Temperaturregler

machte und andererseits selbst durch zusätzlich in der Glasröhre befindlichen Äther bestimmt wurde, der bei Temperaturerhöhung verdampfte und die Quecksilbersäule dann stärker nach einer Seite drückte.

Dem Feuchtigkeitsregler lag ein ähnliches Prinzip zugrunde, doch wurde die Verdampfung des Äthers durch Verdunstungskälte beeinflußt, welche dadurch entstand, daß ein ständig feucht gehaltener Stofflappen um einen Teil des Waagebalkenröhrchens geschlungen war.

Derartige Regelungen wurden damals nicht kommerziell genutzt; sie waren mehr

Spielzeuge geschickter Erfinder als Gebrauchseinrichtungen für einen größeren Personenkreis.

Ganz anders verhielt es sich mit den Wasserstandsregelungen in Dampfkesseln; sie waren mit einem Schwimmer als Meßglied ausgestattet, der über ein Hebelwerk auf ein Ventil wirkte. Die erste Erfindung einer solchen Regelvorrichtung wird dem Russen POLSUNOW zugeschrieben, der sie im Jahre 1765 in einem Kessel eingebaut haben soll, welcher die Speisung einer Dampfmaschine besorgte [siehe 24 SOLODOWNIKOW].

Die Kesselregelungen scheinen in der ersten Hälfte des neunzehnten Jahrhunderts sowohl hinsichtlich der Wasserstands- als auch der Druckregelungen den Ansprüchen genügt zu haben, denn man findet in der Literatur nur wenige Hinweise darauf. Erst als man zu Hochleistungskesseln mit sehr geringem Wasserinhalt überging und damit auf sehr genaue Regelung angewiesen war, stellten sich auch auf diesem Gebiet Schwierigkeiten ein.

Die bisher neben den Drehzahlregelungen genannten anderen Regelungen haben keinen Anstoß zu theoretischen Entwicklungen in der Regelungstechnik gegeben; die Gründe liegen darin, daß die einen nahezu problemlos arbeiteten, während die anderen industriell uninteressant waren und kaum den Blick der Wissenschaftler auf sich zogen.

## 1.5 Bemühungen zum Vermeiden bleibender Drehzahlabweichungen

Die Tatsache der "Ungleichförmigkeit" des WATTschen Reglers, die aus dessen proportionalem Verhalten folgt und die Abhängigkeit der stationären Istdrehzahl von der Belastung ausdrückt, wurde bis ungefähr 1850 nicht als gravierender Nachteil angesehen. Dann aber begannen die Forderungen an die Drehzahlkonstanz der Kraftmaschinen zu steigen, weil neuentwickelte Arbeitsmaschinen, wie zum Beispiel mechanische Webstühle und Spinnmaschinen das erheischten.

Es setzte die Suche nach dem "idealen Regulator" ein, der "isochron" oder "astatisch" arbeiten sollte, um auch bei Laständerungen keine bleibende Regelabweichung auftreten zu lassen. Der Begriff "isochron" geht, zumindest im Zusammenhang mit Reglern, auf den Franzosen FOUCAULT zurück [siehe 25 ROLLAND].

Als erster Regler dieser Kategorie der astatischen Fliehkraftregler kam 1848 der "parabolische Regulator" von FRANKE [26] heraus. Die Schwungkugeln beschrieben bei ihm eine parabelförmige Bahn, deren Achse in der Reglerspindel lag. Es läßt sich zeigen, daß dann die Schwungkugeln für eine bestimmte Drehzahl in jeder Stellung, also auch entsprechend für jede Dampfschieberstellung und jede mechanische Leistung der Maschine, im Gleichgewicht waren. Abweichungen von der Solldrehzahl trieben die Schwungkugeln und damit über das Stellzeug auch den Dampfschieber in eine Endlage. Das Verhalten eines solchen Reglers ähnelte dem eines Zweipunktreglers.

Die Parabelform der Schwungkugelbahn wurde mathematisch von WEISBACH [27] und HERRMANN [28, 1859] abgeleitet. Es ist nicht bekannt, ob FRANKE bei der

Konstruktion seines parabolischen Reglers durch Probieren auf die bestimmte Form kam oder ob er die mathematische Herleitung und physikalische Begründung bereits kannte.

Die praktische Verwirklichung des parabolischen Reglers stieß immer wieder auf große Schwierigkeiten [siehe 25 ROLLAND, 1870], so daß man nach anderen Lösungen für die Verwirklichung der "Astasie" suchte.

Die Begriffe "statische" und "astatische" Regler finden sich zuerst bei REULEAUX [29, 1859]. Im Zusammenhang mit der Verwirklichung der Astasie, die man näherungsweise anging, entstand für diese Regler das Beiwort "pseudo-parabolisch", welches man ebenfalls bei REULEAUX findet.

In die Streitfrage um den Wert der statischen und der astatischen Regler griffen erstmals auch deutsche Ingenieure ein, da inzwischen einige technische Zeitschriften in Deutschland erschienen waren, die eine öffentliche Diskussion ermöglichten. Neben das früher bekannte "Dingler's Polytechnisches Journal" traten ab 1848 der "Civilingenieur" (von 1848-1850 erst als "Der Ingenieur") und ab 1857 die "Zeitschrift des Vereins Deutscher Ingenieure".

In diesen Zeitschriften erschienen alle bedeutenden deutschen Beiträge jener Zeit zur Regelungstechnik. Ab 1883 gesellte sich noch die deutschsprachige "Schweizerische Bauzeitung" hinzu, welche in regelungstechnischer Hinsicht durch die Beiträge von STODOLA [siehe unten] hervortrat.

Die Suche nach bestmöglicher Verwirklichung der Astasie durch konstruktive Maßnahmen führte zu Untersuchungen über den Einfluß verschiedener Reglerparameter auf dessen Verhalten.

Durch CHARBONNIER [30, 1842] kannte man die Möglichkeit, ein zusätzliches Muffengewicht anzubringen, dessen leichte Austauschbarkeit auch während des Betriebes wohl die verbreitetste Möglichkeit lieferte, das Reglerverhalten zu ändern.

Die zweite wichtige Maßnahme zur Änderung des Verhaltens läßt sich zwar nicht mehr am fertigen Regler oder sogar während des Laufes durchführen, greift aber dafür noch wirkungsvoller ein; es ist die bewußte Berücksichtigung des Abstandes zwischen Schwungkugelaufhängepunkt und Reglerspindel.

Explizit mathematisch erfaßt wurde dieser Einfluß erstmals von KRAUSE [31, 1858], der unter anderen bereits den pseudoparabolischen Regler mit gekreuzten Stangen angab, dessen Konzeption später mit dem Regler von KLEY [siehe Bild 10] bekannt wurde.

Einen ähnlichen Regler mit gekreuzten Stangen, dessen Kugeln eine fast-parabolische Bahnbeschrieben, konstruierte FOUCAULT, der für seinen Regler ebenso wie KLEY eine Muffenbelastung vorsah, so daß hier zwei Maßnahmen berücksichtigt wurden, die wesentlich das Verhalten beeinflussen lassen. Der FOUCAULTsche Regler ist von ROLLAND [25, 1870] besprochen worden.

Neben dem Bemühen, die Bedeutung der einzelnen Reglerparameter zu erkennen, war in der Mitte des vorigen Jahrhunderts die Tendenz zu erkennen, bei der Regelung

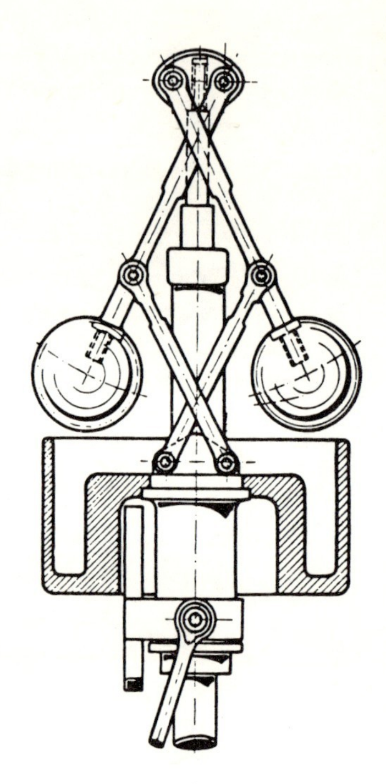

**Bild 10:**
Regler von KLEY

von Wasserkraftmaschinen auf sogenannte "indirekte" Regelung, das heißt solche mit Hilfsenergie, überzugehen, um die bleibende Regelabweichung zu vermindern.

Spezielle Schwierigkeiten ergaben sich auf diesem Gebiet dadurch, daß die Stellvorrichtungen für die Wasserkraftmaschinen, also meistens Fallschütze und Zulaufwehre, außerordentlich schwer zu bewegen waren, leicht verschmutzten und im Winter zu Problemen mit dem Eisgang führten. Wesentliche Abhilfe sah man im Einsatz mechanischer, indirekter Regler, welche ihre Hilfsenergie von der Antriebswelle selbst ableiteten und nach der Art eines Zweipunktreglers arbeiteten. Die Schaltpunkte wurden dabei durch die Muffenstellung eines Fliehkraftreglers bestimmt [siehe Kapitel 10].

In den Jahren von 1840 bis 1860 war ein "Drauflos-Erfinden" [siehe 17 BUDAU] auf dem Gebiete der indirekten Regler für Wasserkraftmaschinen zu beobachten. Diese Regler bestanden hauptsächlich aus drei Baugruppen:

1. Fliehkraftpendel (oder auch -Regler),
2. Wendegetriebe, welches die Bewegung der Transmissionswelle in dem einen oder anderen Sinn auf die "Regulierwelle" übertrug,
3. Schaltmechanismus (Stellzeug), der das Wendegetriebe abhängig von der Reglermuffe schaltete.

Die Bezeichnung Regler, beziehungsweise die fast ausschließlich verwendete Bezeichnung Regulator, war nicht eindeutig, da sie sich teilweise nur auf das Fliehkraftpendel bezog, sonst aber auch die gesamte Anordnung für indirekte Regelung, also auch das Wendegetriebe und das Stellzeug, mit einschloß.

## 1.6 Widerstands- und Bremsregler

Da die Regelungen der Wasserkraftmaschinen neben den Belastungsänderungen seitens der Arbeitsmaschinen auch die beträchtlichen, jahreszeitlich bedingten Schwankungen des Wasserangebotes und ihren Einfluß auf die Drehzahl ausgleichen sollten, wurden sie häufig überfordert.

Als Abhilfemaßnahmen bewährten sich im wesentlichen zwei. Zum einen ließ man ab etwa 1860 häufig Reservedampfmaschinen mitlaufen und zum anderen setzte man "Bremsregulatoren" und "Widerstandsregulatoren" ein, wobei die beiden letzten Begriffe häufig durcheinander gingen.

Als typischen Widerstandsregulator hatten wir den Windflügelregler von PONCELET kennengelernt [siehe oben] und als Bremsregulator den von FRAUNHOFER [siehe oben].

Ein Widerstandsregulator, der in der Zeit von 1860 bis 1880 besonders viel in der Textilindustrie Oberitaliens eingesetzt gewesen ist, stammt von PILETTA [siehe Bild 11]. Dieser Regler besaß ein Flügelrad, das in einem bis nahe an die Drehachse mit Wasser gefüllten Holzkasten untergebracht war. Bei gestiegener Drehzahl wurde das Flügelrad über eine Transmission der Antriebswelle zugeschaltet und erhöhte den Widerstand beträchtlich.

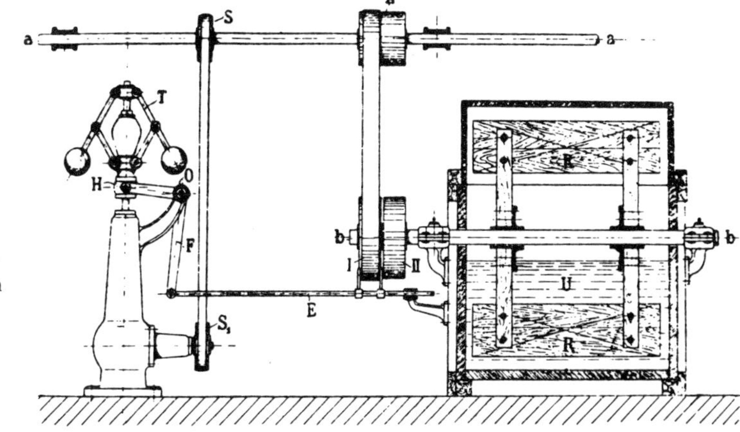


**Bild 11:** Widerstands-regulator von PILETTA

Mitte der achtziger Jahre tauchte ein Widerstandsregulator auf, bei welchem die Wirkung auf der durch den Regler veranlaßten Drosselung des Wasserauslaufes einer Kapselpumpe beruhte. Die ersten derartigen Apparate wurden von der deutschen Firma SCHRIEDER in Säckingen gebaut [siehe Bild 12].

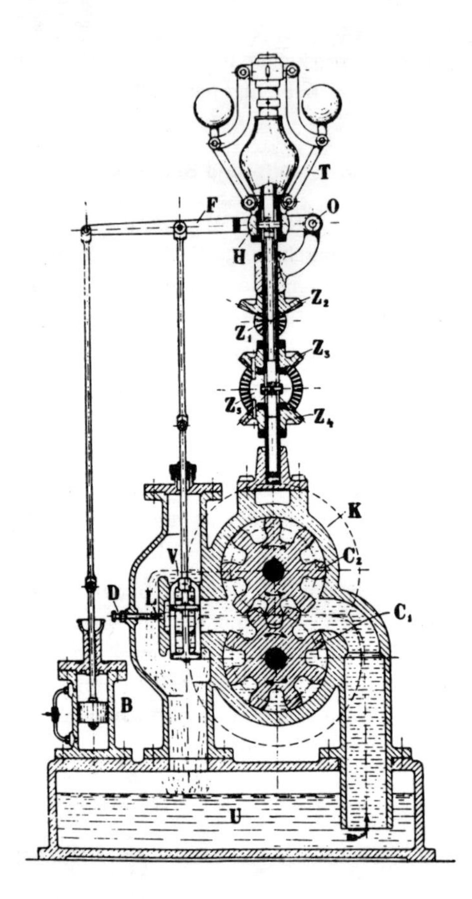


**Bild 12:**
Kapselpumpenregulator
der Firma SCHRIEDER

Die Bremsregulatoren, deren Unterschied gegenüber den Widerstandsregulatoren in der Verwendung einer mechnischen Bremse liegt und die aus diesem Grund meist eine stärkere Wirkung hatten, wurden aus einem anderen Grund gern für bestimmte Wasserkraftmaschinen verwendet; und zwar bestand bei oberschlächtigen Wasserrädern die Schwierigkeit, daß nach einem erfolgten Regeleingriff noch in zahlreichen Zellen treibendes Wasser vorhanden war, so daß die Regelung mit erheblicher Totzeit versehen war, wenn sie den Wasserzulauf beeinflußte. Dieses Problem bestand bei den Bremsregulatoren nicht. Als typischer Bremsregulator sei der von MORSIER [siehe Bild 13] vorgestellt, der aus dem Jahre 1893 stammt, aber auch noch 1905 für Bremsleistungen von 15 bis 100 PS gebaut wurde. Bei dieser Konstruktion erfolgte das Spannen des Bremsbandes direkt durch den Fliehkraftregler.

Mit der Vervollkommnung der Drehzahlregler und dem Einsatz hydraulischer Servomotore in den achtziger und neunziger Jahren ging man von den Widerstands- und Bremsregulatoren für die Regelung von Kraftmaschinen ab, obgleich für Sonderfälle auch noch Neukonstruktionen und Neubauten, wie der von MORSIER, erfolgten.

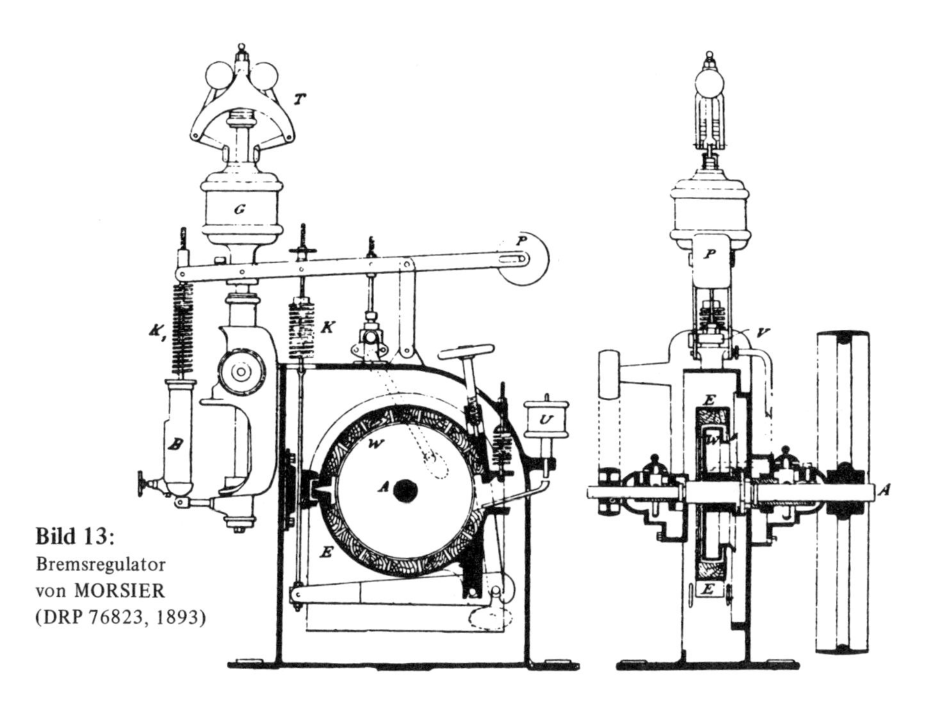


**Bild 13:** Bremsregulator von MORSIER (DRP 76823, 1893)

## 1.7 Analytische Untersuchungen an Drehzahlregelkreisen

Nachdem die Widerstands- und Bremsregulatoren in einem Vorgriff behandelt wurden, müssen wir uns noch mit anderen Entwicklungen konstruktiver und theoretischer Art befassen.

Als wichtiger Punkt für die Weiterentwicklung der theoretischen Betrachtungsweise in der Regelungstechnik muß der von REULEAUX geäußerte Gedanke angesehen werden, daß die Beurteilung eines Reglers als "vollkommen" oder "unvollkommen" nicht möglich ist, ohne daß der Übertragungsmechanismus in die Betrachtung einbezogen wird.

Die REULEAUXschen Ausführungen gehen in dieser Richtung allerdings zu weit, denn sie gipfeln in der Behauptung, daß ein statischer Regler nur mit einem indirekten und ein astatischer nur mit einem direkten "Übertragungsmechanismus" brauchbar sei.

Es muß dabei vermerkt werden, daß der Begriff des "astatischen" Reglers nicht eindeutig gebraucht wurde, denn während er allein ein Zweipunktverhalten aufweist, zeigt er in Verbindung mit einer Öldämpfung ein annähernd integrierendes Verhalten, so daß der Begriff "astatisch" teilweise mit "integral-wirkend" gleichgesetzt wurde. Dem steht die Aussage von HORT [19, 1904] gegenüber, daß seit einer klärenden Arbeit von KARGL [32, 1873] mit astatischen Regulatoren solche gemeint seien, "die bei relativ großem Muffenhub kleinen Ungleichförmigkeitsgrad haben".

Der Ungleichförmigkeitsgrad $\delta$ ist ein Maß für die Reglerverstärkung und ist seit einer Arbeit von LÜDERS [16, 1861] definiert als "Differenz zwischen der kleinsten und der größten Geschwindigkeit der Maschine, dividiert durch die normale". Ein kleiner Ungleichförmigkeitsgrad bedeutet also eine große Verstärkung.

Ein astatischer Regler war nach der ersten Definition mit dem Ungleichförmigkeitsgrad null ausgezeichnet, während ihm die zweite Definition einen sehr kleinen, aber von null verschiedenen Wert zuschrieb.

Diese begrifflichen Unklarheiten, die aus mangelndem theoretischen Wissen resultierten, erschwerten die Lösung der "Regulatorfrage" sehr, wobei diese Frage eigentlich die gesamte theoretische Unklarheit hinsichtlich der Regelungsdynamik einschloß und sich prägnant in der Suche nach dem "vollkommenen" Regulator ausdrückte.

In dem oben genannten Aufsatz von REULEAUX [29, 1859] ist eine Einteilung der Regler in "tachometrische" und "dynamometrische" getroffen worden, die von LÜDERS [16, 1861] und GRASHOF [33, 1875] aufgegriffen und ergänzt wurde. Danach sind tachometrische Regulatoren solche,

> "die erst durch die eingetretene Geschwindigkeitsänderung wirksam werden";

die dynamometrischen umfassen zwei Gruppen, nämlich

> "Regulatoren, die durch dieselbe Ursache in Tätigkeit gesetzt werden, welche den Widerstand ändert"

und

> "Regulatoren, welche durch die erfolgte Änderung des Widerstandes in Tätigkeit kommen".

Die tachometrischen Regulatoren sind nach neuerer Terminologie als Regelungssysteme anzusehen, während beide dynamometrischen Gruppen als Störgrößenaufschaltungen anzusehen sind.

Diese Reglereinteilung erscheint aus der heutigen Sicht der Regelungstechnik nicht besonders sinnvoll, weil die eigentlichen, mit Rückführung ausgestatteten Regelungen nicht in sich selbst unterteilt sind, während die relativ selteneren Störgrößenaufschaltungen unterteilt sind.

Verständlich wird diese, auch in der späteren Zeit noch mehrfach übernommene Einteilung, wenn man davon ausgeht, daß REULEAUX und auch GRASHOF bedeutende Theoretiker der Mechanik waren, die sich stark um Systematik bemühten; vom rein systematischen Gesichtspunkt aus können aber Gruppen, die geringere sachliche Bedeutung haben, durchaus eine stärkere Gliederung erfordern.

Für beide Gruppen der dynamometrischen Regelungen fanden sich damals nur wenige Repräsentanten.

LÜDERS [16, 1861] berichtete von zwei Beispielen der ersten Gruppe, die beide auf Schiffen realisiert wurden. In einem Fall wurde die Drosselklappe einer Schiffsdampfmaschine mit einem schweren Pendel verbunden, welches sich entsprechend den Schwankungen des Schiffes relativ dazu bewegte und so den Dampfzufluß steuerte.

Im anderen Fall handelte es sich um "Jensen's Marine Governor", der im Jahre 1859 verschiedentlich, besonders in England, beschrieben wurde. Er bestand aus einem offenen Zylinder, der am Heck des Schiffes in der Außenhaut angebracht war und in dem sich ein Kolben bewegte. Dem von außen auf den Kolben drückenden Seewasser wirkte eine Feder entgegen.

Je nach Lage des Schiffes änderte sich die Kraft auf den Kolben und damit dessen Stellung, von der die Stellung einer Drosselklappe für die Dampfmaschine abhängig war.

Der Sinn dieser beiden Störgrößenaufschaltungen war, das Durchgehen der Maschine zu verhindern, wenn eine Schiffsschraube wegen zu großer Schräglage des Schiffes aus dem Wasser gehoben und damit entlastet wurde.

In die zweite Gruppe der genannten dynamometrischen Anordnungen gehört PONCELETs belastungsabhängige Vorrichtung [siehe oben].

Nachdem REULEAUX auf den Einfluß des Übertragungsmechanismus aufmerksam gemacht hatte, wurde dieser Gedanke zwei Jahre später von LÜDERS [16, 1861] wieder aufgegriffen und erweitert. In dem Aufsatz, der den damaligen Stand der Regelungstechnik erläuterte und verschiedene Reglerkonstruktionen beschrieb, wies LÜDERS darauf hin, daß bisher nur eine statische Betrachtung der Regler stattgefunden habe und daß es aber darauf ankomme, die Bewegungsvorgänge bei gestörtem Gleichgewicht, also die Übergangsvorgänge, zu erörtern.

Zu einer Ausführung dieses so wichtigen Gedankens kam LÜDERS erst 1865 in einem zweiten Teil seines Aufsatzes "Über Regulatoren" [16, 1865]. Er ging von der Energiegleichung der betrachteten Maschine aus:

$$\frac{1}{2} M (v^2 - v_0^2) = \int_{p_0}^{p} P \, dp - \int_{q_0}^{q} Q \, dq$$

$M$ = Trägheitsmoment

$v$ = Winkelgeschwindigkeit

$\int P \, dp$ = Arbeit der Antriebsmaschine

$\int Q \, dq$ = Arbeitsverbrauch der Belastung.

Je nach Konstruktion der untersuchten Anordnung von Regler und Maschine setzte LÜDERS verschiedene Funktionen für die Integranden ein, doch konnte er die Gleichungen nicht lösen; er diskutierte sie aber qualitativ und gelangte zu Diagrammen, in denen näherungsweise Übergangsvorgänge aufgetragen sind.

Zu wesentlich weitertragenden Ergebnissen gelangte 1868 der Engländer MAXWELL in seinem Aufsatz "On Governors" [9, 1868], der auf dem europäischen Kontinent lange Zeit unbekannt geblieben zu sein scheint.

MAXWELL stellte eine lineare Differentialgleichung dritter Ordnung für einen geschlossenen Regelkreis mit direkt wirkendem Proportionalregler auf und diskutierte die Lösungen in Abhängigkeit von den einzelnen Parametern. Wenn auch die MAXWELLsche Arbeit infolge fehlender oder ungenügender Beschreibungen der untersuchten Regelungsanordnungen schwer zu verstehen ist und manches unklar bleibt, läßt sich dennoch erkennen, daß MAXWELL die Verbindung zwischen den praktisch vorliegenden Regelungen und den sie beschreibenden Differentialgleichungen hergestellt hatte und sie auch theoretisch durchschaute. Er betrachtete ausdrücklich Maschine und Regler zusammen, gab alle vier prinzipiell möglichen Lösungsformen der Differentialgleichung an und erkannte, daß die praktische Bedingung der Stabilität mathematisch an Wurzeln mit negativem Realteil der beschreibenden Differentialgleichung gebunden ist. Darüber hinaus gab er dem Mangel Ausdruck, Gleichungen höheren als dritten Grades, auf die er bei der Untersuchung indirekter Regelungen stieß, nicht lösen zu können und forderte die Mathematiker auf, sich dieses Problems anzunehmen.

MAXWELL hat mit dieser Arbeit die Grundlage und den Anstoß zu weiteren Entwicklungen der algebraischen Stabilitätskriterien gegeben [siehe Kapitel 4].

Die mathematisch-analytische Vorgehensweise setzte sich nun immer stärker durch.

Der Franzose ROLLAND [25, 1870] versuchte, das "problème de l'isochronisme", das heißt das Problem des astatischen Reglers zu lösen, indem er die Bedingungsgleichungen für astatisches Verhalten mit der Energiegleichung des Reglers kombinierte und festzustellen suchte, unter welchen Bedingungen eine Störung des Beharrungszustandes unter nur kleinen Schwingungen abklingt. Als wesentliches Ergebnis dieser Untersuchung ist die Erkenntnis zu nennen, daß die Massenträgheit des Reglers den Ausgleichsvorgang verlangsamt. Die angestrebte Lösung des Astasie-Problems konnte von ihm ebenso wenig grundlegend geklärt werden wie drei Jahre später von dem Russen TSCHEBYSCHEW [34, 1873], der einen einschlägigen Aufsatz in Frankreich veröffentlichte. Zwar ließen sich verschiedene Realisierungsmöglichkeiten angeben, von denen besonders der 1877 von GRUSON in Magdeburg erfundene Cosinus-Regulator bekannt wurde, doch war immer noch nicht die Frage gelöst, ob der astatische Regler überhaupt anzustreben sei.

Die Theorie schien diese Frage positiv zu beantworten, während die Praxis immer mehr zu der Überzeugung kam, daß der astatische Regler gar nicht vollkommen war [siehe 16 LÜDERS, 1861 und 35 TRINKS, 1919], da häufig nur mit kräftigen Öldämpfungen starke Schwingungen vermieden werden konnten.

Der von LÜDERS gezeigte Weg wurde von KARGL mit dem Aufsatz "Zur Lösung der Regulatorfrage" [36, 1871/72] weiterverfolgt. KARGL ging nicht wie LÜDERS von den Energiegleichungen aus, sondern stellte die Differentialgleichung für den WATTschen und den PORTERschen Fliehkraftregler auf. Diese beiden Konstruktionen waren am verbreitetsten und unterschieden sich nur durch das beim PORTERschen Regler zusätzlich vorhandenen Muffengewicht.

Die Differentialgleichung ohne Dämpfungsglied lautete:

$$\frac{\mathrm{d}^2 x}{\mathrm{d}t^2} = -A\,x + C$$

$x$ = Muffenhub
$t$ = Zeit
$A, C$ = konstruktionsabhängige Konstanten.

Diese Differentialgleichung verband KARGL mit der Bewegungsgleichung der Dampfmaschine:

$$p' = \frac{T - W}{rM} = \frac{d^2 \vartheta}{dt^2}$$

$p'$ = Winkelbeschleunigung der Kurbelwelle
$T$ = mittlere Tangentialkraft
$W$ = Tangentialwiderstand
$r$ = Kurbelradius
$M$ = Trägheitsmoment der rotierenden Teile
$\vartheta$ = Kurbelwinkel.

Die entstehenden Differentialgleichungen benutzte KARGL, um Übergangsvorgänge zahlenmäßig und graphisch zu verfolgen. Für verschiedene Parameterwerte konstruierte er unterschiedliche Diagramme. Im deutschsprachigen Schrifttum wurden in dieser Arbeit erstmals Regelungsvorgänge mit Differentialgleichungen beschrieben und auch gelöst.

Größere Bedeutung als diese erste gewann aber eine zweite Arbeit von KARGL mit dem Titel "Beweis der Unbrauchbarkeit sämtlicher astatischer Regulatoren" [32, 1873], in der er zeigte, daß die astatischen Regler ohne Öldämpfung zu aufklingenden Schwingungen Anlaß geben.

Eine allgemeinere Klärung dieser Aussage brachte einige Jahre später die Arbeit von WISCHNEGRADSKY [siehe unten].

Zu ähnlichen Ergebnissen wie KARGL in der zweiten Arbeit gelangte auch der Franzose WORMS DE ROMILLY [37, 1872], der darüber hinaus auch für den statischen Regler ohne Öldämpfung aufklingende Schwingungen errechnete. Da dieses aber den praktischen Erfahrungen widersprach, begründete er diesen Widerspruch richtig mit der Vernachlässigung der immer vorhandenen Reibungen.

Die wohl bedeutendste theoretische Arbeit auf dem Gebiet der Regelungstechnik jener Zeit stammt von dem Russen WISCHNEGRADSKY und wurde 1876 zuerst auszugsweise in Frankreich veröffentlicht [38, 1876]. Ein Jahr später erschien der Aufsatz [39, 1877] in Deutschland unter dem Titel "Über direkt wirkende Regulatoren".

WISCHNEGRADSKY ging von den beiden Gleichungen für die Maschine und den Regler aus, von denen die erste den Regler und die zweite die Maschine beschreibt:

$$\frac{d^2 u}{dt^2} + M \frac{du}{dt} + N u = K g \frac{\omega - \omega_0}{\omega_0} \pm (R' + R'') \quad (1)$$

$$I \frac{d\omega}{dt} = (P - Q) \rho - L u \quad (2)$$

$R', R''$ = Reibung durch Regler bzw. Stellzeug
$u$ = Abweichung der Reglermuffe
$K, L, M, N$= konstruktionsabhängige Konstanten
$I$ = reduziertes Trägheitsmoment
$P, Q$ = Antriebs- bzw. Gegenkraft am Radius $\rho$
$\omega, \omega_0$ = Winkelgeschwindigkeiten der Reglerspindel.

Die Differentiation der Gleichung (1) nach der Zeit und anschließende Kombination mit der Gleichung (2) führte WISCHNEGRADSKY auf die Gleichung (3), die er dann seinen Untersuchungen letztlich zugrunde legte:

$$\frac{d^3u}{dt^3} + M \frac{d^2u}{dt^2} + N \frac{du}{dt} + \frac{KgL}{I\omega_0} u = \frac{Kg}{I\omega_0} (P - Q) \rho. \tag{3}$$

Das Glied $M \frac{d^2u}{dt^2}$ berücksichtigt den Einfluß einer Öldämpfung, mit welcher der Regler versehen sein sollte.

Beachtenswert ist, daß bei der Differentiation der Gleichung (1) die Größen $R'$ und $R''$, die dem Einfluß der trockenen Reibung Rechnung trugen, hinwegfielen und dadurch bei der Diskussion der Ergebnisse zu Fehleinschätzungen führten.

Die wichtigsten Ergebnisse seiner Untersuchungen faßte WISCHNEGRADSKY in folgenden Leitsätzen zusammen:

1. Die astatischen Regulatoren ($N = 0$) sind, mit welchem Katarakt sie auch versehen sein mögen, zur Regulierung einer Maschine nicht brauchbar.
2. Regulatoren, welche zwar statisch, jedoch mit einem Katarakt nicht versehen sind ($M = 0$), sind zur Regulierung einer Maschine nicht brauchbar.
3. Für jeden statischen Regulator kann man einen solchen Katarakt finden, daß dieser Regulator im Verlaufe der Zeit die Amplitude seiner Schwingungen nicht vergrößern wird.

Zur Zeit der Veröffentlichung dieser unbedingten Forderungen nach Öldämpfung hielt man sie allgemein für unkorrekt, da sie der Erfahrung widersprachen, daß eine ganze Reihe von Reglern auch ohne Öldämpfung erfolgreich arbeitete.

Der Grund ist darin zu sehen, daß die Regler jener Zeit noch mit verhältnismäßig viel trockener Reibung behaftet waren, welche häufig der Wirkung der Flüssigkeitsreibung nahe kommt und diese ersetzen kann. Auf diese Tatsache hat später STODOLA [40, 1893/94] hingewiesen.

Die eminente Bedeutung der Reibung war auch WISCHNEGRADSKY bekannt, denn er kommentierte seine Ergebnisse mit der Bemerkung:

> "Es muß auch bemerkt werden, daß die schädliche Beweglichkeit der Regulatoren in Wirklichkeit bis zu einem gewissen Grade durch den Einfluß der schädlichen Widerstände verringert werden kann, welche durch die Bewegung des Regulators

und des regulierenden Stellzeugs hervorgerufen werden und welche wir vernachlässigt haben".

Eine bewußte Beibehaltung oder gar Vermehrung der trockenen Reibung hätte aber gleichzeitig die Ansprechempfindlichkeit (bei WISCHNEGRADSKY "Empfindlichkeitsgrad") vermindert, so daß ihm diese Maßnahme nicht sinnvoll erschien und er völlig auf Öldämpfung überging.

Diese Überlegungen wurden durch die Berechnungen STODOLAs [siehe oben] noch dahingehend ergänzt, daß bei der Regelung von Turbinen unter bestimmten Voraussetzungen auch eine astatische Regelung mit Öldämpfung zulässig ist; dabei konnte sich STODOLA in den Jahren 1893/94 bereits auf die ihm bekannte Arbeit von WISCHNEGRADSKY stützen, dessen Ergebnisse als richtig anerkannt wurden.

## 1.8 Rückführungen und hydraulische Servosysteme

Nachdem wir den Verlauf der dynamischen Regelungstheorie verfolgt haben, die mit der Arbeit von WISCHNEGRADSKY einen Höhepunkt erreicht hatte, müssen wir anschließend einige mehr konstruktive Entwicklungen betrachten.

Neben den direkt wirkenden Regelungen für dic Dampfmaschine hatten sich schon in den Jahren vor 1870 bei den Wasserkraftmaschinen auch die indirekt wirkenden Anordnungen gut bewährt.

Aus verschiedenen Gründen, nicht zuletzt in dem Bestreben, die Reglerverstärkung zu erhöhen und damit den Ungleichförmigkeitsgrad und den Unempfindlichkeitsgrad zu vermindern, ging man dazu über, ab 1870 auch bei Dampfmaschinen die indirekte Regelung vorzusehen [siehe 35 TRINKS, 1919].

Gefördert wurde diese Tendenz durch die wachsenden Anforderungen seitens der Elektrizitätserzeugung und durch die aufkommenden hydraulischen Servosysteme.

Die Elektrifizierung konnte sich sprunghaft entwickeln, nachdem Werner SIEMENS im Jahre 1866 das dynamo-elektrische Prinzip entdeckt und den vorher üblichen Stahlmagneten in den Generatoren durch einen Elektromagneten ersetzt hatte. Der Wirkungsgrad der Generatoren stieg damit so beträchtlich, daß der Weg frei war für verbreitete Anwendung der Elektrizität.

Erste industrielle Anwendungen fand der elektrische Strom in Galvanisierbetrieben; in der Öffentlichkeit dokumentierte sich sein Aufkommen beispielsweise durch die erste elektrische Bogenlicht-Beleuchtung des Potsdamer Platzes in Berlin im Jahre 1882, nachdem SIEMENS ein Jahr zuvor die erste unmittelbare Kopplung von Dampfmaschine und Stromerzeuger durchgeführt hatte.

Die Entwicklung der Servosysteme, besonders der hydraulischen, hat zwar nicht in ihrer Gesamtheit nur hinsichtlich indirekter Regelung stattgefunden, doch sind die wesentlichen Teile mit dieser Zielsetzung entstanden, so daß eine Betrachtung der Gesamtentwicklung nötig ist.

Die Möglichkeit, bei der indirekten Regelung anstelle der gebräuchlichen mechanischen Kraftverstärker, die ihre Energie einer Transmissionswelle entzogen, dampf- oder druckflüssigkeitsgetriebene Verstärker zu verwenden, wurde im Anschluß an Arbeiten von FARCOT [41, 1873] in Frankreich und LINCKE [42, 1879] in Deutschland erkannt und genutzt. Ähnliche Servosysteme wie die in den zitierten Arbeiten entwickelten und angegebenen lassen sich noch weiter zurückverfolgen [siehe 43 CONWAY].

Die ersten bekannt gewordenen Servosteuerungen, die nicht mit Wellenantrieb arbeiteten, bedienten sich des Dampfes als Energieträger und wurden auf Schiffen eingesetzt, um die schweren Ruder zu betätigen.

Frühe Erfindungen dieser Art sind in den US-Patenten Nrn. 9713 (1853) und 2920 (1860) eines Herrn SICKEL aus New York beschrieben. In einem Abschnitt des ersten Patentes heißt es:

> "The steersman's handle is connected to the valve motion so that . . . it moves the valves . . . and alternatively applies and releases the power from each of the piston *Q* and *R*, thus causing the engines to move only with a motion corresponding to the motion of the steersman's handle . . .".

Konstruktiv war der Apparat so ausgelegt, daß er schrittweise arbeitete.

Eine stetig arbeitende Ausführung, die auf dem damals sehr bekannten, englischen Dampfschiff "Great Eastern" eingebaut war, beruhte auf einer Erfindung von GRAY, die ihm in einem Patent (BP Nr. 3321, 1866) geschützt war und die er in einem Aufsatz [44, 1867] beschrieben hat.

Ein ähnliches Patent (BP Nr. 2476) erhielt 1868 der Franzose FARCOT. Die Tatsache, daß er meist als Erfinder der Servomotore bezeichnet wird, geht wohl auf sein Buch "Le servomoteur ou moteur asservi" [41] aus dem Jahre 1873 zurück, in welchem erstmals eine zusammenfassende Darstellung solcher Apparate erfolgte und in dem auch die Namensprägung "servomoteur" geschah, die sich international durchsetzte.

FARCOT schrieb:

> "Der Servomotor arbeitet unter diesen Bedingungen einwandfrei; er steuert das Ruder entsprechend dem Befehl des Steuermanns mit solcher Geschwindigkeit, daß die vollständige Winkelbewegung so schnell wie gewünscht vollbracht wird, wo hingegen die neuesten und wirklich komplizierteren Dampf- oder Hydraulikeinrichtungen, die kürzlich in England untersucht wurden, für die gleiche Winkelbewegung mindestens zehnmal mehr Zeit gebrauchen . . .".

Der Verwendungszweck der Servomotore war bei FARCOT der gleiche wie bei SICKEL und GRAY; er schrieb dazu:

> "Wir haben unsere Servomotoren bisher für die Ruder und Geschütztürme der französischen Küstenwachtboote Cerbère, Bélier, Boule-dogue und Tigre verwendet."

Die bereits hier sichtbar gewordene Verwendung als Positioniereinrichtung für militärische Einrichtungen blieb auch weiterhin ein wesentliches Anwendungsgebiet der Servosysteme.

Die Servomotoren von SICKEL, GRAY und FARCOT waren für Dampfbetrieb vorgesehen, doch eigneten sie sich von der Konstruktion her auch für Druckflüssigkeit.

Ein ausdrücklich hydraulisches Servosystem scheint zuerst von BROWN angegeben worden zu sein, dem 1870 ein einschlägiges Patent (BP Nr. 1018) eingeräumt wurde, welches sich ebenfalls auf Schiffssteuerungen bezog.

In dem oben zitierten Buch hat FARCOT verschiedene Servomotoren für geradlinige und rotatorische Bewegungen vorgestellt. Eine Grundform für geradlinige Bewegung zeigt Bild 14:

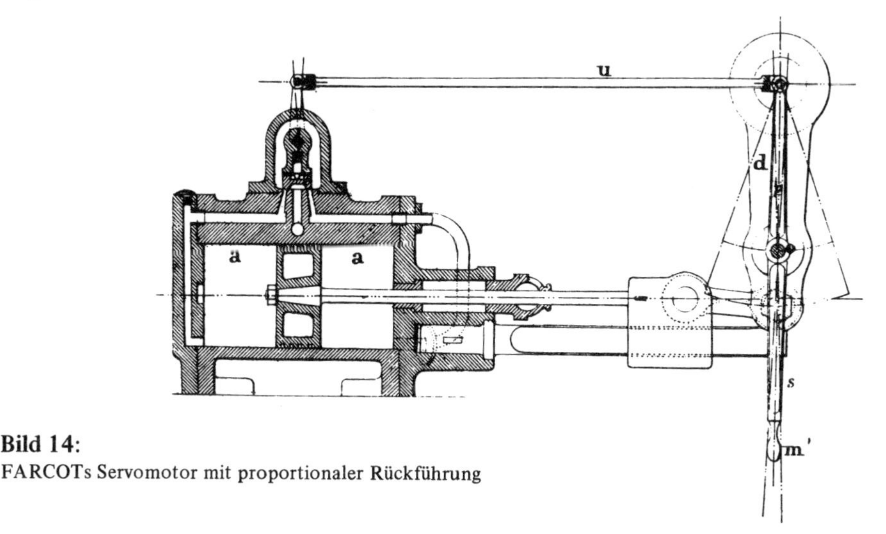


**Bild 14:**
FARCOTs Servomotor mit proportionaler Rückführung

Besonders wichtig an dem Apparat von FARCOT ist die Rückführung, die hier erstmals in der Literatur dokumentiert erschien. Mit der Einführung der Rückführungen entstand aus den früheren Steuerungssystemen mit Hilfsenergie eine neue Variante technischer Regelkreise, die für sich und in übergeordneten Regelkreisen von erstrangiger Bedeutung wurde.

Es ist erstaunlich, daß damals in Deutschland offenbar keine entsprechenden Entwicklungen stattfanden.

RITTERSHAUS schrieb in den Jahren 1879 bis 1890 verschiedene Artikel über Servosysteme in der Zeitschrift Civillingenieur und stellte darin die Apparate von GRAY, FARCOT und BROWN vor. Auch er wies darauf hin, daß deren Entwicklung in England und Frankreich stattfand und daß in Deutschland nur REULEAUX sich mit ihnen befaßt hatte. REULEAUX allerdings hatte keine eigenen Konstruktionen vorgelegt, sondern anscheinend nur bereits bekannte Konstruktionen hinsichtlich ihrer systematischen Klassifizierung studiert.

Wie sich rückblickend aus der Literatur erkennen läßt, hat in Deutschland der sehr umfassende Aufsatz von LINCKE mit dem Titel "Das mechanische Relais" [42, 1879] den Anfang gemacht mit der systematischen Untersuchung der hydraulischen Kraftverstärkung. Zwar dominierten bei LINCKE noch die Transmissionsanordnungen, doch entsprach das durchaus der damaligen Bedeutung [siehe Kapitel 10].

Als für die Regelungstechnik wichtigstes "mechanisches Relais" soll hier ein proportional rückgeführter Stellantrieb oder Kraftverstärker [siehe Bild 15] gezeigt werden, dessen Prinzip dem von FARCOT angegebenen hinsichtlich der Rückführung ähnelt, da beide proportional über ein Gestänge erfolgen, sich aber durch die Art der Steuerung stark von jenem unterscheidet. Während FARCOT zur Steuerung des Druckmediums einen Flachschieber verwendete, sah LINCKE bereits einen Steuerkolben vor. Als Energieträger nannte LINCKE "motorische Flüssigkeit". Dieses Servosystem aus Steuerkolben, Stellkolben, mechanischer Rückführung und Druckflüssigkeit setzte sich in der Folgezeit als Stellkraftverstärker für indirekte Regelungen langsam durch. In der deutschen Literatur ist die hier angegebene Rückführung überhaupt die erste belegte Rückführung.

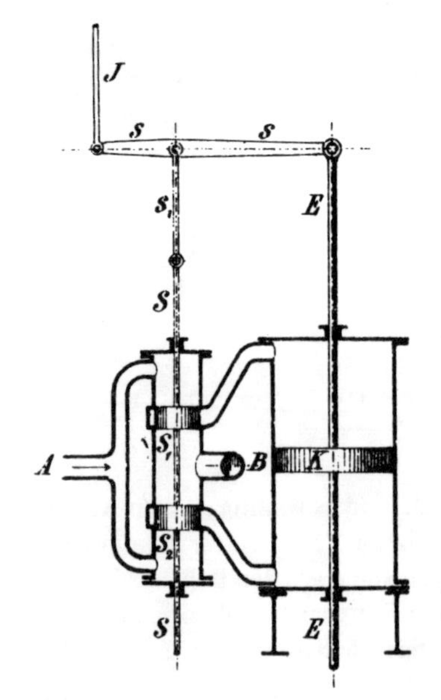


**Bild 15:**
Hydraulischer Stellantrieb nach LINCKE

Der Aufsatz von LINCKE beansprucht aus der heutigen Sicht der Regelungstechnik als Element der Kybernetik Beachtung, weil in ihm die Analogie zwischen menschlichen Nerven- und Muskelsystemen einerseits und technischen Systemen andererseits hingewiesen wurde. LINCKE nahm damit einige Gedanken vorweg, die WIENER [45, 1948] später unter dem Begriff Kybernetik zusammenfaßte.

Mit dem Bekanntwerden der Rückführung an sich und des hydraulischen Verstärkers mit Rückführung im besonderen standen zwei Elemente zur Verfügung, welche die Regelungstechnik außerordentlich stark beeinflußten.

Es erscheint zweifelhaft, daß der Gedanke der Rückführung in Deutschland nur von LINCKE aufgegriffen und propagiert worden ist und alle weiteren deutschen Entwicklungen dieser Art sich davon ableiteten, denn schon im selben Jahr 1879 wurde für KNÜTTEL aus Barmen ein Regler mit Reibradwendegetriebe und Rückführung patentiert [siehe 46 KNÜTTEL, 1880]. Da dieser und andere, ähnliche Regler unstetig arbeiteten und im Kapitel über Relaissysteme erwähnt sind, soll hier nicht weiter auf sie eingegangen werden.

Die Kombination von Fliehkraftreglern mit hydraulischen Servoverstärkern, die eine Rückführung aufwiesen, setzte sich vornehmlich in den achtziger Jahren durch. Es entstand jedoch eine Vielfalt verschiedener Konstruktionen, ehe sich der von LINCKE angegebene Servomotor mit Hebelrückführung letztlich durchsetzte.

Neben dem Energieträger Druckflüssigkeit behauptete sich noch eine Zeit lang der Dampf, der zum Beispiel in dem Regler von LUEDE [47, 1885] angewendet wurde; an diesem Regler wurde auch die Stellung des Arbeitskolbens direkt rückgeführt. Diese dampfbetriebenen Regler konnten höheren Anforderungen nicht gerecht werden, da die Abkühlung des Dampfes in dem Zylinder des Stellkolbens zu Schwierigkeiten führte.

Die Gesamtheit der damals gefundenen Lösungen zur Realisierung einer Rückführung bezeichnete man als Kompensationsvorrichtungen und kannte die Untergruppen Rückführungen, Rückdrängungen und Tourenrückführungen. Die Begriffe decken sich nicht mit heutigen; auch liegen die Unterschiede zwischen den Gruppen nicht im dynamischen Verhalten, sondern in der konstruktiven Ausführung; so ist die Tourenrückführung nicht etwa eine Rückführung der zeitlichen Ableitung der Regelgröße, wie wir es heute bei der Verwendung eines Tachodynamos kennen, sondern eine proportionale Rückführung. Entsprechend Bild 16 reagierte der Fliehkraftregler auf erhöhte Drehzahl mit einem Anstieg der Muffe. Diese Bewegung wurde über den Steuerkolben verstärkt auf die Drosselklappe *D* geleitet, um eine Schließbewegung und damit Drosselung des Dampfes in der großen Rohrleitung hervorzurufen. Mit der Schließbewegung der Drosselklappe hob sich gleichzeitig die Riemenklaue *Y*, so daß die Drehzahl der Reglerspindel erniedrigt wurde und der Stelleingriff der Drosselklappe damit weniger stark ausfiel.

Eine sogenannte Rückdrängung mit Federn lag dem Regler von PROELL [48, 1884] zugrunde, dessen Grundidee 1882 angegeben wurde. Auch die Rückführung dieses Reglers arbeitete proportional [siehe Bild 17].

PROELL selbst hatte in der oben zitierten Arbeit diese Art der Rückführung auf einen unstetigen Regler mit Wendegetriebe angewandt.

Für Fliehkraftregler mit nachgeschaltetem, hydraulischen Servoverstärker wurde häufig die Bezeichnung "hydraulische Regulatoren" benutzt; diese wurden dann der übergeordneten Gruppe der indirekt wirkenden Regulatoren zugerechnet.

Hauptsächlichen Einsatz fanden die indirekt wirkenden Regelanordnungen bei den Wasserkraftantrieben für elektrische Generatoren. Ab 1885 wurden nicht mehr nur vereinzelt, sondern verbreitet durch Wasserkraft betriebene Generatorstationen in

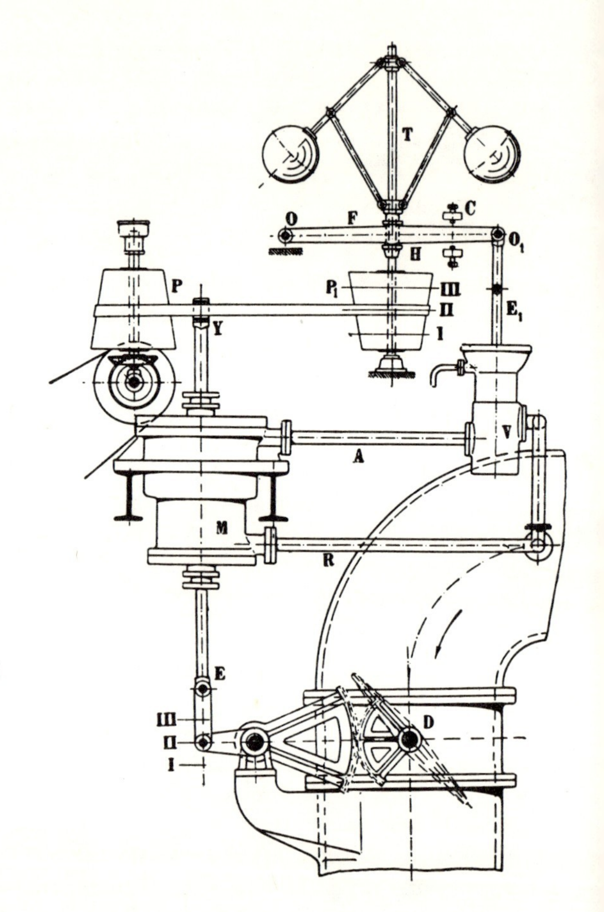


**Bild 16:**
Fliehkraftregler mit proportional wirkender Tourenrückführung

Betrieb genommen, denen sich allerdings zunehmend auch mit Dampfkraft betriebene zugesellten.

Die erste Anlage, bei der hydraulische Regulatoren mit Rückführung Verwendung fanden, wurde 1889 im Elektrizitätswerk der Stadt Innsbruck installiert [siehe 17 BUDAU].

Der Gleichlauf der Generatoren, das heißt, eine konstante Drehzahl unabhängig von der Belastung, konnte Mitte der neunziger Jahre durch die aufkommenden "Isodrom-Regulatoren" hergestellt werden. Nach neuerer Terminologie waren das Regler mit PI-Verhalten und Verzögerung.

Während man eine konstante Drehzahl mit den direkt wirkenden Reglern durch möglichst astatisches Verhalten zu erreichen trachtete, hatte man bei den indirekt wirkenden Reglern in der entsprechenden Ausgestaltung der Rückführung ein Mittel gefunden, mit dem sich ebenfalls eine verschwindende Regelabweichung erzielen ließ.

TOLLE [50, 1905] sprach davon als "nachgiebige" Rückführungen; diese Bezeichnung hat sich bis heute erhalten, obgleich synonym vielfach die Bezeichnung "nachgeben-

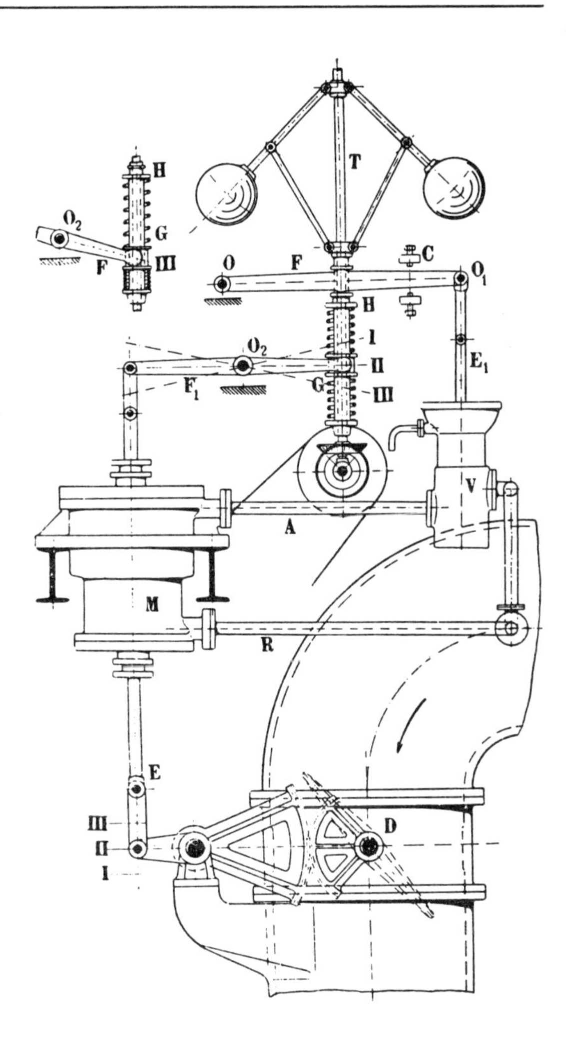


**Bild 17:**
Fliehkraftregler mit Rückdrängung nach PROELL

de" Rückführung benutzt wird. Die Nachgiebigkeit erzeugte man durch die Kombination einer Feder mit einem "Ölkatarakt" in der Rückführung. Es ließ sich nicht exakt feststellen, wann diese Kombination erstmals verwendet wurde, doch war sie in den Reglern der amerikanischen Firmen Lombard und Sturgess vorhanden, die beide um 1900 auf den Markt kamen. Das Prinzip der nachgiebigen Rückführung ist aus einer von TOLLE angegebenen Skizze gut zu ersehen [siehe Bild 18].

Nach einer Angabe der Firma SIEMENS [51] soll die PI-Regelung, welche sehr wahrscheinlich mit einer nachgiebigen Rückführung realisiert war, schon im Jahre 1893 bei Wasserturbinen verwendet worden sein.

Eine Möglichkeit, die Nachgiebigkeit der Rückführung anstelle der Feder-Öldämpfung-Kombination mit Hilfe eines Reibradgetriebes zu verwirklichen, ist im Jahre 1897 für WEBER patentiert worden (DRP 98825).

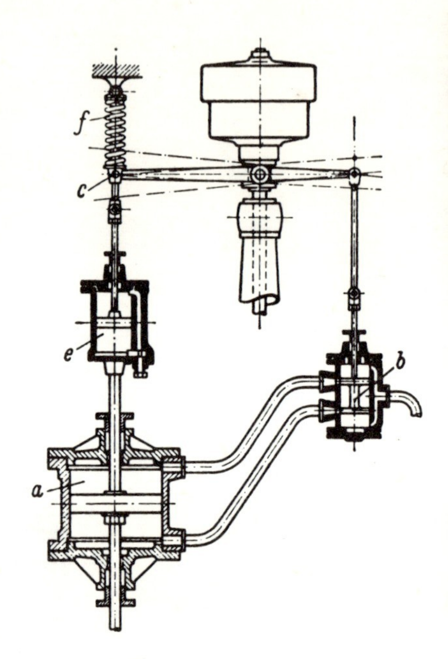


**Bild 18:**
Indirekte Regler mit nachgebender Rückführung

Die andersgeartete Kombination von Feder und Öldämpfung zu einer verzögert-nachgebenden Rückführung und einem damit verbundenen PID-Verhalten wurde offenbar nicht verwendet und findet sich erst sehr viel später für den genannten Zweck beschrieben [siehe 52 HUTAREW 1961]; aber auch dort werden keine Hinweise auf praktisch erfolgten Einsatz gegeben.

Die Verwendung ölhydraulischer Servomotoren machte eine Druckölversorgung erforderlich, die in vielen Betrieben nicht vorhanden war. Das traf in besonderem Maße auf die kleineren Elektrizitätswerke zu, in denen aber gerade die ölhydraulischen Servomotoren zur Steuerung der schweren Leit- und Laufschaufeln, der Düsennadeln und der Strahlablenker herangezogen wurden. Deshalb wurden um die Jahrhundertwende von fast allen Turbinenbauanstalten, die gleichzeitig auch die zugehörigen Regler bauten, sogenannte "Autogenetische Öldruckregulatoren" gebaut, bei denen in einer Baueinheit der Fliehkraftregler, der Servomotor, die Rückführung, die Druckölversorgung und die Hilfselemente untergebracht waren. Beispielhaft zeigt Bild 19 einen derartigen Regler wie er 1904 von der Prager Maschinenbau AG gebaut wurde.

## 1.9 Erste Regelungen elektrischer Größen

Die oben bereits erwähnte Lichtbogenlampen-Straßenbeleuchtung ("Bogenlicht") erfolgte mit Gleichstrom. Um eine gleichmäßige Helligkeit der Lichtbögen zu erzielen, mußte die Spannung des Netzes geregelt werden, was über die Drehzahl der die Generatoren treibenden Kraftmaschinen geschah. Eine andere Möglichkeit der Regelung bot der Erregerstrom der Generatoren.

MÜLLER konstruierte 1885 einen Regler, bei dem durch ein Kontaktvoltmeter ein

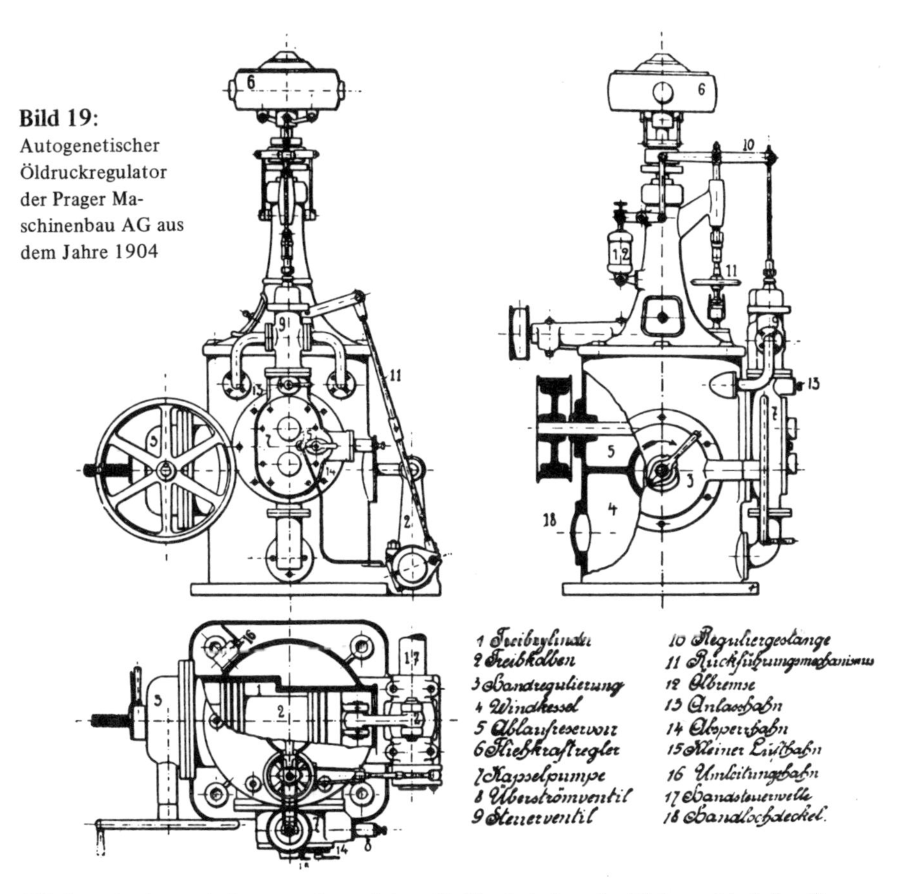


**Bild 19:** Autogenetischer Öldruckregulator der Prager Maschinenbau AG aus dem Jahre 1904

Klinkwerk eingeschaltet wurde, welches die Kurbel eines im Nebenschluß des Generators liegenden Stellwiderstandes in dem einen oder anderen Sinne bewegte.

KALB baute 1887 ein Gerät, bei dem ein an einem Waagebalken ausbalanciertes Quecksilbergefäß durch die Einwirkung eines von der zu regelnden Spannung abhängigen Solenoids gehoben oder gesenkt wurde, wodurch Teile der Nebenschlußwicklung des Generators kurzgeschlossen oder eingeschaltet wurden. Einen derartigen Solenoid-Spannungsregler, bei dem die Quecksilbersäule aber senkrecht stand, wurde 1906 von der Firma SIEMENS in Österreich gebaut [Bild 20].

Der Eisenkern des Solenoids tauchte bei dieser Konstruktion in die darunter liegende Quecksilberröhre, in welcher eine Reihe von Zuleitungen des daneben stehenden Stellwiderstandes endeten. Je nach Höhe des Quecksilberspiegels wurden mehr oder weniger Widerstandsabschnitte eingeschaltet.

Einen unstetig arbeitenden Spannungsregler, bei dem ein Kontaktvoltmeter zwei Elektromagnetsysteme abwechselnd einschaltete, so daß wiederum ein im Nebenschluß liegender Stellwiderstand im einen oder anderen Sinne mit einer angetriebenen Welle gekuppelt wurde, hat THURY 1889 konstruiert.

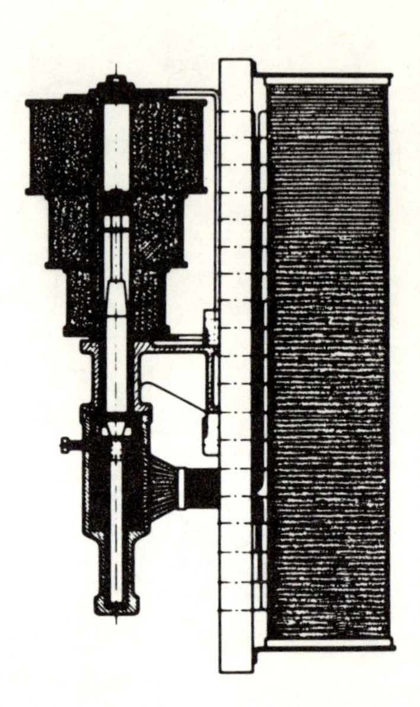

**Bild 20:**
Solenoid-Spannungsregler

Die genannten Konstruktionen beeinflußten alle das Feld der Generatoren. Es wurden jedoch auch solche gebaut, bei denen ein Solenoid einen Servoverstärker steuerte, welcher auf den Zulauf der Kraftmaschine wirkte. Das Solenoid nahm bei dieser Anordnung den Platz des Fliehkraftreglers ein.

Als man sich in den neunziger Jahren von Gleich- auf Wechselstrom umstellte, änderten sich auch die Regelungsprobleme wieder, da nun Spannung und Frequenz geregelt werden mußten. Für die Frequenzregelung griff man auf den Fliehkraftregler zurück, der sich in dieser Funktion bis nach dem Zweiten Weltkrieg bewährte und dann von digitalen Systemen abgelöst wurde. Als Sicherheitsregler wird er noch in neuester Zeit verwendet.

Für die Spannungsregelung blieb man bei elektrischen Mitteln. Wie aus dem Buch SCHWAIGERs mit dem Titel "Das Regulierproblem in der Elektrotechnik" [49, 1909] hervorgeht, spielte das Solenoid-Prinzip noch eine bedeutende Rolle.

Erhebliche Änderungen traten auf diesem Gebiet erst ein, nachdem elektronische Verstärker zur Verfügung standen.

## 1.10 Leistungsregelungen

Bei der Regelung der Kraftmaschinen hatte man lange Zeit hindurch lediglich die Drehzahl bzw. in der damaligen Terminologie die Geschwindigkeit oder Tourenzahl als Regelgröße angesehen. Es war das Bestreben gewesen, entweder durch direkte oder durch indirekte Regelung eine möglichst konstante Drehzahl zu erhalten.

Erstmals erkannte WEISS [53, 1891] den grundsätzlichen Unterschied, der sich zwischen der Regelung von Kraftmaschinen für elektrische Generatoren, Webmaschinen,

Spinnmaschinen und anderen einerseits und der für Wasserpumpen, Luftverdichter und Gebläsemaschinen andererseits ergibt.

Im Gegensatz zu der ersten Gruppe ist bei der zweiten der mittlere Widerstand, beispielsweise die Förderhöhe, konstant, während die zu fördernde Wasser- oder Luftmenge je nach Bedarf schwankt. Die Aufgabe der Regelung besteht also darin, die Förderhöhe konstant zu halten und dazu die Drehzhal in weiten Grenzen zu verändern, was auf die Angleichung der Leistung der Kraftmaschine an die der Arbeitsmaschine hinausläuft. Da das Drehmoment entsprechend einem konstanten mittleren Widerstand ebenfalls konstant bleibt, muß die Drehzahl entsprechend der geforderten Leistung verändert werden. Das bedeutet, daß immer die gleiche Stellung für die Steuerung der Dampfmaschine eingestellt werden muß und zwar unabhängig von der Drehzahl.

Die Veränderlichkeit der Drehzahl und gleichzeitige Konstanz der Steuerungsstellung ließen sich nach den Überlegungen von WEISS dadurch erreichen, daß die Verbindungsstange zwischen Regler und Dampfmaschinensteuerung in ihrer Länge veränderlich gemacht wurde [siehe Bild 21].

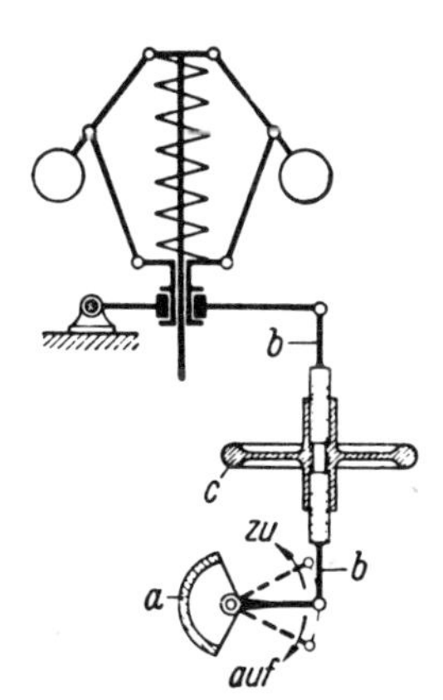


**Bild 21:**
Leistungsregelung nach WEISS

Die starke Veränderlichkeit der Drehzahl selbst erreichte WEISS durch einen extrem statischen Regler, das heißt einen mit sehr großem Ungleichförmigkeitsgrad. Wenn nun bei einem gestiegenen Leistungsbedarf die Drehzahl erhöht werden sollte, wurde die Verbindungsstange mit dem Handrad verlängert, der Schieber weiter geöffnet und damit eine größere Füllung eingestellt als dem Beharrungszustand entsprach.

Durch den Arbeitsüberschuß stieg die Drehzahl und damit auch die Reglermuffe so lange, bis der alte Füllungsgrad wieder erreicht war. Die Kraftmaschine hatte nun in dem neuen Beharrungszustand bei gleichem Drehmoment eine höhere Drehzahl angenommen, so daß ein Ausgleich zwischen Leistungsbedarf und Leistungserzeugung bestand.

WEISS nannte diese Regler "Leistungsregler" und meinte damit die gesamte Kombination aus statischem Fliehkraftregler und der Verlängerungseinrichtung für die Verbindungsstange.

Die Veränderung der Gestängelänge, die in der Prinzipanordnung mit dem Handrad erfolgt, wurde meist selbsttätig ausgeführt und an den Leistungsbedarf gekoppelt, beispielsweise durch Verbindung mit dem Wasserstand eines zu beliefernden Hochbehälters.

Leistungsregler der genannten Bauart haben den Nachteil, daß bei plötzlicher Entlastung der Kraftmaschine, zum Beispiel bei Rohrbruch in einem zu betreibenden Wassernetz, die Drehzahl wegen des stark statischen Charakters des Fliehkraftreglers sehr hoch steigt, was gefährlich sein kann.

Als Ausweg boten sich Schnellschlußvorrichtungen an, doch fand STUMPF 1891 eine andere Lösung, indem er einen Regler konstruierte, der im unteren Teil des Muffenhubes statisch arbeitete und die Leistungsregelung übernahm, während er im oberen Teil, der nur bei starker Entlastung erreicht wurde, astatischen Charakter aufwies, so daß bei dessen Erreichen ein schneller Abschluß der Zulauforgane der Kraftmaschine erfolgte.

Da entsprechende Fliehkraftregler mit extrem großem Ungleichförmigkeitsgrad wegen der entgegengesetzten Aufgabenstellung bei der Drehzahlregelung nicht zur Verfügung standen, wurden von WEISS und TOLLE spezielle Regler konstruiert; das führte dazu, daß Fliehkraftregler mit ausgeprägt statischem Verhalten, auch wenn sie zur normalen Drehzahlregelung eingesetzt wurden, in Verkennung des Sinns vielfach als Leistungsregler bezeichnet wurden [siehe 50 TOLLE, 1905].

In den USA wurde das WEISSsche Prinzip der Leistungsregelung von NORDBERG eingeführt [siehe 35 TRINKS, 1919].

### 1.11 Fliehkraftanlasser

Mit der zunehmenden Erweiterung der Elektrizitätsversorgung wurden in der zweiten Hälfte der neunziger Jahre kleinere Pumpwerke und besonders solche, die im Aussetzbetrieb arbeiteten, auch mit Elektromotoren angetrieben.

Dazu benötigte man Anlasser, die den Anlaufstrom der Motoren begrenzten. Um die Pumpvorgänge auch selbsttätig in Abhängigkeit von Wasserständen oder Drücken schalten zu können, wurden selbsttätige Anlasser verwendet [siehe Bild 22].

Der Hebel *A* wurde gegebenenfalls selbsttätig von dem Meßglied der Regelgröße getätigt. Während im ersten Moment des Anlaufes alle Widerstände mit dem Motor in Reihe lagen, wurden sie mit steigender Drehzahl durch die Hubbewegung des Fliehkraftreglers ausgeschaltet; der Fliehkraftregler hatte sich hier ein neues Verwendungsgebiet erobert [siehe 54 KRAUSE, 1909].

### 1.12 Achsen- oder Flachregler

In den neunziger Jahren tauchten neben den bekannten Fliehkraftmuffenreglern mit stehender Reglerspindel in stärkerem Maße auch andere auf, nämlich sogenannte Achsen- oder Flachregler und Beharrungsregler. Während sich die Beharrungsregler durch

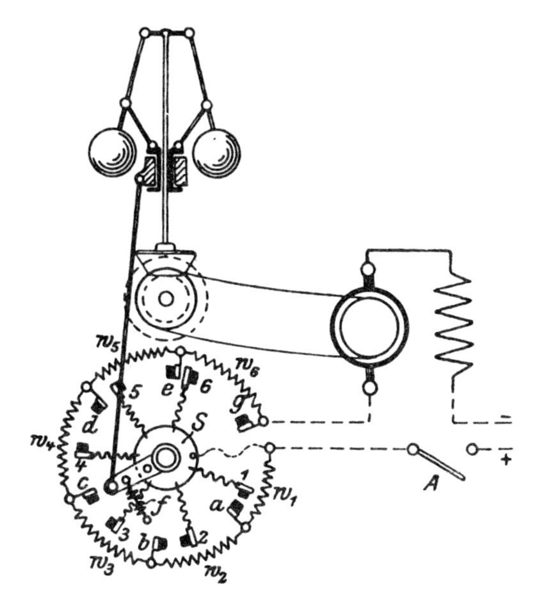


**Bild 22:**
Fliehkraftanlasser der Firma SIEMENS um die Jahrhundertwende

die Verwendung des Beharrungsprinzips und anfänglich auch durch Verzicht auf Fliehkraftwirkung von den Fliehkraftreglern unterscheiden, liegt der Unterschied zwischen den Fliehkraftmuffenreglern und den Achsen- oder Flachreglern primär in der konstruktiven Gestaltung.

In der technischen Ausführung ergab sich häufig eine Kombination des Beharrungsprinzips mit der Ausführung als Achsenregler. TOLLE zog die Bezeichnung "Achsenregler" der als "Flachregler" vor, worauf sich die erstere durchsetzte. Die Bezeichnung "Beharrungsregler" ist von STODOLA [55, 1899] geprägt worden; sie dominierte gegenüber der vorher verwendeten Bezeichnung "Inertie-Regulatoren", die aus der in den USA gebräuchlichen Bezeichnung abgeleitet worden war. In die Zeit dieser Begriffsbildung fiel auch der Umbruch in der Bezeichnung von "Regulator" zu "Regler", der sich jedoch noch über viele Jahre hinzog.

Konstruktiv unterschieden sich die Achsenregler von Muffenreglern dadurch, daß die Fliehgewichte sich meist in einer festen, senkrecht zur Welle liegenden Ebene bewegten und daß diese Welle meist gleichzeitig die Kurbelwelle war. Daraus folgt, daß die Achsenregler auf die Schwerkraft als Gegenkraft zur Fliehkraft verzichten mußten und Federkraft verwendeten. Insgesamt ergaben die Achsenregler kompaktere Bauweise und eigneten sich deshalb besonders für Schiffsmaschinen und schnellaufende, stationäre Einheiten.

Einen Achsenregler für schnellaufende Maschinen hatte schon BROWN 1862 konstruiert, der den Regler unmittelbar auf der Kurbelwelle anordnete, von wo er auf das Exzenter der Dampfmaschinensteuerung wirkte. Ähnliche Regler wurden in den USA von HOADLEY 1872 und THOMPSON 1878 und in Deutschland von FRIEDRICH 1873 gebaut.

Das Beharrungsprinzip, welches erstmals 1845 in den Reglern der Gebrüder SIEMENS eine Rolle gespielt hatte, soll in den USA zum ersten Male 1870 in dem Regler von SHIVE zur Anwendung gekommen sein [siehe 56 BALL, 1897], der sich aber nicht in größerem Maße durchsetzen konnte.

In Deutschland kam das Beharrungsprinzip erstmals wieder 1891 in dem Achsenregler von KUMMER, FISCHINGER und LECK (DRP 57994 und 60832) zum Einsatz und anschließend im Jahre 1893 in dem Regler von DAEVEL (DRP 74769).

Während sich die Beharrungsregler in Deutschland erst nach 1899 stärker gegenüber den reinen Fliehkraftreglern durchsetzten konnten, setzten sie sich Mitte der neunziger Jahre in den USA im Anschluß an die Beharrungsregler-Patente von McEVEN 1894 [siehe Bild 23] und der BALL ENGINE Co. geradezu stürmisch durch, so daß STODOLA später sogar die Bezeichnung "Amerikanische Inertie-Regulatoren" vorschlug.

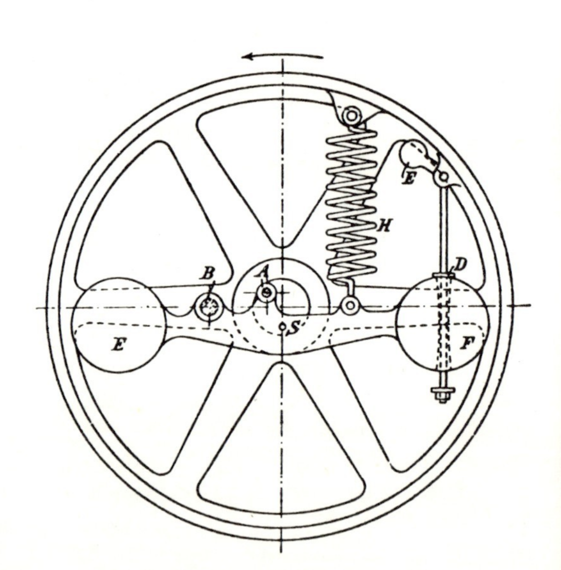


**Bild 23:**
Beharrungsregler von McEVEN

Die Einführung dieser Beharrungsregler in Deutschland geht stark auf STODOLA zurück, der sie in der oben zitierten Arbeit einem breiteren Kreis von Fachleuten zugänglich machte und ihr dynamisches Verhalten untersuchte.

Das dynamische Verhalten der Beharrungsregler ist stark von der Konstruktion und insbesondere der Aufhängung der Beharrungsmasse abhängig. Bei allen Ausführungen wirkte der bei Drehzahländerungen sich bemerkbar machenden Trägheitskraft eine Federkraft entgegen, so daß sich ein differenzierendes Verhalten ergab [siehe 52 HUTAREW]. Man merkte bald, daß "reine Beharrungswirkung" nicht brauchbar war und kombinierte sie mit der Fliehkraftwirkung, wie es bereits in dem Regler von McEVEN ausgeführt ist.

Aus dieser Kombination resultierte PD-Verhalten. STODOLA erkannte bei seinen Untersuchungen, daß der Ungleichförmigkeitsgrad eines solchen Reglers durch den

Einfluß der Beharrungsmasse verringert werden darf, so daß sich geringere Regelabweichungen ergeben.

Zur Drehzahlregelung der Kraftmaschinen hatte man damit um die Jahrhundertwende neben proportional wirkenden Reglern noch PD-Regler zur Verfügung, welche fast ausschließlich als Achsenregler mit Beharrungs- und Fliehkraftwirkung gebaut wurden und ferner PI-Regler, welche aus Fliehkraft-Muffen-Reglern mit hydraulischem Servomotor und nachgebender Rückführung bestanden.

## 1.13 Graphische Synthese von Drehzahlreglern

Neben den bedeutenden Neuentwicklungen, die sich in den neunziger Jahren mit dem Fliehkraftregler verbanden, darf nicht vergessen werden, daß auch der Fliehkraftregler selbst konstruktiv verbessert wurde und zwar hinsichtlich gewünschter Verhaltensweise und verminderter Reibung.

Abgesehen von der Beachtung der dynamischen Verhältnisse, bereitete schon die Ermittlung und die konstruktive Gestaltung der statischen Verhältnisse erhebliche Schwierigkeiten, so daß die Regler bis etwa 1880 noch weitgehend empirisch entwickelt wurden. Der Einfluß der einzelnen Konstruktionsparameter auf das endgültige Verhalten der Regler konnte erst übersehen werden, nachdem man sich graphische Verfahren zunutze gemacht hatte. Als erster wies HERRMANN [57, 1886] auf deren Wichtigkeit hin. Das wesentliche Verfahren entwickelte dann TOLLE [58, 1895/96] und nannte es *C*-Kurven-Verfahren.

Bei Fliehkraftmuffenreglern gelangt man zu einer *C*-Kurve oder Charakteristik, wenn man für die einzelnen Stellungen des ruhend gedachten Reglers senkrecht unterhalb des Schwerpunktes der vereinigt gedachten Hauptschwungmassen diejenige Fliehkraft aufträgt, welche in diesem Schwerpunkt radial nach außen angreifen muß, um den inneren Kräften des Reglers das Gleichgewicht zu halten. Die inneren Kräfte können nun jeweils gesondert berechnet und für jeden Einfluß eine spezielle *C*-Kurve aufgetragen werden. Die endgültige *C*-Kurve, die alle betrachteten Einflüsse zusammenfaßt, entsteht als Summe der Ordinaten der speziellen *C*-Kurven [siehe Bild 24].

Die hauptsächlichen Einflüsse auf die *C*-Kurven ergaben sich bei den meisten Reglern durch die Fliehgewichte, die Muffenbelastung und die Belastungsfedern.

Die *C*-Kurve bot eine einfache Möglichkeit, den Ungleichförmigkeitsgrad graphisch zu bestimmen, vor allem aber eine Übersicht darüber, zu welcher Muffenstellung labiles, astatisches oder statisches Verhalten des Reglers gehörte.

Bild 25 zeigt den Verlauf einer statischen und einer labilen *C*-Kurve aus der TOLLEschen Originalarbeit.

Um das Verhalten beurteilen zu können, muß man den Zusammenhang zwischen den *C*-Kurven und den Drehzahlen kennen. TOLLE zeigte, daß die zu der jeweiligen Stellung gehörende Drehzahl proportional ist dem Tangens des Winkels $\varphi$ zwischen Abszisse und dem Ordinatenwert auf der *C*-Kurve:

$$n = const. \tan \varphi.$$

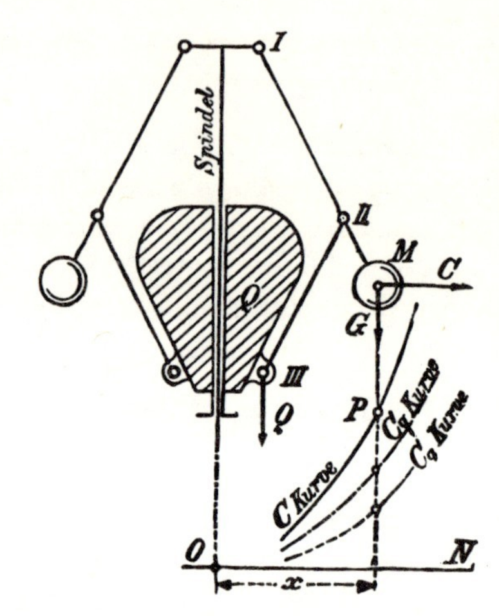


**Bild 24:**
*C*-Kurven nach TOLLE

Für stabiles Reglerverhalten, was gleichbedeutend mit einer statischen *C*-Kurve ist, ergibt sich die Voraussetzung, daß einem größeren Ausschlag der Schwungkugeln auch eine höhere Drehzahl entsprechen muß. Für die *C*-Kurve bedeutet diese Bedingung, daß für die einzelnen Punkte der Winkel $\varphi$ mit wachsendem Abszissenwert ebenfalls zunehmen muß. Aus Bild 25 läßt sich ersehen, daß diese Bedingung im Falle der labilen *C*-Kurve nicht erfüllt ist.

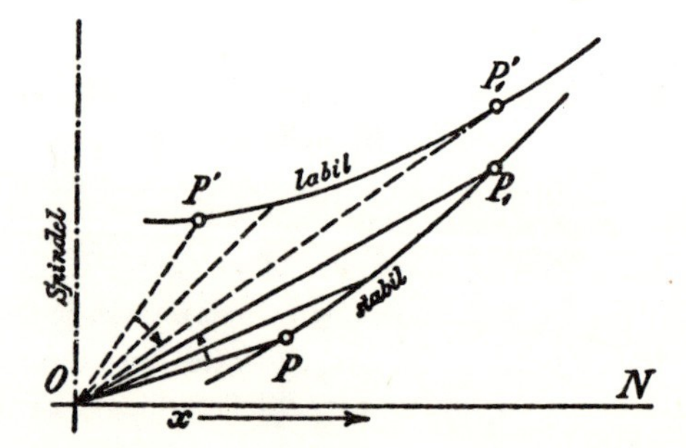


**Bild 25:**
Stabile und labile *C*-Kurven

Die Grenzen zwischen stabilem und labilem Verhalten, die durch astatisches Verhalten gekennzeichnet ist, liegt vor, wenn der Winkel $\varphi$ für alle Ausschläge konstant ist.

Vielfach wurden *C*-Kurven angestrebt, die einen sogenannten "astatischen Punkt" aufwiesen; man erreichte dies durch zwei stabile oder statische Kurvenäste, die mit einer durch den Nullpunkt verlaufenden Wendetangente aneinander stießen.

Das TOLLEsche Verfahren hatte ein nicht so weit entwickeltes Pendant, welches HARTNELL [59, 1882] angegeben hatte [siehe auch 35 TRINKS].

Für die Achsenregler sind entsprechende Kurven von THÜMMLER [60, 1903] verwendet worden. Bei ihnen wurden die Drehmomente über den jeweiligen Ausschlägen aufgetragen, worauf sie die Bezeichnung *M* (Momenten-)-Kurven erhielten; sie unterscheiden sich in der Aussagekraft und im Prinzip nicht von den *C*-Kurven.

Ein mit Hilfe des *C*-Kurvenverfahrens konzipierter Regler ist der Federregler von TOLLE mit Quer- und Längsfeder (DRP Nr. 86718) [siehe Bild 26]. Die unmittelbar auf die Muffe wirkende Feder ermöglichte eine Einstellung der Drehzahl. Der infolge zunehmender Federspannung stärker statisch werdende Charakter des Reglers, der durch die stark statische, spezielle *C*-Kurve der Längsfeder erzwungen würde, erfährt eine Kompensation durch die entgegengesetzt tendierende spezielle *C*-Kurve der Querfeder. Ein Spannen der Längsfeder bewirkte ein gleichzeitiges Spannen der Querfeder, so daß insgesamt bei dieser Verstellung zwar die Drehzahl, nicht aber der Ungleichförmigkeitsgrad verändert wurde. Derartige konstruktive Feinheiten ließen sich erst mit Hilfe der neuen graphischen Verfahren berücksichtigen.

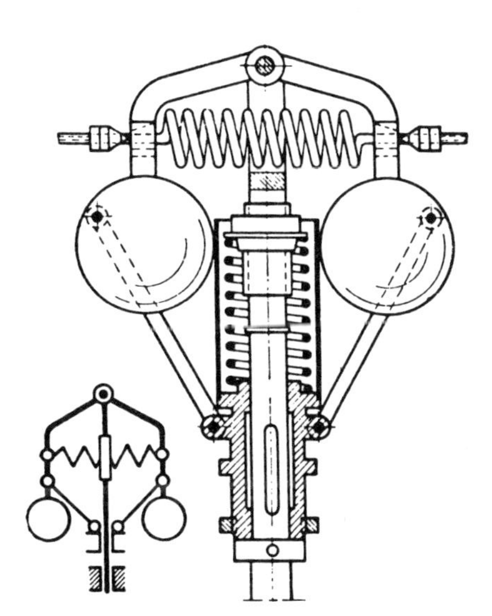

**Bild 26:**
Federregler von TOLLE

## 1.14 Ergänzende Bemerkungen

Dieselben graphischen Verfahren ermöglichten eine Berücksichtigung der trockenen Reibung, der man bei der Reglerkonstruktion schon seit geraumer Zeit Aufmerksamkeit gewidmet hatte und die in dem "Unempfindlichkeitsgrad" erfaßt wurde.

In konstruktiver Hinsicht ist ein möglichst reibungsfreier Aufbau des Fliehkraftpendelsystems angestrebt worden; dementsprechend ging man teilweise zu gelenkfreien Konstruktionen mit Schneidenlagerungen oder auf Evolventenbahnen laufenden Schwungmassen über. Unter dem Gesichtspunkt der weitgehenden Reibungsfreiheit ist auch eine Pendelkonstruktion von PICKERING [siehe 61 LÖWY, 1909] zu sehen. Es handelte sich dabei um Blattfederpendel, bei dem die Fliehkräfte der auf den Blattfedern befestigten Massen gegen die mit der Durchbiegung entstehenden, elastischen Kräfte wirken. Dieses Prinzip fand in dem sehr verbreiteten Regler der Firma LOMBARD Anwendung [siehe 50 TOLLE, 1905].

Qualitative Untersuchungen über trockene Reibung in Fliehkraftreglern wurden erst sehr viel später durchgeführt; eine umfassende Abhandlung darüber stammt von SCHMIDT [62, 1936].

Das ohnehin schon sehr nichtlineare Verhalten der meisten Fliehkraftregler wurde durch die trockene Reibung noch verstärkt. Eine in neuerer Zeit viel beachtete Methode, derartige Nichtlinearitäten zu linearisieren [siehe Kapitel 10], das heißt hier im Falle der trockenen Reibung, ihren Einfluß weitgehend auszuschalten, wandte PARSONS, einer der Pioniere des Dampfturbinenbaues an. In seinem Patent (BP No. 15677) des Jahres 1892 gab er die Überlagerung der Bewegung eines reibungsbehafteten Servoventiles mit einer Hilfsbewegung ("dither") zur Verminderung des Reibungseinflusses an. Die Hilfsbewegung wurde in Form einer Axialschwingung auf das die Dampfmaschine steuernde Servoventil gegeben. Die Axialschwingung erzeugte PARSONS über einen Exzenter, der über einen Hebel mit einem Kolben verbunden war, welcher in kurzen Abständen mit Dampf beaufschlagt wurde. Das System wurde als "puff governing" bekannt und fand mit sehr kleinen Vibrationen noch um 1919 Anwendung [siehe 35 TRINKS, 1919].

Die bereits oben besprochene Konkurrenz der rotationsmechanischen und der hydraulischen Servosysteme entschied sich zuerst auf dem Gebiet der Regelung der Wasserturbinen für die hydraulischen Systeme. Bei der Regelung von Wasserturbinen spielt die Dynamik der Wassersäule im Zuflußrohr der Turbine eine erhebliche Rolle. Da die rotationsmechnischen Servosysteme unstetig arbeiteten, erfuhr der Zulaufschieber und damit auch die Wassersäule ständig Stöße, welche durch die großen bewegten Massen von erheblicher Kraft waren und leicht zu Zerstörungen führten. PFARR [63, 1908] ist diesem Übelstand durch Einführung einer Hilfsstellgröße begegnet und hat seine Anordnung "Doppelregelung" genannt [siehe Kapitel 11].

Die Theorie der Turbinenregelung wurde von STODOLA in zwei Aufsätzen mit dem Titel "Über die Regulierung von Turbinen" [40, 1893/94] ausführlich behandelt. STODOLA berücksichtigte die Einflüsse von Turbine, Regler und Wassersäule und drückte sie durch ein System von sieben linearen Differentialgleichungen aus, dessen Lösung ihm nicht gelang; dennoch konnte er wesentliche Aussagen über die Stabilität bei bestimmten Parameterkombinationen treffen, weil ihm das von HURWITZ entwickelte, algebraische Stabilitätskriterium zur Verfügung stand [siehe Kapitel 4]. Das Problem von STODOLA ist der Anlaß für HURWITZ gewesen, sich mit diesem Kriterium zu befassen.

Für die dynamische Berechnung von Regelkreisen hat die STODOLAsche Arbeit noch einen weiteren Fortschritt gebracht durch die Einführung von Zeitkonstanten, mit deren Hilfe sich die Aussagen vereinfachen ließen. Außerhalb der Regelungstechnik waren Zeitkonstanten schon früher von HELMHOLTZ benutzt worden.

Mit der geschilderten Entwicklung der Servomotoren, der Isodromregler, der Beharrungsregler, der Rückführungen und anderer konstruktiver Elemente der Regelkreise und ferner der Heranziehung theoretischer Verfahren, wie der *C*-Kurvenverfahren zur statischen Berechnung, der Differentialgleichungen zur dynamischen Berechnung und anderer Verfahren zur Berechnung nichtstetiger Regelungsvorgänge [siehe Kapitel 9 und 10], hatte die Regelungstechnik für den Bereich der Kraftmaschinenregelung einen vorläufigen Abschluß erreicht, der sich am deutlichsten in dem Buch von TOLLE "Die Regelung der Kraftmaschinen" [50] ausdrückte, welches in drei Auflagen in den Jahren 1905, 1909 und 1922 erschien.

Auch andere Bücher, wie das von BAUERSFELD "Die automatische Regulierung der Turbinen" [64, 1905], und das von TRINKS "Governors and the Governing of Prime Movers" [35, 1919] dokumentieren diesen Stand.

Das Buch von TOLLE überwog die anderen aber bei weitem, nicht zuletzt wegen der vielen Details.

Es ist auffallend, daß im englischsprachigen Raum kein äquivalentes Buch erschien und zudem das von TRINKS noch sehr viel später herauskam.

Die Regelung der Kraftmaschinen blieb über Jahrzehnte hinaus nahezu ohne wesentliche Veränderungen, wie sich aus einem Vergleich des Buches von TOLLE mit dem sehr viel später erschienenen von FABRITZ "Die Regelung der Kraftmaschinen" [65, 1940] ergibt. Gewisse Fortschritte verbanden sich mit besonders geschickter Anordnung der Druckölsysteme für die Servomotoren; diese Anordnungen wurden als "Verbundregelungen" bekannt.

Im ersten Jahrzehnt des zwanzigsten Jahrhunderts waren auf anderen Teilgebieten der Regelungstechnik Weiterentwicklungen zu beobachten, die aber in anderen Kapiteln dieser Arbeit behandelt sind; dazu gehört beispielsweise die Berechnung elektro-mechanischer Regelkreise mit Differentialgleichungen [siehe Kapitel 10].

An dieser Stelle sollen noch einige Anmerkungen bezüglich gerätetechnischer Neuerungen auf Teilgebieten gemacht werden. Als wichtiges Element vieler späterer Regelkreise wurde von MICHALKE ein Drehmeldersystem erfunden und 1897 der Firma SIEMENS patentiert (DRP 93912). Später wurde es Grundlage der Synchrotechnik.

Gleichfalls in den Bereich elektrischer Regelkreise gehören zwei Erfindungen jener Zeit, nämlich der 1906 von der Firma BRUSH-Electric gebaute Kohledruckregler und der Wälzsektorregler der Firma BROWN, BOVERI Co. Der Wälzsektorregler gehörte danach ungefähr vierzig Jahre lang zu den Standardbauelementen elektrischer Regelkreise.

Ein anderes Teilgebiet der Regelungstechnik, welches vor der Jahrhundertwende ganz im Schatten der Kraftmaschinenregelung gestanden hatte, nämlich die Speisewasserregelung in Dampfkesseln, erheischte stärkere Aufmerksamkeit. Infolge der Steigerung der Kesseldrücke wurde es nötig, die Kesseltrommeln zur Vermeidung übergroßer Wandstärken in ihren Abmessungen zu verringern. Der dadurch ebenfalls verringerte Wasserinhalt führte zusammen mit der Steigerung der Verdampfung zu einem sehr schnellen Wasserumschlag, welcher eine gute Speisewasserregelung erforderlich machte. Als Meßglied ließ sich der Schwimmer nicht verdrängen, obgleich auch andere Systeme verwendet wurden. Die meisten Speisewasserregler arbeiteten ohne Hilfsenergie; eine Ausnahme bildete beispielsweise der "pneumatische Wasserstandsregler" von HANNEMANN, der im Jahre 1914 herauskam [siehe 66 BALCKE, 1931]. Drucköl als Hilfsenergie kam für diesen Zweck erst um 1930 auf.

Als eine von der übrigen regelungstechnischen Entwicklung völlig isolierte Erfindung muß die des DALEN-Blinklichtes angesehen werden, für die ihr schwedischer Erfinder DALEN im Jahre 1912 mit dem Nobelpreis für Physik ausgezeichnet wurde. Die Auszeichungsbegründung lautete:

> "For his invention of automatic regulators to be used in conjunction with gas accumulators for lighting beacons and light buoys".

DALENs Erfindung bestand aus einem Azetylengassammler und einem Regelventil, die zusammen ein System zur automatischen Befeuerung von Leuchtfeuern und Leuchtbojen bildeten. Vorher waren diese Seezeichen ständig in Leuchttätigkeit gewesen, so daß die Azetylenvorräte jeweils schnell verbrauchten. DALENs System eröffnete die Möglichkeit, den Zufluß des Azetylengases zum Brenner mit Hilfe des Regelventiles in Abhängigkeit von der Umgebungsbeleuchtung zu steuern. Das wichtigste Element der Erfindung, die DALEN im Jahre 1907 machte, war ein lichtempfindliches Meßglied, das zusammen mit dem Regelventil als "Sonnenventil" bekannt wurde. In ihm wurde der Effekt ausgenutzt, daß ein geschwärzter Metallstreifen die Strahlungswärme stärker absorbiert als ein polierter Streifen aus dem gleichen Material und sich entsprechend stärker ausdehnt, wenn er einer Wärmestrahlung ausgesetzt wird.

Das von DAHLEN nach vielen Versuchen [siehe 67 HEATHCOTE, 1953] letzlich entwickelte System bestand aus einem Glaszylinder, der drei vertikal angeordnete, polierte Metallstäbe umschloß, die in einem Kreis um einen ebenfalls vertikal angeordneten, geschwärzten Stab befestigt waren. Alle vier waren an ihren oberen Enden verbunden.

Wenn nun bei Wärmestrahlung der geschwärzte Stab eine stärkere Ausdehnung erfuhr, drückte er einen Hebel nieder und schloß damit das Gasventil. Bei verminderter Wärmeabsorption zog sich der Stab wieder zusammen, und eine Feder drückte nun das Ventil wieder hoch und öffnete damit den Gaszutritt.

Offenbar reagierte das System auch auf die Strahlung des eigenen Azetylenlichtes, denn es wird berichtet [siehe 68 dtv-Lexikon, 1966], daß es Lichtblitze von $\frac{1}{10}$ Sekunde Dauer bei $\frac{9}{10}$ Sekunde Dunkelzeit ermöglichte. Bei genügender Sonneneinstrahlung bewirkte demnach diese den Schließvorgang des Ventils. Nach Eintritt der Dunkelheit öffnete das Ventil und die Beleuchtung setzte für kurze Zeit ein, bis ihre eigene Einstrahlung das Ventil wieder zum Schließen veranlaßt hatte, worauf sich der Vorgang wiederholte. Um den Zündvorgang mit der nötigen Häufigkeit wiederholen zu können, brannte vermutlich eine kleine Flamme ständig, die über einen gesonderten Azetylenzufluß verfügte. Die gegenüber ständiger Beleuchtung ganz erheblich verminderte Brenndauer pro Zeiteinheit setzte die Kosten für die unbemannten Leuchtstationen erheblich herab und erhöhte durch geringeren Ausfall die Sicherheit der Navigation auf See. Aufgrund ihrer sehr speziellen, gerätetechnischen Orientierung blieb diese Erfindung in regelungstechnischen Fachkreisen weitgehend unbekannt, obwohl ihr die größte wissenschaftliche Auszeichnung zuteil wurde.

# 2. *Kapitel:* Regelungstechnik in den Jahren 1920-1965

## 2.1 Einleitung

Der größte Teil der in diesen Zeitabschnitt fallenden regelungstechnischen Entwicklungen ist in einem der Teilgebiete erfaßt, die in den nächsten Kapiteln besprochen werden; deshalb sollen in diesem Kapitel in erster Linie Hinweise auf solche Entwicklungen gegeben werden, die sich nicht einem der Teilgebiete unterordnen lassen; das trifft bereichsweise auf gerätetechnische Entwicklungen zu.

An dieser Stelle sollen auch kybernetische Gesichtspunkte berücksichtigt werden, das heißt es werden Arbeiten aus nichttechnischen Fachgebieten angegeben, die sich regelungstechnischer Interpretationen bei der Analyse ihrer Systeme bedient haben.

## 2.2 Servosysteme und Kursregelungen

Der Erste Weltkrieg hatte die besondere Bedeutung der Regelungstechnik für einige wichtige Kriegsgeräte deutlich werden lassen. Zu diesen Geräten gehörten Flugzeugsteuerungen und Schiffs- und Geschützsteuerungen. Als hauptsächliches regelungstechnisches Problem entstand bei ihnen immer die Bereitstellung des Servosystems mit geeignetem dynamischen Verhalten, das heißt eines geeigneten Mittlers zwischen verschiedenen Energiepegeln. Diese Energievermittlung wurde im Ersten Weltkrieg hinsichtlich der Geschützsteuerungen noch nicht mit der erforderlichen Genauigkeit beherrscht. In Deutschland waren zwar im Anschluß an das Drehmelder-Wechselstromsystem von MICHALKE die sogenannten Feuerleitanlagen gebaut worden, die auch allgemein bei der kaiserlichen Marine zum Einsatz kamen, doch dienten die Drehmelder dabei lediglich zur Winkelübertragung von den Koordinatenrechnern zu den Geschützbedienungen, während die Übertragung auf die Einstellung der Geschütze und Scheinwerfer noch manuell erfolgen mußte [siehe 69 OETKER].

Bedingt durch die Tatsache, daß sowohl ein allgemeiner Regelkreis als auch ein Servosystem mindestens eine Rückführung aufweisen, wurden in den USA bis in die Jahre kurz vor dem Zweiten Weltkrieg hinein die Begriffe "feedback control system" und "servomechanism" häufig synonym verwendet [siehe 70 BROWN und CAMPBELL, 1948] und erst nach einschlägigen Publikationen wie der von HAZEN [siehe unten] begrifflich auseinandergehalten. Im deutschsprachigen Raum wurde der aus der Kraftmaschinenregelung stammende Begriff Servomotor vielfach durch die Begriffe Nachlauf- oder Folgeregler ersetzt. Nach dem Zweiten Weltkrieg gewann die Vorsilbe "Servo", hervorgerufen durch den Einfluß der sehr verbreiteten amerikanischen Literatur, auch in Deutschland wieder an Boden; sie bezeichnet dabei nicht nur

Systeme mit betonter Kraftverstärkung, wie beispielsweise Servobremsen an Kraftfahrzeugen, sondern auch andere, wie Servomultiplizierer in Analogrechnern.

Die "Servosysteme", von denen man vielfach sprach, nehmen im Verhältnis zu dem allgemeineren Begriff des Regelkreises die gleiche Stellung ein wie die rückgekoppelten Verstärker der Elektrotechnik, welche ebenfalls Regelkreise mit spezieller Aufgabenstellung sind.

In den USA haben die Servosysteme bis in die Jahre des Zweiten Weltkrieges hinein eine eigenständige Entwicklung durchgemacht, die weitgehend unabhängig von der anderer Teilgebiete der Regelungstechnik geblieben ist.

In den anderen Industrieländern ist diese Trennung nicht so scharf hervorgetreten, was sich dadurch ausdrückt, daß dort keine spezielle Buchliteratur über dieses Teilgebiet herausgegeben worden ist. Zwar haben dort die gleichen Probleme angestanden und sind auch gelöst worden, doch hat das nicht zu einer Trennung in den Veröffentlichungen geführt, zumindest nicht, solange nicht gerätetechnische Fragen im Vordergrund standen [siehe 71 ENGEL, 1944].

Die Verwendung von Servosystemen für Schiffs- und Flugzeugsteuerungen hat ihren gedanklichen Ursprung nicht im Zusammenhang mit dem Kriegsgerät des Ersten Weltkriegs [siehe Kapitel 1 und 10], doch wurde man sich dabei der nötigen Verbesserungen hinsichtlich des dynamischen Verhaltens bewußt.

Erste Vorschläge, Servosysteme für die Flugzeugsteuerung einzusetzen, sollen von MAXIM gemacht worden sein [siehe 72 BOLLAY, 1951]. Die erste praktische Verwendung im Jahre 1910 wird allerdings SPERRY zugeschrieben [siehe 73 BASSETT, 1953].

SCHULER [13] wies ohne weitere Angaben wegen ähnlicher Versuche auf den Franzosen MARMONIER und den Deutschen DREXLER hin, deren Entwicklungen anscheinend aber nicht gebrauchsreif waren. Erheblich weiterentwickelt soll auf deutscher Seite eine Steuerung von BOYKOW gewesen sein.

Die kurz vor dem Ersten Weltkrieg und danach gemachten Erfindungen gerade auf diesem Gebiet sind zu einem Teil in Geheimpatenten niedergelegt und der Öffentlichkeit nicht bekannt gemacht worden. Der Übergang zu automatischer Flugzeugsteuerung, der in letzter Konsequenz hinsichtlich des Start- und Landevorgangs auch in neuester Zeit noch nicht vollzogen ist, begann erst in den dreißiger Jahren, da man die Geräte noch nicht leicht genug bauen konnte. Obgleich eine vollständig selbsttätige Flugzeugsteuerung alle drei Bewegungsachsen einbeziehen muß, beschränkte man sich zuerst noch auf die selbsttätige Kursregelung.

Ein erstes geeignetes Gerät, welches noch achtzig Kilogramm wog, wurde 1926 von der Firma SPERRY gebaut und von BASSETT [74, 1936] beschrieben.

Der Kreiselantrieb und die Steuerungsbetätigung erfolgten bei dem SPERRY-Gerät bis zum Jahre 1931 elektrisch; danach ging man beim Kreiselantrieb und bei der Einwirkung des Kreisels auf den Steuerkolben zu einem pneumatischen System über, während der Arbeitskolben ölhydraulisch betätigt wurde. Dieses Gerät von SPERRY war wohl das damals am weitesten entwickelte und regelte bereits Kurs, Höhen- und

Querlage. Die Firma SIEMENS brachte im Jahre 1934 für den gleichen Zweck den sogenannten Autopiloten heraus, bei dem die Kursabweichung von dem Richtungsgeber und dem Kurskreisel und ihr Differentialquotient mit einem Wendekreisel ermittelt wurden. Die Summe von Kursabweichung und Differentialquotient wurde mechanisch über ein Hebelwerk gebildet und wirkte auf den hydraulischen Stellmotor der Ruder.

Auf dem Gebiet der Flugzeugsteuerung- und Regelung wetteiferten damals hydraulische, pneumatische, elektrische und kombinierte Systeme miteinander.

Besondere Verbreitung als hydraulischer Regler fand der nach dem Strahlrohrprinzip gegen Ende der zwanziger Jahre von der Firma ASKANIA gebaute, der bei WÜNSCH [75, 1930] beschrieben ist.

Über gerätetechnische Entwicklungen auf diesem Gebiet und in diesem Zeitraum hat ENGEL [siehe oben] berichtet und dabei auch amerikanische und englische Geräte berücksichtigt, so daß eine weitergehende Erörterung an dieser Stelle unterbleiben kann.

Theoretische Untersuchungen über Flugzeugsteuerungen sind in Deutschland hauptsächlich von OPPELT [76, 1937; 77] und FISCHEL [78, 1940] durchgeführt worden [siehe auch Kapitel 10], wobei die genannte Arbeit von FISCHEL auch viele gerätetechnische Hinweise gibt.

Wenn man einen Vergleich zieht zwischen deutschen regelungstechnischen Arbeiten und Geräten für die Flugtechnik einerseits und amerikanischen und englischen andererseits, so muß man in den zwanziger und ersten dreißiger Jahren einen deutschen Rückstand feststellen, der wohl zumindest teilweise auf die Verbote zurückzuführen ist, welche die Siegermächte des Ersten Weltkriegs der deutschen Forschung auferlegt hatten.

Die automatische Kursregelung von Schiffen war gegen Ende des Ersten Weltkrieges schon weiter gediehen als die der Flugzeuge. Zum einen bestanden damals bei der Flugzeugkonstruktion selbst noch viel größere Probleme als das der automatischen Einhaltung bestimmter Flugdaten, und zum anderen unterlagen die Kursregelanlagen der Schiffe nicht den gravierenden Gewichtsbeschränkungen wie die der Flugzeuge.

Die wesentlichen Unterschiede zwischen beiden liegen nicht so sehr in der Theorie als vielmehr in der Gerätetechnik, obwohl selbstverständlich die angestrebte Regelung der Flugzeuge in allen drei Koordinaten auch theoretische Erschwerungen mit sich bringt. Die grundsätzliche Ähnlichkeit beider Regelungen zeigt sich darin, daß sich eine gemeinsame Gleichung der Kursregelung in allgemeiner Form angeben läßt:

$$\ddot{\psi} + a\dot{\psi} + b\psi + c = d\ddot{\varphi} + e\dot{\varphi} + f\varphi$$

$\psi$ = Kursabweichung

$\varphi$ = Ruderverstellung

$a, b, c, d, e, f$ = Konstanten.

Die Gemeinsamkeiten beider Regelungen drücken sich auch darin aus, daß einige Patente der damaligen Zeit sich auf Kursregelungen von Schiffen und Flugzeugen gemeinsam bezogen; beispielsweise sei eines von HENDERSON aus dem Jahre 1921 genannt (DRP Nr. 422844):

> "Selbsttätig wirkende Steuerungsvorrichtung für Schiffe, Luftfahrzeuge und dergleichen".

Während die auf WHITEHEAD und OBRY [siehe Kapitel 10] zurückgehenden Torpedokursregelungen unstetig arbeiteten, konnte man dieses Verfahren für die Kursregelung von Schiffen nicht anwenden, weil bei ihnen die Trägheitsmomente um die Hochachse außerordentlich groß sind gegenüber den Dämpfungskräften [siehe unten].

Nachdem SCHULER im Jahre 1912 bei der Firma ANSCHÜTZ mit dem sogenannten Dreikreisel-Kompaß ein geeignetes Meßgerät für Kursabweichungen entwickelt hatte, erkannte er bald dessen Eignung für automatische Kurssteuerungen und erhob einen Patentanspruch für eine stetig arbeitende Vorrichtung, die ihm 1916 patentiert wurde.

In demselben Patent ist eine Rückführung mit Verzögerung angegeben, die aus Feder und Öldämpfung bestand und hier offenbar erstmals überhaupt zur Bildung eines D-Anteils in einem Regler herangezogen worden ist [siehe dazu Kapitel 1].

In Fortsetzung seiner Arbeiten gab SCHULER eine weitere Möglichkeit an, eine differenzierende Wirkung zu erzielen, indem er eine Lose in die Rückführung einbaute; das bedeutete die bewußte Einführung einer Nichtlinearität. In dem einschlägigen Patent (DRP Nr. 394256) heißt es unter anderem:

> "Selbststeuer . . . dadurch gekennzeichnet, daß im Getriebezug zwischen Kraftquelle und Kraftschlußvorrichtung eine regelbare Leerlaufstrecke angeordnet ist, die eine Voreilung des Ruderblattes herbeiführt."

Eine gleiche Schiffssteuerung mit Lose in der Rückführung hat später die Firma SPERRY [siehe 79 CHALMERS, 1937] verwendet.

SCHULER hat die Kursregelung noch durch Einführung eines I-Gliedes ergänzt und damit eine PID-Regelung verwirklicht. Über weitere Einzelheiten der SCHULERschen Erfindung hat MAGNUS berichtet [80, 1957]. Leider hat SCHULER seine Arbeiten nicht in Zeitschriftenaufsätzen oder Büchern veröffentlicht; sie hätten über den kleinen Kreis der Fachleute hinaus, denen SCHULERs Patente bekannt wurden, auch für andere Gebiete der Regelungstechnik Anregungen geben können; einen Teil der Entwicklungen findet man zwar in den Vorlesungsmanuskripten [13, 1935] behandelt, doch fanden diese nur beschränkt Verbreitung.

Anders verlief die Entwicklung ind den USA, wo durch Untersuchungen und Aufsätze von MINORSKY die Weiterentwicklung der Servosysteme im Zusammenhang mit der Untersuchung der Fahrzeugdynamik entscheidende Impulse bekam.

Der bedeutendste Aufsatz mit dem Titel "Directional Stability of Automatically Steered Bodies" [81] erschien im Jahre 1922. Obwohl er im wesentlichen den Schiffsbewegungen gewidmet ist, wies MINORSKY nicht zuletzt schon im Titel darauf hin, daß die Bewegungsgleichungen und die Ergebnisse der Untersuchungen auch für andere Objekte, also auch Flugzeuge, Gültigkeit haben.

Ungefähr um 1920 hatten sich für kleinere Schiffe teilweise automatische Kurssteueranlagen eingeführt, die als Folgesysteme arbeiteten (Ruder folgt Kompaß!) und denen eine proportionale Regelung zugrunde lag. Bei größeren Schiffen konnten die Anlagen aber nicht befriedigen, da man zumindest kurzfristig größere Kursabweichungen bekam, weil es wegen der bei langen Schiffen besonders großen Gierträgheitsmomente zu lange dauerte, bis die Reaktion der Schiffe auf Ruderverstellungen beendet war.

MINORSKY sah sein Hauptproblem darin, die Ruderanlage in eine günstigere dynamische Zeitabhängigkeit mit der Regelabweichung zu bringen. Zu diesem Zweck entwickelte er die dynamische Bewegungsgleichung des Schiffes für eine Bewegung um die Hochachse und kam nach mehreren Vereinfachungen auf die Form:

$$A \frac{d^2\alpha}{dt^2} + B \frac{d\alpha}{dt} + k\rho = D$$

$\alpha$ = Kurswinkelabweichung

$A$ = effektives Gierträgheitsmoment

$B$ = Reibungskonstante für Drehbewegung

$\rho$ = Ruderwinkel

$k$ = Einflußgröße des Ruderwinkels

$D$ = Störmoment.

Die obige Gleichung ist durch mehrere Linearisierungen im Sinne der Methode der kleinen Schwingungen entstanden. Das Problem der Dynamik des Regelkreises ist vollständig bestimmt, wenn zusätzlich zu der obigen Bewegungsgleichung noch der Ruderwinkel $\rho$ als Funktion der Kursabweichung $\alpha$ und deren zeitlichen Ableitungen bekannt ist. Unter der Voraussetzung stetiger Regelung variierte MINORSKY rein rechnerisch die dynamische Verbindung von $\rho$ und $\alpha$ und gewann aus den Differentialgleichungen des geschlossenen Regelkreises Aussagen über die Stabilität und die Dämpfung des Gesamtsystems.

Die drei von MINORSKY zugrunde gelegten Differentialgleichungen lauteten:

$$\rho = m\alpha + n \frac{d\alpha}{dt} + p \frac{d^2\alpha}{dt^2} \quad (1)$$

$$\frac{d\rho}{dt} = m_1\alpha + n_1 \frac{d\alpha}{dt} + p_1 \frac{d^2\alpha}{dt^2} \quad (2)$$

$$\frac{d^2\rho}{dt^2} = m_2\alpha + n_2 \frac{d\alpha}{dt} + p_2 \frac{d^2\alpha}{dt^2} \quad (3)$$

$m, m_1, m_2, n, n_1, n_2, p, p_1, p_2$ = Konstanten.

Als Maß für die Dämpfung verwendete MINORSKY das Verhältnis

$$u = \frac{B}{2A}.$$

Anhand der Größe $u$ konnte MINORSKY zeigen, daß die Dämpfung bei größer werdenden Schiffen abnimmt, weil das Gierträgheitsmoment $A$ viel schneller anwächst als die Reibungskonstante $B$.

Die Aussagen über die Stabilität des Regelkreises gewann MINORSKY durch den Ansatz von HURWITZ-Bedingungen, welche er in der Weise zitierte, als habe HURWITZ rein im mathematischen Bereich ein Theorem aufgestellt, dessen Zusammenhang mit Stabilitätsproblemen erst 1919 von BLONDEL [83] aufgezeigt worden sei. Es ist durchaus bemerkenswert, daß hier nicht der ROUTHsche Algorithmus verwendet wurde, da dieser in der amerikanischen Literatur dominierte.

Nachdem MINORSKY die Stabilitätsbedingungen in Form dreier Ungleichungen aufgestellt hatte, erkannte er die darin enthaltene Redundanz und vereinfachte die Bedingungen auf die gleiche Weise wie seinerzeit TOLLE [50, 1905] [siehe auch Kapitel 4]. Aus den Ungleichungen leitete MINORSKY den vorteilhaften Einsatz differenzierender Glieder im Sinne von PD- und $PD^2$-Regelungen ab, indem er deren stabilisierende Wirkung zeigte.

Da die Kursbewegung von Schiffen durch sehr verschiedenartige Störgrößen beeinflußt wird, diskutierte er deren Auswirkungen bei den verschiedenen, für die Regelung zugrunde gelegten dynamischen Verbindungen zwischen Kursabweichung und Ruderwinkel. Die zuerst untersuchten PD- und $PD^2$-Regelungen erwiesen sich nur bei Abwesenheit dauernder Störungen als günstig. Bei sehr rauher See sollten dabei sogar die D- und $D^2$-Anteile abgeschaltet werden, um zu heftige Ruderausschläge zu vermeiden. Bei Anwesenheit dauernder Windkräfte, die ein Moment um die Hochachse hervorrufen, empfahl MINORSKY die Verwendung einer PID-Regelung, da nur sie unter den genannten Umständen einen genauen Kurs einhalten konnte. Aus einer bestimmten Kombination der von ihm angesetzten Differentialgleichungen ergab sich sogar eine $PI^2$-Regelung, die MINORSKY aber nicht benutzte.

In der amerikanischen Literatur finden sich Hinweise auf die Arbeit von MINORSKY, welche nur von PD- und $PD^2$-Regelungen sprechen [siehe 84 HARRIOTT]. Das rührt wahrscheinlich von einem begrifflichen Mißverständnis her, denn MINORSKY verstand unter "acceleration control" nicht unmittelbar "D-Regelung", sondern meinte damit, daß die zweite zeitliche Ableitung der Regelgröße als Meßergebnis in die Regeleinrichtung geführt und von dort entweder proportional oder aber auch integriert auf das Stellglied geleitet wurde.

Die systematische Untersuchung der dynamisch möglichen und sinnvollen Anpassung von Regeleinrichtungen an eine gegebene Regelstrecke, unter Einbeziehung der möglichen Störeinflüsse, verleihen dieser Arbeit MINORSKYs einen Teil ihrer hervorragenden Bedeutung.

Ein anderer Teil liegt in der Tatsache begründet, daß hier einer der ersten Fälle vorliegt, in denen bewußt eine Nichtlinearität zur Verbesserung der Regelgüte eingeführt wurde. Im Falle des "Gierens zwischen großen Wellen", was eine periodische Drehbewegung des Schiffes hervorruft, ist das Ruder gegen diese Bewegung nahezu machtlos und würde nur starke Überregelungen ausführen. Da dieses aber lediglich zu einer Erhöhung des Bewegungswiderstandes des Schiffes Anlaß gibt, schlug MINORSKY die Einführung einer Lose in der Ruderanlage vor. Die Lose hat hier im Vorwärtszweig des Regelkreises eine ganz andere Wirkung als in der Anordnung von SCHULER [siehe oben]; sie erzielt keinen differenzierenden Einfluß, sondern unterdrückt im Gegenteil die kurzzeitigen Reaktionen, da sie nur längerdauernde Regelbefehle überträgt.

Besondere Aufmerksamkeit widmete MINORSKY den Verzögerungen in der Regelanlage. In den beschreibenden Differentialgleichungen setzte er an geeigneten Stellen Zeitverzögerungen im Sinne von Totzeiten ein und diskutierte ihren Einfluß auf das Stabilitätsverhalten. Er bediente sich dabei des Mittels der Reihenentwicklung, indem er beispielsweise die Verzögerung in der Anzeige der Kursabweichung durch den Ausdruck

$$\alpha \cdot (t - T_1)$$

darstellte, diesen in eine Taylorreihe entwickelte und dann die Glieder höherer als erster Ordnung vernachlässigte.

Den approximativen Ausdruck

$$\alpha \cdot (t - T_1) = \alpha(t) - T_1 \, \dot{\alpha}(t)$$

setzte er dann in die Differentialgleichungen ein und ermittelte wieder die HURWITZschen Ungleichungen, die ihm dann zeigten, daß die Verzögerungen je nach Einwirkungsort und -Größe stabilitätsmindernd oder -erhöhend wirkten.

Wie sich aus den Zitatstellen der regelungstechnischen Literatur entnehmen läßt, hat die Arbeit von MINORSKY besonders auf die Entwicklung der Servosysteme großen Einfluß ausgeübt. Während in dem zitierten Aufsatz nur theoretische Ableitungen und Überlegungen angeführt sind, hat MINORSKY in einem weiteren Aufsatz mit dem Titel "Automatic Steering Test" [85, 1930] praktische Versuche und deren Ergebnisse beschrieben, die er aufgrund seiner theoretischen Überlegungen auf dem US-Flaggschiff "New Mexico" durchgeführt hatte und die zu sinnvollen Verbesserungen an der automatischen Kurssteueranlage Anlaß gaben.

Die theoretisch entwickelten und praktisch erprobten Konzepte wurden anschließend aufgegriffen und auf die Kursregelungen von Flugzeugen und Luftschiffen, die Positioniereinrichtungen von Geschütztürmen und Landedecks sowie die Schlingerdämpfung von Schiffen übertragen.

Die von MINORSKY auf der Grundlage der Differentialgleichungen vorgenommene Einteilung der Regelanordnungen ist 1935 in einer Publikation von MITEREFF [86] noch erweitert worden. Auf dem Gebiet der Schlingerdämpfung ist damals auch in Deutschland erfolgreich gearbeitet worden. Bereits 1931/32 hatte die Firma SIEMENS eine Schlingerdämpfungsanlage mit aktiver Gewichtsverschiebung fertiggestellt; sie wirkte mit PID-Verhalten auf das Schiebegewicht, wobei der I-Anteil die Aufgabe hatte, Schräglagen entgegenzuwirken.

Einen nächsten Höhepunkt in der Literatur über Servosysteme bildet die Arbeit von HAZEN [87], die 1934 mit dem Titel "Theory of Servomechanisms" erschien und im wesentlichen der Wellenpositionierung gewidmet ist. HAZEN ist wohl durch seine Beschäftigung mit mechanischen Analogrechnern [siehe 88 BUSH und HAZEN, 1927], in denen Folgesysteme mit besonders hoher Genauigkeit und geringer Verzögerung verwendet wurden, zu dieser Arbeit angeregt worden.

Im Vordergrund stand die Untersuchung des dynamischen Verhaltens dreier verschiedener Servosysteme, nämlich solcher mit Zweipunktregler, mit Schrittregler und der kontinuierlich arbeitenden. Die Zweipunktregler fanden ihren Einsatz bei Servosystemen, die den hohen Belastungen gewachsen waren, die durch die plötzlichen Kraftumschaltungen entstanden, und wiesen den Vorteil der Einfachheit auf [siehe Kapitel 10].

Die Schrittregler wurden meist für langsame Vorgänge herangezogen [siehe Kapitel 9].

Für schnelle, empfindliche und schwingungsfreie Regelungssysteme setzten sich damals immer stärker die kontinuierlich arbeitenden Anordnungen durch, die auch von HAZEN besonders propagiert wurden. Bei dieser Entwicklung hat wahrscheinlich die einfachere und geschlossene mathematische Behandlung beim Entwurf entsprechender Regelkreise eine nicht unerhebliche Rolle gespielt. In späteren Jahren, als man durch verbesserte und erweiterte Entwurfsverfahren, besonders im Zusammenhang mit der Benutzung der Phasenebene, einerseits die dynamischen Eigenschaften der Relaissysteme genauer übersah und vorherbestimmen konnte und andererseits auch durch die militärischen Anforderungen im Zweiten Weltkrieg leichtere und einfachere Elemente einsetzen mußte, konnten sich die nichtstetigen Regelanordnungen vielfach gegenüber den stetigen durchsetzen.

Innerhalb der theoretischen Untersuchungen der drei genannten Servogruppen variierte HAZEN verschiedene Parameter in den aufgestellten Differentialgleichungen, womit er die Einflüsse von Verzögerungen, toter Zone, COULOMBscher und viskoser Reibung erfaßte. Die Auswirkungen von Verzögerungen auf das Systemverhalten untersuchte HAZEN allerdings nicht für die stetig arbeitenden Servosysteme. Diesbezügliche Untersuchungen wurden 1936 und 1937 in England von HARTREE, CALLENDER, PORTER und STEVENSON [89; 90] veröffentlicht, die speziell die Beeinflussung des Störverhaltens behandelten und somit einer etwas anderen Richtung nachgingen als der sonst bei den Servosystemen erforderlichen, die von dem Führungsverhalten bestimmt ist.

Im Gegensatz zu MINORSKY, der mit Hilfe des HURWITZ-Kriteriums unmittelbar aus den Differentialgleichungen Schlüsse zog, löste HAZEN die Gleichungen mit der Operatorenrechnung von HEAVISIDE. Im Falle der nichtstetig arbeitenden Servosysteme wurde die Lösung abschnittweise gewonnen, während für die stetig arbeitenden die HEAVISIDEsche Sprungfunktion als Störfunktion in den Differentialgleichungen angesetzt und die Lösung als Übergangsfunktion identifiziert wurde. Mit dem Hinweis auf die Gültigkeit des Superpositionsintegrals erklärte HAZEN die Gültigkeit der gewonnenen Ergebnisse auch für andere Eingangssignale. Zur Beurteilung der untersuchten stetigen Servosysteme verwendete HAZEN einen Dämpfungsfaktor, der dem von MINORSKY entsprach, und ferner ein Gütemaß $M$ als Produkt zweier für die Servosysteme wesentlicher Größen, nämlich der maximalen Folgegeschwindigkeit bzw. -Drehzahl und des Kehrwertes der bleibenden Regelabweichung. HAZEN drückte dieses Gütemaß in den Größen aus, die bei dem Entwurf von Servosystemen festgelegt werden und gelangte zu dem Ausdruck:

$$M = \frac{\tau_m}{4\,\gamma^2\,I}$$

$\tau_m$ = maximales Belastungsmoment
$\gamma^2$ = relativer Dämpfungsfaktor
$I$ = Trägheitsmoment.

Die Bedeutung der viel zitierten Arbeit von HAZEN liegt zum einen in der zusammenfassenden dynamischen Untersuchung der wichtigsten Servosysteme und zum anderen in der Verwendung neuartiger Hilfsmittel, die er erstmalig für regelungstechnische Berechnungen heranzog; zu den letztgenannten sind die Operatorenrechnung, die Sprungfunktion und das Superpositionsintegral zu zählen.

Als interessanter Hinweis sei noch vermerkt, daß HAZEN bei der Kennzeichnung physikalischer Größen zwischen meßbaren einerseits und meßbaren und regelbaren andererseits unterschied; diese Begriffe gewannen vierundzwanzig Jahre später in dem Konzept der Steuerbarkeit und Beobachtbarkeit von KALMAN hervorragende Bedeutung.

## 2.3 Syntheseverfahren für Regelkreise

Ab Mitte der dreißiger Jahre ist das Bestreben zu erkennen, die Entwurfsverfahren zu verbessern und die Auswirkungen von Parameteränderungen leichter übersehen zu lassen. Die den Servosystemen zugrunde gelegten Entwurfsgleichungen wurden auf dimensionslose Form gebracht und Nomogramme und andere Darstellungen zusammengestellt, die es gestatteten, die Wurzeln der Differentialgleichungen dritter Ordnung in Abhängigkeit von den dimensionslosen Parametern abzulesen. Solche Karten sind in den USA von WEISS [91, 1939] und in Deutschland von JAHNKE und EMDE entwickelt worden. Ähnliche Darstellungen, welche die Ergebnisse in Gestalt von Dämpfungsverhältnissen und ungedämpften Eigenfrequenzen zu erhalten gestatteten, sind in den Kriegsjahren von LIU [92, 1941] und EVANS [93, 1943] in den USA und von OPPELT [94, 1943] und STEFANIAK [95, 1950] in Deutschland angegeben worden [siehe dazu 96 BROWN/HALL, 1946].

Parallel zu diesen Bemühungen, die Verfahren auf der Grundlage der Differentialgleichungen zu verfeinern, begannen die Versuche, die von NYQUIST und BLACK im Zuge der Untersuchung rückgekoppelter, elektronischer Verstärker [siehe Kapitel 5 und 6] entwickelten Frequenzgangverfahren auch für die Analyse und Synthese von Servosystemen einzusetzen. So benutzte zuerst TAPLIN 1937 den Nenner

$$[1 + C(p)\, H_0\,(p)]^{-1}$$

einer Frequenzgangfunktion als Grundlage für den Entwurf einfacher Servosysteme ohne mehrfache Rückführung [siehe 96 BROWN/HALL]. In der Nennerfunktion kennzeichnet $H_0\,(p)$ den Frequenzgang des zu regelnden Systems und $C(p)$ den Regler, den es meist festzulegen gilt.

TAPLIN hatte als einer der ersten in den USA die systemtheoretische Ähnlichkeit von Servosystemen und rückgekoppelten Verstärkern erkannt und beide einem gemeinsamen, regelungstechnischen Gesichtspunkt untergeordnet.

Das vollständige Konzept der Übertragungsfunktion wurde aber erst von HARRIS 1941/42 in die Theorie und Praxis des Entwurfs und der Analyse von Servosystemen übertragen; insbesondere benutzte er das Frequenzgangverfahren zur Analyse und drückte das Übertragungsverhalten durch das Verhältnis der FOURIER-Transformierten der Eingangs- und der Ausgangsgröße aus:

$$\frac{\Theta_o}{\Theta_i} = \frac{K\,G(\mathrm{j}\,\omega)}{1 + K\,G(\mathrm{j}\,\omega)}$$

$\Theta_o$ = FOURIER-Transformierte des Ausgangssignals

$\Theta_i$ = FOURIER-Transformierte des Eingangssignals

$K$ = Verstärkungsfaktor

$G(\mathrm{j}\omega)$= Frequenzgang des aufgeschnittenen Kreises.

Ansätze zur Darstellung von Regelkreisen in Operatorenschreibweise hatte vorher bereits BROWN [97, 1940] gemacht, der die aus der HEAVISIDEschen Operatorenrechnung stammende Kombination von zeit- und frequenzabhängigen Größen benutzte, obwohl damals bereits die klärenden Arbeiten von WAGNER, WIDDER, DOETSCH und anderen zur Verfügung standen, in denen die FOURIER- und die LAPLACE-Transformation als geeignetere Hilfsmittel vorgestellt worden waren [siehe Kapitel 7].

HARRIS benutzte bei der Darstellung der Frequenzgangfunktionen Ortskurven und bestimmte aus ihnen die frequenzunabhängige Verstärkung des geschlossenen Kreises. Dieses Verfahren hat HALL dann zu dem der *M*-Kreise vervollständigt.

Die Arbeit von HARRIS mit dem Titel "The Analysis and Design of Servomechanisms" [98, 1941/42] wurde ebenso wie die grundlegende von BROWN, "Behavior and Design of Servomechanisms" [97, 1940], und viele andere aufgrund der militärischen Geheimhaltung nur beschränkt verbreitet, so daß die internationale Fachwelt erst nach dem Zweiten Weltkrieg von diesen wertvollen Arbeiten Kenntnis erhielt.

Nachdem sich die Frequenzgangverfahren grundsätzlich eingeführt hatten, strebte man auch auf diesem Gebiet nach geeigneten Entwurfsverfahren und -Kriterien. Starken Anteil an deren Entwicklung erlangte eine 1943 von HALL publizierte Arbeit mit dem Titel "The Analysis and Synthesis of Linear Servomechanisms" [99].

Wesentliche Teile seiner Arbeit verwendete HALL auf die Synthese von Servosystemen und deren günstige Auslegung. Die Verstärkung $K\,G(\mathrm{j}\omega)$ des aufgeschnittenen Regelkreises wurde in den frequenzabhängigen Teil $G(\mathrm{j}\omega)$ und den frequenzunabhängigen Teil $K$ aufgespalten, wobei $K$ auch als die Empfindlichkeit ("sensitivity") bezeichnet wurde.

Die Untersuchung der Systeme gestaltete sich prinzipiell am einfachsten unter Benutzung der Übergangsfunktion, doch zeigte sich, daß sich die frequenzunabhängige Verstärkung des offenen Kreises, die einen entscheidenden Anteil am Verhalten des geschlossenen Kreises besitzt, am genauesten ermitteln ließ, wenn man vom Maximum des Amplitudengangs des geschlossenen Kreises ausging, für das man eine bestimmte Überschwingweite bei der Resonanzfrequenz zuließ. Um bei Variation des Faktors $K$ die Auswirkung auf die Maximalamplitude des Amplitudengangs des geschlossenen Kreises übersehen und gegebenenfalls korrigieren zu können, entwickelte HALL das Verfahren der sogenannten "*M*-Kreise".

Ausgangspunkt ist die Ortskurve des offenen Kreises ("transfer locus"), die in einer $K\,G(j\omega)$-Ebene mit linearer Teilung der reellen und imaginären Achse aufgetragen wird.

Für jede Frequenz $\omega$ läßt sich der Betrag $M$ des Frequenzgangs des geschlossenen Kreises,

$$M = \frac{|K\,G(j\omega)|}{|1 + K\,G(j\omega)|},$$

als Verhältnis zweier Strecken $|K\,G(j\omega)|$ und $|1 + K\,G(j\omega)|$ bestimmen [siehe Bild 27].

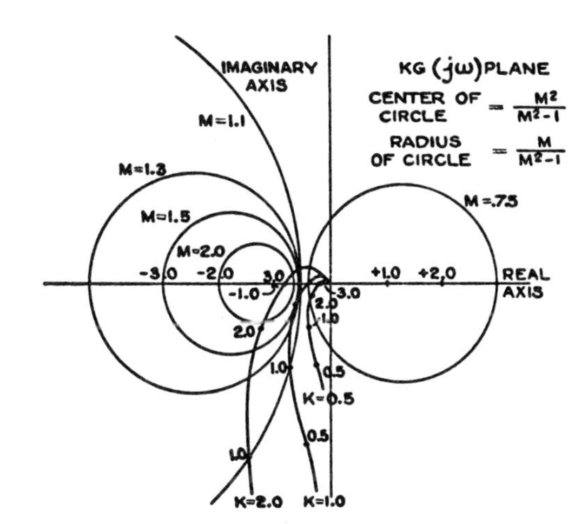


**Bild 27:**
*M*-Kreise nach HALL

HALL zeigte nun, daß sich für jedes konstante Verhältnis $M$ ein Kreis mit dem Mittelpunkt auf der reellen Achse ergibt, und er überdeckte die Ortskurvenebene mit einer Schar dieser sogenannten $M$-Kreise. Die Berechnung der Beträge $M$ für verschiedene Frequenzen reduzierte sich dadurch auf einfaches Ablesen der Werte des Amplitudengangs des geschlossenen Kreises.

Derjenige $M$-Kreis, der die Ortskurve $K\,G(j\omega)$ von außen tangiert, bestimmt die größte Amplitude, die im geschlossenen Kreis auftreten würde; der Berührungspunkt markiert die zugehörige Frequenz, die auf der Ortskurve kotiert ist.

Durch Ändern des "Empfindlichkeitsfaktors" $K$ hatte HALL nun eine Möglichkeit zur Hand, die Ortskurve zu verändern und mit einem anderen $M$-Kreis zu tangieren, welcher besser dem gewünschten Systemverhalten entsprach.

Bekannter geworden ist eine andere Darstellung, die einerseits eine Abbildung des HALL-Diagramms ist, andererseits aber darüber hinausgeht und eine Erweiterung bringt.

Während HALL mit Hilfe der $M$-Kreise lediglich die frequenzunabhängige Verstärkung des offenen Kreises bezüglich bestimmter Anforderungen an die Maximalamplitude des geschlossenen Kreises bestimmte, erweiterte NICHOLS [siehe 100, 1947] die Forderungen an das Verfahren so weit, daß sich der gesamte Frequenzgang bestimmen läßt.

Entsprechend den *M*-Kreisen als Kurven gleichen Betrages entwickelte er die später sogenannten *N*-Kurven als Kurven gleichen Argumentes des Frequenzgangs. Im Gegensatz zu der Darstellung von HALL trug NICHOLS die Amplitudenwerte in Dezibel an der Ordinate über den Phasenwinkeln an der linear in Grad geteilten Abszisse auf.

Die Art der Auftragung der Ortskurve, zusammen mit den *M*- und *N*-Kurven, ist als NICHOLS-Diagramm bekannt geworden, das ein wichtiges Entwurfshilfsmittel des Regelungstechnikers geworden ist.

Eine vergleichbare Darstellung war schon von BLACK in dem Aufsatz "Stabilized Feedback Amplifiers" [101, 1934] benutzt worden [siehe auch Kapitel 6]. In jener Darstellung hat BLACK den Betrag des Frequenzgangs des offenen Kreises über der Phasenverschiebung im Rückführzweig aufgetragen und Kurvenscharen angegeben, welche die Minderung der Verstärkung des offenen Kreises durch die Rückführung kennzeichnen. Im Gegensatz zu dem NICHOLS-Diagramm, in dem die Ermittlung des Frequenzgangs des geschlossenen Kreises im Vordergrund steht, zielte BLACK auf die quantitative Ermittlung des Einflusses der Rückführung und ermöglichte erst mittelbar die Gewinnung der Ortskurve des Frequenzgangs des geschlossenen Kreises.

Als BLACK-Diagramm wird in der Literatur meist die Darstellung der Ortskurve des offenen Kreises mit den Amplituden in Dezibel auf der Ordinate und der Phasenverschiebung in Grad auf der Abszisse ohne weitere Zusatzkurven bezeichnet, doch gibt es auch Autoren, die das BLACK-Diagramm mit dem von NICHOLS identifizieren. Mit der Originaldarstellung von BLACK decken sich entsprechend den Ausführungen beide nicht. Die ursprüngliche Ortskurvendarstellung in der linear geteilten GAUSSschen Zahlenebene wird als NYQUIST-Diagramm bezeichnet.

Das NICHOLS-Diagramm hat noch gewisse Ergänzungen erfahren. BROWN und CAMPBELL [70, 1948] klammerten kreisförmige Bereiche aus, innerhalb derer die Amplituden und die Phasenwinkel auch in niederen Frequenzbereichen bestimmten Mindestanforderungen hinsichtlich der Dämpfung des Systems nicht genügten.

NICHOLS und MANGER [siehe 100] übertrugen die bereits von BODE [102, 1940] bekannten Begriffe Amplitudenrand und Phasenrand und gelangten damit zu einer Darstellungsform, die das NICHOLS-Diagramm, unter Abwägung der jeweiligen Vor- und Nachteile, gleichwertig neben das BODE-Diagramm stellte [siehe Kapitel 6].

Mit Hilfe der angeführten graphischen Verfahren und des Konzepts der Übertragungsfunktion, beziehungsweise des Frequenzgangs, konnten korrigierende Netzwerke entworfen werden, die sich in den Kriegsjahren aber noch auf in Reihe geschaltete Korrekturglieder beschränkten. An die Einführung parallel geschalteter Korrekturglieder ging man erst, nachdem 1945 mit den Arbeiten von BODE [103] und MacCOLL [104] Erweiterungen des NYQUIST-Kriteriums zur Verfügung standen, welche die Stabilität des geschlossenen Regelkreises auch im Fall mehrfacher Rückführungen vorauszusagen gestatteten.

## 2.4 Die Vervollkommnung der linearen Regelungstheorie

Nach Beendigung des Zweiten Weltkriegs erschien eine große Anzahl wichtiger Veröffentlichungen, aus denen für das Gebiet der Servosysteme besonders das 1945 erschienene Buch von MacCOLL, "Fundamental Theory of Servomechanisms" [104], herausragte. Es kann als Pendant zu dem mehr elektrotechnisch orientierten Buch von BODE, "Network Analysis and Feedback Amplifier Design" [103], angesehen werden, das ebenfalls 1945 erschien.

Neben einer Zusammenfassung der linearen Theorie leistete MacCOLL einen Beitrag zur Theorie nichtstetiger Servosysteme. Bezüglich der linearen Theorie findet sich hier erstmals explizit ausgedrückt, daß man ein Übertragungsglied bei großer Verstärkung im Vorwärtskanal durch die inverse Übertragungsfunktion des Rückführzweiges beschreiben kann; so verlagerte sich das Entwurfsproblem hauptsächlich auf den Entwurf des meist passiven Rückführzweiges.

In mehreren Veröffentlichungen, beispielsweise einer von FERRELL [105, 1945], zeigte sich das Bestreben, die von BODE 1940 angegebenen und 1945 erweiterten Entwurfsverfahren aufgrund des BODE-Diagrammes auch für den Entwurf von Servosystemen zu verwenden, weil die Ortskurvenverfahren den Nachteil zeigten, Parameteränderungen nicht so leicht beurteilen zu lassen.

Demgegenüber gestalteten MARCY [106, 1946] und WHITELEY [107, 1946] die Synthese anhand der Ortskurven dadurch günstiger für manche Fälle, daß sie eine inverse Ortskurve benutzten. Das ergab eine Übertragungsfunktion, in der der Frequenzgang des Rückführungszweiges und der inverse des Vorwärtszweiges als Summanden auftraten, was zu einer erleichterten Anpassung des zu entwerfenden Netzwerkes führte. Eine ähnliche Auftrennung des Frequenzgangs hatte bereits 1940 LEONHARD vorgenommen, doch mit der Zielsetzung der Stabilitätsaussage [siehe Kapitel 5].

Hinsichtlich der linearen Theorie über Servosysteme stellt das 1947 erschienene Buch von JAMES, PHILLIPS und NICHOLS [100] mit dem Titel "Theory of Servomechanisms" einen gewissen Abschluß dar. Als Novum enthält es ein Kapitel über statistische Betrachtungsweise der Signale und Systeme unter Verwendung von Korrelationsfunktionen und Leistungsspektren.

Die Flut der Veröffentlichungen nach dem Zweiten Weltkrieg zeigte, daß sowohl auf nationalen als auch auf internationalen Ebenen Parallelentwicklungen stattgefunden hatten.

Man begann, in stärkerem Maße die Gemeinsamkeiten in den theoretischen Grundlagen der Servosysteme, der rückgekoppelten elektrischen Verstärker und anderer Regelkreise zu erkennen; man sprach von "Systemen", welche unabhängig von ihrer technischen Realisierung, die mechanisch, elektrisch, hydraulisch, pneumatisch oder kombiniert sein konnte, durch eine gemeinsame Übertragungsfunktion gekennzeichnet wurden. Es entstand das sogenannte "Systemdenken", das eine wesentliche Grundlage der Regelungstechnik wurde und später im Sinne der Kybernetik auch für andere Wissenschaftsgebiete propagiert wurde.

Das Erkennen übergeordneter regelungstechnischer Gemeinsamkeiten, unabhängig von technischen Realisierungen, und der starke Drang nach industrieller Automatisierung, für welche die Regelungstechnik Voraussetzungen schuf, hatten vereinzelt auch schon früher Auswirkungen gezeigt, wie beispielsweise die 1939 erfolgte Gründung der russischen Kommission für Telemechanik und Automation und in regelungstechnischen Vorlesungen von LEONHARD in Stuttgart und SCHMIDT in Berlin.

## 2.5 Kybernetische Betrachtungen

Die von WIENER in seinem Buch "Cybernetics" [45, 1948], aber auch von SCHMIDT [108, 1941] und anderen progagierte kybernetische Betrachtungsweise scheint die Regelungstechnik nur wenig beeinflußt zu haben, doch rückte sie einige Arbeiten aus anderen Wissensgebieten, in denen rückgekoppelte Systeme behandelt wurden, in das Interesse einer breiteren Öffentlichkeit. Zu diesen Arbeiten ist eine von WAGNER aus dem Jahre 1925 zu zählen, in der die Anpassung der Skelettmuskelkräfte an die Umweltskräfte erstmals quantitativ mathematisch beschrieben wurde; auch eine Untersuchung von HESS aus dem Jahre 1930 über die Regelung des Blutkreislaufs muß hier eingeordnet werden; volkswirtschaftliche Regelkreise zeigte FRISCH 1933, psychologische gab ROHRACHER 1959 an; die Psychologie des Zentralnervensystems behandelte RANKE 1960 aus regelungstechnischer Sicht.

Der geringe Einfluß dieser Gebiete auf die Regelungstechnik selbst mag dadurch hervorgerufen werden, daß die meisten nichttechnischen Wissenschaften die Verfahren der Regelungstechnik lediglich zur Analyse ihrer eigenen Systeme benutzen, während die Regelungstechnik wesentlich synthetisch ausgerichtet ist; diejenigen Wissenschaften aber, die zumindest teilweise ebenfalls synthetisch arbeiten, wie beispielsweise die Volkswirtschaft oder möglicherweise die Soziologie, liegen hinsichtlich der Identifizierung ihrer Systeme noch so weit zurück, daß sie nicht einmal die bestehenden theoretischen Möglichkeiten nutzen können.

Eine enge Berührung mit der Regelungstechnik selbst hat lediglich die Untersuchung und Behandlung des Menschen als Übertragungs- und Informationsverarbeitungsglied.

TUSTIN hat im Jahre 1944 erstmals ein dynamisches Modell für das Verhalten des Menschen bei der Steuerung eines technischen Systems angegeben; danach sind viele einschlägige Untersuchungen durchgeführt worden. Die enge Verbindung zur Regelungstechnik ist bei diesen Untersuchungen aber nicht so sehr in der Analyse des menschlichen Verhaltens zu sehen, als vielmehr in der beabsichtigten Eingliederung in einen künstlichen Regelkreis, beispielsweise eine Flugzeuglanderegelung.

## 2.6 Gerätetechnik und Entwicklungstendenzen

Vergleichbar wichtig wie die Entwicklung der analytischen Hilfsmittel war die Entwicklung leistungsfähiger Energiequellen, Meßgeräte und anderer Elemente für die praktischen Belange von Regelkreisen. Typisch dafür sind die um 1940 gebaute Amplidyne als schneller, hochverstärkender Gleichspannungsgenerator, der Selsyn-Umformer zur Erzeugung eines elektrischen Signals proportional einer Rotationsbewegung und verschiedene andere Elemente [siehe Kapitel 6].

Als nach dem Zweiten Weltkrieg die Einheitlichkeit der Regelungstechnik ihren Ausdruck fand in der Aufnahme der Regelungstechnik als Lehrfach in die ingenieurwissenschaftliche Ausbildung, war bereits eine divergierende Tendenz eingetreten.

Die Entwicklung der Gerätetechnik, besonders aber die der Theorie, vollzog sich in den Teilgebieten der Regelungstechnik, wie beispielsweise der Optimierung, der Einführung nichtlinearer Elemente, der Benutzung statistischer Verfahren und der analogen und digitalen Rechentechnik derart schnell, daß es den Fachleuten nicht mehr möglich blieb, die Substanz des Gesamtgebietes Regelungstechnik zu beherrschen; sie wurden zu Fachleuten auf Teilgebieten. Diese Trennung trat auf den letzten Kongressen der International Federation of Automatic Control (IFAC) deutlich hervor, und man trug ihr Rechnung, indem eine Reihe von Fachsitzungen parallel abgehalten wurden.
In der Literatur äußerte sich die divergierende Tendenz in einer Fülle von Spezialabhandlungen über Teilgebiete der Regelungstechnik.

Der gerätetechnische Stand der Regelungstechnik hat sich nach dem Zweiten Weltkrieg in der gleichen Vielfalt weiterentwickelt, wie es sich vorher abzeichnete, wenn sich auch Verschiebungen ergeben haben.

Hydraulische Regler sind stark in den Hintergrund getreten; dennoch hat die Bedeutung der Hydraulik durch die steigende Verwendung bei Stellgliedern insgesamt zugenommen. Die Kombination elektrischer Regler mit hydraulischen Stellgliedern hat sich auf vielen Gebieten durchgesetzt. Neben dem Flugzeugbau ist diese Kombination auch in Erdfunkstellen für Satellitenübertragung verwendet worden, wo besonders hohe Genauigkeit und große Kräfte kombiniert sein müssen. Die Erdfunkstelle Raisting am Ammersee beispielsweise arbeitet mit einer Hohlspiegel-Antenne, die einen Durchmesser von fünfundzwanzig Metern hat; sie mußte bei einem Gewicht von 280 Tonnen so gelagert werden, daß sie mit einer Genauigkeit von einigen hundertstel Grad mit Hilfe einer elektronisch gesteuerten Hydraulik jeder Himmelsposition eines Satelliten nachgefahren werden kann.

Pneumatische Regelungen haben in stärkerem Maße ihre Eigenständigkeit bewahren können, weil die Bereitstellung einer geeigneten Luftversorgung meist weniger Schwierigkeiten bereitet als eine entsprechende Druckölversorgung.

Speziell in der verfahrenstechnischen Industrie scheint die analog arbeitende pneumatische Regelung ihren Platz auch aus Kostengründen gegenüber der elektrischen Regelung noch behaupten zu können. Wegen der besseren Fernleitmöglichkeit werden die elektrischen Regler zwar gern in zentralen Regelwarten eingesetzt, doch bevorzugt man den pneumatischen Regler "im Feld", das heißt dort, wo er in der Nähe des Stellortes installiert wird.

Häufig sind in letzter Zeit neben den analog arbeitenden Pneumatiksystemen auch digitale eingesetzt worden, die unter dem Begriff "fluidics" zusammengefaßt sind und die ohne mechanisch bewegte Teile arbeiten. Ihre Funktion beruht auf strömungstechnischen Effekten, wie dem 1933 von dem Rumänen COANDA beobachteten COANDA-Phänomen, die zum Bau monostabiler und bistabiler Elemente ausgenutzt werden. Der Einsatz von Fluidics ist aber nicht so sehr auf regelungstechnischem als vielmehr auf steuerungstechnischem Gebiet zu suchen.

Allen diesen Techniken ist das Bestreben nach kleiner, standardisierter Bauweise der Elemente gemeinsam, welche leichte Austauschbarkeit gewährleistet.

Wegen der sich besonders auf theoretischem Gebiet abzeichnenden Trennung in Teilgebiete läßt sich ein bestimmter Stand "der" Regelungstechnik kaum feststellen. Über die Untersuchungen der Teilentwicklungen ist in den nächsten Kapiteln berichtet.

Einige Anzeichen, wie beispielsweise die breite Behandlung auf dem IFAC-Kongreß in Warschau 1969, deuten darauf hin, daß die größten Probleme der Regelungstechnik derzeit auf dem Gebiet der Systemidentifizierung liegen. Weiterer Fortschritt hängt demnach wesentlich von der Kenntnis des dynamischen Verhaltens der Regelstrecke ab und damit von der Entwicklung geeigneter Verfahren zur Erlangung dieser Erkenntnisse. Die statistischen Verfahren stehen dabei erst am Anfang ihres Einsatzes.

# *Zweiter Teil:*

## Spezielle Entwicklungen der Regelungstechnik

# *3. Kapitel:* Bezeichnungen und Darstellungen

## 3.1 Einleitung

Einschlägige Vorträge auf den Kongressen der International Federation of Automatic Control (IFAC) dokumentieren das internationale Interesse an einer Abstimmung der regelungstechnischen Terminologie, um die Kommunikation zu verbessern. Auf der regelungstechnischen Tagung in Heidelberg, die im Jahre 1956 stattfand, hatte sich bereits eine Fachgruppe mit dem Themenkreis "Gemeinschaftsarbeit und Ausbildung" befaßt und in diesem Rahmen auch Fragen der Terminologie behandelt. Nach der Gründung der IFAC, im September 1957 in Paris, übernahm diese den Problemkreis in ihr Tagungsprogramm und erfaßte ihn in der Gruppe "Terminologie und Erziehung" auf dem ersten IFAC-Kongress 1960 in Moskau. Zwar wurde 1963 in Basel nicht über Terminologie verhandelt, doch beschäftigten sich 1966 in London auf dem dritten IFAC-Kongress zwei "Informal Colloquia" mit den Themen "Towards International Standardization of Control" und "Standards and Evaluation".

Die Schaffung einer einheitlichen Terminologie ist eng mit einer Systematik der gesamten Regelungstechnik verknüpft, denn nur in dieser Abhängigkeit ist eine Normung sinnvoll, auf welche dieser Problemkreis letztlich hinausläuft.

## 3.2 Begriffsbildungen

Für die historische Entwicklung der Begriffsbildungen ist eine fehlende oder auch verschiedentlich wenig sinnvolle Systematik von großem Einfluß gewesen, denn sie hat dazu geführt, daß viele Bezeichnungen nicht einer übergeordneten Gemeinsamkeit entlehnt wurden, sondern sich an den speziellen Anwendungen orientierten.

Als Beispiel dafür mögen die verschiedenen Reglernamen dienen, wie Druckregler, Leistungsregler, Mengenregler, Fliehkraftregler, Kosinusregler, Schwimmerregler, Abstandsregler, Drehzahlregler, Beharrungsregler, Wasserstandsregler, Achsenregler, pneumatische Regler, elektrische Regler, Proportionalregler und viele andere mehr. Die Bezeichnungen sind sehr unterschiedlich abgeleitet worden, beispielsweise von der Art der Regelgröße, der Konstruktion des Meßgliedes, der Art der Meßgröße, der Art der Hilfsenergie, dem dynamischen Verhalten des Reglers, konstruktiven Eigenarten des Reglers und anderen Möglichkeiten.

Die erste und wichtigste Begriffsbildung war die des "Reglers". In Deutschland ist als Vorläufer der "Regulator" bekannt geworden, der aber in seiner Mehrdeutigkeit bereits die sinnvolle Systematik vermissen läßt. Die Tatsache, daß das normale, schwerpunktverstellbare Uhrenpendel ebenfalls als Regulator bezeichnet wurde und die Gleichbedeutung der Begriffe "regulieren" und "einstellen" zeigen, daß man dem Prinzip des geschlossenen Wirkungsablaufs hinsichtlich der Bezeichnung keine Rechnung trug.

In England und Frankreich, den beiden Staaten, die hervorragenden Anteil an der Entwicklung früher industrieller Regler hatten [siehe dazu Kapitel 1], lassen sich entsprechende Verhältnisse aufzeigen. Die englischen Wörter "regulator", "moderator" und "governor" beziehungsweise die äquivalenten französischen Wörter "régulateur", "modérateur" und "gouverneur" wurden gleichermaßen für Regelungen und Steuerungen im heutigen Sinne verwendet. Einige Hinweise darauf gibt MAYR [1].

Im englischen Sprachraum hat sich später anstelle der oben genannten Bezeichnungen das Wort "control" durchgesetzt, welches ebenfalls Steuerungen und Regelungen bezeichnet. Die Sonderheit des geschlossenen Wirkungsablaufs wird durch Umschreibungen wie "automatic control", "feedback control" oder "closed loop control" ausgedrückt.

Erst neuerdings zeigte sich, daß eine Zusammenfassung der Begriffe Regelung und Steuerung sinnvoll sein kann. Wenn man nämlich ein Rechengerät in den Regelkreis einbezieht, welches beispielsweise optimale Stellfunktionen aufgrund momentaner Werte der Zustandsgrößen berechnet, ist die Stellfunktion Anlaß für einen Steuerungseingriff. Läßt man nun Störungen des Bewegungsablaufs zu, so muß die Stellfunktion überprüft werden anhand der Werte der Zustandsvariablen; bei Abweichungen müssen gegebenenfalls neue Stellfunktionen berechnet werden; dadurch ist aber wieder ein Regelkreis geschlossen. In diesen Fällen liegen die Eigenschaften der Steuerungen und der Regelungen eng beieinander.

Auffallende Unterschiede in der Bezeichnung ziehen sich auch durch die Literatur bei der Kennzeichnung von Regelkreisen mit und ohne Hilfsenergie. TOLLE [50, 1905] verwendete synonym die Begriffe "mittelbar" und "indirekt" für Regler mit Hilfsenergie und "unmittelbar" beziehungsweise "direkt" für jene ohne Hilfsenergie. SCHWAIGER unterschied in seinem Buch "Das Regulierproblem in der Elektrotechnik" [49, 1909] zwischen "direkter" und "indirekter" Regelung. STEIN [109, 1926] hingegen setzte "direkt" und "mittelbar" gegeneinander. Die VDI-Empfehlungen aus dem Jahre 1944 enthielten das Begriffspaar "mittelbar" und "unmittelbar" [siehe unten].

Die Schwierigkeiten im Zusammenhang mit den angegebenen Begriffsbildungen sind hier nur beispielhaft angeführt. Hinweise auf weitere Begriffsbildungen sind den anderen Kapiteln zu entnehmen, denn eine isolierte Angabe an dieser Stelle erscheint nicht sinnvoll, weil die Bezeichnungen und ihr Wandel nur im Zusammenhang mit den technischen Erläuterungen deutlich werden.

In den ersten dreißig Jahren des zwanzigsten Jahrhunderts sind in Deutschland einige speziell regelungstechnische Bücher erschienen, die internationale Bedeutung erlangten und auch hinsichtlich der Systematik als maßgebend angesehen werden können. Zu nennen sind das in drei Auflagen, 1905, 1909 und 1922, erschienene Buch von TOLLE "Die Regelung der Kraftmaschinen" [50], das 1926 von STEIN veröffentlichte Buch "Regelung und Ausgleich in Dampfanlagen" [109] und schließlich das

1930 herausgekommene Buch "Regler für Druck und Menge" [75] von WÜNSCH. In diesen Büchern wurden die Regelungsvorgänge aufgrund von Differentialgleichungen der Teilelemente und deren Zusammenfassung untersucht. Die Übereinstimmung dieser drei Bücher hinsichtlich der Terminologie und der angegebenen Untersuchungsverfahren ist weitgehend, was auf die dominierende Stellung des Buches von TOLLE zurückzuführen ist.

Trotz dieser guten Grundlagen entstanden besonders in den Industriebetrieben noch in den dreißiger Jahren häufig Verständigungsschwierigkeiten, die auf mangelhaften Definitionen beruhten; durch theoretische Unklarheiten wurden solche Verhältnisse zusätzlich erschwert [siehe 110 GMELIN/RANKE, 1937]. In dieselben dreißiger Jahre fiel auch der Durchbruch im Erkennen regelungstechnischer Gemeinsamkeiten in mechanischen und elektrischen Anordnungen und unterstützte den Wunsch nach Normung der Verfahren und Begriffe des im Entstehen befindlichen eigenständigen Fachgebietes. Die Tendenz zur Normung war in der Mitte der dreißiger Jahre in allen Industriestaaten gleichermaßen ausgeprägt, doch wurden überall vorerst nur nationale Normen angestrebt.

Wesentliche Impulse zur Vereinheitlichung der Begriffe gingen in Deutschland aus dem Eisenhüttenwesen hervor, in dem vor allem Druck- und Durchflußregelungen interessierten. Maßgebend dafür war die Wärmestelle des Vereins Deutscher Eisenhüttenleute, deren Mitarbeiter NEUMANN, WÜNSCH und RUMMEL in den Jahren 1932 bis 1935 mehrere Veröffentlichungen [112, 1932/34; 113, 1933/34; 400, 1934/35] diesem Problem widmeten. In jenen Arbeiten wurden unter anderem die Begriffe "Regelstrecke", "Stellglied" und "Störung" definiert, die sich in der Folgezeit bei der Regelung verfahrenstechnischer Größen schnell einführten. Eine Reihe der dort definierten Begriffe unterscheidet sich aber von den heutigen Bedeutungen.

In Deutschland machte sich das Fehlen einschlägiger Normen besonders bei der I.G.-Farbenindustrie als größtem "Verbraucher" regelungstechnischer Geräte bemerkbar. Im Anschluß an systematische Benennungen, die KRÖNERT [111, 1935] anhand wärmetechnischer Regelungsvorgänge vorgeschlagen hatte, entwickelten GMELIN und RANKE [110] einen innerbetrieblichen Bezeichnungsvorschlag, den sie 1937 auszugsweise veröffentlichten. Für das Gesamtgebiet der Regelungstechnik konnte dieser Vorschlag aber noch nicht befriedigen, da er zu wenig Begriffe erfaßte und darüber hinaus nicht exakt genug definierte. Die Arbeit von GMELIN und RANKE wurde etwa 1939 von einem Ausschuß des Vereins Deutscher Ingenieure (VDI) wieder aufgegriffen, der sich unter der Leitung von SCHMIDT und wesentlicher Mitarbeit von WÜNSCH um einheitliche Benennungen bemühte. Parallel dazu entstand eine Arbeitsgruppe des Verbands Deutscher Elektrotechniker (VDE), die sich von elektrotechnischer Seite um regelungstechnische Begriffsbildungen kümmerte. In der letztgenannten Gruppe hatte ein interner Ausschuß der Firma SIEMENS mit EINSELE, ARTUS, GARTHE und OPPELT maßgeblichen Anteil. Die Zusammenarbeit dieser Gruppen unter Leitung von SCHMIDT in der Arbeitsgruppe "Begriffe und Bezeichnungen" führte 1944 zu einem normenähnlichen, umfassenden Vorschlagswerk "Regelungstechnik – Begriffe und Bezeichnungen" [114]. Obgleich die meisten der dort empfohlenen Bezeichnungen mit den heute verwendeten übereinstimmen, fallen einige Abweichungen auf. So wurde der Proportionalregler noch als "statischer" Regler bezeichnet. Bemerkenswert unterschiedlich war die graphische Darstellung des geschlossenen Regelkreises, die einerseits in Maschendarstellung erfolgte, andererseits aber noch nicht völlig von der Anwendung getrennt erschien. Die hauptsächliche Darstellungsform war eine Vorstufe des heutigen Blockschaltbildes, in der rückwirkungsfreie, gerichtete Blöcke mit Funktionsskizzen kombiniert waren.

Nicht unwesentliche Unterstützung erhielten die Normbestrebungen durch einen Vortrag und Aufsatz [108] von SCHMIDT im Jahre 1940, in welchem die Regelungstechnik als übergeordnete Wissenschaft interpretiert wurde, die unter der Bezeichnung "Allgemeine Regelungskunde" verschiedene Vorgänge aus den Bereichen der Biologie, Medizin, Physiologie, Volkswirtschaft und Technik unter gleichen Gesichtspunkten betrachtete. SCHMIDT hat in diesem Aufsatz [siehe auch Kapitel 2] betont darauf hingewiesen, daß eine gemeinsame Sprache im Sinne von Begriffen entsprechend dem Stand der Technik unerläßlich ist.

Nach dem Zweiten Weltkrieg wurden die Normbestrebungen in Deutschland von einem neu gegründeten Arbeitsausschuß Regelungstechnik im Deutschen Normenausschuß aufgenommen und mündeten 1954 in der Herausgabe der Deutschen Norm 19226, "Regelungstechnik – Benennungen und Begriffe", die sich inhaltlich nicht wesentlich von dem Vorschlag aus dem Jahre 1944 unterscheidet. Der 1962 herausgegebene Entwurf für eine Neufassung dieser Norm enthält dagegen bedeutende Neuerungen, indem er das Eindringen analoger und digitaler Rechenanlagen in die Regelungstechnik berücksichtigt. Neben logischen Verknüpfungsgliedern und digital-analog beziehungsweise analog-digital Umsetzern wurde hier die Systematik des Signalflußplans erstmals aufgenommen.

Die für Deutschland aufgezeigte Entwicklung ist in anderen Ländern hinsichtlich der zeitlichen Folge ähnlich verlaufen. In den USA und der UdSSR begannen die systematischen Arbeiten für eine einheitliche Terminologie etwa im Jahre 1936. Ein Ausschuß der American Society of Mechanical Engineer (ASME) wurde für diesen Zweck 1936 gegründet; er gab in den Jahren 1943, 1945, 1946, 1952 und 1954 verschiedene Empfehlungen heraus. Die Empfehlung des Jahres 1945 basiert auf einer Untersuchung von PHILBRICK [siehe 115], deren Anliegen es war, die Begriffe verschiedener Fachgebiete zusammenzuführen. Er stellte als Regelobjekt die Regelstrecke ("plant") heraus; dieser Begriff wurde auch vorher bereits von IVANOFF [116, 1934] benutzt. Im Gegensatz zu der ungefähr gleichzeitig entstandenen deutschen Empfehlung stellte PHILBRICK keine derart vollständige, systematische Zusammenfassung vor, ging aber stärker auf Berechnungsverfahren ein.

Die Institution of Radio Engineers (IRE) gab 1955 ebenfalls eine Empfehlung heraus: "Standards on terminology for feedback control systems".

Neben diesen Entwürfen der bedeutenden technischen Vereinigungen entstanden weitere im Bereich der Industrie [siehe dazu 117 GAVRILOV].

In der UdSSR sind bis 1960 zwei Normentwürfe unter der Leitung der Akademie der Wissenschaften zusammengestellt worden. Über die Normung in anderen Ländern, die sich hauptsächlich auf den Zeitraum von 1950 bis 1960 bezieht, können genauere Angaben einem Vortrag von GAVRILOV [117] entnommen werden, in dem besonders der Systematik des Gesamtgebietes der Regelungstechnik und ihrer Einordnung in das Gebiet der Automation Gedanken gewidmet sind.

## 3.3 Topologische Darstellungen

Im Mittelpunkt der bisherigen Erörterungen dieses Kapitels standen die an das Wort gebundenen Definitionen, denen aufgrund ihrer Vielfalt nur pauschal nachgegangen werden konnte. Parallel dazu hat sich die graphische Darstellung regelungstechnischer Begriffe entwickelt, die ziemlich deutlich den jeweiligen Kenntnisstand über Regelungsvorgänge widerspiegelt.

Im neunzehnten Jahrhundert, in dem die Regelungstechnik weitgehend durch die Regelung der Kraftmaschinen geprägt war, geschah die Darstellung von Regelanordnungen durch technische Zeichnungen oder Skizzen, entsprechend dem Brauch in anderen Zweigen des Maschinenbaues. Dieses Beharren auf technischen Details erschwerte außerordentlich das Erkennen übergeordneter Gemeinsamkeiten bei verschiedenen Regelanordnungen. Die objektbezogene Darstellungsweise blieb nicht auf den im Maschinenbau beheimateten Teil der Regelungstechnik beschränkt, sondern übertrug sich auch auf den elektrotechnischen Teil. So kennzeichnete SCHWAIGER die Unterschiede zwischen "direkt" und "indirekt" wirkenden Regelungen in seinem 1909 erschienenen Buch [49] symbolisch ausschließlich durch Skizzen von Geräteanordnungen.

Bei KÜPFMÜLLER [118, 1928] findet man bereits einen Block als Darstellung eines Verstärkers und eine Linie für die Rückführung.

Allgemein führten sich damals in der Technik und in anderen Wissenschaften Blockdarstellungen ein, deren Blöcke durch Wirkungslinien verbunden waren und qualitative Abhängigkeiten beispielsweise produktionstechnischer oder volkswirtschaftlicher Art angaben.

Die Übernahme dieser Darstellungsweise in die Regelungstechnik ging einher mit der Fähigkeit, die Eigenschaften geschlossener Regelkreise von einzelnen Anwendungsfällen zu abstrahieren. In diesem Zustand bedeutete die Blockdarstellung noch keine analytische Erleichterung, sondern förderte lediglich die Anschauung.

In der Zeit ungefähr ab 1940, als man begonnen hatte, die Differentialgleichungen zur Beschreibung der einzelnen Elemente des Regelkreises der FOURIER- oder LAPLACE-Transformation zu unterwerfen und die so gewonnenen Ausdrücke als Frequenzgang beziehungsweise komplexe Übertragungsfunktion zur Beschreibung des Übertragungsverhaltens heranzuziehen, wurden die Blöcke nicht mehr allein durch Wortbezeichnungen, sondern auch mit Hilfe dieser Ausdrücke im Frequenzbereich beschrieben. Als Beispiele mögen amerikanische Arbeiten von HALL aus den Jahren 1943 und 1946 dienen [99, 1943; 119, 1946]. In den beiden 1944 erschienenen, deutschen regelungstechnischen Büchern von ENGEL [71] und OLDENBOURG und SARTORIUS [120] drückt sich eine Uneinheitlichkeit in der bildlichen Wiedergabe aus, die aber gleichermaßen in der amerikanischen Literatur jener Zeit zu beobachten war.

OLDENBOURG und SARTORIUS verwendeten ebenso wie ENGEL und BODE [103] noch Blockschaltbilder, in denen die Blöcke durch Wortbegriffe gekennzeichnete Regelkreiselemente sind, doch finden sich bei OLDENBOURG und SARTORIUS auch Regelkreisdarstellungen, in denen die Elemente Regelstrecke, Stellmotor und Rückführung als Blöcke mit analytisch gegebener Übertragungsfunktion vorkommen, während das Stellglied als Symbol eines Stellventils erscheint.

Die gemischte Darstellung fand auch ihren Niederschlag in den VDI-Empfehlungen [siehe oben] des Jahres 1944 und resultiert aus dem Bestreben nach möglichst großer Einsicht in die physikalischen Zusammenhänge, die nicht nur bei einheitlicher Darstellung gegeben ist.

Gerichtete Flußdiagramme, die den Informationsfluß in dem System zeigten, fanden ausdrücklichen Eingang in die regelungstechnische Terminologie und die Symbolik erstmals in der oben zitierten Arbeit von PHILBRICK [115].

Der besondere Vorteil einer einheitlichen Blockschaltbilddarstellung wurde erst offenbar, nachdem ein topologisches Umwandlungsverfahren für den Regelkreis damit verknüpft worden war. 1951 veröffentlichte GRAYBEAL einen Aufsatz "Block Diagram Network Transformation" [121], in welchem er Vertauschungsregeln für Blockschaltbilder aus linearen Übertragungsblöcken und gerichteten Wirkungslinien derart angab, daß bei den topologischen Strukturänderungen, welche bestimmten Operationen mit den beschreibenden Differentialgleichungen entsprechen, das Übertragungsverhalten des Gesamtsystems nicht geändert wurde. Die Blockschaltbilder, für welche diese "Blockschaltbild-Algebra" entwickelt wurde, bestehen aus Blöcken unterschiedlichen Übertragungsverhaltens, Summationsstellen, Verzweigungsstellen und gerichteten Wirkungslinien.

Der bedeutende Gewinn dieses Verfahrens von GRAYBEAL liegt darin begründet, daß Änderungen der Systemstruktur leichter zu überschauen sind als bei den entsprechenden Umformungen der Differentialgleichungen. Mehrfach rückgekoppelte Systeme lassen sich mit diesem Verfahren auf einfach rückgekoppelte zurückführen und werden damit der einfachen Theorie zugänglich. GRAYBEAL hat seine Arbeit wesentlich auf Servosysteme bezogen. In der elektrotechnischen Literatur ist das Verfahren durch einen Aufsatz von STOUT [122, 1952] bekannt geworden. STOUT hat 1956 zusätzlich einen eigenen Beitrag zur Weiterentwicklung des Verfahrens gegeben [123], indem er es auf Systeme mit einem nichtlinearen Bestandteil erweiterte. Mit Einschränkungen bezüglich der Vertauschbarkeit behalten die von GRAYBEAL angegebenen Regeln dabei ihre Gültigkeit.

Kurz nach der Entwicklung der Blockschaltbild-Algebra wurde eine andere topologische Methode mit ähnlicher Zielsetzung veröffentlicht, welche die fraglichen Systeme stärker zerlegt und den Signalfluß durch die Schaltung offenkundig werden läßt. In zwei Arbeiten begründete MASON die Theorie der "Signalgraphen". Aufbauend auf seiner Dissertation aus dem Jahre 1951 gab er in dem ersten [124, 1953] der beiden Aufsätze die Grundstrukturen und Regeln des Verfahrens an. Die Elemente sind

Knoten, gerichtete Verbindungslinien und Summationsstellen, wobei letztere häufig mit Knoten zusammengefaßt sind. Im Gegensatz zur Blockschaltbild-Algebra stellen die Verbindungslinien hier die Übertragungselemente dar, die aber nur entweder eine Integration oder eine Faktorisierung ausmachen. Die Knoten repräsentieren die variablen Größen. Rein äußerlich besteht eine Ähnlichkeit dieser Signalgraphen zu den schon vorher in der Elektrotechnik zur Kennzeichnung von Netzwerken herangezogenen Graphen, doch besteht ein wesentlicher Unterschied durch die Richtungsgebundenheit der Signalgraphen, die dadurch ein gänzlich anderes Vorgehen bedingen als nach den bekannten Knoten- und Maschengleichungen. Die Signalgraphen sind in stärkerem Maße von der physikalischen Darstellung des Systems abstrahiert als das Blockschaltbild und zielen auf die Lösung der zugrunde liegenden Differentialgleichungen. Daraus resultiert die große Ähnlichkeit der Signalgraphen-Darstellung mit entsprechenden Analogrechenschaltplänen, bei denen lediglich ergänzend die Anfangsbedingungen für die Variablen hinzukommen.

Der wohl bedeutendste Teil der Signalgraphentheorie tut sich für die Regelungstechnik durch die sogenannte MASONsche Formel auf.

TUSTIN [125] erkannte schon 1952 als erster die Möglichkeit, für Systeme mit mehreren Rückführungszweigen die Gesamtübertragungsfunktion durch bestimmte, gebrochen rationale Funktionen der Teilübertragungsfunktion der Vorwärts- und Rückwärtszweige zu berechnen. Den allgemeinen Fall erfaßte TUSTIN aber noch nicht, denn die von ihm angegebene Zusammensetzung der Gesamtübertragungsfunktion gilt nur für einen Vorwärtszweig und die Graphen, bei denen alle Rückwärtszweige den Vorwärtszweig berühren.

In Fortführung seiner ersten Arbeit entwickelte dann MASON 1956 in dem Aufsatz "Feedback Theory-Further Properties of Signal Flow Graphs" [126] die nach ihm benannte Formel für den allgemeinen Fall des linearen Übertragungssystems.

Die MASONsche Formel lautet:

$$\Phi_{ij}(s) = \frac{\sum_k M_{ijk}\, \Delta_{ijk}}{\Delta}$$

$\Phi_{ij}(s)$ = komplexe Gesamtübertragungsfunktion zwischen der Anfangsbedingung des $j$-ten Integrators und dem Ausgangssignal des $i$-ten Integrators

$k$ = Index für parallele Vorwärtszweige

$M_{ij}(s)$ = komplexe Übertragungsfunktion des direkten Vorwärtszweiges zwischen der Anfangsbedingung des $j$-ten Integrators und dem Ausgangssignal des $i$-ten Integrators

$\Delta_j(s)$ = Teilsystemdeterminante für denjenigen Teil des Graphen, der den Vorwärtszweig nach $j$ nicht berührt

$\Delta(s)$ = Systemdeterminante oder linke Seite der charakteristischen Gleichung.

Diese Formel und weitere zugehörige Regeln stellen neben der Matrizenmethode und der sukzessiven Substitution ein weiteres Verfahren dar, um die Übertragungsfunktion eines Systems von linearen Differentialgleichungen zu berechnen.

Die Arbeit von MASON ist maßgeblich von BODE initiert und geprägt worden und kann als Weiterentwicklung BODEscher Gedanken angesehen werden, die jener unter Formulierung der Begriffe "Rückführdifferenz" und "Empfindlichkeit" in Matrizenschreibweise in dem 1945 erschienenen Buch "Network Analysis and Feedback Amplifier Design" behandelt hatte. Mehrere der von BODE aufgestellten Sätze, beispielsweise solche zur Berechnung der Impedanzen rückgekoppelter Systeme, lassen sich mit der Theorie der Signalgraphen entwickeln. Auf diese Zusammenhänge hat TRUXAL [127, 1955] hingewiesen.

Nach MASONs Signalgraphentheorie hat COATES [128, 1959] eine ähnliche Theorie aufgrund sogenannter *C*-Graphen und CHOW [129, 1961] eine für *N*-Graphen angegeben, die beide spezielle Vorteile aufweisen, sich ineinander und in die MASONsche Theorie überführen lassen und auch die direkte Berechnung der Übertragungsfunktion gestatten.

Die Signalgraphentheorie wurde in den Jahren 1957 und 1960 von verschiedenen Autoren auf Abtastsysteme ausgedehnt [130 SALZER, 1957; 131 LENDARIS/JURY, 1960; 132 ASH/KIM/KRANC, 1960], doch gilt die MASONsche Formel dabei nur, wenn alle Signale in getasteter Form vorliegen. Unter Einführung eines neuen Symbols, des "schwarzen Knotens", der diskrete Variable bezeichnet mit dem Wert der Summe der in getasteter Form vorliegenden, in den Knoten mündenden Signale, haben SEDLAR und BEKEY [133, 1967] die Graphentheorie auf gemischt stetige und getastete Systeme erweitert und dafür eine modifizierte MASONsche Formel abgeleitet, die für die beiden Grenzfälle völliger Stetigkeit beziehungsweise Diskretisierung in die MASONsche Formel übergeht.

Die letzten Entwicklungshinweise zeigen, daß von den verschiedenen Verfahren zur graphischen Erklärung der funktionellen Zusammenhänge in Regelkreisen einige diese enge Zielsetzung mit Hilfe direkter Methoden (MASON- und COATES-Formel) übersprungen haben und zu Berechnungsverfahren geworden sind.

# 4. *Kapitel:* Algebraische Stabilitätskriterien

## 4.1 Einleitung

Die dynamische Untersuchung des geschlossenen Regelkreises, der aus einer Dampfmaschine als Regelstrecke und einem Fliehkraftregler bestand, rückte erstmals im technischen Bereich den mathematischen Begriff der dynamischen Stabilität in den Vordergrund [siehe Kapitel 1].

Die in der Mitte des neunzehnten Jahrhunderts bekannt gewesenen Stabilitätskriterien von LAGRANGE und LAPLACE konnten nicht herangezogen werden, weil die Definition von LAGRANGE nur den statischen Fall berücksichtigt und die von LAPLACE infolge ihrer astronomischen Orientierung zu weit gefaßt ist. Die Aussage der daraufhin neu entwickelten Stabilitätskriterien beruht auf den Annahmen, daß die Bewegung des zu untersuchenden technischen Systems "stationär" ist und daß gegebenenfalls nur "kleine Schwingungen" um diese stationäre Bewegung stattfinden. Mathematisch hat das zur Folge, daß die Differentialgleichungen konstante Koeffizienten aufweisen und linear sind; ferner erscheinen als Veränderliche nicht mehr die ursprünglichen Größen selbst, sondern nur noch die Abweichungen von ihnen.

Werden diese Abweichungen nach einer kleinen Störung des Systemzustandes größer, was mathematisch bedeutet, daß in der Lösung der betreffenden Differentialgleichung Glieder vorkommen, die mit der Zeit exponentiell anwachsen, so definierte man diesen Sachverhalt als "Instabilität"; meist schloß man darin auch den Fall der Dauerschwingungen gleichbleibender Amplitude ein, der aber bei linearen Systemen von rein akademischem Interesse ist, da sich kein technisches System in diesem Zustand hält. Den entgegengesetzten Fall, mit abklingenden Schwingungen nach einer Störung des Beharrungszustandes, definierte man als "Stabilität".

Nachdem man erkannt hatte, daß zwischen der technischen Stabilität und den Lösungen der beschreibenden Differentialgleichungen bestimmte Beziehungen bestehen, hatte man die Möglichkeit, die Stabilitätsbedingungen auch mathematisch zu formulieren [siehe Kapitel 1].

Die Stabilitätsbedingungen ergeben sich dann aus den Wurzeln der charakteristischen Gleichung, in welche die Koeffizienten der Differentialgleichung eingehen, und fordern für den Fall der Stabilität, daß das jeweilige charakteristische Polynom nur Wurzeln mit negativem Realteil enthält.

## 4.2 Frühe mathematische Kriterien für die Lage der Nullstellen von Polynomen

Bei der mathematischen Formulierung der Stabilitätskriterien konnte man auf einige Ergebnisse zurückgreifen, die bereits mit einer rein mathematischen Zielsetzung bei der Untersuchung der Lage der Nullstellen und Pole von Polynomen und rationalen Funktionen erzielt worden waren.

Bereits DESCARTES, NEWTON und FOURIER hatten sich bemüht, Kriterien zu finden, nach denen man entscheiden kann, ob in einem vorgegebenen Intervall des Definitionsbereiches eines Polynoms Wurzeln liegen. Durch geeignete Wahl des Intervalls gelangten sie zu Näherungswerten für die Nullstellen, deren genaue Werte sie dann mit Hilfe von Näherungsverfahren, zum Beispiel dem NEWTONschen, beliebig genau berechnen konnten. DESCARTES gelang es im Jahre 1649, einen Satz abzuleiten, der einen ersten Hinweis gibt über die Anzahl der positiven, reellen Wurzeln einer ganzen rationalen Funktion $f(x)$:

$$f(x) = a_0 x^n + a_1 x^{n-1} + \ldots + a_{n-1} x + a_n.$$

Dieser Satz wird DESCARTES' Zeichenregel genannt und lautet:

> "Die Zahl der positiven Wurzeln einer Gleichung ist höchstens gleich der Anzahl der Zeichenwechsel in der Reihe der Koeffizienten".

Die damit getroffene Aussage haben BUDAN [134, 1822] und FOURIER [135, 1831] verschärft:

> "Die Zahl der positiven, reellen Wurzeln ist entweder gleich der Zahl der Zeichenwechsel oder um eine gerade Zahl geringer".

Ein Beweis dafür findet sich auch bei GAUSS [136] in einer Abhandlung aus dem Jahre 1828.

Für den Fall, daß $f(x)$ eine ganze, rationale Funktion ist, läßt sich mit einem von STURM [137, 1842] angegebenen Verfahren die genaue Anzahl der rellen Wurzeln feststellen, die innerhalb eines Intervalls liegen. Das Verfahren besteht darin, eine Kette von Gleichungen, die sogenannte "STURMsche Kette", zu bilden und deren Zeichenwechsel für die Werte der Intervallgrenzen zu ermitteln. Der STURMsche Satz lautet:

> "Wenn $a < b$ und $g(a) \neq 0$ und $g(b) \neq 0$ sind, so ist $W(a) - W(b)$ gleich der Anzahl der Nullstellen des Polynoms $g(x)$ im abgeschlossenen Intervall $[a, b]$; dabei ist $g(x)$ ein Polynom mit den gleichen Nullstellen wie $f(x)$, doch ist $g(x)$ so weit reduziert, daß die jeweiligen Nullstellen nur einfach auftreten. $W(a)$ und $W(b)$ sind die Anzahlen der Zeichenwechsel an den Intervallgrenzen".

Die Bedeutung dieses STURMschen Verfahrens für die späteren Stabilitätskriterien liegt nicht so sehr in der Aussage über die Anzahl der reellen Wurzeln in einem Intervall, als vielmehr in dem dabei verwendeten Bildungsgesetz, der STURMschen Kette, welches dann auch bei anderen Kriterien für die Abzählung von Zeichenwechseln benutzt wurde.

Die mathematischen Grundlagen zur Aufstellung algebraischer Stabilitätskriterien waren nicht vollständig, solange keine Möglichkeit bestand, auch die Lage komplexer Wurzeln rationaler Funktionen einzugrenzen.

Im Jahre 1837 veröffentlichte CAUCHY eine Arbeit [138], in welcher er auch die

Lage komplexer Wurzeln rationaler Funktionen behandelte, indem er die Bestimmung der Anzahl der Wurzeln im Inneren eines beliebigen Gebietes auf die Bestimmung des "Index" einer rationalen Funktion zurückführte. Ausgehend von der logarithmischen Ableitung

$$\frac{\dot{f}(z)}{f(z)},$$

auf die er den schon vorher abgeleiteten Residuensatz anwendete, gelangte CAUCHY zu einem Integralausdruck für die Anzahl $N$ der Nullstellen einer Funktion $f(z)$ in einem Regularitätsgebiet:

$$N = \frac{1}{2\pi i} \int_C \frac{\dot{f}(z)}{f(z)} \, dz.$$

Das Integral ist im positiven Sinne über den Rand des Gebietes zu erstrecken; die Funktion ist auf dem Rand als regulär und von Null verschieden angenommen.

Eine entsprechende Ableitung für die Zahl $P$ der Pole der Funktion in demselben Gebiet führt auf den negativen Wert des gleichen Integrals. Bei gleichzeitigem Vorhandensein von Polen und Nullstellen ergibt sich die Beziehung:

$$N - P = \frac{1}{2\pi i} \int_C \frac{\dot{f}(z)}{f(z)} \, dz.$$

Entgegen ihrer großen theoretischen Bedeutung ist die Beziehung praktisch schwer direkt auszuwerten. Da jedoch auf der linken Seite der Gleichung nur reelle Größen stehen, braucht man auch rechts nur den reellen Anteil zu berücksichtigen und kann folgende Beziehung auswerten:

$$\frac{1}{i} \frac{\dot{f}(z)}{f(z)} \, dz = \frac{1}{i} \, d(\log \rho) + d\varphi.$$

Dabei ist $f(z) = \rho \cdot e^{i\varphi}$.

Der reelle Teil des Integrals kennzeichnet also die Zunahme des Arguments von $f(z)$, ausgedrückt durch das Integral:

$$N - P = \int_C d\varphi.$$

Die Funktion $f(z)$ läßt sich in die beiden Anteile $U(z)$ und $V(z)$ auftrennen, die auf der Randkurve reell sind:

$$f(z) = U(z) + i\, V(z).$$

Für das Argument $\varphi$ läßt sich der Ausdruck angeben:

$$\varphi = \frac{1}{2\pi} \arctan \frac{V(z)}{U(z)}.$$

Daraus ergibt sich die Möglichkeit, die Änderung des Arguments $\varphi$ allein durch Betrachtung der Vorzeichen des reellen und imaginären Teils von $f(z)$ anzugeben.

Diese Betrachtungen führten CAUCHY zur Bildung des "Index" einer rationalen Funktion, der ein Maß für den Winkel $\varphi$ ist. Unter dem Index $\Delta$ der Funktion

$$\frac{V(z)}{U(z)}$$

ist eine zu bildende Zahl zu verstehen, die in jedem Punkt einer zu durchlaufenden Linie, hier der reellen Zahlenachse, einen bestimmten, reellen Wert besitzt. Wenn $x_p$ die reellen, voneinander verschiedenen Nullstellen von $U(z)$ sind, so ordnet man jeder von ihnen die Zahl $s_p$ zu,

$$s_p = 0, +1, -1,$$

je nachdem die Funktion beim Überschreiten der jeweiligen Nullstelle das Vorzeichen nicht wechselt, von negativen zu positiven oder von positiven zu negativen Werten übergeht. Der Index der Funktion bezüglich der durchlaufenen Linie ist dann die Summe der den Polen zugeordneten Zahlen $s_p$:

$$\Delta = \sum_{p=1}^{k} s_p .$$

CAUCHY entwickelte Möglichkeiten zur Berechnung dieses Index. Für den Fall, daß das zu untersuchende Gebiet der Funktion eine Halbebene ist, berechnete er ihn mit Hilfe der STURMschen Kette.

Diese Ergebnisse von CAUCHY sind Grundlagen einer Reihe späterer Stabilitätskriterien geworden, doch hat CAUCHY selbst den Zusammenhang nicht erwähnt und kein explizites Stabilitätskriterium angegeben.

Die genannten Sätze stellen spezielle Fälle einer umfassenderen Theorie dar, die sich auf die gemeinsamen Wertesysteme von mehreren Gleichungen zwischen mehreren reellen Veränderlichen bezieht. Diese sogenannte Charakteristiken-Theorie wurde im Jahre 1869 von KRONECKER [139] ausgearbeitet.

Einen anderen Weg als STURM und CAUCHY ging HERMITE. In einem Brief [140] aus dem Jahre 1854 hat er Bedingungen für bestimmte Wurzelverteilungen einer rationalen Funktion mit komplexen Koeffizienten angegeben, wobei die hier interessierenden Fälle der Gleichung mit reellen Koeffizienten sowie der Wurzelverteilung auf die negativ-reelle Halbebene als Sonderfälle enthalten sind.

Mit $x_\lambda$ als den voneinander verschiedenen Wurzeln der oben angeführten ganzen rationalen Funktion bildete HERMITE die quadratische Form $\varphi$:

$$\varphi = \sum_{\lambda=1}^{n} (y_0 + x_\lambda y_1 + x_\lambda^2 y_2 + \ldots + x_\lambda^{n-1} y_{n-1})^2 .$$

Für die $y_n$ wurden neue Veränderliche $u_n$ eingeführt, wobei für eine reelle Wurzel $x_\lambda$ zu setzen war:

$$u_\lambda = y_0 + x_\lambda y_1 + \ldots + x_\lambda^{n-1} y_{n-1} ;$$

für ein Paar konjugiert komplexer Wurzeln hingegen war zu setzen:

$$u_\mu + \mathrm{i}\, u_\nu = y_0 + x_\mu y_1 + \ldots + x_\mu^{n-1} y_{n-1}$$

und $$u_\mu - \mathrm{i}\, u_\nu = y_0 + x_\nu y_1 + \ldots + x_\nu^{n-1} y_{n-1} .$$

Die quadratische Form $\varphi$ bestand nach Einführen der Veränderlichen $u_n$ aus einer Summe von Quadraten mit positiven oder negativen Vorzeichen. Jede reelle Wurzel führt zu einem positiven Vorzeichen, jedes Paar komplexer Wurzeln zu einem positiven und einem negativen Vorzeichen. Nun scheint die oben angegebene Substitution die Kenntnis der eigentlich implizit gesuchten Wurzeln vorauszusetzen, doch genügt es, irgendeine lineare, reelle Transformation der Veränderlichen durchzuführen, bei der die quadratische Form auf $n$ Quadrate reduziert wird. Bei dieser Transformation bleiben die Anzahlen der positiven und negativen Vorzeichen erhalten [siehe 141 RUNGE, 1904].

Die Wurzeln der Gleichung

$$f(x) = 0$$

liegen nun in der negativ-reellen Zahlenebene, wenn die zugehörige quadratische Form positiv definit ist. Die Untersuchung von HERMITE lief ebenso wie die von STURM auf die Betrachtung von Vorzeichen hinaus.

Kennzeichnend für die jeweilige quadratische Form ist ihre "Signatur", das ist die Differenz aus der Zahl der positiven und der negativen Quadrate in der reduzierten Form [siehe 142 FROBENIUS, 1894].

Diese HERMITEsche Signatur stimmt überein mit dem CAUCHYschen Index. Das HERMITEsche Vorgehen der Betrachtung quadratischer Formen ist also eine Möglichkeit, bei der Bestimmung des CAUCHYschen Index die Bildung STURMscher Ketten zu umgehen. Diesen Weg ist HURWITZ später gegangen.

## 4.3 Die Beeinflussung der mathematischen Forschung durch regelungstechnische Belange

Die vorstehend dargelegten Ergebnisse waren mit ausschließlich mathematischer Zielsetzung und Problemstellung entstanden. Als sich in der zweiten Hälfte des neunzehnten Jahrhunderts bei der Untersuchung regelungstechnischer Vorgänge die Notwendigkeit ergab, algebraische Gleichungen höheren als dritten Grades zu lösen, um Stabilitätsaussagen treffen zu können, stellte man fest, daß dies nur für Gleichungen vierten Grades einschließlich durch Radikale möglich ist, wie der norwegische Mathematiker ABEL 1824 bewiesen hatte. Da man lediglich eine Stabilitätsaussage anstrebte, konnte man auf die genaue Kenntnis der Lage der Wurzeln verzichten und benötigte nur die Bedingungen dafür, daß keine Wurzeln mit negativen Realteilen auftreten.
Bei der Aufstellung dieser Bedingungen griff man dann auf die oben dargelegten Ergebnisse zurück.

Die erste systematische und umfassende Ausarbeitung von Stabilitätsbedingungen für Systeme, deren dynamisches Verhalten sich unter der Annahme kleiner Schwingungen durch lineare Differentialgleichungen mit konstanten Koeffizienten annähern läßt, stammt von dem Engländer ROUTH [143, 1877].

Die Anregung für dessen Untersuchung ist wohl zumindest indirekt von MAXWELL gekommen. Anläßlich einer Tagung der London Mathematical Society im Jahre

1868 fragte MAXWELL die Tagungsteilnehmer nach der Möglichkeit, wie man feststellen kann, ob alle reellen Teile der komplexen Wurzeln sowie die reellen Wurzeln einer algebraischen Gleichung negativ sind. Er bezog sich auf seine Versuche mit verschiedenen Reglern zur Regelung der Drehzahl von Dampfmaschinen und berichtete, daß er festgestellt habe, daß die Stabilität der Bewegung von dieser Bedingung abhängt. Für eine kubische Gleichung hatte er die Lösungen leicht finden und damit die Stabilitätsbedingungen durch Koeffizientenungleichungen angeben können, doch war er bei der Untersuchung von Gleichungen höherer Grade gescheitert. Zwar hatte er auch noch für eine Gleichung fünften Grades notwendige Koeffizientenbedingungen gefunden, doch konnte er deren hinreichenden Charakter nicht nachweisen.

Das gleiche Problem war schon ein Jahr vorher, 1867, von THOMSON (Lord KELVIN) und TAIT angeschnitten worden, die in ihrer berühmten "Natural Philosophy" [144, 1867] darauf hingewiesen hatten, daß dieses Problem noch der mathematischen Behandlung harrte. Sie waren jedoch nicht im Zusammenhang mit einer regelungstechnischen Fragestellung auf dieses Problem gestoßen, sondern allgemeiner bei der Behandlung kleiner Bewegungen dissipativer Systeme.

Die von MAXWELL gestellte Frage wurde von CLIFFORD aufgenommen und dahingehend beantwortet, daß man die gewünschten Bedingungen bekommt, wenn man eine neue Gleichung bildet, deren Wurzeln gleich den Summen der Wurzeln der ursprünglichen Gleichung sind, wenn man die letzteren paarweise nimmt. Man muß dann die Bedingungen feststellen, unter denen die reellen Wurzeln der neuen Gleichung negativ sind [siehe 145, BATEMAN].

ROUTH ging CLIFFORDs Gedanken nach und formulierte im Jahre 1873 Stabilitätsbedingungen für Gleichungen vierten und fünften Grades, die er 1874 der London Mathematical Society vortrug [siehe 143 ROUTH]. Die Vorgehensweise ist in einer späteren Arbeit von ROUTH [146, 1884] sowie in der zitierten von BATEMAN niedergelegt. Obwohl Gleichungen vierten Grades prinzipiell noch durch Radikale lösbar sind, ist das für die praktische Verwendung häufig schon umständlich, so daß auch hier ein einfacheres Verfahren unter Verzicht auf Kenntnis der genauen Wurzellage sinnvoll sein kann.

Die Einfachheit der gefundenen Bedingungen für die Gleichungen niederen Grades legte die Vermutung nahe, daß auch für den allgemeineren Fall der Gleichung $n$-ten Grades notwendige und hinreichende Bedingungen in einfacher Form aufgestellt werden können.

Da das Problem der dynamischen Stabilität bewegter Systeme von allgemeinem Interesse war, wurde im Jahre 1875 der "ADAM's Prize" der Universität Cambridge für das Jahr 1877 mit dem Thema ausgeschrieben: "Das Kriterium der dynamischen Stabilität". Als Hinweis wurde das Kriterium für die Stabilität der Gleichgewichtslage zitiert, daß nämlich die potentielle Energie dort ein Minimum hat.

Für die dynamische Stabilität suchte man ein entsprechendes Kriterium derart, daß eine mögliche Bewegung des Systems sich nach leichter Störung auch nur leicht geändert fortsetzt.

Die Beteiligung von MAXWELL bei der Ausschreibung des Preises läßt im Zusammenhang mit seiner diesbezüglichen, oben angegebenen Frage auf die Tatsache schließen, daß er diese Themenstellung angeregt hat.

Mit seiner Arbeit "A Treatise on the Stability of a Given State of Motion" [143] gewann ROUTH den ADAM's-Preis und stellte damit als erster ein notwendiges und hinreichendes algebraisches Kriterium für die dynamische Stabilität linearisierter Systeme bei stationärer Bewegung auf.

Im Rahmen dieser Arbeit leitete ROUTH nicht nur Stabilitätsbedingungen ab, sondern beschäftigte sich auch mit den Voraussetzungen, wie Stationarität und Linearität.

Stationarität definierte er so, daß zu jedem beliebigen Zeitpunkt auf eine gleiche Störung eine gleiche Bewegungsänderung erfolgt.

Die Linearität der untersuchten Systeme sicherte er durch die Annahme kleiner Schwingungen, indem er die Quadrate und alle höheren Potenzen der Störabweichungen gegenüber den Störabweichungen selbst als vernachlässigbar klein ansah, was wiederum kleine Störabweichungen voraussetzte.

Im Hinblick auf die Stabilität gab er zuerst die notwendige Bedingung an, daß alle Koeffizienten der charakteristischen Gleichung positives Vorzeichen haben müssen. Mathematisch war diese Forderung seit VIETA bekannt, denn sie ist eine Folgerung aus den VIETAschen Wurzelsätzen, weil das Produkt aller Linearfaktoren aus Wurzeln, die nur in der negativ-reellen Halbebene liegen, auf diese Koeffizienten führt. Bei der Ableitung des eigentlichen Stabilitätskriteriums stützte sich ROUTH in wesentlichen Punkten auf die oben angesprochene Arbeit von CAUCHY und folgte dabei diesem Gedankengang:

Die Wurzeln der algebraischen Gleichung seien von der Gestalt

$$z = x + \mathrm{i}y;$$

dann läßt sich die Funktion $f(z)$ über die Produktdarstellung in Real- und Imaginärteil aufspalten:

$$f(z) = U(z) + \mathrm{i}\, V(z).$$

Man beschreibe eine geschlossene Kurve in der $z$-Ebene, lasse einen Punkt in positiver Richtung diese Kurve durchlaufen und beobachte, wie oft der Bruch

$$\frac{U(z)}{V(z)}$$

sein Vorzeichen dabei wechselt. Der Wert gehe $\alpha$-mal von plus nach minus und $\beta$-mal von minus nach plus. Nach CAUCHY ist dann die Anzahl $N$ der Nullpunkte innerhalb der geschlossenen Kurve

$$N = \frac{1}{2}(\alpha - \beta);$$

dabei darf kein Nullpunkt auf dem geschlossenen Weg liegen. Da man die eventuellen Nullpunkte in der positiv-reellen Halbebene erfassen will, wählt man als geschlossene

Kurve die $y$-Achse und den unendlich großen Halbkreis, der die positiv-reelle Halbebene umspannt. Wenn der laufende Punkt auf dem Halbkreis von

$$y = -\infty \quad \text{bis} \quad y = +\infty$$

fortschreitet, ergeben sich $n$ Zeichenwechsel für den Bruch. Um das Halbkreisgebiet zu schließen, läßt man den Punkt auf der $y$-Achse von

$$y = +\infty \quad \text{bis} \quad y = -\infty$$

weiter wandern.

Für die $y$-Achse hat der Bruch die Gestalt:

$$-\frac{U(z)}{V(z)} = \frac{a_0 y^n - a_2 y^{n-2} + \dots}{a_1 y^{n-1} - a_3 y^{n-2} + \dots}.$$

Bezeichnet $e$ den Überschuß an Zeichenwechseln von minus nach plus über die von plus nach minus, dann ergibt sich nach CAUCHY die vollständige Anzahl $N$ der Nullpunkte auf der positiv-reellen Seite der $y$-Achse aus der Beziehung

$$N = \frac{1}{2}(n + e).$$

Das ist ein Ausdruck für die Anzahl der Wurzeln mit positiven Realteilen. Zum Zählen der Zeichenwechsel benutzte ROUTH das STURMsche Theorem und bildete dazu die Teilfunktionen:

$$f_1(y) = a_0 y^n - a_2 y^{n-2} + \dots$$

und $$f_2(y) = a_1 y^{n-1} - a_3 y^{n-3} + \dots .$$

Durch die Anwendung des STURMschen Verfahrens ergeben sich aus $f_1(y)$ und $f_2(y)$ weitere dieser sogenannten Hilfsfunktionen, deren Vorzeichen betrachtet werden.

Für den Fall, daß

$$y = \pm\infty$$

gilt, brauchen nur die Vorzeichen der höchsten Potenzen berücksichtigt zu werden, da sie immer überwiegen; maßgebend sind also $a_0$, $a_1$ usw. Wenn jedes Glied dieser Reihe das gleiche Vorzeichen hat, werden $n$ Zeichenwechsel auftreten, weil die Potenzen sich jeweils um einen Grad vermindern. In diesem Fall existiert keine Nullstelle in der positiv-reellen Halbebene; daraus läßt sich der Satz formulieren:

> "Die notwendigen und hinreichenden Bedingungen, unter welchen der reelle Teil jeder Wurzel der Gleichung
>
> $$f(z) = 0$$
>
> negativ ist, bestehen darin, daß alle Koeffizienten der höchsten Potenzen in der Reihe $f_1(y)$, $f_2(y)$ usw. gleiche Vorzeichen aufweisen".

ROUTH verschärfte den Satz noch und bewies die Gültigkeit der Aussage:

> "Wenn man die Reihe der Koeffizienten der höchsten Potenzen der Funktionen $f_1(y)$, $f_2(y)$ usw. bildet, so gibt jeder Zeichenwechsel einen Nullpunkt innerhalb des positiven, geschlossenen Weges an und damit eine Wurzel mit positivem Realteil".

Die dargelegten Ableitungen von ROUTH stellen im wesentlichen nur Modifikationen derjenigen von CAUCHY dar, obgleich sie, über jene hinausgehend, die wichtige physikalische Interpretation bezüglich der Stabilität brachten.

Besondere Bedeutung für die praktische Verwendung hat das Kriterium von ROUTH dadurch gewonnen, daß ROUTH für die zu betrachtenden Koeffizienten der höchsten Potenzen der Hilfsfunktionen, der sogenannten Probefunktionen, einen sehr einfachen Berechnungsalgorithmus entwickelte, der das Verfahren der STURMschen Kette wesentlich abkürzt.

Nach dem ROUTHschen Schema ordnet man die Koeffizienten des charakteristischen Polynoms auf folgende Art:

$$\begin{matrix} a_0 & a_2 & a_4 & a_6 & \cdots \\ a_1 & a_3 & a_5 & a_7 & \cdots . \end{matrix}$$

Durch kreuzweise Multiplikation und Division durch $a_1$ entsteht die dritte Zeile:

$$\frac{a_1 a_2 - a_0 a_3}{a_1} \quad \frac{a_1 a_4 - a_0 a_5}{a_1} \quad \frac{a_1 a_6 - a_0 a_7}{a_1} .$$

Entsprechend wird jede weitere Zeile durch kreuzweise Multiplikation der Elemente der beiden vorhergehenden Zeilen und Division durch das erste Element der vorhergehenden Zeile gebildet.

Die Koeffizientenfunktionen in der ersten Spalte sind wieder die ROUTHschen Probefunktionen.

Wenn n u r Wurzeln mit negativem Realteil vorhanden sind, läßt sich das Schema bis zur Zeile $(n + 1)$ durchführen. Notwendig und hinreichend dafür, daß alle Wurzeln der algebraischen Gleichung

$$f(z) = 0$$

negative Realteile haben, ist, daß sämtliche ROUTHschen Probefunktionen positiv sind.

Das Stabilitätskriterium von ROUTH fand im englischsprachigen Raum größere Verbreitung als im deutschsprachigen, wo es lange Zeit nahezu unbekannt blieb. Die deutsche Übersetzung eines Buches von ROUTH [147], in dem auch die wesentlichen Teile der Stabilitätsuntersuchungen enthalten sind, erschien erst im Jahre 1898.

Im deutschsprachigen Raum war es STODOLA, der ebenso wie MAXWELL durch regelungstechnische Probleme vor die Aufgabe gestellt wurde, Stabilitätsbedingungen anhand einer Differentialgleichung höherer Ordnung zu ermitteln. Auch er regte einen Mathematiker, in diesem Fall HURWITZ, an, sich mit der Frage zu beschäftigen, wie man ohne Kenntnis der Lösungen einer algebraischen Gleichung feststellen kann, ob alle Wurzeln negative Realteile haben. Während MAXWELL seinerzeit noch rein aus Interesse dieser Frage nachging, standen bei STODOLA bereits industrielle Notwendigkeiten dahinter, die durch den Bau komplexer Turbinenanlagen bedingt waren [siehe Kapitel 1].

STODOLA selbst hatte bereits festgestellt [siehe 148 HURWITZ, 1895], daß eine notwendige Bedingung darin besteht, daß sämtliche Koeffizienten der algebraischen Gleichung positiv sind, ein Ergebnis, welches HURWITZ später bewies und das in der einschlägigen Literatur als "STODOLAsche Bedingung" bezeichnet wurde. STODOLA soll diese Bedingung auch für hinreichend gehalten haben [siehe 149 LAWRENTJEW/SCHABAT], was jedoch nur für Systeme zweiter Ordnung zutrifft. Auf die Notwendigkeit dieser Bedingung hatte auch ROUTH aufmerksam gemacht, doch war seine Abhandlung damals sowohl STODOLA als auch HURWITZ unbekannt geblieben.

HURWITZ wußte hingegen bei der Veröffentlichung seiner Abhandlungen "Über die Bedingungen, unter welchen eine Gleichung nur Wurzeln mit negativen reellen Teilen besitzt" [148] im Jahre 1895, daß das Problem prinzipiell schon mit den oben angegebenen Methoden von STURM, CAUCHY und HERMITE zu lösen war. Die umständliche Handhabung dieser Verfahren mag HURWITZ bewogen haben, ein einfacheres Kriterium herzuleiten, das so lautet:

> "Die notwendige und hinreichende Bedingung dafür, daß die Gleichung
>
> $$f(z) = 0,$$
>
> in welcher der Koeffizient $a_0$ positiv vorausgesetzt wird, nur Wurzeln mit negativen, reellen Bestandteilen besitzt ist die, daß die Werte der Determinanten $H_1$, $H_2$ ..., $H_n$ sämtlich positiv sind".

Die Determinanten sind dabei von folgender Gestalt:

$$H_\lambda = \begin{vmatrix} a_1 & a_3 & a_5 & \cdots\cdots & a_{2\lambda-1} \\ a_0 & a_2 & a_4 & \cdots\cdots & a_{2\ -2} \\ 0 & a_1 & a_3 & \cdots\cdots & a_{2\ -3} \\ . & 0 & \cdots & \cdots\cdots & \cdots \\ \cdots & \cdots & \cdots & \cdots\cdots & a_\lambda \end{vmatrix}$$

$(\lambda = 1,2,\ldots,n)$.

Wenn der Index eines Koeffizienten $a$ negativ oder größer als das jeweilige $\lambda$ ist, wird der betreffende Koeffizient gleich Null gesetzt.

Die Determinante $H_n$ ist, indem man sie nach den Elementen der letzten Vertikalreihe entwickelt,

$$H_n = a_n \cdot H_{n-1}.$$

Die Forderung, daß $H_{n-1}$ und $H_n$ positiv sein sollen, ist gleichbedeutend mit der, daß $H_{n-1}$ und $a_n$ positiv sein sollen.

Für den Beweis seines Kriterium stützte sich HURWITZ auf die oben genannten Hilfsmittel, wie den Satz von CAUCHY über die Anzahl der Pole und Nullstellen in einem Gebiet und die quadratischen Formen von HERMITE.

HURWITZ entwickelte die quadratischen Formen in Determinantenform und setzte die Kriterien für positive Definitheit der quadratischen Formen in solche für Vorzeichen der Determinanten um. Dabei gilt der Satz:

> "Eine reelle quadratische Form ist dann und nur dann positiv definit, wenn sämt-

liche Hauptabschnittsdeterminanten $H_1$ bis $H_n$ ihrer Formmatrix positiv sind" [siehe 150 SCHMEIDLER].

Schon vor der Veröffentlichung des Kriteriums und seines Beweises durch HURWITZ ist es in einer Abhandlung von STODOLA [40, 1893/94] angegeben worden, in der auch die erfolgreiche Anwendung im Zusammenhang mit der Stabilität einer Turbinenanlage in Davos hervorgehoben wurde.

## 4.4 Ergänzungen der Stabilitätskriterien von Routh und Hurwitz

Es ist erstaunlich, daß HURWITZ die von ihm bewiesene und zuerst von STODOLA angegebene, notwendige Bedingung der positiven Koeffizienten der charakteristischen Gleichung nicht explizit als Forderung in sein Kriterium übernahm, denn sie läßt eine Vereinfachung zu.

Auch TOLLE [50] hatte bereits kritisiert, daß die Zahl der von HURWITZ geforderten $n$ Determinanten-Kriterien unnötig hoch sei.

Einen ersten Schritt zur Einbeziehung dieser Bedingung tat ORLANDO. Im Jahre 1911 veröffentlichte er [151] einen elementaren Beweis für den Satz von HURWITZ [siehe 152 SCHUR, 1921], doch konnte er keine Verringerung der Zahl der Kriterien von HURWITZ erreichen.

LIÉNARD und CHIPART [153, 1914] wiesen nach, daß die einzelnen HURWITZ-Unterdeterminanten nicht unabhängig voneinander sind und dementsprechend eine Vereinfachung zulassen.

Erst CREMER [154] konnte im Jahre 1953 unter Benutzung der Vorzeichenregel von ROUTH und eines Satzes von ORLANDO beweisen, daß bei Voraussetzung positiver Koeffizienten eine notwendige und hinreichende Bedingung darin besteht, nachzuweisen, daß entweder nur die geradstelligen oder nur die ungeradstelligen HURWITZ-Determinanten positiv sind. FULLER [155, 1957] konnte die auch darin enthaltene Redundanz weiter vermindern, indem er zeigte, daß man notwendig und hinreichend auf Stabilität schließen kann, wenn die Folge der HURWITZ-Determinanten

$$H_{n-1}, H_{n-3}, H_{n-5}, \dots \left\{ \begin{array}{l} H_3, \text{ wenn } n \text{ gerade ist,} \\ H_2, \text{ wenn } n \text{ ungerade ist,} \end{array} \right\}$$

und die Folge der Koeffizienten

$$a_{n-1}, a_{n-3}, a_{n-5}, \dots \left\{ \begin{array}{l} a_1 \text{ und } a_0, \text{ wenn } n \text{ gerade ist,} \\ a_0, \text{ wenn } n \text{ gerade ist,} \end{array} \right\}$$

positiv sind.

Die Verschärfung der Stabilitätsbedingungen und die Tatsache, daß sie notwendig und hinreichend sind, bedeutet keine Minderung der Forderungen des HURWITZ-Kriteriums, denn anderenfalls könnten die HURWITZ-Bedingungen nicht notwendig sein. Die von CREMER und FULLER angegebenen Theoreme sind in ihren physikalisch interpretierbaren Forderungen identisch mit denen von HURWITZ, vermeiden aber in der mathematischen Formulierung die bei HURWITZ enthaltene Redundanz. Das kann von Vorteil sein, wenn einige der Koeffizienten erst aus den Stabilitätsbedingungen ermittelt werden sollen, was häufig der Fall ist. Die HURWITZ-Bedingungen führen dann häufig zu mehr simultanen Ungleichungen als zur Bestimmung der Variablen nötig sind, und es kann unter Umständen schwierig sein zu entscheiden, welche Ungleichungen redundant sind.

Die verringerte Anzahl von Kriterien ergab aber kaum eine schnellere Berechnung des Stabilitätsproblems, da die Ausrechnung der höchsten Determinanten über die der Unterdeterminanten führt.

Anknüpfend an ein von SCHMEIDLER [150] benutztes "Randrahmenschema", haben EFFERTZ und KOLBERG [156, 1963] ein "Diagonalschema" entwickelt, welches die Berechnung der HURWITZ-Determinanten der Hauptfolge unabhängig von denen der Nebenfolge gestattet. Für die Stabilitätsprüfung brauchen damit nur noch die $\frac{n}{2}$, bzw. $\frac{(n-1)}{2}$, HURWITZ-Determinanten der Hauptfolge ermittelt zu werden.

Durch die Schwierigkeit des HURWITZschen Beweises der Determinanten-Kriterien angeregt, haben nach ORLANDO auch andere Autoren neue Wege dazu beschritten, so SCHUR [152, 1921], HERGLOTZ [157, 1924], FRAZER und DUNCAN [158, 1929], VAHLEN [159, 1934], BILHARZ [160, 1944], WALL [161, 1945] und BAIER [162, 1948]. SCHUR und BILHARZ sind in ihren Arbeiten über den Fall der algebraischen Gleichung mit reellen Koeffizienten hinausgegangen und haben komplexe Koeffizienten zugelassen. Den gleichen Fall haben FRANK [163, 1946] und SHERMAN [164, 1946] behandelt.

Die Untersuchung der Lage der Wurzeln algebraischer Gleichungen mit komplexen Koeffizienten kann allerdings nicht mehr als Stabilitätsproblem angesehen werden, weil es keine physikalischen Systeme gibt, bei denen die Koeffizienten der beschreibenden Differentialgleichungen notwendigerweise komplex sind.

Die Erweiterungen der Kriterien von ROUTH und HURWITZ auf Gleichungen mit komplexen Koeffizienten stellen demnach ausschließlich einen mathematischen Fortschritt dar.

Einen interessanten Beweis für das HURWITZ-Kriterium hat in neuerer Zeit PARKS [165, 1962] unterbreitet, der nämlich die zweite Methode von LJAPUNOV als Beweismittel heranzog und damit die Verbindung herstellte von einem der "klassischen", linearen Stabilitätskriterien zu dem universelleren, "modernen" Kriterium von LJAPUNOV; beide zeichnen sich dadurch aus, daß sie die Aussagen allein aus den Differentialgleichungen ziehen. Die Äquivalenz des HURWITZ-Kriterium und der zweiten Methode von LJAPONOV läßt sich bereits aus der Tatsache ableiten, daß beide hinsichtlich der Stabilität linearer Systeme notwendig und hinreichend sind.

Die Aussage des HURWITZ-Kriteriums brachte gegenüber dem Kriterium von ROUTH nichts Neues bezüglich der Stabilitätsaussage. Der Unterschied zwischen beiden Kriterien ist formaler Natur, denn beide sind notwendig und hinreichend. Auf ihre Äquivalenz wurde von BOMPIANI [166, 1911] hingewiesen. Sie liegt begründet in dem einfachen Zusammenhang zwischen den HURWITZ-Determinanten und den ROUTHschen Probefunktionen, den BILHARZ [167, 1941] bewiesen hat; er zeigte, daß jede ROUTHsche Probefunktion gleich dem Quotienten aus zwei benachbarten HURWITZ-Determinanten ist:

$$R_n = \frac{H_n}{H_{n-1}} \quad \text{und} \quad R_1 = H_1 \, .$$

HURWITZ ist jedoch bei der Aussage stehengeblieben, daß die zur Diskussion gestellte Gleichung Wurzeln mit positivem Realteil hat oder nicht, während ROUTH mit der Zahl der Zeichenwechsel in der Folge seiner $n$ Probefunktionen ein Maß für die Anzahl der instabilen Pole gegeben hat. Nachdem der Zusammenhang zwischen HURWITZ-Determinanten und ROUTHschen Probefunktionen bekannt ist, läßt sich aber auch bei den ersteren die Abzählung durchführen.

## 4.5 Die Berücksichtigung bestimmter Dämpfungen

Die bisher zitierten Stabilitätskriterien sind alle mit dem Nachteil behaftet, daß sie nur eine grundsätzliche Aussage über Stabilität oder Instabilität zulassen.

Um aber die praktische Brauchbarkeit eines Regelsystems beurteilen zu können, muß man wissen, wie schnell der Regelvorgang abklingt; das bedeutet, daß die Lage der Wurzeln der charakteristischen Gleichung genauer bekannt sein muß. Da die Rechenhilfsmittel, die vor der Verfügbarkeit digitaler Rechenanlagen herangezogen werden konnten, keine iterative Berechnung der Lage der Wurzeln von Gleichungen höheren Grades zuließen, wählte man den Weg über eine Begrenzung des Zulässigkeitsgebietes für die Lage der Wurzeln.

Bei der Auswertung des oben angeführten CAUCHYschen Satzes über die Lage und Anzahl der Pole und Nullstellen einer Funktion in der GAUSSschen Zahlenebene hatte man als Zulässigkeitsgebiet der Wurzeln die gesamte negativ-reelle Halbebene betrachtet.

VAHLEN [159, 1934] gab eine Wurzelabzählung in einem zur imaginären Achse parallelen Streifen an, die später von CREMER und EFFERTZ [168, 1959] einer korrigierenden Einschränkung unterworfen wurde.

STEIN [169, 1940] ging dazu über, anstelle der Stabilitätsbedingungen die Abklingbedingungen für einfache Reglergleichungen 2. Ordnung zu untersuchen.

Eine umfassendere Behandlung wurde dem anstehenden Problem 1942 durch LÜTHI [170] zuteil, der ein Verfahren entwickelte, mit dem sich die Abklingbedingungen für Reglergleichungen beliebiger Ordnung ermitteln lassen. LÜTHI ging aus von der charakteristischen Gleichung in der Form:

$$\sum_{\nu=0}^{n} a_\nu p^\nu = 0 \, .$$

Er erforderte, daß der Regelvorgang nach einer gewissen Anzahl von Schwingungen bzw. nach Ablauf einer bestimmten Zeit beendet sein sollte; mathematisch bedeutet diese Forderung, daß in den Lösungen der charakteristischen Gleichung

$$p = \delta + i\omega = \rho\,(\cos\varphi + i\sin\varphi) = \rho\, e^{i\varphi}$$

die Bedingungen

$$\delta < \delta_e < 0$$

und $$\pi \geqq |\varphi| \geqq |\varphi_e| > \frac{1}{2}\,\pi$$

erfüllt sein müssen, wobei $\delta_e$ und $\varphi_e$ zwei verlangte Zahlengrößen sind. Die erste Ungleichung bezeichnet die Bedingung für "absolute Mindestdämpfung" und die zweite die für "relative Mindestdämpfung".

Anstelle der ersten Bedingung kann die einfachere, aber engere Bedingung

$$\rho > \rho_e$$

eingeführt werden. LÜTHI grenzte den Bereich noch durch eine Schranke $\rho_e'$ gegenüber dem Unendlichen ab und gelangte zu einem Ringsektor oder Fächerbereich [siehe Bild 28].

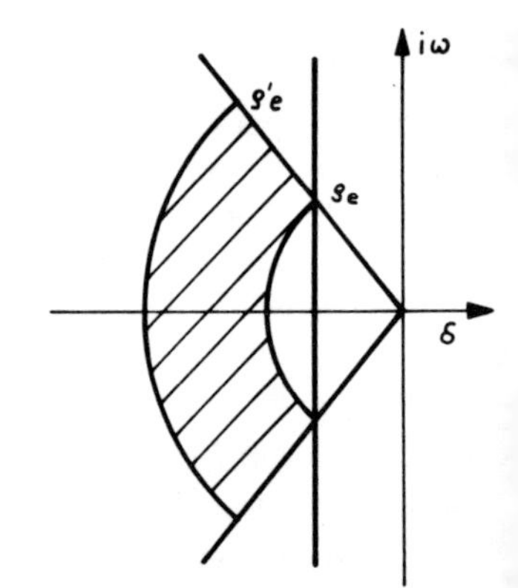


**Bild 28:**
Ringsektor als Wurzelbereich

Die durch die Einführung des Faktors $\rho$ mögliche Bedingung für eine absolute Mindestdämpfung im Zusammenhang mit dem Exponentialansatz führte LÜTHI nicht fort, sondern hob die Schranken für $\rho$ wieder auf; er gelangte damit zu einer solchen Eingrenzung des Wurzelbereiches, bei der sich der in Bild 28 eingezeichnete Schraffurbereich bis in den Nullpunkt fortsetzt und nach der anderen Seite gegen unendlich strebt [siehe Bild 29].

Die Abklingkonstante $\delta$ gibt an, wie die Amplituden als Funktion der Zeit abklingen, doch können sich in Abhängigkeit von der Frequenz verschieden viele Schwingungsausschläge ergeben. Der von LÜTHI empfohlene Fächerbereich bestimmte nun ein den auftretenden Frequenzen angepaßtes Dämpfungsmaß, welches mit dem von LEHR [82, 1930] eingeführten Dämpfungsmaß über die Beziehung

$$D = \frac{\delta}{\omega_0}$$

in Verbindung steht.

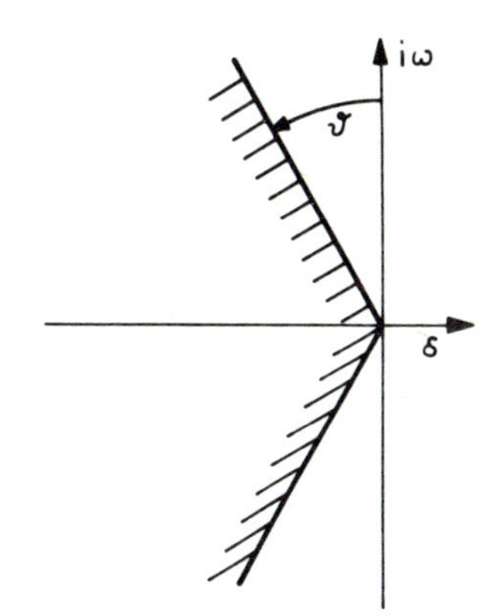


**Bild 29:**
Sektor relativer Mindestdämpfung

Die Begrenzungsgeraden sind gekennzeichnet durch

$$p = \omega(\gamma + \mathrm{i})$$

mit $\gamma = -\tan\vartheta.$

Diese Geraden transformierte LÜTHI in die $F(p)$-Ebene. Entsprechend wurden alle Wurzeln in der $p$-Ebene einmal um den Winkel $+\vartheta$, anschließend um den Winkel $-\vartheta$ gedreht. Der Grundgedanke liegt nun darin, daß durch die beiden Drehungen aus einem Wurzelpaar zwei neue Wurzelpaare entstehen, die eben durch diese Drehungen in die rechte $p$-Halbebene gelangen, wenn sie vorher außerhalb des schraffierten Sektors gelegen haben sollten und damit der verlangten Mindestdämpfung nicht genügten. Durch die Verdoppelung der Wurzelzahl erhöhte sich der Grad der zu untersuchenden Gleichung auf das doppelte. Die Koeffizienten $b$ der neuen Gleichung sind über den Verdrehungswinkel $\vartheta$ miteinander verknüpft. LÜTHI hat für Gleichungen $n$-ten Grades diese Verknüpfungen angegeben und damit die Grundlagen geschaffen für eine Anwendung der HURWITZ-Bedingungen auf die erweiterte Gleichung. Wenn sich nur positive HURWITZ-Determinanten ergeben, so ist die verlangte Mindestdämpfung nachgewiesen. Das beschriebene Rechenverfahren gestaltet sich sehr mühsam; etwas vorteilhafter scheint ein ebenfalls abgeleitetes Ortskurvenkriterium zu sein. LÜTHI ging noch über den Fall der geschilderten relativen Dämpfung hinaus und brachte eine Verallgemeinerung unter Anwendung des CAUCHYschen Satzes über die Anzahl der Pole und Nullstellen einer Funktion in einem beliebigen, abgeschlossenen Gebiet. Ein von ihm angegebenes graphisches Dämpfungskriterium lautet:

> "Ein Regelsystem hat dann und nur dann die geforderte Mindestdämpfung, wenn die konforme Abbildung des Bereichsrandes durch das charakteristische Polynom $n$-ten Grades den Nullpunkt der Zahlenebene $n$-mal umschließt".

Die LÜTHIschen Ableitungen enthalten wesentliche Elemente des NYQUIST-Kriteriums, ohne daß dieses zitiert wird.

Die Bedingungen für Wurzeln mit absoluter Mindestdämpfung, die LÜTHI nicht vollständig behandelte, wurden 1947 von STEIN [171] angegeben, der eine Koordinaten-Transformation

$$p = -\sigma + i\omega$$

zugrunde legte und dann unter Ansatz der HURWITZ-Bedingungen auf die neue Gleichung feststellte, ob alle Wurzeln links von der Parallelen zur imaginären Achse lagen und damit die durch $-\sigma$ festgelegte Mindestdämpfung besaßen.

Ähnliche Ableitungen führten in Rußland zu dem 1945 von ZYPKIN und BROMBERG eingeführten Begriff "Stabilitätsgrad", der den Abstand der nächstgelegenen Wurzel einer charakteristischen Gleichung zur imaginären Achse bezeichnet [siehe 172 POPOW; 173 MEEROV].

Im Zusammenhang mit Ortskurvenkriterien sind von dem Russen MICHAILOW und den Deutschen CREMER und LEONHARD halbalgebraische Stabilitätskriterien angegeben worden, die im Kapitel über Ortskurvenverfahren erwähnt werden.

Die bisher geschilderten Stabilitätskriterien gründeten auf der Vorstellung, daß die charakteristische Gleichung des fraglichen Systems bekannt ist und alle Koeffizienten festliegen. Häufig kommt es jedoch vor, daß einer oder mehrere der Koeffizienten nicht bekannt sind und festgelegt werden müssen. Dieser Fall ergibt sich unter anderem dann, wenn die Einstellgrößen eines Reglers verändert werden können. Für die Wahl der freien Koeffizienten ist es natürlich entscheidend zu wissen, in welchem Bereich sie verändert werden können, ohne den geschlossenen Regelkreis zur Instabilität zu führen. Grundsätzlich entsteht eine Lösung dieses Problems, wenn für eine Anzahl von Parametervariationen die HURWITZ-Bedingungen ermittelt und Aussagen über die Stabilität getroffen werden. Diese Vorgehensweise ist sehr mühsam.

NEIMARK hat 1948 mit der sogenannten *D*-Zerlegung einen besseren Weg gewiesen; zuvor aber sollen wichtige Vorläufer dieser Theorie vorgestellt werden.

Der erste, der sich mit diesem Problem auseinandersetzte, war WISCHNEGRADSKY, der der Theorie der Kraftmaschinenregelung wesentliche Impulse gab [siehe Kapitel 1]. In seiner Arbeit "Über direkt wirkende Regulatoren" [39, 1877] stellte er unter anderem die Stabilitätsgrenze in einer sogenannten Parameterebene bildlich dar. WISCHNEGRADSKY ging von der Differentialgleichung dritter Ordnung für die Regelabweichung einer im Sinne der Methode der kleinen Schwingungen linearisierten, "direkten" Kraftmaschinenregelung aus. Die zu untersuchende charakteristische Gleichung hatte die Form:

$$\vartheta^3 + M\vartheta^2 + N\vartheta + \frac{KLg}{I\omega_0} = 0. \tag{1}$$

Auf die technische Bedeutung der Koeffizienten, die in diesem Zusammenhang nicht so wesentlich ist, und auf ihre Interpretation durch WISCHNEGRADSKY ist schon im Kapitel 1 hingewiesen worden. Mit Hilfe der folgenden Substitutionen brachte WISCHNEGRADSKY Gleichung (1) auf eine andere Form:

$$\vartheta = \varphi \sqrt[3]{\frac{KLg}{I\omega_0}}; \; M = x \sqrt[3]{\frac{KLg}{I\omega_0}}; \; N = y \sqrt[3]{\left(\frac{KLg}{I\omega_0}\right)^2}.$$

In der dadurch entstehenden Gleichung (2) sind nur noch die zwei freien Parameter $x$ und $y$ vorhanden:

$$\varphi^3 + x\varphi^2 + y\varphi + 1 = 0. \tag{2}$$

Die Bedeutung der WISCHNEGRADSKYschen Arbeit für die an dieser Stelle aufgezeigte Entwicklung liegt darin begründet, daß WISCHNEGRADSKY die Lösungen der charakteristischen Gleichung (2) in drei verschiedene Bereiche unterteilte und diese in Abhängigkeit von den zwei freien Parametern $x$ und $y$ darstellte. Die beiden Parameter, die in der sowjetischen und teilweise auch der deutschen Literatur als WISCHNEGRADSKYsche Parameter bezeichnet werden, stellen Abszisse und Ordinate des sogenannten WISCHNEGRADSKY-Diagramms [siehe Bild 30] dar. Für die genannten drei Lösungsgruppen wurden Gleichungen angegeben, die in dem Diagramm drei entsprechende Gebiete abtrennen;

Gebiet I zeigt die möglichen Parameterkombinationen von $x$ und $y$, bei denen die Lösung der charakteristischen Gleichung aus drei reellen Wurzeln besteht;

Gebiet II kennzeichnet instabile Kombinationen;

Gebiet III bezeichnet Lösungen mit einer reellen und zwei komplexen Wurzeln, deren Realteil negativ ist.

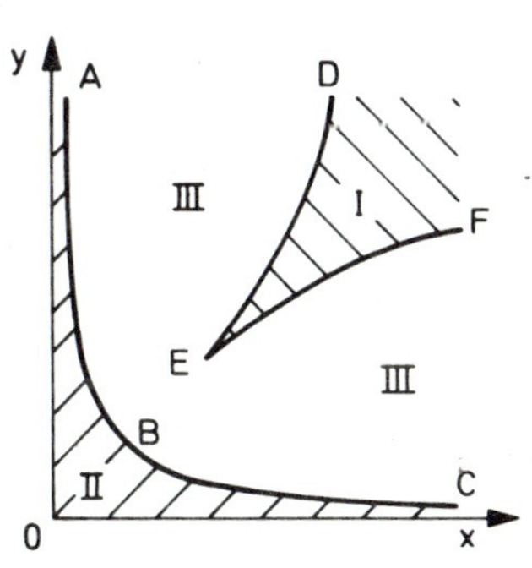


**Bild 30:**
WISCHNEGRADSKY-Diagramm

WISCHNEGRADSKY hat sich bei der Auftragung von Stabilitätsbereichen in Abhängigkeit von den Parametern auf Gleichungen dritter Ordnung beschränkt, obwohl er im Zusammenhang mit "indirekten" Regelanordnungen auch solche vierter Ordnung und deren große Bedeutung kannte. Offenbar erkannte er nicht die Möglichkeit einer passenden Substitution, die dann erst SCHMIDT im Jahre 1943 in seinem Aufsatz "Stabilität und Aperiodizität bei Bewegungsvorgängen vierter Ordnung" [174] angab. Die zu einer Differentialgleichung vierter Ordnung mit positiven, konstanten Koeffizienten gehörende charakteristische Gleichung

$$b_4x^4 + b_3x^3 + b_2x^2 + b_1x + 1 = 0 \tag{3}$$

läßt sich nach SCHMIDT durch die Substitutionen

$$x = \left(\frac{1}{b_3}\right)^{\frac{1}{3}} y \quad \text{und} \quad a_i = b_i\left(\frac{1}{b_3}\right)^{\frac{i}{3}}$$

immer auf die Form (4) bringen:

$$a_4y^4 + y^3 + a_2y^2 + a_1y + 1 = 0. \tag{4}$$

Da die Wurzeln der Gleichungen (3) und (4) sich nur in ihren absoluten Beträgen unterscheiden, hat die um einen Parameter reduzierte Form (4) hinsichtlich der zu suchenden Grenzfälle der Stabilität und Aperiodizität die gleichen Eigenschaften wie die Form (3).

In verschiedenen Diagrammen für jeweils konstante Faktoren $a_4$ stellte SCHMIDT in Ebenen der Faktoren $a_1$ und $a_2$ Gebiete dar, die den verschiedenen Wurzelkombinationen entsprechen und instabiles, stabiles und aperiodisch-stabiles Systemverhalten kennzeichnen.

Wichtige Ergänzungen, die vor allem die praktische Handhabung erleichterten, erfuhr das WISCHNEGRADSKY-Diagramm durch Arbeiten von OPPELT [94, 1943) und STEFANIAK [95, 1950].

Diese Autoren bezogen sich ebenfalls wie SCHMIDT unmittelbar auf die Veröffentlichung von WISCHNEGRADSKY.

OPPELT veröffentlichte 1943 Diagramme, in denen er für eine lineare, homogene Differentialgleichung dritter Ordnung den Dämpfungsgrad, die Frequenz sowie die Zeitkonstante der abklingenden Exponentialfunktion aufgetragen hatte; damit ergab sich die Möglichkeit, diese charakteristischen Werte für jede Differentialgleichung dritter Ordnung in Abhängigkeit von den WISCHNEGRADSKY-Parametern zu ermitteln.

STEFANIAK konnte darauf aufbauen und schon 1944 ein Verfahren zur nomographischen Auflösung der Gleichung dritten Grades angeben, bei dem in einfacher Weise ebenfalls die charakteristischen Daten der freien Bewegung zu erlangen sind. HOGAN und HIGGINS [175, 1955] haben einen Weg gefunden, auch für Systeme fünfter Ordnung Stabilitätsgebiete als Funktionen der Parameter anzugeben.

Einen anderen Weg, die Einflüsse von Parametern auf die Stabilität darzustellen, gingen in der UdSSR SOKOLOW und NEIMARK. SOKOLOW gab 1940 in einer Arbeit [siehe 172 POPOW] die erst 1946 veröffentlicht wurde, ein Verfahren an, das 1948 von NEIMARK [176] vervollkommnet und Methode der "*D*-Zerlegung" genannt wurde. Diese Methode gibt die Möglichkeit, durch die Konstruktion einer einzigen Kurve alle diejenigen Werte eines interessierenden Parameters zu bestimmen, für die das System stabil bleibt. Das Verfahren gilt für Gleichungen beliebiger Ordnung, ist aber in der Fassung von NEIMARK auf einen variablen Parameter beschränkt und setzt die Kenntnis aller übrigen voraus. NEIMARK bildete die imaginäre Achse der Zahlenebene als Stabilitätsgrenze in die komplexe Ebene des zu variierenden Parameters ab und fand damit die "Grenze der *D*-Zerlegung". Durch Auflösen der charakteristischen Gleichung nach dem variablen Parameter und der anschließenden Variation der Kreisfrequenz $\omega$ von $-\infty$ bis $+\infty$ ergeben sich die komplexen Werte des Parameters, die in der Ebene des Parameters $a_i$ eine Kurve bilden, die "Grenze der *D*-Zerlegung nach dem Parameter $a_i$". Die technisch interessierenden Beiwerte in Regelkreisen sind aber tatsächlich reell, so daß von der entstandenen Kurve nur der Realteil wichtig ist, der den Bereich angibt, in dem sich der Beiwert $a_i$ bewegen darf, wenn Stabilität des Systems gewährleistet sein soll.

Die Schnittpunkte der Kurve mit der reellen Achse markieren Zahlenwerte des Beiwertes $a_i$, bei denen eine oder mehrere Wurzeln der charakteristischen Gleichung die imaginäre Achse überqueren. Um die Bestimmung des vermutlichen Stabilitätsbereiches zu systematisieren, führte NEIMARK die sogenante Schraffurregel ein, mit deren Hilfe sich das Gebiet feststellen läßt, in dem die Zahl der Nullstellen der charakteristischen Gleichung links der reellen Achse am größten ist und damit als Existenzgebiet für den Beiwert $a_i$ in Frage kommt. Für irgendeinen Wert $a_i$ und damit für irgendein Gebiet in der komplexen $a_i$-Ebene muß einmal mit einem der bekannten Stabilitätskriterien festgestellt werden, ob dort Stabilität gegeben ist oder nicht.

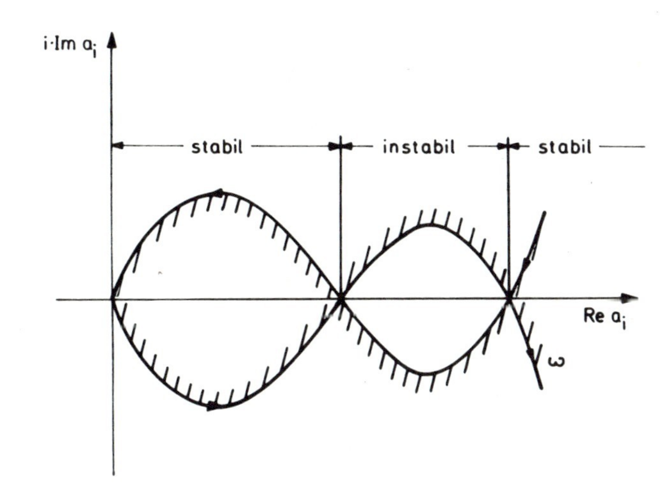


**Bild 31:** Grenze der *D*-Zerlegung nach dem Beiwert $a_i$

Die Methode der *D*-Zerlegung verdankt ihre Verbreitung vor allem einem 1952 erschienenen Buch von MEEROV [173].

Im Jahre 1958 ist das Verfahren von NEIMARK durch EFFERTZ und BREUER [177] auf beliebige Anzahl von Koeffizienten erweitert worden. Dabei wurde eine analytische Darstellung der Hyperfläche hergeleitet, die den Bereich im Koeffizientenraum einschließt, in dem alle HURWITZ-Bedingungen erfüllt sind.

Dieses Verfahren spielt bei der Stabilitätsuntersuchung nichtlinearer Systeme mit dem 1955 von MAGNUS [178] angegebenen *A*-Kurvenverfahren eine Rolle. Mathematisch kann man die Methode der *D*-Zerlegung dem Gedankenkreis der KRONEKKERschen Charakteristiken-Theorie zurechnen [siehe 179 HAHN].

Während die oben zitierte Erweiterung im linearen Bereich blieb, gab SILJAK [180, 1966] eine Verallgemeinerung des Verfahrens der Parameterebene an und betrachtete den Fall, bei dem die Koeffizienten der charakteristischen Gleichung nichtlineare Funktionen der einstellbaren Systemparameter sind. Die in diesem Zusammenhang entwickelten Methoden umfassen gleichzeitig die Verfahren von WISCHNEGRADSKY und NEIMARK sowie die Wurzelortsverfahren und zeigen, daß die Verbindung über das rein Formale hinausgeht.

Bei der aufgezeigten Entwicklung der Kriterien für Stabilität in Abhängigkeit von den

Beiwerten der Differentialgleichungen ist die Frage nach ausschließlich reellen Wurzeln stets von besonderem Interesse gewesen, da sich damit die Frage nach schwingungsfreien Übergängen verknüpft.

Die Aussage über die Anzahl der reellen Wurzeln eines Polynoms kann grundsätzlich nach dem oben angeführten Theorem von STURM erfolgen, das schon für die Entwicklung der algebraischen Stabilitätskriterien Bedeutung hatte und seit 1836 bekannt ist. In Verbindung mit dynamischen Systemen ist die Anwesenheit ausschließlich reeller Wurzeln 1867 von THOMSON und TAIT in ihrem "Treatise on Natural Philosophy" [144] behandelt worden.

WISCHNEGRADSKY gab dann in dem nach ihm benannten Diagramm ein Gebiet an, für das die entsprechenden Parameterkombinationen auf reelle Wurzeln führen.

In jener Zeit sind die heute in diesem Zusammenhang benutzten Begriffe der Aperiodizität und der Monotonie nicht verwendet worden. Mit aperiodischen Vorgängen bezeichnet man heute solche, bei denen die charakteristische Gleichung nur reelle Wurzeln hat, während der Begriff der Monotonie für Übergangsvorgänge benutzt wird, bei denen die Abweichung ihr Vorzeichen nicht ändert; der Übergangsvorgang kann dabei aber durchaus von einer beschränkten Schwingung überlagert sein.

Eine entsprechende Ergänzung des WISCHNEGRADSKY-Diagramms, die ein weiteres Gebiet abteilt, für dessen Parameterkombinationen monotone Übergangsvorgänge entstehen, gab 1943 STEFANIAK an.

Eine gründliche Untersuchung erfuhr dieser Fragenkomplex durch den Russen MEEROV, der 1945 ein Kriterium für aperiodische Stabilität angab, das für Gleichungen beliebigen Grades gültig ist [181]:

> "Notwendig und hinreichend dafür, daß alle Wurzeln der algebraischen Gleichung
>
> $$f(z) = 0$$
>
> reell und negativ sind ist, daß alle Unterdeterminanten der angegebenen Koeffizientenmatrix positiv sind".

Die Koeffizientenmatrix lautet:

$$\begin{bmatrix} na_0 & a_0 & 0 & 0 & \dots \\ (n-1)a_1 & a_1 & n\,a_0 & a_0 & \dots \\ (n-2)a_2 & a_2 & (n-1)\,a_1 & a_1 & \dots \\ (n-3)a_3 & a_3 & (n-2)a_2 & a_2 & \dots \\ \dots & \dots & \dots & \dots & \dots \\ 0 & 0 & & a_n & \dots \end{bmatrix}.$$

Die Unterdeterminanten führen auf die Koeffizientenungleichungen, die den Einfluß bestimmter Koeffizienten erkennen lassen.

MEEROV wies darauf hin, daß das alleinige Vorhandensein negativ-reeller Wurzeln noch nicht die Monotonie des Übergangsvorgangs sichert, denn je nach den Konstanten kann ein Übergangsvorgang, der als Summe mehrerer Exponentialfunktionen entsteht, durchaus schwingend sein und durch die Nullage gehen. Man kann aber die Aussage treffen, daß die Zahl der Schwingungen den Grad der charakteristischen Gleichung nicht übersteigt.

Die Erzielung monotoner Übergangsvorgänge ist in der Regelungstechnik von erheblicher praktischer Bedeutung, denn bei der Regelung von Walzwerksantrieben beispielsweise würden Überschwingungen zu verringerter Produktdicke führen aufgrund der stattfindenden Reckvorgänge.

In der UdSSR sind diesem Problem Arbeiten von KAC und BLOCH [182, 1949] gewidmet.

Eine Parallelarbeit zu der oben mehrfach zitierten von MEEROV ist 1954 in England durch FULLER [183] entstanden, der in Unkenntnis der MEEROVschen Arbeit die gleichen Determinanten-Ungleichungen angab. Die Kriterien von MEEROV und FULLER bauen beide auf dem HURWITZ-Kriterium auf. Dasjenige von FULLER berücksichtigt bereits die Redundanz in den HURWITZ-Bedingungen.

# 5. *Kapitel:* Ortskurven- Stabilitätskriterien

## 5.1 Einleitung

Die algebraischen Stabilitätskriterien von ROUTH und HURWITZ stellten noch in den Jahren bis 1928 die einzigen verläßlichen theoretischen Hilfsmittel für die Bestimmung der dynamischen Stabilität technischer Systeme dar.

Das von KÜPFMÜLLER [118, 1928] angegebene Verfahren unter Benutzung der Übergangsfunktion [siehe Kapitel 6] wies einen anderen Weg zur Stabilitätsprüfung, der von besonderer Bedeutung für die Verstärkertechnik war, denn man bedurfte dringend eines Stabilitätskriteriums, das nicht nur aufgrund der vollständigen Kenntnis der Differentialgleichungen zu handhaben war, sondern experimentell vorliegende Ergebnisse aus der Untersuchung nicht-rückgekoppelter Systeme verwertete. Die größten Fortschritte in dieser Richtung knüpften sich aber an die Ortskurvendarstellung, die aus der Zeigerdarstellung elektrischer Wechselstromgrößen entstand.

In der Elektrotechnik war man bereits früher darangegangen, Systeme durch die Angabe von Ortskurven der Impedanz, der Admittanz und des Frequenzgangs zu beschreiben.

Nachdem die Zeigerdarstellung komplexer Größen wahrscheinlich im Jahre 1897 zuerst von STEINMETZ [184] in die elektrotechnische Literatur eingeführt worden war, hatte SCHENKEL im Jahre 1901 in seiner Arbeit "Geometrische Örter an Wechselstromdiagrammen" [185, 1901] auf die Möglichkeit der vektoriellen Darstellung von Gerade und Kreis in der komplexen Zahlenebene hingewiesen, doch hatte er diese Beschreibungsart nicht weiterentwickelt.

Entsprechende Ansätze finden sich im amerikanischen Schrifttum bei CAMPBELL [186, 1911].

Die weitergehende Theorie der Ortskurven, besonders derjenigen höherer Ordnung, wurde hauptsächlich von BLOCH in seinem Buch "Die Ortskurven der graphischen Elektrotechnik, nach einheitlicher Methode behandelt" [187] im Jahre 1917 begründet.

Diese Ortskurvendarstellung ist in der englischen und amerikanischen Literatur als ARGAND-Diagramm bekannt geworden [siehe 188 RIVLIN, 1940]; sie ist meßtechnisch besonders leicht durch sinusförmige Erregung der zu beschreibenden Systeme und Registrierung ihrer Reaktionen zu begründen. Etwa um 1930 stellte die Ortskurvendarstellung die wichtigste graphische Beschreibungsmethode für das dynamische Systemverhalten dar; deshalb bestand Bedarf an einem Stabilitätskriterium, welches gerade mit dieser Darstellung verbunden war.

## 5.2 Die einfachen Formen des Nyquist-Kriteriums

In Deutschland wurde bereits im Jahre 1930, im Rahmen eines Kolloquiums des Zentrallaboratoriums der Firma SIEMENS & HALSKE, ein entsprechendes Kriterium von STRECKER vorgetragen und zur Veröffentlichung bereitgestellt, doch kam die Publizierung nicht zustande [siehe 189 STRECKER, 1947].

Später trug STRECKER dann im Rahmen einer Vortragsreihe des Verbandes Deutscher Elektrotechniker, die 1938 stattfand, seine damaligen Ergebnisse einer breiteren Öffentlichkeit vor. Da das Konzept der STRECKERschen Vorträge noch vorliegt, kann man rückwirkend feststellen, daß STRECKER eher als NYQUIST das nach jenem benannten Ortskurvenkriterium für rückgekoppelte Systeme entwickelt hatte und darüber hinaus auch den Fall derjenigen Systeme mit eingeschlossen hatte, die bei aufgeschnittenem Regelkreis instabil sind.

Die STRECKERsche Arbeit wurde erst nach dem Zweiten Weltkrieg durch weitere Veröffentlichungen zu demselben Thema allgemein bekannt und gewürdigt [190 STRECKER, 1949; 191 STRECKER, 1950; 192 STRECKER, 1950]. Eine Zusammenfassung findet sich in dem Buch mit dem Titel "Die elektrische Selbsterregung mit einer Theorie der aktiven Netze" [189] aus dem Jahre 1947; darin wies STREKKER auf den umfassenderen Charakter des von ihm angegebenen Kriteriums hin.

Die geringe Verbreitung der STRECKERschen Ergebnisse führte dazu, daß diese nur in einem kleinen Kreis von Schwachstromtechnikern, die sich mit dem Bau rückgekoppelter Verstärker befaßten, bekannt waren und verwertet werden konnten.

Während in den USA um 1940 verschiedene Arbeiten entstanden, welche die Aussagen des noch zu besprechenden NYQUIST-Kriteriums vom speziellen Anwendungsfall des rückgekoppelten Verstärkers lösten und auf allgemeine Regelkreise übertrugen, war das STRECKERsche Kriterium zu wenig bekannt, um in Deutschland eine ähnliche Entwicklung in Gang zu setzen; diese knüpfte sich dann ebenfalls an die NYQUISTsche Fassung.

Durch die zahlreichen amerikanischen Veröffentlichungen auf diesem Gebiet, die in der Folgezeit auch in Deutschland bekannt wurden, übertrug man auch das NYQUIST-Kriterium entsprechend und lernte die STRECKERsche Arbeit erst kennen, nachdem die von NYQUIST für den Regelungstechniker Allgemeingut geworden war.

Im Jahre 1932 war in den USA der Aufsatz "Regeneration Theory" [193] von NYQUIST erschienen, der auf internationaler Ebene der Ausgangspunkt für wesentliche Fortschritte in der Verstärkertechnik wurde und dann auch der allgemeinen Regelungstechnik Impulse gab. Als bedeutsamsten Teil enthielt dieser Aufsatz ein notwendiges und hinreichendes Stabilitätskriterium für den geschlossenen Rückkopplungskreis auf der Grundlage der Ortskurve des Frequenzgangs des offenen Kreises, welches im Anschluß an diese Veröffentlichung als "NYQUIST-Kriterium" in die einschlägige Terminologie einging.

NYQUIST betrachtete den Fall des rückgekoppelten Verstärkers und ging von der Vorstellung aus, daß die Instabilität dieses Systems dann gegeben war, wenn die Auswirkungen einer vorübergehend aufgetretenen Störung nach *n*-maligem Durchlaufen des geschlossenen Kreises größer wurden oder gleich blieben, obwohl die Störung selbst längst abgeklungen war.

Die Beschränkungen, denen NYQUIST das System unterwarf, drückte er durch drei Forderungen an die Gewichtsfunktion $G(t)$ des offenen Kreises aus:

1. $G(t)$ ist beschränkt im Intervall $-\infty < t < \infty$;
2. $G(t) = 0$ im Intervall $-\infty < t < 0$;
3. $\int_{-\infty}^{\infty} |G(t)| \, dt$ existiert.

Mit Hilfe der Gewichtsfunktion definierte NYQUIST über die FOURIER-Transformation den Frequenzgang $F(\mathrm{i}\omega)$ des offenen Systems. Die Benutzung dieser funktionentheoretischen Zusammenhänge war für die damalige Zeit noch nicht selbstverständlich und nur wenigen Fachleuten geläufig.

Das zeitliche Verhalten der Störung des Kreises beschrieb NYQUIST durch eine Reihenentwicklung, die er in ein FOURIER-Integral überführte. Die Untersuchung der Konvergenzbedingungen für dieses Integral, in Abhängigkeit von dem Frequenzgang $F(\mathrm{i}\omega)$ und der statischen Verstärkung $V$ des offenen Verstärkers, leitete NYQUIST unter Heranziehung des CAUCHYschen Residuensatzes auf folgende Bedingung für die Stabilität des Systems:

> "Wenn die reellen und imaginären Anteile von $VF(\mathrm{i}\omega)$ für alle Frequenzen von 0 bis unendlich aufgetragen werden und berücksichtigt wird, daß
>
> $$F(-\mathrm{i}\omega) = F^*(\mathrm{i}\omega)$$
>
> gilt, mit $F^*(\mathrm{i}\omega)$ als konjugiert komplexer Größe, so ist die Lage des Punktes mit den Koordinaten $(1 + \mathrm{i}\,0)$ kennzeichnend für die Stabilität des Systems. Wenn der Punkt außerhalb der Kurve liegt, ist das System stabil, sonst instabil".

Da die Ortskurve in Verbindung mit der zu ihr konjugiert komplexen, ihrem Spiegelbild bezüglich der reellen Achse des Koordinatensystems, sehr verwickelte und schwer zu überschauende Formen annehmen kann, gab NYQUIST für die Entscheidung, ob der "kritische Punkt" innerhalb oder außerhalb der geschlossenen Ortskurve liegt, eine Hilfe in Gestalt des "Fadenkriteriums":

> "Fixiere ein Ende eines Fadens im Punkt $(1 + \mathrm{i}\,0)$ und fahre mit dem anderen Ende die Ortskurve in einem Sinne ab, bis der Ausgangspunkt wieder erreicht ist. Beträgt der Drehwinkel des Fadens null Grad, so liegt der kritische Punkt außerhalb der Ortskurve, sonst liegt er innerhalb".

In einem Anhang der Arbeit fügte NYQUIST der eigentlichen Ortskurve ein "begleitendes Netz" hinzu, wie es später zur Angabe eines Stabilitätsgrades benutzt wurde. Zu einer solchen Interpretation gelangte NYQUIST aber nicht, sondern benutzte das Netz nur, um den Übergang von einem stabilen nach einem instabilen Bereich und umgekehrt zu erklären, wenn nämlich die Ortskurve ihre Lage bezüglich des kritischen Punktes änderte.

Die NYQUISTsche Arbeit enthält einen beträchtlichen mathematischen Aufwand, der nur schwer zu durchschauen ist und darüber hinaus nicht an allen Stellen eine physikalische Interpretation gestattet. Die angewandten Verfahren führten aber nicht nur zu Unanschaulichkeit, sondern sind auch mathematisch überflüssig, weil NYQUIST für den betrachteten Verstärker nur eine einzige und passive Rückführung vorausgesetzt hatte, was im physikalischen Sinn Stabilität des aufgeschnittenen Kreises bedeutet. Mathematisch führt das auf die Tatsache, daß das von NYQUIST umständlich abgeleitete Kriterium auch durch eine einfache Abbildung zu gewinnen ist, welche die positiv-reelle Halbachse der komplexen $p$-Ebene, in der bei Stabilität des Systems keine Wurzeln der charakteristischen Gleichung liegen dürfen, in die ebenfalls komplexe $F(p)$-Ebene konform abbildet. Da sich bei der konformen Abbildung die relative Lage von Punkten erhält und bei dieser speziellen Abbildung die Wurzeln der charakteristischen Gleichung in der $p$-Ebene in den kritischen Punkt der $F(p)$-Ebene transformiert werden, besteht das Kriterium darin, für den stabilen Fall nachzuweisen, daß beim Durchlaufen der Ortskurve des Frequenzgangs in der $F(p)$-Ebene von

$$\omega = -\infty \text{ bis } \omega = +\infty,$$

das ist das Abbild der imaginären Achse der $p$-Ebene, der kritische Punkt in der $F(p)$-Ebene links der Ortskurve liegt. In der $p$-Ebene liegen dementsprechend alle Wurzeln der charakteristischen Gleichung links der von

$$\omega = -\infty \text{ bis } \omega = +\infty$$

durchlaufenen, imaginären Achse.

Das NYQUIST-Kriterium gewann die Bedeutung nicht zuletzt deshalb, weil es mit seiner Hilfe möglich wurde, einige Probleme bei rückgekoppelten Verstärkern zu lösen, die damals phänomenologisch bekannt waren, aber noch der theoretischen Klärung harrten. Es handelte sich bei diesen Problemen um solche, die im Zusammenhang mit "bereichsweise stabilen" Verstärkern auftauchten, deren Stabilitätsverhalten sich beim Ändern der Kreisverstärkung nichtüberschaubar wandelte. Für bestimmte Verstärkungsbereiche lag bei ihnen Instabilität vor, die aber sowohl bei Erhöhung als auch bei Verminderung der Verstärkung in Stabilität überging. NYQUIST zeigte, daß diese Systeme Ortskurven entsprechend Bild 32 aufweisen und mit der von ihm abgeleiteten Regel in Einklang stehen.

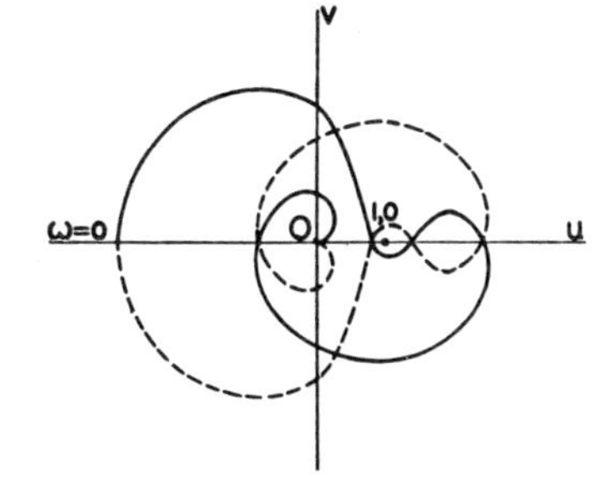


**Bild 32:**
Ortskurve des Frequenzgangs eines bereichsweise stabilen Systems in der $F(p)$-Ebene

Fast als Kuriosum ist zu der Veröffentlichung von NYQUIST noch anzumerken, daß sie seine einzige blieb und er sich anschließend völlig aus diesem Gebiet zurückzog.

Die große praktische Bedeutung des NYQUIST-Kriteriums wurde wegen der geringen Anschaulichkeit und der mathematischen Umständlichkeit der Originalarbeit wesentlich durch die 1934 erschienene Veröffentlichung "Regeneration Theory and Experiment" [194] von PETERSON, KREER und WARE offenbar. Die Verfasser stellten das NYQUIST-Kriterium in Verbindung zum ROUTHschen Stabilitätskriterium, das in weiten Fachkreisen bekannt war, und verknüpften eine heuristische Erklärung damit. Hauptsächliches Interesse fanden aber die mitgeteilten Versuchsergebnisse, welche zeigten, daß das NYQUIST-Kriterium tatsächlich den Fall der bereichsweise gegebenen Stabilität einschließt und welche den experimentellen Nachweis brachten.

Die bereichsweise gegebene Stabilität ließ sich experimentell nicht leicht nachweisen, weil bei der Erhöhung der Verstärkung ein instabiler Bereich durchlaufen werden mußte, welcher Anlaß zu selbsterregten Schwingungen gab [siehe 195 BODE]. Unter Benutzung niedriger Frequenzen und mit schnellem Schalten gelang die Realisierung trotzdem.

Verschiedene Autoren haben alternative Beweise des NYQUIST-Kriterium gegeben. REID [196, 1937] baute auf Gedanken von PETERSON, KREER und WARE auf und ergänzte deren unvollständigen Beweis, indem er von den linearen Maschengleichungen eines Netzwerks ausging. Andere Beweise stammen von BRAYSHAW [197, 1937] und RIVLIN [188, 1940].

## 5.3 Erweiterungen des Nyquist-Kriteriums

Das NYQUIST-Kriterium setzt in der genannten Fassung voraus, daß die Frequenzgangfunktion $F_0$ des offenen Kreises keinen instabilen Pol enthält. Diese Bedingung ist nicht immer erfüllt und durchaus von praktischer Bedeutung, wenn beispielsweise durch einen Regler oder ein korrigierendes Netzwerk nicht nur eine bestimmte Regelgüte gewährleistet sein soll, sondern überhaupt erst stabiler Betrieb ermöglicht werden soll. FREY [198, 1946] zeigte, daß sich solche Fälle mit einer Erweiterung des NYQUIST-Kriteriums erfassen lassen, die auf den Satz von CAUCHY über die Anzahl der Pole und Nullstellen in einem Gebiet [siehe oben] zurückgeht, den schon ROUTH verwendet hatte.

Eine abgeleitete Form dieses Satzes lautet:

$$U = P - N,$$

mit $U$ = Anzahl der Umschlingungen des kritischen Punktes in der $F(p)$-Ebene in trigonometrischem Sinn durch die Ortskurve des Frequenzgangs des offenen Systems;

$P$ = Anzahl der Pole
$N$ = Anzahl der Nullstellen } in der rechten $p$-Halbebene.

Für stabile, geschlossene Regelkreise muß notwendigerweise die Anzahl $N$ gleich Null sein. Während NYQUIST darüber hinaus auch

$$P = 0$$

forderte und die Erfüllung dieser Bedingung dadurch prüfte, daß auch die Anzahl $U$

der Umschlingungen gleich Null sein mußte, ließ FREY Pole zu und stellte fest, ob ihre Anzahl mit der der vorzeichenrichtig gezählten Umschlingungen übereinstimmte; wenn dies zutraf, war die Stabilität des geschlossenen Kreises gesichert, weil sich dann

$$N = 0$$

ergab. Die erweiterte Fassung des NYQUISTschen Stabilitätskriteriums lautet zusammengefaßt:

> "Für die Stabilität des geschlossenen Regelkreises ist notwendig und hinreichend, daß die Ortskurve des offenen Regelkreises den kritischen Punkt der $F(p)$-Ebene genau $P$-Male in trigonometrischem Sinn umfährt".

Die Wichtigkeit dieser erweiterten Fassung läßt sich daran erkennen, daß auch in den USA gleichzeitig daran gearbeitet wurde, was zu entsprechenden Ergebnissen von BODE und MacCOLL führte [siehe Kapitel 6], die aber in funktionentheoretischer Hinsicht undurchsichtiger abgeleitet worden sind als die von FREY.

Eine wertvolle Ergänzung erhielt das NYQUIST-Kriterium durch eine 1940 von LUDWIG veröffentlichte Abhandlung [199], in der der minimale Abstand des kritischen Punktes von der Ortskurve als Maß für die Dämpfung der Regelvorgänge herangezogen wurde [siehe Bild 33]. Der Fußpunkt des Lotes vom kritischen Punkt $(1 + i\,0)$ auf die Ortskurve gibt näherungsweise diejenige Kreisfrequenz an, mit welcher der geschlossene Regelkreis nach eingetretener Störung schwingt, da für diese Frequenz die Dämpfung am geringsten ist. Die Länge dieses Lotes ist proportional der Abklingkonstanten $\delta$, wobei $\delta$ der negative Realteil eines konjugiert komplexen Wurzelpaares ist. Wenn man beiderseits vom Fußpunkt des Lotes je eine benachbarte Frequenz $\omega_1$ und $\omega_2$ herausgreift, ergibt sich die Abklingkonstante zu

$$\delta \approx (\omega_2 - \omega_1)\,\frac{d}{s}$$

mit $s$ als dem Abstand der Punkte, welche die Frequenzen $\omega_1$ und $\omega_2$ aufweisen.

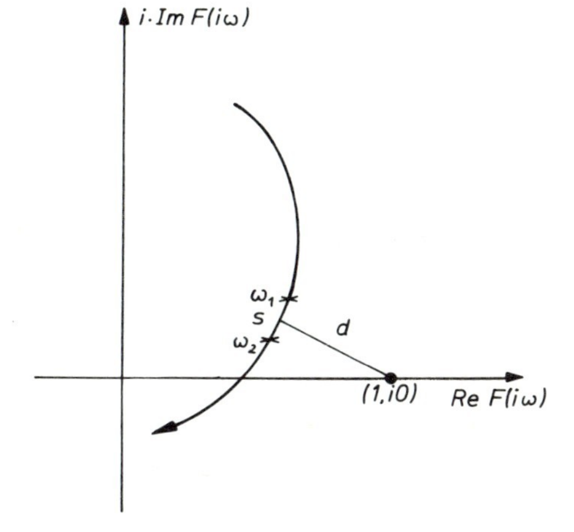


**Bild 33:**
Abklingkonstante nach LUDWIG

Die von LUDWIG angegebene Beziehung für die Dämpfung gilt in der Nähe des Stabilitätsgrenzfalles. Im Grenzfall selbst, also beim Auftreten ungedämpfter Eigenschwingungen, kann die Frequenz nach einem von CREMER [200, 1947] gefundenen Zusammenhang errechnet werden:

$$\omega^2_{krit} = \frac{a_n H_{n-3}}{H_{n-2}}$$

für $n \geqq 3$, $H_0 = 1$ und $H_i$ = HURWITZ-Determinanten.

Für diese Berechnung ist allerdings die Kenntnis der Differentialgleichung des geschlossenen Regelkreises erforderlich.

In der deutschsprachigen Literatur knüpfte die Verwendung des NYQUIST-Kriteriums auch an die NYQUISTsche Fassung an [siehe oben]. Die erstmalige Übertragung des Verfahrens auf nichtelektrische Regelkreise geht auf FEISS [201, 1940; 202, 1939; 203, 1941] zurück, der Drehzahlregelungen an Dampfturbinenanlagen damit untersuchte. Auf die Verwendung in der Schwachstromtechnik wird im nächsten Kapitel hingewiesen. Die Übernahme für Probleme allgemeiner Regelkreise drückt sich in der sehr ausführlichen, theoretischen Ableitung in dem Buch von OLDENBOURG und SARTORIUS [120] aus dem Jahre 1944 aus.

Die relativ einfachen Handhabungsmöglichkeiten des NYQUIST-Kriteriums haben zu verschiedenen Versuchen geführt, es auch für nichtlineare Systeme zu erweitern. Entsprechende Arbeiten stammen von THEODORCHIK [204, 1946] und BLAQUIERE [205, 1951; 206, 1952]. Unter gewissen Annahmen kann gezeigt werden, daß Aussagen bezüglich des dynamischen Verhaltens eines nichtlinearen Regelkreises, die sonst aus der nichtlinearen Theorie gewonnen werden, auch aus einem entsprechend erweiterten NYQUIST-Diagramm erlangt werden können.

Die notwendige Erweiterung ergibt sich physikalisch aus der bei nichtlinearen Systemen vorhandenen Abhängigkeit von Frequenzen und Amplituden. Dadurch existiert im nichtlinearen Fall eine Schar von Ortskurven, die sich untereinander durch die Eingangssignalamplitude unterscheiden.

THEODORCHIK entwickelte solche Diagramme anhand von Beispielen [siehe 207 MINORSKY], während BLAQUIERE der theoretischen Ableitung größere Beachtung schenkte.

Der Hauptvorteil des NYQUIST-Diagramms, der in seiner Einfachheit liegt, geht beim Übergang zu nichtlinearen Systemen verloren. Durch die Entwicklung analytischer Methoden ist die Anwendung des NYQUIST-Diagramms auf nichtlineare Systeme nur selten erforderlich und sinnvoll. Hinweise auf mögliche Verwendung gab MINORSKY [207].

Trotz einzelner Versuche, die Einflüsse bestimmter Regelkreiskomponenten aus den NYQUIST-Kurven zu erkennen und stabilitätsverbessernde Netzwerke aufgrund dieser Kenntnis zu entwickeln, was beispielsweise von BARTELS [208, 1942] praktiziert worden ist, besteht gerade ein grundsätzlicher Nachteil des Verfahrens in der schweren Erkennbarkeit solcher Einflüsse.

LEONHARD hat aus diesem Grund in dem Buch "Die selbsttätige Regelung in der Elektrotechnik" [209, 1940] ein Verfahren angegeben, das sich zwar den Grundgedanken des NYQUIST-Kriteriums, nämlich die Stabilitätsaussage für den geschlossenen Regelkreis aus der Ortskurve des offenen Kreises, zu eigen macht, doch darüber hinaus die offene Kette der Regelkreiselemente noch einmal teilt und für die beiden Teile getrennte Ortskurven vorausssetzt, um deren Einzelverhalten in die Darstellung mit eingehen zu lassen. LEONHARD selbst hat den Regelkreis in ein "Meßwerk" und eine Kette von "Verstellwerken" aufgeteilt und vorausgesetzt, daß beide für sich stabil sind. Später hat man auch andere, den jeweiligen Problemen angepaßte Aufteilungen vorgenommen.

Der Frequenzgang $F_0$ (i$\omega$) des offenen Kreises liegt meist als Produkt der Frequenzgänge von Regler und Strecke, $F_R$ und $F_S$, vor. Wie im deutschsprachigen Schrifttum häufig, legte LEONHARD den kritischen Punkt (1 + i 0) fest und berücksichtigte die Kopplungsbedingung durch ein negatives Vorzeichen:

$$F_0 = -F_R \, F_S = +1 .$$

Für den Stabilitätsrand ergibt sich:

$$F_R = -\frac{1}{F_S} .$$

Wenn man in dasselbe Diagramm die Ortskurve des Reglers und die negativ inverse der Regelstrecke einzeichnet, kann deren gegenseitige Lage zur Bestimmung der Stabilität des geschlossenen Regelkreises herangezogen werden. Diese Tatsache ist offenbar, denn es besteht die grundsätzliche Möglichkeit, aus den beiden Teilortskurven wieder die Gesamtortskurve zu konstruieren, um auf diese dann das NYQUIST-Kriterium anzuwenden.

Die von LEONHARD abgeleiteten Stabilitätsbedingungen für die Ortskurve des Reglers und die negativ inverse der Regelstrecke beziehen sich jeweils nur auf einige Punkte bezüglich der gegenseitigen Lage der Kurven und lauten:

1. Schneiden sich die beiden Ortskurven nicht oder nur im Punkt Null oder im Unendlichen, dann und nur dann herrscht Stabilität, wenn der Ortsvektor des Reglers gegenüber dem der Strecke voreilt;
2. schneiden sich die beiden Kurven einmal, so ist die Regelung stabil, wenn im Schnittpunkt gilt:

   $$\omega_R > \omega_S ;$$

3. schneiden sich die beiden Kurven zweimal, so muß im zweiten Schnittpunkt gelten:

   $$\omega_S > \omega_R ,$$

   während im ersten Schnittpunkt, bei der höheren Frequenz, die umgekehrte Bedingung erfüllt sein muß.

Der Vorteil des Verfahrens von LEONHARD ist dann besonders groß, wenn die Regelstrecke gegeben ist und ein Regler dazu angepaßt werden soll; es braucht dann nur die Ortskurve des Reglers variiert zu werden. Für andersgeartete Entwurfsaufgaben, bei denen die Strecke selbst noch zu ändern ist und vorliegende Regler benutzt werden sollen, kann das Verfahren dahingehend abgeändert werden, daß die negativ inversen Ortskurven für die vorliegenden Regler als im voraus bekannt angenommen werden und die Ortskurve der Strecke variiert wird.

Die von LEONHARD angegebenen Stabilitätsbedingungen sind nicht für alle vorkommenden Fälle gültig; unter anderem setzen sie Stabilität der aufgeschnittenen Teilsysteme voraus.

Abgeänderte Bedingungen, die aber auch nicht allgemein gültig sind, hat OPPELT [210, 1947] angegeben.

Die Stabilitätsuntersuchung anhand des später so genannten Zweiortskurvenverfahrens ist nicht zuletzt durch OPPELT bekannt geworden, der es in mehreren Veröffentlichungen benutzte [211, 1948; 212, 1950] und dabei auch Nichtlinearitäten einschloß [213, 1948; siehe auch Kapitel 12].

SCHÄFER [214, 1953] hat die bei anderen Darstellungen bereits bekannt gewesenen Begriffe Phasen- und Amplitudenrand in die Zweiortskurvendarstellung übernommen, die aber nicht exakt mit den von BODE [102, 1940] definierten Begriffen übereinstimmen.

Die Möglichkeit, schwerer zu übersehende Regelkreiselemente hinsichtlich ihres Einflusses in einer gesonderten Ortskurve zu isolieren, haben sich verschiedene Autoren zunutze gemacht.

SATCHE [215, 1949] hat den Einfluß der Totzeit allein in einer Ortskurve dargestellt und die restlichen Glieder in der anderen Ortskurve zusammengefaßt. Entsprechend hat OPPELT nichtlineare Glieder isoliert, die er mit der Beschreibungsfunktion ausdrückte; desgleichen hat OPPELT [216, 1960] das Zweiortskurvenverfahren auf Abtastsysteme angewendet.

Einen gewissen Abschluß hat das Verfahren hinsichtlich der theoretischen Begründung durch einen Aufsatz von CREMER und KOLBERG [217, 1960] erfahren, in welchem auch die Fälle erschlossen wurden, in denen die isolierten Teilsysteme im offenen Kreis nicht stabil sind; trotzdem liegt die heutige Bedeutung des Zweiortskurvenverfahrens hauptsächlich in der Anschaulichkeit bei der Demonstration einfacherer Zusammenhänge und nicht so sehr in der verbreiteten, praktischen Verwendung.

## 5.4 Kriterien aufgrund der Differentialgleichungen geschlossener Regelkreise

Nach den algebraischen Stabilitätskriterien von ROUTH und HURWITZ und den Ortskurvenkriterien von NYQUIST und STRECKER sind weitere Stabilitätskriterien entwickelt worden, die eine Zwischenstellung hinsichtlich der genannten Kriterien einnehmen.

Nachdem MICHAILOW in der UdSSR das NYQUIST-Kriterium eingeführt hatte [siehe 172 POPOW], was dort zu der Benennung NYQUIST-MICHAILOW-Kriterium Anlaß gab, veröffentlichte er 1938 [218] die Ergebnisse von Stabilitätsuntersuchungen linearer Systeme, bei denen er von den Differentialgleichungen geschlossener Regelkreise ausgegangen war und die ihn zu der Formulierung eines graphisch-analytischen Stabilitätskriteriums angeregt hatten:

> "Ein selbsttätiges Regelungssystem ist stabil, wenn sich beim Anwachsen der Frequenz $\omega$ von null bis unendlich der Vektor $F(\mathrm{i}\omega)$ um den Winkel $n\,\frac{\pi}{2}$ dreht, wobei $n$ der Grad des Polynoms
>
> $$F(\mathrm{i}\omega) = 0$$
>
> ist, oder (was das gleiche bedeutet) wenn die Ortskurve dieses Polynoms, bei Änderung der Frequenz von null bis unendlich, auf der positiv-reellen Achse beginnt und nacheinander $n$ Quadranten in mathematisch postitivem Sinn durchläuft".

Dieses Kriterium ist notwendig und hinreichend. MICHAILOW hatte es schon zwei Jahre vorher in einer nicht veröffentlichten Arbeit formuliert, die bei einem Wettbewerb des sowjetischen Jugendverbandes für Arbeiten junger Wissenschaftler im Jahre 1936 prämiert worden war [siehe 24 SOLODOWNIKOW].

Der mathematische Hintergrund dieses Kriteriums ist die Abbildung der imaginären Achse der $p$-Ebene auf die $F(p)$-Ebene. Die Abbildungsfunktion ist das Polynom $F(p)$ selbst:

$$F(p) = a_0 p^n + a_1 p^{n-1} + \ldots + a_{n-1} p + a_n = 0;$$
$$p = \mathrm{i}\omega.$$

Auf diese Abbildung wendete MICHAILOW das Prinzip des Arguments an, so daß sich eine Winkelbeziehung für die Nullstellen des Polynoms ergab.

In der 1938 veröffentlichten Arbeit zitierte MICHAILOW [nach 219 OPPELT] den ein Jahr zuvor erschienenen Aufsatz von KÖNIG [220, 1937], in welchem dieser bei der Stabilitätsuntersuchung mit sinusförmiger Erregung eine Ortskurve verwendete; allerdings stand KÖNIG bezüglich der Stabilitätsforderung noch auf dem Boden des älteren, von BARKHAUSEN angegebenen Stabilitätskriteriums [siehe Kapitel 7].

Das MICHAILOWsche Stabilitätskriterium wurde in Unkenntnis der Arbeit von MICHAILOW und unabhängig auch von einander, von LEONHARD [221, 1944] und CREMER [200, 1947] ebenfalls gefunden und publiziert, wobei anzumerken ist, daß CREMER seine Ergebnisse 1943 schon einem ausgewählten Kreis vorgetragen hat, sie aber aus Gründen der Geheimhaltung nicht veröffentlichen durfte. LEONHARD gibt an, daß er das sogenannte Umlaufkriterium zunächst heuristisch gefunden hat und daß der in der Publikation gegebene Beweis von BADER stammt.

In der deutschsprachigen Literatur trägt das Kriterium die Namen von CREMER und LEONHARD, weil die russische Arbeit lange unbekannt blieb und erst in neuerer Zeit berücksichtigt wurde. In Frankreich verbindet man den Namen LEONHARD mit dem Kriterium [siehe 222 GILLE/PELEGRIN/DECAULNE].

Die Umlaufbedingung für die Ortskurve kann durch verschiedene andere Bedingungen kontrolliert beziehungsweise ersetzt werden. In dieser Beziehung haben die Aufsätze von CREMER und LEONHARD wichtige Ergänzungen gebracht, die das Auftragen der Ortskurve erübrigen. Diese ergänzenden Kriterien wurden als Schnittfrequenzenkriterien bekannt. Sie ergeben sich durch Auftrennung der Funktion $F(p)$ in ihren Real- und Imaginärteil:

$$F(p) = g(p) + \mathrm{i}\, h(p).$$

Notwendig und hinreichend für die Einhaltung der Umlaufbedingung und damit der Stabilitätsbedingungen sind folgende von LEONHARD gefundene Bedingungen:

1. Die Gleichungen $g(p) = 0$ und $h(p) = 0$ dürfen nur reelle Wurzeln aufweisen.
2. Der Wert von $g(p)$ und die Steigung von $h(p)$ an der Stelle $\omega = 0$, also die Größen $g(0)$ und $\dot{h}(0)$, müssen das gleiche Vorzeichen haben, das heißt, daß der Vektor $F(p)$ sich mit wachsendem $\omega$ links herum drehen muß.
3. Die Nullstellen von $g(p)$ und $h(p)$ müssen sich gegenseitig trennen; das heißt, daß bei von Null zunehmenden Werten der Frequenz $\omega$ abwechselnd Nullstellen von $g(p)$ und $h(p)$ auftreten müssen [siehe Bild 34].

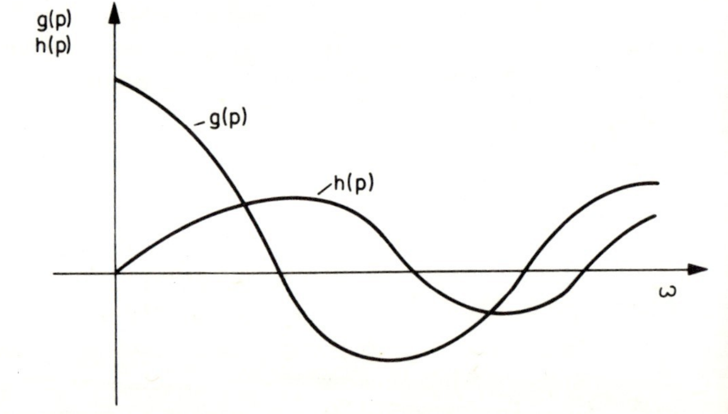


**Bild 34:** Nulldurchgänge der Funktionen $g(p)$ und $h(p)$

Die obige dritte Bedingung wurde von CREMER so formuliert, daß der Winkelzuwachs der Ortskurve von $F(p)$ gewährleistet ist, wenn die Reihe der Wurzeln von $g(p)$, der Größe nach geordnet, in die Lücken der Reihe der Wurzeln von $h(p)$ fällt:

$$g(p) = 0: \quad \omega_1 \qquad \omega_3 \qquad \omega_5 \quad \ldots$$

$$h(p) = 0: \qquad \omega_2 \qquad \omega_4 \qquad \omega_6 \quad \ldots$$

$$\text{Bedingung: } 0 < \omega_1 < \omega_2 < \omega_3 < \omega_4 < \omega_5 < \ldots\,.$$

CREMER nannte diese Bedingung "Lückenkriterium" und wies darauf hin, daß der mathematische Zusammenhang von BIEHLER gezeigt worden war, der aber keine Stabilitätsfragen damit verknüpft hatte.

Eine weitere Variante wurde von CREMER zur Kontrolle der Umlaufbedingung angegeben. Danach genügt es, eine Schnittfrequenzreihe, beispielsweise $\omega_2$, $\omega_4$ usw., zu ermitteln und durch Einsetzen in die Funktion $F(p)$ die Lagen der zugehörigen Schnittwerte $R_2$, $R_4$ usw. auf der reellen Achse auszurechnen. Notwendig und hinreichend für die Erfüllung der Umlaufbedingung ist dann unter Voraussetzung eines positiven Faktors $a_n$ in der charakteristischen Gleichung bereits die Erfüllung der Bedingungen

$$R_2 < 0,\ R_4 > 0,\ R_6 < 0, \ldots,$$

die als "Lagenkriterium" bekannt geworden sind.

Die Schnittfrequenzenkriterien stehen in enger, innerer Verbindung zu den algebraischen Stabilitätskriterien, insbesondere dem von ROUTH, dessen von ROUTH angegebene graphische Interpretation dem Lückenkriterium nahekommt.

In der amerikanischen Literatur sind die Kriterien von MICHAILOW, CREMER und LEONHARD kaum aufgegriffen worden, nicht zuletzt wohl wegen der verminderten Informationsmöglichkeiten während des Zweiten Weltkriegs, in deren Folge die Kriterien nur wenig Verbreitung erfuhren. Der Anwendung stehen grundsätzlich die gleichen Schwierigkeiten entgegen wie den algebraischen Kriterien, nämlich die Gewinnung der Differentialgleichungen der zu untersuchenden Systeme.

Sowohl MICHAILOW als auch CREMER und LEONHARD wiesen im Zusammenhang mit den angegebenen Kriterien auf Möglichkeiten zur Bestimmung der Stabilitätsgüte hin, wobei mit diesem Begriff eine nicht näher definierte Mindestdämpfung verknüpft wurde. MICHAILOW beschränkte sich allerdings auf eine kurze Bemerkung [siehe 223 SCHÖNFELD], während CREMER die oben besprochene Abhandlung von LUDWIG [199, 1940] zitierte, in der aus der vorliegenden Ortskurve eine Abklingkonstante gewonnen wurde. LEONHARD widmete dem Problem mehr Aufmerksamkeit und gab an, wie sich auch die Anzahl der Wurzeln mit positiven Realteil aus der charakteristischen Gleichung berechnen läßt. Er bezog sich dabei auf DESCARTES' Zeichenregel [siehe Kapitel 4] und fand den Satz:

"Die Gleichung $n$-ten Grades $F(p) = 0$

hat $\quad a = \dfrac{n+l}{2}$

Wurzeln mit negativem und

$\quad b = \dfrac{n-l}{2}$

Wurzeln mit positivem Realteil, wenn beim Durchlaufen der Ortskurve von $\omega = 0$ bis $\omega = \infty$ der Winkel des Ortsvektors den Bereich von null bis $l\dfrac{\pi}{2}$ im positiven oder von null bis $-l\dfrac{\pi}{2}$ im negativen Sinn durchläuft".

Für die Bestimmung der am geringsten gedämpften Eigenfrequenz zitierte LEONHARD einen Aufsatz von GRÜNWALD [224, 1941], in dem aber ebenfalls die Abklingkonstante nach LUDWIG angegeben ist.

In einer 1945 eingesendeten, aber erst 1948 erschienenen Abhandlung [225, 1948] erweiterte LEONHARD das Ortskurvenkriterium auf die Bestimmung einer gewünschten relativen Dämpfung. Die Ableitung stimmt im wesentlichen mit der früher erschienenen von LÜTHI [siehe oben] überein, doch ist sie klarer und durchsichtiger als die von LÜTHI und bringt darüber hinaus auch die Anwendung des Lückenkriteriums für diesen Fall, in dem die Wurzeln mit einem reellen Anteil behaftet sind, der eine Dämpfung kennzeichnet. Die Bestätigung für vorhandene oder nicht vorhandene gewünschte Dämpfung ergibt sich aus dem Verlauf der entsprechenden Ortskurve, welche wiederum die Umlaufbedingung oder die entsprechenden anderen erfüllen muß.

Die Bedeutung der zuletzt besprochenen Stabilitätskriterien ist auch durch die Erfassung von Dämpfungsgrößen nicht besonders gestiegen, da sie gegenüber dem NYQUIST-Kriterium durch die erforderliche Kenntnis der Systemdifferentialgleichungen benachteiligt und gegenüber den rein algebraischen Kriterien durch die Verfügbarkeit leistungsfähiger Rechengeräte kaum noch bevorteilt sind. Nachteilig ist bei diesen Verfahren auch die schwierige Abschätzung des Einflusses bestimmter Parameter auf das Systemverhalten.

Gerade diese Einflüsse erkennen zu können, um sie bei der Systemsynthese zu berücksichtigen, war das wichtigste Anliegen mehrerer Entwurfsverfahren, die im Zweiten Weltkrieg und danach entwickelt wurden [siehe Kapitel 2 und 6]. Die Frequenzverfahren konnten ebenfalls nicht voll befriedigen, wenn die Synthese stark auf das Einschwingverhalten abgestimmt sein mußte, denn die Verbindung zwischen Frequenzgang und Einschwingverhalten war im wesentlichen durch Erfahrungswerte gegeben. Die Erfahrung zeigte beispielsweise, daß der Maximalwert der Verstärkung des geschlossenen Kreises, den man mit Hilfe der Theorie der $M$-Kreise [siehe Kapitel 2] im NICHOLS-Diagramm bestimmen konnte, bei einem Wert von 1,3 etwa einer Sprungübergangsfunktion mit 15 % Überschwingweite entsprach [siehe 127 TRUXAL]. Die Versuche, exaktere Beziehungen zwischen Frequenzgang und Einschwingverhalten anzugeben, erwiesen sich wegen der Kompliziertheit der die beiden verbindenden FOURIER- und LAPLACE-Intergrale als sehr mühsam. Die Bemühungen, bei der Systemsynthese sowohl im Zeit- als auch im Frequenzbereich zu arbeiten, spiegeln sich in den Arbeiten von GUILLEMIN.

Ein Verfahren, welches diesen Bestrebungen sehr entgegen kommt, wurde von EVANS 1948 vorgestellt und gewann als sogenanntes Wurzelortverfahren erhebliche Bedeutung. Es beruht auf der Kenntnis der Lage der Pole und Nullstellen des offenen und geschlossenen Regelkreises in der komplexen $p$-Ebene.

Wie NYQUIST bei der Ableitung seines Stabilitätskriteriums, ging auch EVANS von der charakteristischen Gleichung des geschlossenen Regelkreises aus:

$$1 + F_0(p, V) = 0.$$

Beide Autoren gingen von Eigenschaften des offenen Kreises aus, um auf jene des geschlossenen Kreises zu schließen. Während aber NYQUIST durch Variation der Kreisfrequenz $\omega$ in dem Ausdruck $p = \delta + i\omega$, $\delta = 0$ die NYQUIST-Ortskurve entwickelte, gelangte EVANS durch Variation der Verstärkung $V$ des offenen Kreises zu der von ihm so genannten Wurzelortkurve ("root locus").

Der theoretische Hintergrund besteht darin, daß die Übertragungsfunktion des geschlossenen Regelkreises vollständig bestimmt ist durch die Pole und Nullstellen des offenen Kreises und die Verstärkung $V$. Die Wurzelortkurven sind Diagramme der Polbewegungen der Übertragungsfunktion des geschlossenen Kreises bei Variation der Verstärkung $V$; sie beginnen mit der Verstärkung null in den Polen der Übertragungsfunktion des offenen Kreises und enden mit der Verstärkung unendlich in den

Nullstellen des offenen Kreises; dazwischen kennzeichnet die Wurzelortkurve das Verhalten des geschlossenen Regelkreises.

Die eigentliche Schwierigkeit besteht nun darin, für jede durch Variation der Verstärkung $V$ neu entstandene charakteristische Gleichung die Wurzeln zu bestimmen; solche Mühsamkeit aber hatte man sich beispielsweise mit dem Verfahren von NYQUIST ersparen können.

EVANS entwickelte eine halbgraphische Methode, das Wurzelortverfahren, die das Lösen der charakteristischen Gleichung sehr einfach gestaltet.

In einer 1948 erschienenen, ersten Abhandlung mit dieser Zielsetzung und dem Titel "Graphical Analysis of Control Systems" [226] bereitete EVANS theoretische Grundlagen des Verfahrens auf, indem er durch konforme Abbildung die Verbindung zwischen $p$-Ebene und $F(p)$-Ebene hinsichtlich der Systemdämpfung behandelte und die Gewinnung von Wurzelwerten aus dem begleitenden Netz von NYQUIST-Kurven untersuchte. EVANS war zu dieser Untersuchung durch einen 1945 erschienenen Aufsatz [227] von PROFOS angeregt worden, welcher eine Kurzfassung aus einem 1944 veröffentlichten Buch "Vektorielle Regeltheorie" [228] von PROFOS enthielt und sich mit der Bestimmung der am wenigsten gedämpften Eigenfrequenzen eines Regelkreises aus den Ortskurven befaßte.

Die eigentliche Wurzelortmethode entwickelte EVANS erst in einer zweiten, 1950 erschienenen Arbeit mit dem Titel "Control System Synthesis by Root-Locus Method" [229].

Durch Aufteilung der charakteristischen Gleichung gewann EVANS Betrags- und Phasenbedingungen für die von den Polen und Nullstellen des offenen Kreises ausgehenden Vektoren, welche die einzelnen Punkte der Wurzelortkurve markieren. Die volle Bedeutung des Verfahrens entstand erst dadurch, daß es gelang, eine Reihe von graphischen Konstruktionsbedingungen anzugeben, die EVANS aufgrund der Betrags- und Phasenbedingungen ableitete und die er in dem 1954 veröffentlichten Buch "Control System Dynamics" [230] mitteilte. Die Konstruktion der Wurzelortkurven wurde durch weitere Hilfsmittel erleichtert. EVANS selbst gab schon in seinen beiden ersten Arbeiten ein mechanisches Zeichenhilfsmittel an. Näherungsverfahren für die Konstruktion der Kurven in schwierigen Fällen sind von BIERNSON [231, 1953] und CHEN [232, 1957] erarbeitet worden.

Heute stehen vielfach Rechenprogramme zur Verfügung, die mit Hilfe digitaler Rechenanlagen eine schnelle Berechnung auch komplizierter Wurzelortkurven gestatten.

Von mehreren Autoren sind Wurzelort-Kataloge herausgegeben worden, welche für häufig vorkommende Pol-Nullstellen-Verteilungen die typischen Kurvenverläufe enthalten; desgleichen sind typische Frequenzgänge und Wurzelortkurven gegenübergestellt worden [233 YEH, 1954; 234 TAKAHASHI, 1954].

TRUXAL [127, 1955] hat darauf hingewiesen, daß sich die Durchstoßpunkte der Wurzelortkurven durch die reelle und die imaginäre Achse mit dem ROUTHschen Kriterium berechnen lassen. Eine Erweiterung des Verfahrens stellen die sogenannten

Phasenortskurven nach CHU [235, 1952] dar, in denen die Wurzelortkurven als Sonderfälle enthalten sind.

Mit der Wurzelortmethode steht ein Verfahren zur Verfügung, das den Einfluß einzelner Systemparameter auf das dynamische Verhalten des Gesamtsystems erkennen läßt. Bisher stand als variabler Parameter bei diesem Verfahren nur die Verstärkung des offenen Kreises zur Debatte, doch kann bei entsprechender Aufteilung der charakteristischen Gleichung auch jeder andere Systemparameter herangezogen werden. Auf diese Möglichkeit hat bereits EVANS in seiner zweiten Arbeit hingewiesen.

Mit dieser Möglichkeit, Stabilitätsbereiche in Abhängigkeit von einem Parameter anzugeben, hatte EVANS in den USA ein Pendant zu der ebenfalls 1948 vorgestellten Methode der *D*-Zerlegung von NEIMARK [siehe oben] geschaffen; die Ähnlichkeit dieser beiden Verfahren besteht aber nur in der Aussage selbst und in der graphischen Auftragung, während die viel wichtigere Vorgehensweise grundsätzlich verschieden ist; gerade diese aber verleiht dem Wurzelortverfahren die außerordentliche praktische Bedeutung.

Im Zusammenhang mit dem Einsatz digitaler Rechenanlagen zur Berechnung von Wurzelortkurven ist eine Reihe von Arbeiten mit der Zielsetzung entstanden, das Verfahren halb-analytisch oder analytisch zu behandeln und auf die graphischen Konstruktionsregeln, welche dem Verfahren ursprünglich seine Bedeutung verschafft hatten, weitgehend zu verzichten.

In der UdSSR sind diese analytischen Verfahren durch BENDRIKOW und THEODORCHIK [236, 1955; 237, 1957; 238, 1959; 239, 1960] ausgearbeitet worden.

In Deutschland haben FÖLLINGER [240, 1958] und LEHNIGK [241, 1962] Darstellungen der Wurzelortkurven in kartesischen und polaren Koordinaten vorgeschlagen.

Parallele Arbeiten sind in den USA von STEIGLITZ [242, 1961] und WOJCIK [243, 1964] veröffentlicht worden.

Eine Verbindung der graphischen und der analytischen Vorgehensweise, die dem Entwurfsingenieur entgegenkommt, ist von KRISHNAN [244, 1965] propagiert worden.

Die Entwicklung der analytischen Verfahren für die Wurzelorte hat die Ähnlichkeit dieses Verfahrens mit dem der *D*-Zerlegung über das rein Äußerliche hinausgehen lassen und Verknüpfungen geschaffen.

Die Bedeutung, welche dem Wurzelortverfahren von Anfang an zugemessen wurde, läßt sich daran erkennen, daß es überaus schnell von anderen Autoren aufgegriffen und weiterentwickelt wurde [vergleiche Literaturhinweise].

# 6. *Kapitel:* Einflüsse der Nachrichtentechnik

## 6.1 Einleitung

Die lineare Regelungstheorie der Mitte des zwanzigsten Jahrhunderts ist im wesentlichen aus zwei ursprünglich selbständigen Disziplinen gewachsen, deren Bedeutung für die Regelungstechnik zeitlich aber stark verschoben ist.

Die eine der beiden Disziplinen, die Regelung der Drehzahl von Kraftmaschinen, hatte bereits ihren Abschluß erreicht [siehe Kapitel 1 und 2], als die andere, die elektrische Schwachstromtechnik oder auch im weiteren Sinne die Nachrichtentechnik, erst im Entstehen begriffen war.

Über diese Zeitdifferenz hinaus weisen die beiden auch in den Zielsetzungen gewisse Unterschiede auf.

Der typische "Regulator" der Kraftmaschinenregelung hatte die Aufgabe, einen Arbeitspunkt zu erhalten, der sich meist auf eine Drehzahl, gelegentlich auch eine Leistung, bezog. Die Art des Übergangsverhaltens war dabei sekundär.

Das typische Element der Schwachstromtechnik, der gegengekoppelte Verstärker, hingegen sollte ein sich änderndes Eingangssignal sehr genau reproduzieren, so daß die Frage nach dem Übergangsverhalten primär beantwortet werden mußte. Die mathematische Beschreibungsmöglichkeit weist für die beiden Gebiete ebenfalls Strukturunterschiede auf.

Die mit dem Fliehkraftregler gebildeten Regelsysteme können zwar durch Differentialgleichungen von nicht mehr als vierter Ordnung beschrieben werden, sind aber höchst nichtlinear. Im Gegensatz dazu ist das Differentialgleichungssystem für den gegengekoppelten Verstärker, wie er beispielsweise in der Fernsprechübertragung benutzt wird, von viel höherer Ordnung, doch sind hier die Regelkreise weitgehend linear.

Diese beiden Grundlagengebiete der Regelungstechnik haben eine voneinander weitgehend unabhängige Entwicklung durchgemacht. Viele ihrer theoretischen Gemeinsamkeiten wurden erst erkannt, als für die infolge der beiden Weltkriege entstandenen militärischen Belange Waffensysteme entwickelt wurden, in denen Regelkreiselemente aus beiden Bereichen verwendet wurden [siehe Kapitel 2].

An dieser Stelle sollen Entwicklungen aufgezeigt werden, die aus dem Bereich der Nachrichtentechnik stammen und sich regelungstechnisch interpretieren lassen oder vom Verfahren her Grundlagen für die Regelungstechnik geworden sind.

Als hauptsächlicher Teil steht dabei die Nutzbarmachung der Rückführung im Vordergrund, nachdem die Elektronenröhre erfunden war.

## 6.2 Rückgekoppelte elektronische Verstärker

Die Entwicklung der Elektronenröhre geht auf Untersuchungen LENARDs [245, 1898; siehe auch 246 MÖLLER, 1920] über langsame Kathodenstrahlen zurück. Zum ersten Male wurde dort die elektrostatische Wirkung einer Hilfselektrode untersucht, die später als "Gitter" verwendet wurde.

Im Jahre 1906 erhielt der Amerikaner DE FOREST ein Patent [247] auf ein sogenanntes Telefonrelais mit Glühkathode und außerhalb von Kathode und Anode liegender elektrostatischer Steuerelektrode.

In demselben Jahre wurde dem Österreicher VON LIEBEN ein entsprechendes Patent (DRP Nr. 179807) in Deutschland erteilt.

In den folgenden Jahren ging das Bestreben nach Vervollkommnung und Vergrößerung der Röhren, um sie zur Erzeugung, Gleichrichtung und Verstärkung elektrischer Schwingungen einsetzen zu können; so wurde dem deutschen Patentamt im Jahre 1912 der erste Fernsprechverstärker von der Firma AEG übergeben.

Ein bedeutendes Einsatzfeld der neuen Röhren waren bald die Röhrensender, die durch einen anderen Hochfrequenzgenerator gesteuert wurden. Die Geringfügigkeit der für diese Steuerung erforderlichen Leistung brachte MEISSNER 1913 auf die Idee, zum Aufladen des Gitters einen Teil der Senderleistung selbst zu verwenden; das führte ihn zur Einführung der "Rückkopplung". Am 9. 4. 1913 meldete MEISSNER ein Patent an auf die Verwendung gasgefüllter LIEBEN-Röhren mit induktiver Rückkopplung zur Erzeugung hochfrequenter Wechselströme. Eine Veröffentlichung von MEISSNER erschien erst 1919 [248].

REISS meldete an demselben Tage in den USA ein Patent auf die Rückkopplung zur Niederfrequenzverstärkung an. Ein ähnliches Patent war schon 1912 in Österreich an STRAUSS erteilt worden. Auch andere Forscher werden noch für die erste einschlägige Verwendung einer Rückkopplung zitiert, so in England FRANKLIN und ROUND und in den USA ARMSTRONG und LANGMUIR [siehe 249 STEINBUCH].

Als Rückkopplung wurde damals lediglich die positive Rückkopplung verwirklicht, die zur Aufrechterhaltung von Schwingungen verwendet wurde. Das Prinzip der Rückkopplung wurde zwar in dieser Hinsicht einseitig verwendet, doch war man sich über die Gemeinsamkeiten bezüglich verschiedener physikalischer Ausprägung, wie beispielsweise bei der Dampfmaschinenregelung, durchaus klar; auf solche Gemeinsamkeiten hatte schon BARKHAUSEN [250, 1907] hingewiesen, so daß MÖLLER [246] sich bei der Behandlung von Rückführungen in elektrischen Kreisen darauf beziehen konnte.

Die Möglichkeit negativer Rückkopplung hat MÖLLER in der genannten Schrift bereits erwähnt und darauf hingewiesen, daß sie zu einer Unterdrückung der Oberwellen führt. Dieses Wissen wurde aber in den folgenden Jahren hinsichtlich der Konzipierung von Verstärkern nicht verwertet und erst wesentlich später von BLACK entsprechend genutzt.

Gegen Ende des Ersten Weltkriegs war die Entwicklung und Verbesserung der Röhren als aktive Schaltkreiselemente so weit gediehen, daß hohe Verstärkungen erzielt werden konnten. Bereits im Ersten Weltkrieg kamen zum Abhören Verstärker mit hundertmillionenfacher Leistungsverstärkung dauernd in großer Zahl zum Einsatz.

In der Folgezeit traten die Bemühungen um die Verbesserung der anderen Verstärkereigenschaften, wie der Unabhängigkeit von Parameterschwankungen, in den Vordergrund.

Erhebliche Anforderungen an die Verstärkertechnik stellte die Telefonie über größere Entfernungen, bei der die große Anzahl der hintereinander zu schaltenden Verstärker zu einem nicht mehr tragbaren Maß an Rauschen und Verzerrung führte.

In den USA begann BLACK bei den BELL TELEPHONE LABORATORIES im Jahre 1923 seine Forschungen mit der Zielsetzung, die in der Telephonie verwendeten Verstärker zu verbessern.

Die ersten diesbezüglichen Entwicklungen waren Kompensationsschaltungen mit mehreren aktiven Elementen [siehe 195 BODE]. Die damals noch hohen Kosten für Röhrenverstärker und auch das schwierige Abgleichen verhinderten, daß sich diese Kompensationsschaltungen durchsetzten. Die eigentlich bedeutungsvolle Entwicklung war die der negativen Rückkopplung oder auch Gegenkopplung des elektronischen Verstärkers im Jahre 1927 durch BLACK. Das Grundprinzip selbst war schon lange bekannt. In der Maschinentechnik waren negative Rückführungen um 1870 bei Servosystemen verwendet worden [siehe Kapitel 1] und im Bereich der Nachrichtentechnik hatte MÖLLER [siehe oben] darauf hingewiesen. Während jedoch die Bemerkung von MÖLLER aus dem Jahre 1920 in der Zielsetzung durchaus eine Parallele zu der Entwicklung von BLACK aufweist, trifft das für die erwähnten mechanischen Anordnungen nicht zu, denn bei jenen hatte die negative Rückkopplung, die im damaligen Maschinenbau bereits den heute allgemein gültigen, regelungstechnischen Namen "Rückführung" trug, die Aufgabe, das ursprünglich integrierende Verhalten eines mechanischen Systems in ein proportionales zu verändern. Der Wunsch nach verbesserter Linearität oder Rauscharmut stand dabei nicht im Vordergrund.

Die Originalität der BLACKschen Idee liegt also nicht so sehr im Prinzip selbst, sondern im Anwendungsfall begründet. Die Einführung der negativen Rückführung gab der Verstärkertechnik starke Impulse, doch war die Theorie der Rückkopplung hinsichtlich der Stabilitätsaussage noch ungenügend, denn dafür stand damals, wenn man von den algebraischen Stabilitätskriterien, welche die vollständige Kenntnis der Differentialgleichung des geschlossenen Regelkreises voraussetzen, absieht, nur das BARKHAUSEN-Kriterium zur Verfügung.

Das BARKHAUSEN-Kriterium, früher auch als "Selbsterregungsformel" bekannt, lautet:

$$K\,F(\mathrm{i}\omega) = 1;$$

es gibt die Selbsterregungsgrenze an, wenn das Produkt aus der Verstärkung $K$ des Verstärkers und dem Frequenzgang $F(\mathrm{i}\omega)$ gleich eins ist.

Dieses Kriterium war ursprünglich für die Bestimmung der Selbsterregungsgrenze von Wechselstromgeneratoren als Sender aufgestellt worden und nicht als Stabilitätskriterium gedacht. In der Annahme, daß allgemein nur eine Selbsterregungsgrenze existiert, hat man später die BARKHAUSENsche Aussage als Stabilitätskriterium für mitgekoppelte und gegengekoppelte Verstärker benutzt [siehe 199 LUDWIG, 1940; 251 HONNELL, 1951]. Die experimentelle Erfahrung zeigte, daß aber verschiedentlich auch in Verstärkungsbereichen über der mit der Selbsterregungsformel ermittelten Grenze noch stabile Verhältnisse vorlagen. Diese Erfahrung wurde von der damaligen Stabilitätstheorie nicht gestützt und führte zu einer unsicheren Einschätzung der Erfindung von BLACK.

BARKHAUSEN selbst schrieb im Jahre 1921 [252]:

> "Bei hohen Verstärkungsgraden ist eine solche unbeabsichtigte Selbsterregung, das "Pfeifen", sogar nicht ganz leicht zu vermeiden. Kann doch bei millionenfacher Verstärkung schon Pfeifen eintreten, wenn nur der millionste Teil der verstärkten Leistung auf der unverstärkten Seite in richtiger Weise wieder zur Wirkung kommt".

Die konjunktive Ausdrucksweise darf wohl als Hinweis dafür genommen werden, daß BARKHAUSEN bereits von möglichen stabilen Bereichen jenseits einer unteren Selbsterregungsgrenze gewußt hat.

Erst im Zusammenhang mit dem 1932 publizierten NYQUIST-Kriterium [siehe Kapitel 5] gewann die Arbeit von BLACK ihre volle Bedeutung. BLACKs eigene Veröffentlichung "Stabilized Feedback Amplifiers" [101] erschien erst 1934 und enthielt bereits die verarbeiteten Ergebnisse von NYQUIST. Die günstige Verbindung von praktischer Erprobung und theoretischer Unterstützung sicherte der Arbeit internationale Beachtung. Im deutschen Schrifttum findet sich eine einschlägige Auswertung in dem Buch "Schwachstromtechnik" [253, 1948] von WALLOT, doch hat sich auch CAUER schon früher [254, 1940] auf BLACK bezogen.

Die anfänglichen Kompensationsschaltungen von BLACK fanden noch spätere Würdigung und Verwendung in den von MACMILLAN entwickelten und nach ihm benannten Verstärkern (US-Patent Nr. 2748201), die aber nun anstelle der von BLACK vorgesehenen Verstärker ohne Gegenkopplung solche mit Gegenkopplung enthielten und die Möglichkeiten der Parameteränderungen weitgehend auf die gewünschten in den passiven Netzwerken beschränkten.

Im Jahre 1928 erschienen in Deutschland zwei Arbeiten von KÜPFMÜLLER, die auf hohem theoretischem Niveau standen und Regelungsvorgänge behandelten. Die erste der beiden, mit dem Titel "Über Beziehungen zwischen Frequenzcharakteristiken und Ausgleichsvorgängen in linearen Systemen" [255, 1928], verknüpfte mittels der Fouriertransformation die Ausgleichsvorgänge mit den meßtechnisch im eingeschwungenen Zustand erhältlichen Größen und stellte damit die Verbindung zwischen Zeit- und Frequenzbereich her. KÜPFMÜLLER konnte sich bei der Untersuchung dieser Verhältnisse auf eine Arbeit von WAGNER [256, 1916] stützen, in der unter anderem eine der ersten Anwendungen des HEAVISIDE-Operators [siehe Kapitel 7] erfolgte. Einer der weittragendsten Punkte dieser Arbeit von KÜPFMÜLLER ist die Verwendung des Superpositionsintegrals zur Darstellung und Berechnung der Ausgleichsvorgänge.

Als Integralkern trat nicht, wie in der später meist bekannten Form, die Gewichtsfunktion als Differentialquotient der Übergangsfunktion auf, sondern die neu definierte "Übergangsfunktion" selbst, wobei die Differenzierung vor das Integral gezogen erschien. Vor der Abhandlung von KÜPFMÜLLER war der allgemeine Satz der Superposition bereits von CARSON [257, 1919] einschlägig verwendet worden.

Zur Darlegung der Verhältnisse im Frequenzbereich benutzte KÜPFMÜLLER die Begriffe "Übertragungsfaktor" und "Übertragungswinkel" für die heutigen Begriffe "Amplitudengang" und "Phasengang".

Im Hinblick auf den Entwurf von Frequenzfiltern argumentierte er mit dem Kausalitätsprinzip und leitete das nach ihm benannte Einschwingtheorem ab, welches besagt, daß die Einschwingzeit umgekehrt proportional der Bandbreite des Systems ist.

Die zweite und auch bekanntere der beiden Aufsätze KÜPFMÜLLERs, "Über die Dynamik der selbsttätigen Verstärkungsregler" [118, 1928], wendete sich, wie bereits aus der Themenstellung ersichtlich wird, spezifisch regelungstechnischen Problemen zu. KÜPFMÜLLER lehnte sich stark an seine vorhergegangene Arbeit an und beschrieb den Regelvorgang durch eine Integralgleichung zweiter Art:

$$y(t) + k \int_0^{t-t_1} \dot{\varphi}(t-\tau)\, y(\tau)\, \mathrm{d}\tau = P(t)$$

$y(t)$ = Regelabweichung

$\dot{\varphi}(t)$ = Gewichtsfunktion des Reglers

$P(t)$ = Störfunktion.

Als Kern tritt hier die Gewichtsfunktion selbst auf, die KÜPFMÜLLER sowohl als Antwort auf einen "Einheitsimpuls" als auch durch den Differentialquotienten der Übergangsfunktion vorstellte. Zur Lösung der Integralgleichung bediente sich KÜPFMÜLLER eines iterativen Verfahrens.

Nach der Definition eines "Regelfaktors" $R$,

$$R = \frac{1}{1+K},$$

der angibt, auf welchen Bruchteil die Regelabweichung durch das Vorhandensein eines Reglers gegenüber der Abweichung ohne Regelung herabgesetzt wird, drückte er den Regelfaktor für den Grenzfall der Stabilität durch einen Integralausdruck mit der Übergangsfunktion aus und nannte ihn "kritischen Regelfaktor". Anschließend nahm er eine idealisierte Übergangsfunktion mit geradlinigem Anstieg an, welche im Zeitpunkt $t_1$, nach Ablauf der Laufzeit, begann und im Zeitpunkt $t_2$, nach Ablauf der Übergangszeit, ihren Endwert erreichte.

Der kritische Regelfaktor $R_0$, der proportional der Verstärkung ist, ließ sich als Funktion des Verhältnisses von Übergangszeit zur Laufzeit darstellen:

$$R_0 = f\left(\frac{t_2}{t_1}\right).$$

Das entsprechende Diagramm [siehe Bild 35] gibt Aufschluß, für welche Verstärkungen des offenen Regelkreises für bestimmte Verhältnisse von Übergangs- zur Laufzeit, die aus der Übergangsfunktion des offenen Regelkreises zu bestimmen sind, nach Schließen des Kreises stabile Arbeitsweise zu erwarten ist.

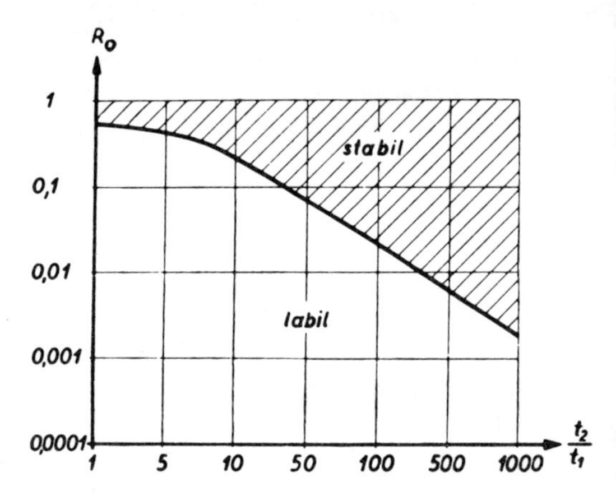


**Bild 35:**
Stabilitätsbereiche nach KÜPFMÜLLER

Da die Größe des kritischen Regelfaktors verhältnismäßig wenig von der Form der Übergangsfunktion abhängt, definierte KÜPFMÜLLER Laufzeit und Übergangszeit in allen Fällen mittels der Tangente im Punkte größter Steilheit der Übergangsfunktion. Mit der Übergangsfunktion des offenen Kreises und dem vorliegenden Diagramm stand damit ein approximatives Stabilitätskriterium zur Verfügung, das für Systeme vom Ausgleichstyp gültig ist. Die Heranziehung der Übergangsfunktion für diesen Zweck ist besonders günstig, da sie bequem auszuwerten und auch leicht meßtechnisch zu gewinnen ist. Eine Einschränkung erfährt das Verfahren durch die Art der Auswertung der Übergangsfunktion, bei der sich eine Ersatzlaufzeit nach KÜPFMÜLLER mit Hilfe der erwähnten Wendepunktstangente bestimmen lassen muß, was bedeutet, daß die Systeme möglichst ausgeprägte Verzögerungen aufweisen müssen.

KÜPFMÜLLER hat in den genannten beiden Abhandlungen mit der Verwendung von Integralgleichungen zur Beschreibung von Regelvorgängen einen bis dahin nicht gegangenen Weg beschritten, der ihm internationale Beachtung eintrug. Die Stabilitätsaussage anhand der Übergangsfunktion hat sich jedoch nur in Deutschland eingeführt; in den USA hat der Verbreitung wohl die intensive Beschäftigung mit den Frequenzgangverfahren entgegengestanden.

In der Reihe der nachrichtentechnischen Veröffentlichungen mit regelungstechnischer Bedeutung müssen an dieser Stelle die von FOSTER in den USA und CAUER in Deutschland genannt werden, die sich ab Mitte der zwanziger Jahre mit der Netzwerktheorie beschäftigen. Besonderes Merkmal ihrer Arbeiten war die Synthese von Netzwerken mit vorgeschriebenen Eigenschaften [siehe unter anderem 258 FOSTER, 1924; 259 CAUER, 1926; 260 CAUER, 1939; 261 CAUER, 1940]. Von Bedeutung für die Regelungstechnik ist in ihren Arbeiten die Herausstellung bestimmter

Eigenschaften der Rückführungen und deren Berechnung. CAUER [siehe auch 254, 1940] erkannte und bewies, daß man einem gegengekoppelten Verstärker mit Hilfe eines passiven Rückkopplungsnetzwerkes einen gewünschten Frequenzgang geben kann, der zusätzlich weitgehend unabhängig von den Netzspannungsschwankungen und Röhrenparameteränderungen des aktiven Vorwärtszweiges ist; auch die Verminderung des "Brumms" durch negative Rückkopplung wurde von ihm untersucht. Obwohl die günstigen Auswirkungen einer Rückführung auch früher schon zum Tragen gekommen sind, ist in diesen Arbeiten erstmals die theoretische Erfassung für die Synthese vorangetrieben worden; entsprechende theoretische Behandlung von Rückführungen hatte es zwar auch bei der Regelung von Kraftmaschinen gegeben [siehe Kapitel 1], doch waren die angestrebten Eigenschaften andere [siehe oben].

Eine gleichermaßen wichtige Bedeutung hatten die Arbeiten von NYQUIST, STREKKER und anderen, doch sind diese im Kapitel 5 besprochen worden.

Obgleich aufgrund der angeführten nachrichten- oder schwachstromtechnischen Publikationen wesentliche Merkmale der modernen linearen Regelungstheorie zur Verfügung standen, setzten sich die damit verbundenen Verfahren und Erkenntnisse nur langsam durch, denn vielen Ingenieuren fehlte offenbar die Brücke zwischen ihrem jeweiligen Fachgebiet und jenen modernen Richtungen. Nicht zuletzt muß diese Tatsache auf mangelndes "Systemdenken" zurückgeführt werden.

Zur Überwindung dieser Schwierigkeiten trugen wesentlich die HEAVISIDEsche Operatorenrechnung und besonders die Techniken der FOURIER- und LAPLACE-Transformation bei [siehe Kapitel 7], welche den mathematischen Aufwand bei der Lösung von Differentialgleichungen verminderten und die Zusammenhänge zwischen verschiedenen Regelkreiselementen transparenter gestalteten.

Nach dem Ersten Weltkrieg fanden elektrische Regelkreise immer breiteren Einsatz, nicht nur in der Nachrichtentechnik, sondern auch beispielsweise in der chemischen Industrie. Nach der Entwicklung geeigneter elektronischer Verstärker baute man auf ihrer Grundlage Regler, deren umfassender Einsatz um das Jahr 1932 begann; in jenem Jahr wurde bereits eine Erdöldestillationsanlage mit elektronischen Reglern ausgestattet. Für Folgesysteme mit Rotationsbewegungen wurden Röhrenregler mit Thyratron-Verstärker, die PID-Verhalten aufwiesen, Mitte der dreißiger Jahre verwendet.

Als weiteres wichtiges Element elektrischer Regelkreise entstand im Jahre 1928 durch Arbeiten von THOMAS bei der Firma WESTINGHOUSE der Magnetverstärker, dessen Weiterentwicklung ab 1929 auch in Deutschland betrieben wurde und der dann als "Regelverstärker" für stromrichtergespeiste Öfen in den Jahren ab 1935 herangezogen wurde und 1941 in dem Autopiloten von SIEMENS Einsatz fand. Für Antriebsregelungen wurde er erst nach dem Zweiten Weltkrieg verwendet.

Nachdem in der Mitte der zwanziger Jahre selbsttätige Verstärkungsregler entwickelt worden waren, unter anderem auch von KÜPFMÜLLER [siehe oben], setzte sich die Regelung in der Schwachstromgerätetechnik fort mit der selbsttätigen Pegelhaltung in Träger-Fernsprechsystemen sowie der Schwund- und Frequenzregelung in Funksprechverbindungen mit Übersee und anderen Entwicklungen.

## 6.3 Funktionentheoretische Zusammenhänge

Mit Beginn der vierziger Jahre entstanden sowohl in den USA als auch in Deutschland verschiedene Bücher und Aufsätze, die sich mit der Aufbereitung und Verwendung der aufgrund der Funktionentheorie entwickelten theoretischen Verfahren für spezielle Probleme der Regelungstechnik befaßten.

LUDWIG untersuchte 1940 "Die Stabilisierung von Regelanordnungen mit Röhrenverstärkern durch Dämpfung oder elastische Rückführung" [199]. Neben einer Erweiterung der KÜPFMÜLLERschen Integralgleichung zur Beschreibung des Regelvorgangs dergestalt, daß der Einfluß der Reglerrückführung sichtbar wurde, war besonders die gleichbewertete Stabilitätsuntersuchung mit den Verfahren des Frequenzgangs und der Übergangsfunktion von Bedeutung. Die HURWITZschen Stabilitätsbedingungen wurden zwar noch zum Vergleich erwähnt, dann aber aus Gründen der umständlichen Handhabung nicht weiter verfolgt. Diese Vorgehensweise erscheint durchaus typisch, denn man versuchte damals, von der Beschreibung und Untersuchung der Regelsysteme mit Differentialgleichungen stärker abzugehen, um zu einer günstigeren Verwendung meßtechnisch erhältlicher Werte zu gelangen. Die erweiterte theoretische Einsicht in die Regelungsvorgänge drückte sich bei LUDWIG beispielsweise darin aus, daß Einschwingvorgänge bei stoßweiser Belastung aus dem Frequenzgang berechnet wurden und daß für denselben Zweck auch die Übergangsfunktion diente.

Während LUDWIG die Integraltransformationen nicht besonders hervorhob, stellte GRÜNWALD [224, 1941] sie in den Vordergrund und zeigte exemplarisch ihre besonders gute Eignung zur Berechnung verschiedener Regelungsvorgänge. GRÜNWALD unterschied bei seinen Untersuchungen zwischen Führungs- und Störfrequenzgang, doch verwendete er die Begriffe Änderung der Meßwerks- bzw. Auslösegröße dafür. Die Gültigkeit der mathematischen Beziehungen für verschiedene physikalische Systeme wurde durch die Einführung dimensionsloser Größen unterstrichen.

Ein weiterer, wichtiger Punkt der zitierten Arbeit ist die theoretische Auslegung eines Reglers für eine Regelung mit vorgeschriebenem Übergangsverhalten, das sich an einer gewünschten Übergangsfunktion orientierte.

Die bisherige Vorgehensweise war umgekehrt gewesen, indem immer lediglich eine Nachberechnung als Bestätigung stattfand. Für die Ermittlung der Übergangsfunktion aus dem Frequenzgang gab GRÜNWALD ein Näherungsverfahren an, bei dem mit Hilfe eines Harmonischen Analysators die FOURIER-Koeffizienten der Funktionen $\frac{U(\omega)}{\omega}$ und $\frac{V(\omega)}{\omega}$ bestimmt wurden. $U(\omega)$ und $V(\omega)$ sind dabei Real- bzw. Imaginärteil des Frequenzgangs. Dieses Verfahren wurde später von PROFOS wieder aufgegriffen und 1956 in Heidelberg vorgetragen. Ein anderes Näherungsverfahren mit gleicher Zielsetzung wurde 1954 von LEONHARD [262] vorgeschlagen und ist in der Sammlung "Frequency Response" [263 OLDENBURGER, 1956] enthalten.

Eine besonders komprimierte Darstellung der linearen Theorie hat TISCHNER 1941 mit dem Aufsatz "Darstellung von Regelvorgängen" [264] gegeben, der allerdings im wesentlichen eine Parallele zu der Arbeit von GRÜNWALD darstellte.

Anhand der LAPLACE-Transformierten wurde ebenfalls die Gemeinsamkeit der Darstellungen als Integral- oder Differentialgleichung aufgezeigt. Auf die im Unterbereich entstehende algebraische Gleichung wendete TISCHNER die HURWITZ-Bedingungen an, um zu einer Stabilitätsaussage bezüglich des fraglichen Systems zu gelangen.

Eine vierte deutsche Arbeit mit ähnlicher Zielsetzung stammt von GÖRK [265, 1942] und unterscheidet sich von den anderen fast nur in den Beispielen. Als Besonderheit gab GÖRK eine Erweiterung des KÜPFMÜLLERschen Stabilitätskriteriums auf Systeme ohne Ausgleich an.

Die dichte zeitliche Folge der vier Arbeiten, die unabhängig voneinander entstanden sind, darf als Ausdruck dafür genommen werden, daß die darin angesprochenen Probleme und vor allem Vorgehensweisen nahelagen und der Klärung bedurften.

Entsprechende Entwicklungen zeigten sich auch in den USA, doch war dort die auf die praktische Entwurfstechnik zielende Aufbereitung der Frequenzgangverfahren erstrangig [siehe Kapitel 2].

Die vier zitierten deutschen Arbeiten verdienen noch aus dem Grund besondere Aufmerksamkeit, daß sie den Eindruck entkräften, als seien die Grundlagen der linearen Systemtheorie und speziell der Regelungstechnik allein in den USA entstanden; dieser Eindruck ist vielfach durch die Publikationsflut aus den USA nach dem Zweiten Weltkrieg entstanden.

Zur Entwicklung derjenigen Probleme der Nachrichtentechnik, die auch für die Regelungstechnik von Interesse sind beziehungsweise ihr ureigenstes Anliegen darstellen, hat in den USA hauptsächlich BODE beigetragen, dessen Name mit dem bekannten Diagramm verbunden ist.

BODE trat mit drei Veröffentlichungen hervor, deren Material in den Jahren 1938/39 zusammengestellt und in einem Lehrgang der BELL TELEPHONE LABORATORIES 1940/41 vorgetragen worden ist.

Anschließend an BLACK hatte sich BODE mit Entzerrern [266, 1938] und Verstärkern befaßt; im Rahmen dieser Untersuchungen behandelte er speziell das analytische Verhalten einiger Klassen rationaler Funktionen in der komplexen Ebene. Das Ergebnis waren Übertragungscharakteristiken von Netzwerken, in denen als Sonderfälle Phasenminimumsysteme enthalten waren. Gerade diese Sonderfälle wurden zu einem wichtigen Punkt der BODEschen Arbeiten.

Die ersten von BODE angegebenen Amplituden-Phasen-Beziehungen finden sich in einem Patent, welches "Amplifiers" betitelt ist (US-Patent Nr. 2123178, 1938). In dem 1940 erschienenen Aufsatz "Relations Between Attenuation and Phase in Feedback-Amplifier Design" [102] formulierte BODE das sogenannte BODEsche Gesetz, das später auch von ihm selbst in verschiedener Form ausgedrückt wurde, hier aber lautete:

$$B(f_c) = \frac{1}{\pi} \int_{-\infty}^{\infty} \frac{\mathrm{d}A}{\mathrm{d}u} \log \coth \frac{|u|}{2} \, \mathrm{d}u ,$$

wobei $B(f_c)$ die Phasendrehung bei einer beliebig zu wählenden Frequenz $f_c$ und $A$ den Amplitudengang bedeutete; ferner galt:

$$u = \log \frac{f}{f_c}.$$

Das BODEsche Gesetz kennzeichnet den Zusammenhang zwischen Phasen- und Amplitudengang linearer Übertragungssysteme mit konzentrierten Parametern und minimaler Phasendrehung. Die Bezeichnung "BODEsches Gesetz" soll zuerst von HILBERT gebraucht worden sein [siehe 222 GILLE/PELEGRIN/DECAULNE].

Die Frage nach Zusammenhängen zwischen Amplituden und Phasenwinkeln von Übertragungssystemen war auch schon vor BODE gestellt worden, doch hatten die meisten Autoren dabei die Minimalphasenbedingung nicht berücksichtigt und waren nicht zu eindeutigen Bedingungen gelangt [siehe 103 BODE, 1945]. Lediglich LEE war in einer Arbeit [267] aus dem Jahre 1932 als Schüler von WIENER zu ähnlichen und teilweise gleichen Ergebnissen wie später BODE gekommen und hatte in einer Patentschrift aus dem Jahre 1931 zusammen mit WIENER [268] darauf hingewiesen, daß die Komponenten des Frequenzgangs wechselseitig als HILBERT-Transformierte zu interpretieren sind.

Die Fragestellung, die dem BODEschen Gesetz zugrunde liegt, wurde ohne nähere Angaben auch BAYARD zugeschrieben [siehe 222 GILLE/PELEGRIN/DECAULNE; 269 BAYARD, 1935].

Das Wesen des BODEschen Ergebnisses liegt in der Aufspaltung eines Übertragungssystems in zwei Anteile, nämlich ein Teilsystem, das unter allen grundsätzlich möglichen, zu dem gegebenen Amplitudengang den minimalen Phasengang besitzt, und ein weiteres Teilsystem, dessen komplexe Übertragungsfunktion reine Phasenfaktoren von der Gestalt

$$\frac{1-kp}{1+kp}, \quad k>0,$$

besitzt. Erst diese Aufspaltung ermöglichte es BODE, auf das erstgenannte Teilsystem einen mathematisch im Bereich der Funktionentheorie bereits bekannten Zusammenhang, die schon von LEE benutzte HILBERT-Transformation, anzuwenden, welche Real- und Imaginärteil der Randfunktion einer analytischen Funktion unter bestimmten Bedingungen miteinander verbindet.

Die regelungstechnische Bedeutung dieser Zusammenhänge liegt nicht primär in einer Arbeitserleichterung bei der Untersuchung von Systemen, bei der man sich theoretisch nun nicht mehr auf die Untersuchung des gesamten Frequenzgangs abzustützen brauchte, sondern sich mit dem Amplituden- oder Phasengang begnügen konnte. Praktisch kann man aber kaum auf einen der beiden verzichten, denn erstens ist die Genauigkeit bei der Berechnung des einen Teils aus dem anderen nicht sehr groß, und zweitens ist man sich nur selten sicher, tatsächlich ein Phasenminimumsystem zu untersuchen. Die Bedeutung liegt vielmehr in der Erkenntnis möglicher Allpässe begründet, denn ein nicht unerheblicher Teil wichtiger Regelstrecken, wie beispielsweise Flugzeuge und Dampfkessel, enthält Allpaßglieder.

Bei der Erläuterung des besprochenen Zusammenhangs verwendete BODE erstmalig das nach ihm benannte BODE-Diagramm, welches aus zwei darstellungsmäßig unabhängigen Teilen besteht. In deren einem werden als Amplitudengang die bezogenen Amplituden über den logarithmisch aufgetragenen bezogenen Frequenzen dargestellt, während in dem anderen, als Phasengang, linear die Phasenverschiebungen über der gleichen Frequenzteilung wie beim Amplitudengang aufgetragen werden. Die Auftragung der bezogenen Amplituden erfolgt im Amplitudendiagramm ebenfalls logarithmisch.

Die vorteilhafte Nutzung dieser logarithmischen Frequenzkennlinien hat BODE weitgehend zu einer "Technik des BODE-Diagramms" entwickelt. Besonders bequem gestaltet sich die Multiplikation von Frequenzgängen, die wegen der häufigen Reihenschaltung von Regelkreisgliedern oft durchgeführt werden muß. Die Amplituden- und Phasengänge lassen sich nach BODE günstig aus geraden Streckenabschnitten zusammensetzen, deren Knickpunkte und Winkel in einfacher Weise mit den Beiwerten der Systeme in Beziehung stehen. Die Abweichungen vom tatsächlichen Verlauf sind in den Knickpunkten am größten und lassen sich anhand von Tabellen leicht korrigieren.

In dem zitierten Aufsatz von BODE aus dem Jahr 1940 wird die Aussage des BODEschen Gesetzes noch in Form verschiedener Diagramme und Nomogramme dargestellt, die aber für den Regelungstechniker von geringerem Interesse sind, da sie vor allem für die Berechnung von Filtern wichtig sind. Von großem Interesse ist dagegen die Definition der Begriffe Phasenrand ("phase-margin") und Amplitudenrand ("gainmargin"), die dem Diagramm von BODE [siehe Bild 36] entnommen werden kann. Sie sichern die Einhaltung bestimmter Mindestwerte unterhalb der Stabilitätsgrenze.

Bei Überschreiten einer bestimmten Amplitude darf ein gewisser Wert der Phasendrehung nicht überschritten werden und umgekehrt.

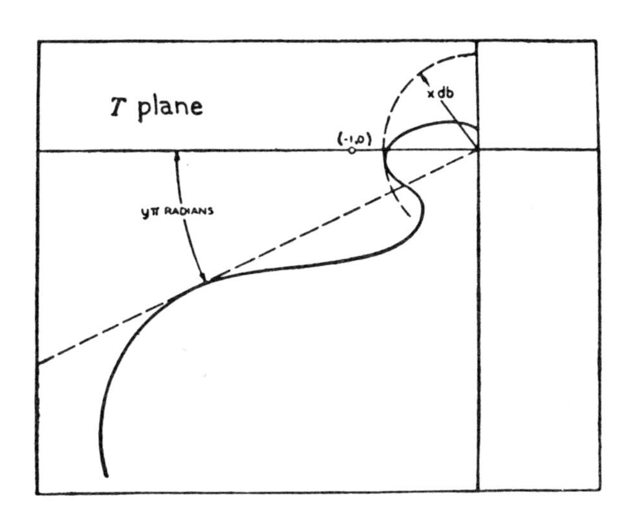


**Bild 36:**
Amplituden- und Phasenrand nach BODE

Im Jahre 1945 erschien das bekannte Buch von BODE mit dem Titel "Network Analysis and Feedback Amplifier Design" [103], in dem alle bis dahin vom Autor angesprochenen Probleme ausführlich behandelt wurden. In der Fachliteratur werden die Ergebnisse, die BODE bereits in den oben besprochenen, früheren Veröffentlichungen mitgeteilt hatte, meist dem Buch zugeschrieben.

Als Besonderheit muß in dem Buch die Erweiterung des NYQUIST-Kriteriums auf Systeme betrachtet werden, die im aufgeschnittenen Zustand instabil sind. BODE wurde im Zusammenhang mit mehrstufigen Verstärkern mit mehrfacher Rückkopplung auf die Behandlung und Lösung des Problems geführt. Er gab ein Verfahren an, mit dem technisch der Ort des Anlasses der Instabilität des offenen Kreises ermittelt werden kann, und führte theoretisch die entsprechend dem CAUCHYschen Satz zu bildende Differenz der Pole und Nullstellen der Gesamtübertragungsfunktion auf eine Summe der Differenz der einzelnen im Gesamtsystem enthaltenen, rückgekoppelten Teile zurück:

$$(P - N)_{\text{Gesamt}} = (P_1 - N_1) + (P_2 - N_2) + \ldots + (P_n - N_n).$$

BODE gab zwar eine funktionentheoretische Begründung dieses erweiterten NYQUIST-Kriteriums, doch keine explizite Abgrenzung gegenüber dem ursprünglich von NYQUIST angegebenen, so daß der wesentliche Unterschied erst in klarer Form von FREY [198, 1946] ausgesprochen wurde [siehe Kapitel 5].

# 7. *Kapitel:* Integraltransformationen

Die rasche Entwicklung der Analyse und Synthese von Regelkreisen parallel im Zeit- und Frequenzbereich ab etwa 1930 ist kaum denkbar ohne die parallel dazu verlaufene Entwicklung und Aufbereitung der Integraltransformationen.

Der Grund für diese Bedeutung liegt darin, daß physikalische Vorgänge meist in Gestalt von Differential- oder Integralgleichungen im Zeitbereich formuliert werden, dann aber häufig in ein übergeordnetes technisches System interpretiert werden müssen, dessen eigene Darstellung wegen der Zusammensetzung aus mehreren Teilsystemen günstig durch eine Übertragungs- oder Frequenzgangfunktion erfolgt.

Bei vollständiger Formulierung im Zeitbereich lassen sich bei komplizierteren Systemen die Einflüsse einzelner Systemparameter nicht mehr klar überblicken; im Frequenzbereich hingegen lassen sich die gleichen Systeme anstelle von Differential- oder Integralgleichungen durch algebraische Gleichungen beschreiben, bei denen die Parametereinflüsse besser zu übersehen sind.

Die Verbindung dieser beiden Bereiche hat für die Regelungstechnik erhebliche Bedeutung gehabt.

Am Anfang der Entwicklung in der Erkenntnis des Zusammenhangs von Zeit- und Frequenzbereich standen die Operatorenrechnung als Mittel zum Lösen von Differentialgleichungen und die Darstellung periodischer und aperiodischer Funktionen durch FOURIERsche Reihen und -Integrale.

Die ersten Ansätze zur Verwendung von Operatorkalkülen gehen auf LEIBNIZ [270] und das Jahr 1710 zurück. Nach ihm haben sich LAGRANGE [271, 1772], LAPLACE [273, 1812], BOOLE [274, 1844], GREGORY [275, 1841], FOURIER [276, 1822], CAQUE, FUCHS, RIEMANN und andere [siehe 277 WAGNER, 1940; 278 VAN DER POL/BREMMER, 1964; 279 COOPER, 1952] mit diesem Problem befaßt, doch gelang es erst HEAVISIDE, den Kalkül so weit zu entwickeln, daß er bei einer großen Anzahl mathematischer Aufgaben eine wesentliche Hilfe wurde. Auf mathematische Einzelheiten in den zitierten Arbeiten und ihre Bedeutung für die Entwicklung des Kalküls ist COOPER [279] genauer eingegangen.

HEAVISIDE hat in seinem berühmten Buch "Electromagnetic Theory" [280, 1899] ausgedehnten Gebrauch von der Operatorenrechnung gemacht und sie besonders zur Berechnung von Einschalt- und Ausgleichsvorgängen in elektrischen Leitungen herangezogen. Die nicht ausreichende mathematische Begründung der von HEAVISIDE benutzten Formeln hat einer breiteren Anwendung entgegengestanden.

In den ersten Jahrzehnten des zwanzigsten Jahrhunderts sind mehrere Veröffentlichungen von GIORGI [281, 1904], WAGNER [256, 1916], BROMWICH [282, 1916],

CARSON [283, 1922], DOETSCH [284, 1924], BUSH [286, 1929], HUMBERT [287, 1934] und VAN DER POL [285, 1929] mit der Zielsetzung erschienen, die Operatorenrechnung mit Hilfe der FOURIER- und LAPLACE-Transformation zu begründen. Eine weitgehend abschließende Behandlung aus dem Jahre 1937 von DOETSCH [288] erweiterte die Methode der LAPLACE-Transformation derart, daß die HEAVISIDEsche Operatorenrechnung davon umfaßt wurde und der Begriff der Operatorenrechnung langsam verschwand, obgleich die Operatorenrechnung in neuerer Zeit durch Arbeiten von MIKUSINSKI [289, 1949/52] eine von der LAPLACE-Transformation unabhängige Begründung erfahren hat.

Bei der Untersuchung von Einschaltvorgängen in einem elektrischen Kreis bemerkte WAGNER [256, 1916] die formale Übereinstimmung zweier Gleichungen, von denen die eine durch Operatorenrechnung, die andere durch komplexe Darstellung des eingeschwungenen Zustands entstanden war, und schloß daraus, daß die HEAVISIDEsche Rechenmethode auf die Darstellung der gesuchten Größe durch das kontinuierliche Spektrum ihrer Teilschwingungen hinauskommen muß.

Das gleiche Problem führte CARSON [283, 1922] zu der Erkenntnis, daß Einschaltvorgänge, die von einem System von gewöhnlichen, linearen Differentialgleichungen beschrieben werden, in der Integralgleichung

$$f(p) = p \int_0^\infty e^{-pt} A(t) \, dt$$

eine stets gleiche Verbindung zwischen der Lösung $A(t)$ und der nach HEAVISIDE berechneten Operatorfunktion $f(p)$ haben.

Diese Überlegungen führten einerseits zu der oben angegebenen, neuen Begründung der Operatorenrechnung und ermöglichten andererseits die Einsicht in die Äquivalenz der Darstellungen im Zeit- und Frequenzbereich, denn beide Richtungen stützten sich auf die FOURIER-Transformation ab. Über die Geschichte der FOURIER-Integrale hat PRINGSHEIM [290, 1907] berichtet.

Konvergenzschwierigkeiten bei den FOURIER-Integralen für gewisse Funktionen führten zur LAPLACE-Transformation hin, die umfassender ist als die FOURIER-Transformation und diese als Randfunktion enthält.

Die Bezeichnung "LAPLACE-Transformation" rührt daher, daß LAPLACE eine Differentialgleichung durch ein Integral der Form

$$\int e^{ts} y(s) \, ds$$

gelöst hat [siehe 288 DOETSCH, 1937].

Die spezielle Bedeutung der beiden Integraltransformationen für die Regelungstechnik liegt in der Verknüpfung der wichtigen Begriffe Gewichtsfunktion, Frequenzgang und Übertragungsfunktion. Die Bedeutung der FOURIER- und LAPLACE-Transformationen als Hilfsmittel zum Lösen von Differential- und Integralgleichungen konnte erst zur Geltung kommen, nachdem in den USA im Jahre 1931 mit dem Buch von CAMPBELL und FOSTER [291] über FOURIER-Integrale eine Unterlage zur Verfügung stand, die viele Funktionenkorrespondenzen enthielt und praktische

Rechenerleichterungen damit ermöglichte. Von diesen Beziehungen wurde bereits von NYQUIST Gebrauch gemacht, der sich auf das Buch von CAMPBELL und FOSTER bezog.

In Deutschland erschien im Jahre 1937 das Buch "Theorie und Anwendung der LAPLACE-Transformation" [288] von DOETSCH, das zur Grundlage der hiesigen Anwendung wurde und ebenso wie zwei spätere Bücher von DROSTE [292, 1939] und WAGNER [277, 1940] Tabellen mit LAPLACE-Korrespondenzen enthielt.

Auf diesen Grundlagen aufbauend, entstanden die Arbeiten von GRÜNWALD [224, 1941], TISCHNER [264, 1941] und GÖRK [265, 1942], in denen die Möglichkeiten der LAPLACE-Transformation für die Regelungstechnik aufgezeigt wurden [siehe Kapitel 6].

Der verbreitete Gebrauch der LAPLACE- und FOURIER-Transformation setzte erst nach dem Zweiten Weltkrieg ein.

Von verschiedenen Autoren, wie beispielsweise WAGNER [277, 1940] wurde anstelle der LAPLACE-Transformation

$$\mathfrak{L}\, f(t) = \int_0^\infty f(t)\, \mathrm{e}^{-st}\, \mathrm{d}t$$

die CARSON-Transformation

$$\mathfrak{C}\, f(t) = s \int_0^\infty f(t)\, \mathrm{e}^{-st}\, \mathrm{d}t$$

verwendet. Beide haben gleiche Existenzbedingungen und sind durch die Beziehung

$$\mathfrak{C}\, f(t) = s\, \mathfrak{L}\, f(t)$$

verknüpft. Die CARSON-Transformierte hat den Vorteil der Dimensionsgleichheit der Größen im Ober- und Unterbereich, während für die LAPLACE-Transformierten spricht, daß sie verbreiteter sind und auch mathematisch eine ähnliche Form haben wie die gegebenenfalls existierenden FOURIER-Transformierten.

Die unterschiedliche Verwendung der Buchstabensymbole $p$ und $s$ als Variable der LAPLACE-Transformation geht darauf zurück, daß DOETSCH in seinen grundlegenden Arbeiten den Buchstaben $s$ verwendete und sich damit in Gegensatz zu Autoren wie WAGNER und CARSON setzte, die, wohl in Anlehnung an HEAVISIDE, den Buchstaben $p$ benutzten. In der führenden, amerikanischen Literatur dominiert der Buchstabe $s$.

Die Beachtung, welche die Integraltransformationen fanden, drückte sich darin aus, daß neben den speziellen Büchern von DOETSCH, WIDDER [293, 1941/46] und anderen in der Mehrzahl der regelungstechnischen Bücher, die nach dem Zweiten Weltkrieg erschienen, Kapitel über die Integraltransformationen zu finden sind.

# 8. *Kapitel:* Rechenmaschinen

## 8.1 Einleitung

In diesem Abschnitt soll die Beeinflussung der Regelungstechnik durch verschiedenartige Rechengeräte und Rechenmodelle behandelt werden.

In neuerer Zeit werden analoge, digitale und hybride Rechengeräte im Zusammenhang mit Regelungsproblemen eingesetzt. Unabhängig von dieser Einteilung unterscheidet man zwischen analoger und digitaler Regelung, wobei sich diese Begriffe hier auf die wechselseitige Einwirkung von Regler und Regelstrecke beziehen und nichts Ursächliches über die Verwendung der oben erwähnten Rechengeräte aussagen, wenn auch bei der digitalen Regelung ein enger Zusammenhang zu digitalen Rechengeräten vorhanden ist.

## 8.2 Analogrechner

Analogieverfahren konnten schon häufiger in der Mathematik [siehe 294 POLYA, 1954] und in der Physik [siehe 295 WINKLER, 1963] zu bedeutenden Entwicklungen beitragen.

Die Babylonier (300 v. Chr.) und die Griechen (80 v. Chr.) benutzten Analogieverfahren bei mathematischen Berechnungen zur Landkartenherstellung und bei physikalischen Modellen als Grundlage zur Bestimmung von Sonnen- und Planetenpositionen im damals PTOLEMÄISCHEN Weltmodell [siehe 296 PRICE]. In der einschlägigen Literatur sind weitere Hinweise auf historische Analogieverfahren und -Vorrichtungen angegeben worden [siehe 297 WILLIAMS, 1961; 298 LEVINE, 1964; 299 KENNEDY, 1947; 300 KENNEDY, 1952; 301 BUSH, 1936], von denen hier noch Rechenschieber und Planimeter erwähnt sein sollen.

Der eigentliche Ursprung der Analog-"Rechner" liegt in Arbeiten des Engländers THOMSON, dem späteren Lord KELVIN, begründet, der sich unter anderem mit der graphischen Lösung von Integralen beschäftigte. Bereits 1825 war von GONELLA der Reibradintegrator erfunden worden [siehe 302], doch scheint ihn THOMSON nicht gekannt zu haben. In einem ersten, 1876 erschienenen Aufsatz [303] beschrieb THOMSON die graphische Integration einer linearen Differentialgleichung zweiter Ordnung mit variablen Koeffizienten durch Reihenschaltung zweier Integratoren. Diese Integratoren waren sogenannte Kugelintegratoren, die kurz zuvor von dem Bruder KELVINs erfunden worden waren und ähnlich arbeiteten wie die bereits zitierten Reibradintegratoren, jedoch anstelle des Reibrades eine Kugel verwendeten. In einer zweiten, ebenfalls 1876 erschienenen Abhandlung [304] erweiterte THOMSON seine

Vorschläge für die Integrieranlage, um die gewöhnliche lineare Differentialgleichung $n$-ter Ordnung im Prinzip lösen zu können.

Zwei Ideen sind es, die dieser Arbeit trotz der schon vorher bekannten Integratoren Originalität verleihen, nämlich der Gedanke einer Reihenschaltung von Integratoren, der damit über das Lösen eines einfachen Integrals hinausführte, und ferner der Gedanke, das Prinzip der Rückführung anzuwenden, so daß eine kontinuierliche Lösung der Differentialgleichung erzielt wurde. Die Rückführung der Lösung eines Integrationsvorgangs auf den Eingang eines Integrators stellt eine spezielle Verbindung zur Regelungstechnik her, da man einen Regelkreis darin interpretieren kann.

Die konzipierten Rechner mit mehreren Integratoren gelangten aber nicht zur Einsatzreife, da die am Ausgang der Integratoren zur Verfügung stehenden Drehmomente zu gering waren, um unmittelbar zur Rückführung auszureichen; geeignete Drehmomentverstärker gab es damals noch nicht.

Das erste Viertel des zwanzigsten Jahrhunderts weist in diesem Zusammenhang nur zwei bemerkenswerte Daten auf: im Jahre 1903 entwarf und baute der Russe KRYLOV eine 4-Integratoren-Anlage [siehe 305 ZUBOV], von deren praktischem Einsatz aber nichts bekannt ist, und in den Jahren 1912 bis 1914 baute KNORR in München für die Reichsbahn ein Gerät zum Lösen von Differentialgleichungen zweiter Ordnung [siehe 306 STEINBUCH, 1967].

Das zweite Viertel des zwanzigsten Jahrhunderts brachte dann bedeutende Beiträge zur Entwicklung der Analogrechentechnik, die durch drei hauptsächliche Merkmale gekennzeichnet ist, nämlich den Aufstieg der Differentialanalysatoren, die Anwendung von Servosystemen und die Verwendung elektronischer Bauelemente.

Die Vorschläge THOMSONs zur Verwirklichung von Integratorreihenschaltungen wurden etwa 1925 von BUSH in den USA wieder aufgegriffen. 1927 stellten BUSH und Mitarbeiter einen neuentwickelten, mechanischen Integrator vor [siehe 307 BUSH/GAGE/STEWART, 1927], und in demselben Jahr bauten BUSH und HAZEN [88, 1927] eine Integrationsanlage zum Lösen von Differentialgleichungen zweiter Ordnung, die aber von der Konzeption her die Erweiterungsfähigkeit in sich trug. Die erste Stufe war bei dieser Anordnung elektrisch und auf dem Wattmeter-Prinzip aufgebaut, um die simultane Multiplikation von Funktionen zu ermöglichen, während die zweite Stufe als Reibradintegrator arbeitete. Insgesamt wurden Integrale folgender Gestalt gelöst:

$$z = \frac{a}{b} \int_l^x f_d \,\mathrm{d}x + a \int_l^x \int_m^x f_a \,(f_1 + f_2)\,\mathrm{d}x\,\mathrm{d}x.$$

Durch die Verwendung mechanischer Drehmomentverstärker nach dem Capstan-Prinzip konnten sie die Integratorausgänge überall dort verwenden, wo sie benötigt wurden. Diese Drehmomentverstärker waren relais-gesteuerte Servosysteme, welche die energetische Entkopplung der Integratoren bewirkten und bereits eine unter zwei Prozent liegende Gesamtabweichung der Integrallösungen ermöglichten.

Die Gemeinschaftsarbeit von BUSH und HAZEN war für die regelungstechnische Entwicklung von doppelter Bedeutung, denn erstens war sie wesentlich für den Bau der späteren Analogrechner als regelungstechnischer Hilfsmittel und zweitens war sie der Ausgangspunkt für die 1934 veröffentlichte Arbeit von HAZEN mit dem Titel "Theory of Servomechanisms" [87], welche wichtig war für die Untersuchung nichtstetiger Regelsysteme.

Der Fortschritt im Bau der Integrieranlagen hing damals fast ausschließlich von geeigneten Servosystemen ab, denn das Grundkonzept war bereits seit 1876 bekannt. Eine derartige Abhängigkeit von den Bauelementen wiederholte sich später bei der Entwicklung elektronischer Anlagen.

In einer nächsten Stufe baute BUSH eine Anlage, welche die Lösung gewöhnlicher, linearer Differentialgleichungen bis zur sechsten Ordnung gestattete und die er 1931 in einem Aufsatz [308] beschrieb. Bemerkenswert ist die Abkehr von der elektrischen Integrationsstufe und der Übergang zu rein mechanischer Anordnung, weil nur auf diese Weise die Genauigkeit um eine Dekade gesteigert werden konnte. Elektrisch blieben nur die Antriebe und die Steuerungen. Für diese Anlage wurde von LYON [siehe 308 BUSH] der Name "differential analyzer" geprägt, der sich allgemein durchsetzte, später teilweise auch auf elektronische Anlagen übertragen wurde und erst 1950 durch die Bezeichnung "analog computer" im amerikanischen Schrifttum ersetzt wurde.

Der Höhepunkt in der amerikanischen Entwicklung der mechanischen Integrieranlagen entstand während des Zweiten Weltkriegs durch Konstruktionen von BUSH und CALDWELL, bei denen besonders die Verbindungen zwischen den einzelnen Integratoren verbessert waren. Elektro-mechanische Servosysteme, deren Eingangssignale mittels kapazitiver Aufnehmer abgenommen wurden, ersetzten die mechanischen Drehmomentverstärker der ersten Maschinen. Die Erleichterungen und Verbesserungen ermöglichten die schnellere Umstellung der Anlage auf neue Probleme.

Unabhängig von diesen systematischen, sich über mindestens ein Jahrzehnt erstreckenden Untersuchungen von BUSH und HAZEN hat die Regelungstechnik andere Anregungen von Vorläufern der Analogrechner erfahren, die sich wesentlich aus Stabilitätsfragen herleiteten und auf dem Prinzip der Simulation beruhen. Unterschieden werden muß dabei zwischen direkter und indirekter Analogie. In einem direkten Analogiemodell bedeutet beispielsweise bei der elektrischen Simulation eines mechanischen Systems die Spannung überall im Analogon die Geschwindigkeit und die Ableitung der Spannung die Beschleunigung. Zu diesen Systemen gehören die Netzwerk-Analysatoren, Feder-Masse-Systeme und der elektrolytische Tank.

In einem indirekten Analogiemodell hingegen bedeutet eine Übergangsspannung an einem Punkt beispielsweise eine Beschleunigung; anschließend wird mit der Spannung ein Integrator beaufschlagt und dessen Ausgangsspannung repräsentiert nun eine Geschwindigkeit. Zu den indirekten Analogiemodellen zählen die Differential-Analysatoren ("differential analyzer") und die heutigen elektronischen Analogrechner.

Stabilitätsuntersuchungen mit Hilfe direkter Modelle sind schon 1926 von GRISON [309] und 1929 von DARRIEUS [310] vorgenommen worden, wobei interessanterweise mechanische Modelle zur Untersuchung elektrischer Netzwerke dienten, während heute, allerdings mit indirekter Analogie, die Umkehrung üblich ist.

Der Simulationsgedanke auf der Basis eines indirekten Modells lag einer Arbeit von VON FREUDENREICH aus dem Jahre 1929 zugrund, die den Titel trug "Untersuchung der Stabilität von Regelvorrichtungen" [311]. Die dynamischen Verhältnisse einer Dampfturbinenanlage wurden durch die simultanen Differentialgleichungen der Einzelteile erfaßt und durch eine Versuchsvorrichtung nachgebildet, die den gleichen Differentialgleichungen gehorchte. Die Vorrichtung bestand aus vier hintereinander geschalteten, hydraulischen Servosystemen ("Kraftgetrieben"), deren Kopplungen ebenfalls hydraulisch waren. Die damit durchgeführte Untersuchung hatte die Zielsetzung, die Schwierigkeiten zu umgehen, die bei der Bestimmung der Systemkonstanten entstehen, wenn man die ROUTHschen Stabilitätsbedingungen auswertet. Diese Arbeit von VON FREUDENREICH ist im spezifisch regelungstechnischen Schrifttum die erste, in der ein Analogrechner und seine Anwendung beschrieben wird.

Die benutzte Vorrichtung war, ebenso wie die Konstruktionen von BUSH, weitgehend ausbaufähig, weil mit Hilfe der hydraulischen Servosysteme nahezu beliebige Kräfte aufgebracht werden konnten. VON FREUDENREICH wies darauf hin, daß durch Übertragung der Bewegung eines "Kraftkolbens" auf den "Steuerkolben" eines anderen Kraftgetriebes mittels Abwälzhebel vielfältige Funktionen eingeführt werden konnten, so daß auch die Integration von Differentialgleichungen mit variablen Koeffizienten möglich war.

Die schwierige Einstellung der Hebelverhältnisse in den Rückführungen und die damit verbundene, umständliche Anpassung an verschiedene Probleme und Parameteränderungen wird ein wesentlicher Grund dafür gewesen sein, daß die Vorrichtung nicht von anderen aufgegriffen und im gleichen Sinne benutzt worden ist.

In Deutschland gab es vereinzelt weitere Ansätze zur Benutzung analoger Modelle; so schrieb HÄHNLE [312, 1932] über die Darstellung elektro-mechanischer Gebilde durch rein elektrische Schaltbilder und GRÜNWALD [224, 1941] schlug für die Untersuchung eines Regelkreises ein analoges Regelmodell vor.

Trotz der auch in Deutschland schon vor dem Zweiten Weltkrieg gebauten mechanischen Integrieranlagen der Firma ASKANIA und trotz der nach dem Kriege von der Firma SCHOPPE und FAESER gebauten Anlagen, die in dem Modell "Minden" wohl den überhaupt am weitesten entwickelten mechanischen Integrierrechner vorweisen konnten, wurden diese Anlagen anscheinend nicht in den Entwurf von Regelkreisen einbezogen; lediglich im militärischen Bereich wurden analoge Koordinatenrechner in Feuerleitsystemen verwendet.

Ab 1945 erschienen in den USA mehrere Veröffentlichungen, die sich mit dem Einsatz von Analogrechnern beim Entwurf von Regelanordnungen befaßten. McCANN, HERWALD und KIRSCHBAUM bestimmten auf diese Weise günstige Parameterkombinationen für Servosysteme; in ihren Aufsätzen aus den Jahren 1945/46 ließen sie gleichzeitig ein Nebeneinander von mechanischen und elektrischen Analogrechnern erkennen [siehe 313 McCANN/CRINNER/WARREN, 1945; 314 HERWALD/Mc CANN/KIRSCHBAUM, 1946].

CONCORDIA empfahl den Differential-Analysator für Untersuchungen mit Übergangsfunktionen und betonte, daß seine Arbeitsgruppe die gesamte Frequenzgangtechnik fallengelassen habe, weil die Benutzung des Rechners außerordentlich bequem sei [siehe Diskussionsbemerkung in 96 BROWN/HALL, 1946]. BROWN entgegnete zwar, daß solche Rechner kaum erhältlich seien, doch charakterisiert die Bemerkung von CONCORDIA deutlich einen Trend der damaligen Zeit, der auch von BROWN zugestanden und unterstützt wurde.

Das Vordringen elektronischer Analogrechner nach Kriegsende in den USA geht auf Kriegsentwicklungen von BUSH zurück, der 1942 eine Großanlage installiert hatte.

Unerläßlich für diese Anlagen, welche den mechanischen Integrieranlagen Konkurrenz zu machen begannen, war die Entwicklung driftfreier Funktionsverstärker, um die sich PHILBRICK 1938 verdient gemacht hatte [siehe 298 LEVINE, 1964].

Ein allgemein verwendbarer elektronischer Analogrechner wurde 1947 in einer Veröffentlichung von RAGAZZINI, RANDALL und RUSSELL [316] beschrieben und ist wohl einer der ersten gewesen. Obwohl die Genauigkeit der elektronischen Analogrechner anfangs zu wünschen übrig ließ und erst nach 1950 die der mechanischen Integrieranlagen erreichte, setzten sie sich wegen des geringeren äußeren Aufwandes schnell durch und wurden eines der wesentlichen Hilfsmittel des Regelungstechnikers. Die verbreitete Anwendung der Analogrechner bei regelungstechnischen Fragestellungen bereits in den ersten Jahren nach 1950 in den USA drückte sich in einer Reihe von Aufsätzen und dazugehörigen Diskussionsbemerkungen aus, die OLDENBURGER 1956 in dem Sammelwerk "Frequency Response" [263] herausgegeben hat und in denen Analogrechenergebnisse mit auf andere Weise erzielten Ergebnissen verglichen wurden; beispielsweise erschien bereits 1951 eine Analogrechner-Studie von LATHROP [317] über nichtlineare Servosysteme.

In Deutschland kamen die ersten elektronischen Analogrechner etwa um 1955 auf den Markt und wurden nur langsam eingesetzt. In den letzten Jahren haben sich pneumatische Analogrechner dazugesellt, die aber meist nur als Lehrmodelle benutzt werden.

In der UdSSR wurde der erste elektronische Integrator 1946 von GUTENMACHER gebaut. TRAPEZNIKOV und KOGAN haben über die weitere Entwicklung in Rußland und die Anwendung in der Regelungstechnik auf der Tagung in Heidelberg 1956 berichtet. Weitere Angaben über den historischen Verlauf der russischen Analogrechnerentwicklung finden sich bei ETERMAN [318, 1960].

## 8.3 Digitalrechner

Parallel zu der Entwicklung der elektronischen Analogrechner lief die der elektronischen Digitalrechner, die ebenfalls nach dem Zweiten Weltkrieg in steigendem Maße für die Lösung technischer Probleme eingesetzt wurden. Im Gegensatz zu den Analogrechnern, die überwiegend bei regelungstechnischen Untersuchungen benutzt werden, wird der Digitalrechner universeller und nur unter anderem in der Regelungstechnik eingesetzt. Entsprechend ist seine Entwicklung nur wenig mit der Regelungstechnik verbunden.

Zwei unterschiedliche Einsatzgebiete sind heute kennzeichnend für die Verwendung des Digitalrechners in der Regelungstechnik, nämlich das der Prozeßrechner und das als Rechenhilfsmittel bei langwierigen, numerischen Aufgaben.

Nachdem in den fünfziger Jahren digitale Rechner kommerziell erhältlich waren, deutete sich eine Tendenz an, bei komplexen industriellen Prozessen die Vielzahl der Regler abzulösen und eine zentrale Steuerung mit Hilfe eines Rechners anzustreben, der sämtliche Daten erfaßt und die nötigen Stellbefehle für die Prozeßsteuerung errechnet. Dieses Regelungsverfahren wurde unter der Bezeichnung DDC-Regelung ("direct digital control") bekannt; es gehört zu der größeren Gruppe der prozeßgekoppelten ("on-line") Rechnerregelsysteme, die in offene und geschlossene unterteilt wird. Bei der offenen Anordnung verarbeitet der Rechner zwar die Betriebsdaten, greift aber nicht regelnd in den Ablauf ein, während bei der geschlossenen Anordnung der Rechner auch Eingriffe vornimmt.

Die hohe Ausfallquote der Digitalrechner stand dem DDC-Konzept längere Zeit entgegen und hat dazu geführt, daß ein großer Teil der bei Prozeßregelungen benutzten Regler schon vom Konzept her beibehalten wurde; mit Hilfe von Digitalrechnern kann dann die Prozeßoptimierung und entsprechend die Einstellung der Reglerparameter erfolgen. Auf dem IFAC-Kongreß in London 1966 deutete sich aber ein Wandel an, da die Betriebssicherheit der Digitalrechner gestiegen war [siehe 319 ROSENBROCK/YOUNG].

Die weitestgehende Trennung von Rechner und Prozeß ist bei dem prozeßentkoppelten Betrieb ("off-line") verwirklicht, der nicht in Echtzeit geschieht, keine direkte Verknüpfung von Rechner und Prozeß vorsieht und deshalb eine Speicherung der anfallenden und errechneten Daten erforderlich macht.Die ersten in der Verfahrensindustrie angewendeten Rechner arbeiteten im "off-line"-Betrieb; die erste erfolgreiche "on-line"-Optimierung eines Prozesses wird dem Jahr 1958 zugeschrieben [siehe 319 ROSENBROCK/YOUNG].

Der mit dem Einsatz digitaler Rechenanlagen von ausreichender Speicherkapazität verbundene hohe Aufwand läßt digitale Rechnerregelsysteme nur für einige Optimierungsaufgaben wirtschaftlich vertretbar erscheinen; bei der Regelung komplexer Prozesse liegt viel Aufwand bei der Identifizierung des zu regelnden Prozesses.

Die Art und der Umfang der Anwendung von Digitalrechnern in der Regelungstechnik läßt sich für den Stand von 1960 einer zeitlich gegliederten Zusammenstellung von GRABBE [320] entnehmen.

Neben der Verwendung als Prozeßrechner haben die Digitalrechner für die Regelungstechnik in den letzten Jahren Bedeutung als numerische Rechenhilfsmittel erlangt; so werden Programme für die Berechnung von Wurzelortskurven bei der Synthese von

Regelkreisen verwendet. Im Zusammenhang mit Stabilitätsuntersuchungen sind die algebraischen Kriterien wieder herangezogen worden, von denen man vorher zugunsten der Ortskurvenkriterien weitgehend abgegangen war.

Über den erforderlichen Rechenaufwand bei der Verwendung der verschiedenen Stabilitätskriterien hat BUKOVICS 1957 berichtet [321].

Die größere Genauigkeit der Digitalrechner und die leichtere Programmierbarkeit der Analogrechner haben in der Regelungstechnik einerseits zu einer Aufgabentrennung dieser beiden Sparten geführt und andererseits die Entwicklung der Hybridrechner bewirkt, in denen eine sinnvolle Kombination der beiderseitigen Vorteile angestrebt wird. Über die Entwicklungstendenzen in jenem Bereich hat GILOI einen Aufsatz veröffentlicht [322, 1968] und darin die sinnvollen Einsatzmöglichkeiten der digitalen und analogen Rechner für die Regelungstechnik abgesteckt.

# 9. *Kapitel:* Abtastregelungen

## 9.1 Einleitung

Seit etwa 1945 werden die Abtast- oder Impulsregelungen als gesondertes Teilgebiet der Regelungstechnik angesehen. Merkmal dieser gewissen Eigenständigkeit sind spezielle Analyse- und Syntheseverfahren, die in diesem Zeitraum entstanden und zu einem gesonderten theoretischen Gebäude führten.

Gerätetechnisch stellten Abtastregelungen auch bereits vor dem angegebenen Zeitpunkt einen beträchtlichen Teil technischer Regelungen dar, obgleich sich die eigentlichen Abtastregler fast ausschließlich in verschiedenen Varianten des Fallbügelreglers ausdrückten.

Die Verwendung von Abtastsystemen in der Regelungstechnik umfaßt zwei Gruppen, deren erste diejenigen Regelungen einschließt, bei denen einige oder alle veränderlichen Größen systembedingt nur in Intervallen zur Verfügung stehen; dazu gehören Leitsysteme mit RADAR-Ortung, Datenübertragungsleitungen, die abwechselnd auf verschiedene Regelanlagen geschaltet werden und Digitalrechner in Regelanlagen.

Die zweite Gruppe ist gekennzeichnet durch gezielten Einsatz mindestens eines Tasters, mit der Absicht, eine Verbesserung gegenüber stetig arbeitenden Einrichtungen zu erhalten; darunter fallen Systeme, die dadurch empfindlicher gemacht werden können, daß sie nicht ständig belastet sind (Galvanometerprinzip-Fallbügelregler) und Regelanlagen, in denen sich Abtastsysteme unter bestimmten Bedingungen hinsichtlich der Stabilisierung günstiger verhalten als kontinuierliche Systeme. Dieser Fall tritt bei der Kompensation von Regelanlagen auf, deren Strecken Transportvorgänge und damit Totzeit enthalten.

Aus historischer Sicht sind Systeme beider Gruppen Anlaß zu fortschrittlichen theoretischen Untersuchungen gewesen.

Als wohl erste technische Abtastregelung ist die von MAYR [1, 1968] zitierte "pendule sympatique" zu nennen, die BREGUET 1795 in einem Brief an seinen Sohn beschrieben hat: Zwei Uhren unterschiedlicher Genauigkeit werden in Intervallen von ungefähr vierundzwanzig Stunden von Hand miteinander mechanisch verbunden, worauf die Federkonstante der Unruhefeder der ungenaueren Uhr automatisch entsprechend der entstandenen Zeitdifferenz der beiden Uhren verstellt wurde. Die angegebene Konstruktion und auch das zugrunde liegende Abtastprinzip blieben aber ohne größere bekanntgewordene Auswirkung auf die Technik.

## 9.2 Drehzahlregelungen an Kolbenmaschinen

Aus dem Gebiet der Kraftmaschinenregelungen sind nur wenige Beiträge zur Abtastregelung hervorgegangen, obwohl die Drehzahl- und Leistungsregelung der Dampfmaschinen als solche angesehen werden können. Unter der Voraussetzung großer Schwungräder hat man sich auf stetige Betrachtungsweise beschränkt und dabei im strengeren Sinn nur die Regelung der Turbinen erfaßt. Bei der Regelung der schiebergesteuerten Dampfmaschinen wirkt der Regler auf den Expansionsschieber ein und ändert damit die Füllung, das heißt die Menge des zuströmenden Dampfes, so daß bei Verringerung der von der Maschine verlangten Leistung der Regler die Füllung verringert und umgekehrt.

Die Beeinflussung der Tangentialkraft durch die Reglerstellung findet nun bei Dampfmaschinen in der Weise statt, daß wegen der kurzzeitigen Einlaßkanalöffnung die augenblickliche Reglerstellung nur in einem einzigen Punkt des Kolbenhubes für den Tangentialkraftverlauf innerhalb der folgenden Hubperiode maßgebend ist.

Dieser nichtstetige Zusammenhang wurde nur selten erwähnt oder gar analytisch untersucht.

Die erste Bemerkung über diese dann "intermittierend" genannte Regelung geht wohl auf FINK [323, 1865] zurück, der über die damals gebräuchlichen Modifikationen des WATTschen Reglers berichtete.

In den folgenden Arbeiten ist wenigstens teilweise versucht worden, den diskontinuierlichen Charakter der Regelungsvorgänge analytisch zu erfassen; es sind die von KARGL [36, 1871/72], GRASHOF [33, 1875], RÜLF [324, 1902], KOOB [325, 1903] und HORT [19, 1904].

In der russischen Literatur [siehe 24 SOLODOWNIKOW] werden einschlägige Arbeiten von SIDOROW, 1900, GRDINA und SHUKOWSKY, 1909, zitiert.

Indem KARGL und GRASHOF den veränderlichen Drehmomentüberschuß der Kraftmaschine während einer Hubperiode durch einen konstanten Mittelwert ersetzten, gelang es ihnen, für die Regler von WATT und PORTER mit rhombischer Aufhängung die Differentialgleichungen der Bewegung über eine Hubperiode zu lösen. Mit Hilfe dieses Verfahrens waren sie in der Lage, die Änderungen der Reglerstellung und der Winkelgeschwindigkeit von Hub zu Hub zu verfolgen. Die genannte Approximation des Drehmomentenverlaufs bedeutet, daß das Drehmoment der Maschine dauernd von der Reglerstellung beim letzten Füllungsabschluß abhängt und für den gesamten Zeitraum zwischen zwei aufeinander folgenden Steuerungsabschlüssen gilt. Daneben liegt den genannten Arbeiten noch die Annahme zugrunde, daß der Füllungsabschluß stets bei gleicher Kurbelstellung und nach Ablauf eines konstanten Zeitraumes erfolgt, was bedeutet, daß auch bei einer Störung des Beharrungszustandes die Hubzeit sich nur sehr wenig ändert.

Die Annahme der gleichen Abtastintervalle wurde in den Untersuchungen von RÜLF, KOOB und HORT übernommen.

RÜLF entwickelte ein graphisches Verfahren aufgrund der zusätzlichen Annahmen, daß die Abhängigkeit der stationären Maschinendrehzahl von der Hülsenstellung des Reglers linear ist und ferner, daß die Stellgröße, in diesem Fall eine Stellkraft, dem Abstand der tatsächlichen Hülsenstellung des Reglers von jener der Gleichgewichtslage proportional ist.

Die Arbeit von RÜLF verdient noch besonderes Interesse, da sie zur ersten Doktoringenieur-Promotion der Technischen Hochschule Berlin führte und wohl die erste Dissertation mit regelungstechnischer Aufgabenstellung überhaupt ist.

Den bedeutendsten Schritt für die Behandlung intermittierender Regelanordnungen hat HORT 1904 getan, der von den gleichen vereinfachenden Annahmen ausging wie KARGL und GRASHOF. HORT löste die Differentialgleichungen für die einzelnen Steuerungsschlußpunkte nicht sukzessiv, sondern verband sie rekursiv mit den jeweils unmittelbar davor gültigen. Die auf diese Weise gewonnenen Rekursionsformeln stellen hinsichtlich ihrer Konvergenzeigenschaften Stabilitätsaussagen für das beschriebene System bereit.

Vermöge eines Theorems der Differenzenrechnung, für das er COHN [326] zitierte und welches auf Sätzen von BERNOULLI [siehe 327 PRINGSHEIM/FABER] über rekurrierende Reihen basiert, gelangte HORT unter Beschränkung auf die vier ersten Schließungspunkte nach Störungsbeginn zu Ausdrücken für die dynamischen Größen Regler- und Maschinenstellung sowie die entsprechenden Winkelgeschwindigkeiten.

Die allgemeine Lösung dieser Differenzengleichungen wurde von HORT angegeben und lautet:

$$x_n = C_1\, z_1^{n-1} + C_2\, z_2^{n-1} + C_3\, z_3^{n-1} + \ldots + C_n\, z_n^{n-1}.$$

Die $C_i$ sind aus den Anfangsbedingungen zu bestimmende Konstanten, die $z_i$ die Wurzeln der "charakteristischen Gleichung".

Für das Zustandekommen einer stabilen Regelung ergibt sich die Forderung, daß die absoluten Beträge der Wurzeln kleiner als eins sein müssen:

$$|z_i| < 1.$$

Dieses Ergebnis von HORT stimmt überein mit dem, das OLDENBOURG und SARTORIUS genau vierzig Jahre später aufgrund einer wohlbegründeten Differenzenrechnung erzielten, mit deren Hilfe sie ebenfalls Abtastregelungen untersuchten.

Eine wertvolle Deutung und Weiterentwicklung erfuhr die Arbeit von HORT im Jahre 1911 durch einen Beitrag von VON MISES [328, 1911], der, ausgehend von den HORTschen Stabilitätsbedingungen, die Parameter für eine stabile Regelanordnung bestimmte und feststellte, daß sich die intermittierend wirkende Regelung bei nicht zu großen Hubzeiten wie eine stetige verhält. Dieses Ergebnis stimmte überein mit der auch schon damals vorhandenen Erfahrung, die sich in einem Forschungsbericht von GENSECKE [329, 1908] ausdrückte. Besonders bemerkenswert im Hinblick auf spätere Untersuchungen von Abtastregelungen durch OLDENBOURG und SARTORIUS ist, daß VON MISES bereits auf den Zusammenhang der von HORT gefundenen Stabilitätsbedingungen mit denen der stetigen Regelung von HURWITZ hinwies. Er gab die Transformation

$$w = \frac{z+1}{z-1}$$

an, welche die beiden Darstellungsebenen miteinander verbindet. Dieser Gedankengang wurde in der Folgezeit nicht weitergeführt und wahrscheinlich vergessen, denn bei der späteren Neubehandlung durch OLDENBOURG und SARTORIUS bezogen sich diese weder auf HORT noch auf VON MISES.

## 9.3 Schrittregler

Abgesehen von den geschilderten Ausnahmen, die im Falle von HORT zu beachtlicher theoretischer Durchdringung führten, ist die Entwicklung der Abtastregelungen bis etwa 1945 eng mit den Auswahl- und Abtastvorrichtungen der Temperaturregelungen verknüpft.

Soweit es sich bei den Temperaturaufnehmern um Thermoelemente und Widerstandsthermometer handelte, bestand das Meßwerk aus einem empfindlichen Galvanometer, das nur ein geringes Drehmoment ausüben konnte und deshalb nicht zum Betätigen von Schaltern geeignet war. Bei älteren Ausführungen trug der Galvanometerzeiger verschiedentlich eine Kontaktfahne, die bei Erreichen des Sollwertes die Energiezufuhr schaltete. Später wurden Fallbügel benutzt, die in regelmäßigen Abständen den Zeiger mit der Kontaktfahne herunterdrückten, um exakte Kontaktgabe zu erreichen. Aus Gründen der Stromzuführung ging man dann von den Kontaktfahnen ab und verwendete Quecksilberschalter, die ein wesentliches Element der Fallbügelregler wurden und ausreichende Leistungen zu schalten gestatteten. Der Abgriffmechanismus dieser Regler geht auf Vorschläge von MACHLET aus den Jahren 1908 bis 1917 zurück, die sich in einschlägigen US-Patenten niederschlugen [330 MACHLET, 1912; 331 MACHLET, 1908].

LEEDS [332, 1909] ergänzte die MACHLETsche Konstruktion durch die Einbeziehung der Ausschlagabhängigkeit.

Die ersten ausschlagunabhängigen Fallbügelregler kamen um 1926 auf den Markt. Ihre hauptsächliche Verwendung bei trägen, kalorischen Anlagen wurde von LANG [333, 1937] begründet und liegt an der großen Streckenzeitkonstante bezüglich Erwärmung, die es gestattet, den Regelvorgang quasi-stetig zu behandeln.

WÜNSCH [75, 1930] gab einen ausschlagunabhängigen Fallbügelregler an, dessen Kontakthebel nicht wie sonst üblich einen elektrischen Schalter ansteuern, sondern auf ein ölhydraulisches Servosystem einwirken, welches eine Drosselklappe bedient. WÜNSCH bezeichnete den Fallbügelregler hier als "mechanisch betätigte Verstärkereinrichtung".

Die Wirkungsweise der ausschlagabhängigen Schrittregelung ist in der deutschen Literatur verschiedentlich behandelt worden, so von KRÖNERT und BÜCHTUNG [334, 1930], LANG [335, 1932] und MEYER [336, 1936].

Die analytische Erfassung der Regelvorgänge bei der ausschlagabhängigen Schrittregelung hat LANG [333] im Jahre 1937 mit Hilfe der Differenzenrechnung durchgeführt.

deren Verfahren damals besonders für Aufgaben der Baustatik entwickelt worden waren [siehe 337 BLEICH/MELAN, 1927].

Die Theorie der ausschlagunabhängigen Schrittregelung hatte LANG schon 1934 in einer anderen Arbeit entwickelt [338, 1934]. In elektrisch geheizten Wärmeanlagen wurde die Schrittregelung etwa um 1930 durch kontinuierlich arbeitende Regler mit gittergesteuerten Stromrichtern verdrängt. Für gas-, dampf- und ölbeheizte Wärmesysteme behielt das Schrittregelverfahren, besonders bei ausschlagabhängiger Arbeitsweise, seine frühere Bedeutung [siehe 338 LANG].

Die Schrittregler waren in den Jahren um 1930 auch in den USA häufig eingesetzt, doch stand ihre theoretische Untersuchung anscheinend im Hintergrund, denn selbst in dem grundlegenden Beitrag von HAZEN aus dem Jahre 1934 [siehe Kapitel 10] finden sich nur beschreibende Hinweise auf die Wirkungsweise.

Lediglich für die maximal regelbare Eingangsfrequenz gab HAZEN die Beziehung an:

$$\omega_{im} = \frac{\Delta \Theta m}{\Delta t}$$

dabei sind:

$\Delta t$ = Abtastintervall

$\Delta \Theta_m$ = maximale Stellgrößenänderung in einem Abtastintervall

$\omega_{im}$ = maximale Eingangsfrequenz.

## 9.4 Analytische Untersuchungen und Syntheseverfahren

In der heutigen Literatur über Abtastregelungen wird die erste Untersuchung mittels Differenzengleichungen meist OLDENBOURG und SARTORIUS zugeschrieben, deren Buch "Dynamik selbsttätiger Regelungen" [120] im Jahre 1944 erschien und einen bedeutenden Abschnitt über sogenannte Schrittregelungen, die späteren Abtast- oder Impulsregelungen, enthielt.

Die aufgestellten Differenzengleichungen führten wie schon bei HORT [siehe oben] zu dem Ergebnis, daß der Regelvorgang nur dann stabil verläuft, wenn sämtliche Wurzeln der charakteristischen Gleichung innerhalb des Einheitskreises der GAUSSschen Zahlenebene liegen. Die besondere Bedeutung dieses Kapitels in dem zitierten Buch liegt darin, daß die Autoren die angegebene Stabilitätsaussage, die nach dem Geschilderten nicht grundsätzlich neu war, obwohl LANG [333] wiederum sie nur für einen speziellen Fall erhalten hatte, nicht isoliert stehen ließen, sondern nach verschiedenen Seiten ausweiteten. Neben einer Diskussion der benutzten Zusammenhänge aus der Differenzenrechnung, der Behandlung verschiedener Rückführungen und der Anpassung des für stetige Ausgleichsvorgänge neugeprägten Begriffs der "Regelfläche" als Maß der Regelgüte auch für Abtastregelungen, setzten OLDENBOURG und SARTORIUS die oben angegebene Stabilitätsbedingung in Beziehung zum HURWITZ-Kriterium für stetige Vorgänge.

Durch die gleiche lineare Transformation, die auch HORT angegeben hatte, bildeten sie die $z$-Ebene, in der die Wurzeln der charakteristischen Gleichung bei Stabilität innerhalb des Einheitskreises liegen müssen, so auf eine $w$-Ebene ab, die der heute üblichen $s$- oder $p$-Ebene entspricht, daß das Innere des Einheitskreises der $z$-Ebene der linken Hälfte der $w$-Ebene entsprach. Nach dieser Transformation konnten sie auf die modifizierte charakteristische Gleichung das HURWITZ-Kriterium anwenden, um die Stabilitätsbedingungen für die Systemparameter zu ermitteln.

Das angewendete Verfahren der linearen Transformation war in diesem systematischen Zusammenhang neu und stellte einen Höhepunkt in der Behandlung linearer Abtastsysteme dar, doch blieb die Lösungsmethode den "klassischen" Verfahren verhaftet, die im Bereich der stetigen Regelungstechnik fast zur gleichen Zeit durch die Benutzung der Integraltransformation abgelöst wurden und zu diesem Zweck auch von OLDENBOURG und SARTORIUS herangezogen wurden.

Nach Angaben von POPOW [172] hat KORNILOW 1941 die Synthese eines Abtastreglers mit Kontaktfahne betrieben und die Systemparameter so gewählt, daß für das System zweiter Ordnung die Bedingung

$$|z| < 1$$

gewährleistet war. Das benutzte Verfahren soll sich jedoch nicht für Systeme höherer Ordnung geeignet haben.

Die Notwendigkeit, die charakteristische Gleichung eines Abtastsystems zu transformieren, um dann die aus der stetigen Theorie bekannten Stabilitätskriterien anwenden zu können, bestand damals aber nicht, denn es waren in der Mathematik äquivalente Algorithmen für die $z$-Ebene direkt bekannt. COHN [785, 1922] hatte die Methode von SCHUR [siehe Kapitel 4], der die HURWITZ-Gleichungen $n$-ten Grades auf solche $(n-1)$-ten Grades zurückgeführt hatte, darauf übertragen, die Anzahl der Wurzeln eines Polynoms im Einheitskreis zu bestimmen.

Der Beweis war mittels der Theorie der quadratischen Formen geführt worden. Auf derselben Grundlage haben SCHUR [339, 1917/18] und FUJIWARA [340, 1926] entsprechende Kriterien angegeben.

Dem Verständnis der Abtastregelungen und ihrer Beschreibung mit Differenzengleichungen diente besonders ein vergleichendes Beispiel, in welchem OLDENBOURG und SARTORIUS eine Regelstrecke mit Verzögerung erster Ordnung zuerst mit einem Schrittregler und anschließend mit einem stetigen Regler kombinierten. Die entsprechenden Differenzen- und Differentialgleichungen zeigen analogen Aufbau, doch unterscheiden sie sich wesentlich in den Konstanten. Der Grenzübergang für beliebig kleinen Tastzyklus in den Konstanten der Differenzengleichung zeigte aber, daß in diesem Fall die Differenzengleichung in die Differentialgleichung übergeht. Damit konnten die Autoren die Berechtigung der Annahme nachweisen, daß Abtastregelkreise mit sehr trägen Strecken wie stetige behandelt werden können, wenn nur der Tastzyklus entsprechend gewählt wird.

Diese Bedingung ist häufig bei thermischen Regelstrecken erfüllt. Das gibt die Begründung für die weitgehende Verwendung des Fallbügelreglers, bei dem man die Berechtigung vor dieser Klarstellung und der von LANG [333] nur intuitiv erfaßt hatte. Der zeitlich frühere Hinweis von VON MISES muß auch in diesem Fall als vergessen angesehen werden, so daß die eigentliche Einsicht in die Verhältnisse von den neueren Arbeiten ausging.

In den USA geht die analytische Untersuchung getasteter Regelungen auf MacCOLL zurück, der diesem Gebiet in seinem Buch "Fundamental Theory of Servomechanisms" [104], das 1945 erschien, einen Abschnitt widmete. Es ist anzumerken, daß MacCOLL seine Abhandlung nicht an den auch in den USA verbreiteten Fallbügelregler knüpfte, sondern von einem abstrakten Regelkreis ausging, dessen Rückführung getastet wurde.

Für dieses System prägte er die Bezeichnung "sampling servomechanism", deren erster Teil sich in der Folgezeit für das Grundprinzip einbürgerte. Vermutlich hat Mac COLL diese Abhandlung im Zusammenhang mit RADAR-Folgesystemen erarbeitet, denn diese standen damals im Mittelpunkt des regelungstechnischen Interesses und enthielten mit den RADAR-Impulsen getastete Signale, die auf die Servomotoren der Feuerleitsysteme einwirkten.

Die Vorgehensweise war grundsätzlich anders als bei OLDENBOURG und SARTORIUS, denn MacCOLL betrachtete den Ausgang des Abtastsystems nicht mit Hilfe von Differenzengleichungen, sondern stellte ihn als Summe von Gewichtsfunktionen dar, die aufgrund idealer Delta-Funktionen entstanden waren. Die Benutzung der LAPLACE-Transformation, die hier erstmalig für Funktionen diskreter Variabler angesetzt wurde, erlaubte ihm die Angabe einer Übertragungsfunktion und die Erweiterung des NYQUIST-Kriteriums auf nichtstetige Funktionen.

Die Entwicklung theoretischer Verfahren für Abtastregelungen ging in den USA ab 1945 und in der UdSSR ab etwa 1949 sehr schnell vor sich und liegt darin begründet, daß allgemein angestrebt wurde, die Konzepte der Übertragungsfunktion und des Frequenzgangs, die einige Jahre vorher für stetige Regelungen entwickelt worden waren, auf die Theorie der Abtastregelungen zu übertragen.

Die Anlehnung der Abtasttheorie an die lineare, stetige Theorie wurde durch die diskrete LAPLACE-Transformation möglich, welche die Definition der Begriffe Übertragungsfunktion, Frequenzgang, Übergangs- und stationärer Vorgang für Abtastsysteme ermöglichte.

Im Anschluß an die Arbeit von MacCOLL wurde das Konzept der diskreten LAPLACE-Transformation von anderen Autoren in verschiedener Gestalt angegeben, so von HUREWICZ [341, 1947], ZYPKIN [342, 1949/50], SALZER [343, 1954], TSCHAUNER [344, 1960], LAWDEN [345, 1951] und anderen.

Der Ausgangspunkt der neueren Abtasttheorie ist die Arbeit von HUREWICZ [siehe oben], die 1947 als Kapitel des Buches "Theory of Servomechanisms" [100] von JAMES, PHILLIPS und NICHOLS erschien.

HUREWICZ untersuchte darin getastete Filter und Servosysteme, wozu er als weittragendsten Beitrag die sogenannte $z$-Transformation einführte. Die erstmalige Verwendung dieser Transformation wird von ZYPKIN [346, 1958] nicht nur HUREWICZ, sondern ohne Quellenangabe auch STIBITZ und SHANNON zugeschrieben.

Bei dieser Transformation handelt es sich um eine Summentransformation, die wegen des diskreten Charakters der betrachteten Funktionen an die Stelle der bei stetigen Funktionen verwendeten Integraltransformation tritt.

Die Definition der $z$-Transformation:

$$E^*(z) = \left[ \sum_{n=0}^{\infty} e(nT)\, z^{-n} \right]_{z = e^{Ts}} .$$

Die Verbindung der $z$-Transformation zur stetigen LAPLACE-Transformation ist durch die Substitution

$$z = e^{sT}$$

gegeben. Daraus hat HUREWICZ die Stabilitätsbedingungen ermittelt. Die Stabilitätsgrenze der $s$-Ebene bildet sich entsprechend der Substitution in der $z$-Ebene als Einheitskreis ab und führt zu den gleichen Ergebnissen, die auch OLDENBOURG und SARTORIUS erzielt hatten.

Für Systeme mit konzentrierten Parametern, das sind solche, die durch lineare Differenzengleichungen mit konstanten Koeffizienten beschreiben werden, führt die $z$-Transformation auf Ausdrücke, die rationale Polynombrüche in der Variablen $z$ sind. Die $z$-Transformation leistet bei der Berechnung von Regelungsvorgängen mit Differenzengleichungen den gleichen Dienst wie die stetige LAPLACE-Transformation im Zusammenhang mit Differentialgleichungen.

Der Gebrauch der $z$-Transformation ist nicht neu, denn er kann bis zu DeMOIVRE [347, 1730] zurückverfolgt werden, der eine solche Transformation in Gestalt der "erzeugenden Funktion" einführte. Das gleiche Prinzip der erzeugenden Funktionen wurde später von LAPLACE [273, 1812] und anderen in der Wahrscheinlichkeitsrechnung benutzt. Eine historische Übersicht über die Verwendung erzeugender Funktionen in der Wahrscheinlichkeitstheorie hat SEAL [348, 1949] gegeben.

Ein Teil der Theorie, der für Abtastsysteme entwickelt wurde, ist anderweitig übernommen worden. Bedeutend ist dabei die Näherung von Differentialgleichungen durch Differenzengleichungen, die im Falle der Linearität mit Rekursionsformeln gelöst werden können.

Vorteilhaft erweist sich bei der $z$-Transformation, daß ihre Rücktransformation mit einem Tischrechner gemacht werden kann, so daß es durchaus sinnvoll erscheint, ein stetiges Problem, dessen LAPLACE-Rücktransformation schwierig ist, als unstetiges näherungsweise zu behandeln und dabei die $z$-Transformation zu benutzen.

HUREWICZ hat bei der Angabe der $z$-Transformation keine Aussage über die zu wählende Abtastfrequenz getroffen. Dieses blieb SHANNON vorbehalten, der 1949 das nach ihm benannte Abtasttheorem formulierte [siehe 349 SHANNON, 1949], welches die Abtastfrequenz mindestens doppelt so hoch ansetzt wie die höchste Frequenzkomponente im abzutastenden Signal. Wenn diese Forderung erfüllt ist, enthält die $z$-Transformierte der diskreten Funktion die gleiche Information wie die LAPLACE-Transformierte der äquivalenten stetigen Funktion.

Über die Entwicklung des Abtasttheorems und ähnliche Formulierungen hat GABOR [350, 1954] berichtet.

Die Arbeit von HUREWICZ fand in der UdSSR ihr Pendant in Aufsätzen von ZYPKIN [342, 1949/50], der 1949 die sogenannte *D*-Transformation einführte, die mit der *z*-Transformation über die Beziehung

$$z = e^q$$

verbunden ist. Ein prinzipieller Unterschied zwischen beiden besteht nicht, doch haben die Bildfunktionen nach der *z*-Transformation meist ein einfacheres Aussehen.

Die *z*-Transformation erlaubt ebenso wie die *D*-Transformation keine Aussage über das Verhalten der getasteten Funktion zwischen den Abtastzeitpunkten. Es kann jedoch wichtig sein, das Verhalten eines Regelkreises zwischen ihnen zu kennen, denn unter gewissen Bedingungen können aufklingende Schwingungen angeregt werden, bei denen jedoch in den Abtastzeitpunkten die gewünschten Bedingungen vorliegen. Dieser Fall kann eintreten, wenn der kontinuierliche Teil des Regelkreises Eigenwerte hat, deren Periode mit der Abtastperiode selbst oder ganzzahligen Vielfachen übereinstimmt. Mit Hilfe der normalen *z*- oder *D*-Transformationen lassen sich diese Schwingungen nicht erfassen [siehe 351 BARKER, 1950; 352 BARKER, 1952; 353 JURY, 1955], da sie nicht in der Rücktransformierten der Ausgangsimpulsfolge enthalten sind.

Um hier Einblick zu ermöglichen, haben ZYPKIN [354, 1951] und BARKER [352] unabhängig voneinander eine modifizierte oder verschobene *D*- beziehungsweise *z*-Transformation entwickelt. BARKER ging dabei von der Vorstellung einer "fiktiven Verzögerung" im Ausgang des getasteten Systems aus. Wenn diese zwischen Null und der Tastperiode variiert wird, kann man den tatsächlichen Ausgang ermitteln [siehe 355 JURY, 1958].

Die inverse, modifizierte *z*- beziehungsweise *D*-Transformation ergibt die stetige Antwort eines Abtastsystems in geschlossener Form. Darüber hinaus kann der stetige Ausgang auch durch die inverse LAPLACE-Transformation gefunden werden. Das zeigt die mathematische Äquivalenz der beiden Transformationen.

BARKER hat in seinem Aufsatz von 1952 bereits Korrespondenzen der modifizierten *z*-Transformation angegeben.

Durch die Entwicklung der Digitalrechner nach dem Zweiten Weltkrieg traten diese als neue Elemente in Regelkreisen auf und erschlossen der Abtasttheorie ein Anwendungsfeld, auf das sie sich zunehmend ausrichtete. Die Abtasttheorie dient heute in wesentlichen Teilen als Analyse- und Synthesegrundlage für Digitalsysteme, die digitale Rechner enthalten, welche Impulsfolgen aufnehmen, sie entsprechend einem Programm verarbeiten und das Resultat dem Stellglied übermitteln.

Die Äquivalenz von Systemen mit Digitalrechnern und Impulsregelsystemen wurde in Arbeiten von LINVILL und SALZER [356, 1953], SALZER [343, 1954] und ZYPKIN [357, 1955] erstmalig herausgestellt. ZYPKIN betrachtete den Digitalrechner bei konstantem Wiederholungsintervall in Echtzeit arbeitend; dabei wurde der

Einfluß der Pegelquantelung vernachlässigt. Das Programm des Digitalrechners wurde als Differenzengleichung verstanden.

Nachdem in den vierziger und ersten fünfziger Jahren die grundlegenden Verhältnisse bei Abtastregelungen geklärt worden waren, ging man im folgenden dazu über, nach den Analyseverfahren auch die Syntheseverfahren der stetigen Regelung für die Abtastregelungen zu erweitern. Diese Ableitungen schlugen sich in einer Fülle von Veröffentlichungen nieder, von denen nur einige charakteristische hier angeführt werden sollen.

LINVILL [358, 1951] und LINVILL und SALZER [356, 1953] schlugen vor, bei dem Entwurf von Abtastsystemen die durch den Tastvorgang entstehenden höheren Harmonischen zu vernachlässigen und die Frequenzgangfunktion

$$G^*(\mathrm{i}\omega) = \frac{1}{T} \sum_{-\infty}^{\infty} G(\mathrm{i}\omega + \mathrm{i}n\omega_0)$$

durch einige wenige Teile der Summe anzunähern. Dieses Verfahren ist äquivalent der Beschreibungsfunktion und führt zu guten Resultaten, wenn die nachfolgenden stetigen Regelkreisglieder für genügende Dämpfung der höheren Frequenzen sorgen.

TRUXAL [127, 1955] versuchte, das GUILLEMINsche Verfahren der Regelkreissynthese auf Abtastsysteme zu übertragen.

SKLANSKY [359, 1956] gab getastete Netzwerke zur Kompensation von Abtastsystemen für Regelzwecke an und zeigte, daß jede realisierbare lineare Impulsübertragungsfunktion mit getasteten Netzwerken einer standardisierten Anordnung realisiert werden kann [siehe 360 RAGAZZINI/FRANKLIN, 1958].

Mit der Übertragung des Wurzelortverfahrens von der $s$-Ebene auf die $z$-Ebene haben sich JURY [361, 1955], TRUXAL [127, 1955] und MORI [362, 1957] befaßt.

Eine Blockschaltbildalgebra für Abtastsysteme hat JURY [355, 1958] angegeben und sich dabei auf algebraische Identitäten gestützt, die LINVILL und SITTLER [363, 1953] angegeben hatten.

Neben den Frequenzgangverfahren sind andere Entwurfsmethoden im Zeitbereich entwickelt worden.

BARKER [352, 1952] und SMITH, LAWDEN und BALLEY [364, 1952] schlugen vor, die charakteristische Gleichung in eine bestimmte Form zu bringen, um so die diskreten Kompensationsparameter zu erhalten.

Weitere Verfahren im Zeitbereich sind in den Jahren von 1954 bis 1956 von BERGEN und RAGAZZINI [365, 1954], MAITRA und SARACHIK [366, 1956] und BERTRAM [367, 1956] angegeben worden [siehe auch 355 JURY].

Verschiedentlich ist es sinnvoll, in einem Abtastregelkreis mehrere Taster mit unterschiedlichen Tastintervallen zu untersuchen. Dieser Aufgabe hat sich besonders KRANC [368, 1955; 369, 1956; 370, 1957] gewidmet.

Die Theorie der Abtast- oder Impulsregelungen ist für nichtlineare, extremale und adaptive Regelungen weiterentwickelt worden.

In Deutschland wurde diese Theorie nach dem Zweiten Weltkrieg nur wenig beachtet, doch ist zu vermuten, daß durch einige gute Lehrbücher, die inzwischen auch in deutscher Sprache über dieses Gebiet erschienen sind [siehe beispielsweise 371 ZYPKIN, 1958 und 344 TSCHAUNER, 1960], das Interesse gesteigert wird.

# *10. Kapitel:* Relaisregelungen

## 10.1 Einleitung

Die Relaisregelsysteme umfassen jene Regelungsanordnungen, die im Regelkreis ein oder mehrere Relais enthalten. Zu dieser Gruppe gehören als hauptsächliche Repräsentanten Zwei- und Dreipunktregler, Vibrationsregler, Folgesysteme mit Relais und Kontakten und Regelungssysteme, die einen Stellmotor mit konstanter Stellgeschwindigkeit besitzen.

In derartigen Regelkreisen bildet das Relaisglied meist den Verstärker, dessen Kennlinie die Regelabweichung mit der Stellgröße verbindet.

Die Gründe für den Einsatz dieser diskontinuierlichen Elemente sind verschiedener Art und haben im Zuge der historischen Entwicklung unterschiedliche Bedeutung gehabt.

In früheren Jahren hat häufig die mangelnde Verfügbarkeit stetiger Anordnungen den Ausschlag gegeben, während später die Billigkeit den Einsatz aus ökonomischen Gründen geboten hat.

In jüngster Zeit haben besonders Optimierungsüberlegungen die Relaissysteme in den Vordergrund des Interesses gerückt.

Die historisch frühesten nachweisbaren Zweipunktregelungen fanden sich in Schriften der arabischen Gebrüder MUSA (BENU MUSA) aus dem neunten Jahrhundert nach Christus.

Es handelt sich dabei um Flüssigkeitsniveau-Regelungen in Gefäßen, deren Zufluß abgesperrt wird, wenn der Spiegel eine gewisse obere Marke erreicht und geöffnet wird bei einer unteren Marke. Die Konstruktionen und Beschreibungen sind in der technisch-historischen Literatur von WIEDEMANN und HAUSER [372, 1918] und MAYR [1] besprochen worden. Die Aufgabe dieser Niveauregelungen war nicht handwerklicher Nutzung zugedacht, sondern sollte dazu dienen, den Füllstand in Weingefäßen zu regeln.

## 10.2 Relaisregelungen mechanischer Größen

Im Gegensatz zu der genannten, etwas zufällig und spielerisch anmutenden Verwendung steht die im folgenden zu besprechende Anordnung des Franzosen PONCELET aus dem Jahre 1826, die jener zwar angab und untersuchte, aber nicht selbst erfunden hat [siehe 7 PONCELET, 1826], denn er schrieb sinngemäß, daß die Konstrukteure von Regelanordnungen, in denen große Stellkräfte erforderlich waren, von der zu regelnden Maschine Hilfskraft abnahmen. Damit unterstrich PONCELET die damalige Gebräuchlichkeit dieses Verfahrens.

Die Vorrichtung bestand aus einem Fliehkraftregler WATTscher Konstruktion, der aber nun nicht unmittelbar über seine Muffe auf Dampfschieber oder Drosselklappen von Dampfmaschinen beziehungsweise Zulaufschieber von Wasserrädern wirkte, sondern ein später sogenanntes Wendegetriebe schaltete. Durch die Stellung der Regelmuffe wurde die Drehrichtung der Ausgangswelle des Wendegetriebes festgelegt. Das Eingangsdrehmoment wurde einer Kraftmaschine, meist wohl der zu regelnden selbst, entnommen, während das Ausgangsdrehmoment mit der jeweiligen Drehrichtung das Stellglied beeinflußte. Das Ausgangsdrehmoment blieb nicht ständig ungleich null, denn erst bei Unterschreiten oder Überschreiten zweier bestimmter Drehzahlen des Fliehkraftreglers wurde der Bewegungszustand des Stellgliedes geändert.

Das System kann in der heutigen Terminologie als Dreipunktregler mit Stellgeschwindigkeitszuordnung bezeichnet werden. Für die Schaltdrehzahlen des Wendegetriebes errechnete PONCELET die geometrischen Verhältnisse des Fliehkraftreglers, indem er die Gleichungen des Kräftegleichgewichts aufstellte und nach den gewünschten Größen auflöste. Damit konnte er die "Ansprechschwellen" (Schaltdrehzahlen) in Abhängigkeit von den Eigenschaften des Meßgliedes, hier den geometrischen Verhältnissen des Fliehkraftreglers, ausdrücken.

PONCELET wies darauf hin, daß die Auflösung nach den Schaltdrehzahlen für die Nachrechnung eines gegebenen Reglers interessant ist und daß für frei verfügbare Reglerparameter die Auflösung nach den Gewichten der Schwungkugeln vorrangig war.

Diese Bemerkung charakterisierte das damalige Syntheseproblem, für das die Variation der Schwungkugelgewichte die hauptsächliche Möglichkeit darstellte, Einfluß auf die "Empfindlichkeit" des Reglers auszuüben.

Die Arbeit von PONCELET [siehe auch Kapitel 1] behandelte in dem geschilderten Sinne erstmalig die später im deutschen Sprachgebrauch "mittelbar" oder "indirekt" genannten Regelungsanordnungen, wenn sich auch dabei die Art und Aufbringung der Hilfsenergie ändern sollten und zu einer Bevorzugung hydraulischer Servomotoren führten.

In Deutschland wurden derartige Wendegetriebe, wie sie PONCELET beschrieben hatte, in Verbindung mit Fliehkraftreglern von FINK [323, 1865] angegeben, der zwei konstruktiv unterschiedliche Wendegetriebe untersuchte. FINK ging bei der mathematischen Fassung des Zusammenhangs zwischen den Schaltdrehzahlen und den geometrischen Verhältnissen des Fliehkraftreglers genau so vor wie PONCELET, doch weitete er dessen Methoden insofern aus, als er die beiden errechneten Schaltdrehzahlen ins Verhältnis setzte und dieses als "Empfindlichkeit" bezeichnete. Das Verhältnis der beiden Drehzahlen kann als Vorläufer des späteren "Ungleichförmigkeitsgrades" [siehe Kapitel 1] der stetigen Regelung angesehen werden, denn beide geben einen Hinweis auf maximale Abweichungen der Drehzahl.

Weiterhin berücksichtigte FINK den Einfluß eines an der Regelmuffe fixierten Zusatzgewichtes auf die Schaltdrehzahlen und ging damit bereits vom Fall des ursprünglichen Reglers nach WATT ab, der den Untersuchungen von PONCELET im Prinzip zugrunde gelegen hatte.

Als Alternative zu den Wendegetrieben als Kraftverstärker schlug FINK eine hydraulische Einrichtung vor, bei der vom Fliehkraftregler je nach Muffenstellung entweder der Zulauf- oder der Ablaufhahn eines Gefäßes betätigt wurde, so daß der Wasserstand in dem Gefäß zwischen zwei Grenzwerten schwankte. In dem Gefäß befand sich ein zweites als Schwimmer, welches das eigentliche Stellglied betätigte. Diese Anordnung vermittelte ebenso wie das oben erwähnte Wendegetriebe eine konstante Laufgeschwindigkeitszuordnung von Regelabweichung und Stellgröße. FINK gab keinen Hinweis darauf, ob eine Zwei- oder Dreipunktwirkung bei der Zu- beziehungsweise Ablaufsteuerung des Gefäßes beabsichtigt wurde. Anscheinend war damals eine solche hydraulische Einrichtung nicht im praktischen Einsatz.

Abseits von den Entwicklungen der Kraftmaschinenregelung entstanden in der Mitte des vorigen Jahrhunderts automatische Kurssteuerungsanlagen für Schiffe, die später im Mittelpunkt der praktischen und theoretischen Arbeiten von FARCOT [41, 1873], MINORSKY [81, 1922; 85, 1930] und HENDERSON [373, 1934] standen [siehe Kapitel 1 und 2].

Die ersten dieser Anlagen wurden im Jahre 1866 von WHITEHEAD für Torpedos der englischen Marine eingesetzt [siehe 373 HENDERSON; 374 CHANG]. Beim Zuwasserlassen mußte den Torpedos die gewünschte Richtung gegeben werden, die dann während des Laufs durch ein Kursregelungssystem aus einem Kreisel und einer Ruderpinne aufrechterhalten wurde. Der freie Kreisel an Bord des Torpedos steuerte über einen Kraftschalter das Steuerruder je nach Vorzeichen der Kursabweichung in die Steuerbord- oder Backbordendlage und rief dadurch Zick-Zack-Bewegung des Projektils hervor. Diese Kursbewegung war tragbar für Torpedos, nicht jedoch für größere Schiffseinheiten, bei denen stetige Kraftverstärker verwendet wurden [siehe Kapitel 1 und 2]. Die Lauftiefe des Torpedos wurde ebenfalls auf einen vorher eingestellten Wert geregelt, indem der Wasserdruck, der auf eine Membran wirkte, das Tiefenruder beeinflußte [siehe Bild 37].

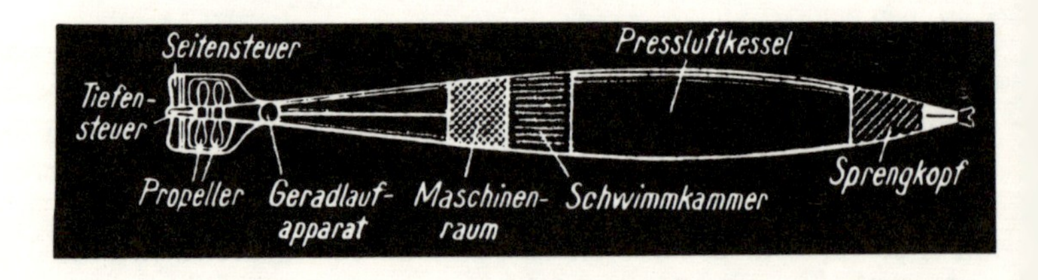


**Bild 37:** Der WHITEHEAD-Torpedo

Im Jahre 1869 führte WHITEHEAD eine Verbesserung ein, indem er dem tiefenempfindlichen System ein Pendel hinzufügte, welches die Lage des Projektils erfaßte und dem Regler einen D-Anteil vermittelte.

In den Jahren 1875/76 wurde eine pneumatische Kraftverstärkung eingeführt, um die Signale der Tiefenmessung zu verstärken.

Die Hinzufügung eines Stabilisierungskreisels zur Kursregelung geht auf HOWELL zurück [siehe 375 BROWN, 1884], der im Jahre 1884 einen entsprechenden Vorschlag machte. Allgemein jedoch schreibt man diese Einführung OBRY zu, der seinen sogenannten Geradlaufapparat an WHITEHEAD verkaufte, welcher ihn später verwendete.

Der Fortschritt in der Untersuchung und Konstruktion von Relaisregelungssystemen war nach PONCELET und FINK auch in den letzten Jahrzehnten des vorigen Jahrhunderts mit der Regelung der Kraftmaschinen und den dafür benutzten Wendegetrieben verbunden. Verschiedene mechanische und hydraulische Wendegetriebe sind in Veröffentlichungen von REULEAUX [376; 377, 1877] und WEISBACH [27] angegeben. Die umfassendste Schilderung und Untersuchung stammt aber von LINCKE [42] aus dem Jahre 1879 und wurde von ihm vor dem Verein Deutscher Ingenieure in Darmstadt vorgetragen. LINCKE bezeichnete die entsprechenden Anordnungen als "mechanische Relais", wobei er deren Bezeichnung von den damals in der Telegraphie bereits verwendeten elektrischen Relais ableitete. LINCKE definierte: "Das mechanische Relais dient dazu, Bewegungen, welche an einem entfernten Ort unter Überwindung der auftretenden Widerstände auszuführen sind, mit angemessener Benutzung einer ausreichenden Arbeitsquelle nach Sinn, Maß und Zeit so vor sich gehen zu lassen, wie dies von einem beliebigen Standorte aus vorgezeichnet wird".

Der Begriff "Relais" bedeutet bei LINCKE nicht nur "schaltendes Relais", sondern wurde auch verschiedentlich für stetig verstärkende Anordnungen verwendet, so daß der Vergleich mit dem Telegraphierelais nur bedingt zutrifft.

Zwei der von LINCKE behandelten Vorrichtungen zur Kraftverstärkung, sogenannte "indirekte Übertrager", zeichneten sich durch schwingende Arbeitsweise aus, wobei die Schwingbewegung über ein Exzenter der Kraftmaschine entnommen wurde. Die beiden Übertrager unterschieden sich dadurch, daß der eine Stellungs- und der andere Laufgeschwindigkeitszuordnung vermittelte. Der letztere, unter dem Namen FRANCIS-Übertrager bekannt, wurde von der Firma ESCHER-WYSS für die Regelung von Turbinen benutzt und in dieser Verbindung auf der Müllerei-Ausstellung 1879 in Berlin gezeigt.

Als Weiterentwicklung der oben angegebenen Wendegetriebe setzten sich für die Regelung von Dampfmaschinen der 1878 patentierte Regler von HARTMANN und der 1879 patentierte Regler von KNÜTTEL durch [siehe 328 VON MISES], die beide integrierende Rückführungen besaßen und das ursprüngliche Dreipunktverhalten damit zu einem angenäherten PD-Verhalten modifizierten. Der Begriff "Regler" erstreckte sich für diese Anordnungen auf das Gesamtsystem aus Fliehkraftregler und Wendegetriebe mit Rückführung.

Die Regler mit Laufgeschwindigkeitszuordnung waren in den Jahren ab etwa 1880 Anlaß und Objekt bedeutender Untersuchungen, die sich besonders in den Arbeiten von PROELL [48, 1884], LEAUTE [378, 1885], HOUKOWSKY [379, 1896], PFARR [380, 1899] und RATEAU [381, 1900] ausdrückten.

Besondere Einsicht in die Verhältnisse bei nichtstetiger Regelung haben die Beiträge von LEAUTE und HOUKOWSKY ergeben, die hier besprochen werden sollen. Den Arbeiten lag allen das theoretische Grundkonzept zugrunde, die Differentialgleichungen für die Regelvorgänge nach einer Störung abschnittweise zu lösen, da die Unstetigkeiten durch das enthaltene Relais eine geschlossene Lösung verhinderten. Die Differentialgleichungen galten dann mit bestimmten Randbedingungen jeweils nur für einen Schaltzustand des Relais. Die Aussage über die Güte der Regelung wurde graphischen Darstellungen entnommen, in denen die einzelnen Teile des insgesamt nichtstetigen Regelvorganges aneinandergesetzt wurden. Über das dafür entwickelte Diagramm von PROELL hat BAUERSFELD [64, 1905] berichtet.

LEAUTE untersuchte in mehreren Veröffentlichungen [382, 1880; 378, 1885; 383, 1888; 384, 1891] unstetige Regelungsvorgänge und bediente sich dabei einer Methode und Darstellungsart, deren volle Tragweite erst wesentlich später, etwa um 1940, erkannt wurde und als Methode der Zustandsebene, beziehungsweise des Zustandsraumes, grundlegend für die Behandlung nichtlinearer und insbesondere nichtstetiger Regelungsvorgänge wurde. Die bedeutendste der zitierten Veröffentlichungen erschien 1885 unter dem Titel "Mémoire sur les oscillations à longues périodes dans les machines ...".

Eine kürzere, aber methodisch erweiterte Fassung kam 1891 unter dem Titel "Du mouvement troublé des moteurs ..." heraus.

Die Grundlage des von LEAUTE entwickelten Verfahrens ist eine graphische Darstellung, das später vielfach [siehe 64 BAUERSFELD, 1905; 219 OPPELT] sogenannte LEAUTE-Diagramm, das neben der durch den Kupplungsvorgang der Regeleinrichtungen entstandenen Unstetigkeit auch den Einfluß der Maschinenreibung und des Unempfindlichkeitsbereiches des Reglers in einfacher Weise zu berücksichtigen gestattet.

In einem rechtwinkligen Koordinatensysten, dessen Abszisse die Stellgröße (Schieber- bzw. Ventilstellung) und dessen Ordinate die Regelgröße (Drehzahl) ist, wird der anfängliche Beharrungszustand durch einen Punkt $A$ dargestellt, der auf der Kurve $W_0$ gleichen Widerstandsmomentes liegt [siehe Bild 38].

Zu jeder Belastung $W$ der Maschine gehört eine andere Widerstandsmomentenkurve ("ligne de régime" nach LEAUTE).

Nach einer Belastungsänderung von $W_0$ auf $W_1$ nimmt die Winkelgeschwindigkeit $\omega$ zu, und bei $\omega = v_1$ kuppelt die Regelvorrichtung das Stellglied mit dem Antrieb, um die Stellgröße zu verkleinern. Der Vorgang beginnt in $A_1$, von wo ab der Zustandspunkt eine Kurve beschreibt, die in $M$ eine waagerechte Tangente hat, weil dort Antriebs- und Abtriebsmoment gleich groß sind. In $A_2$ kuppelt der Regler das Stellglied wieder aus, und der Vorgang setzt sich entsprechend fort. Der Vorgang ist beendet, wenn eine senkrechte Linie die Widerstandsmomentenkurve schneidet, ohne vorher eine der Horizontalen $v_1$, $v_2$, $u_1$ oder $u_2$ zu schneiden.

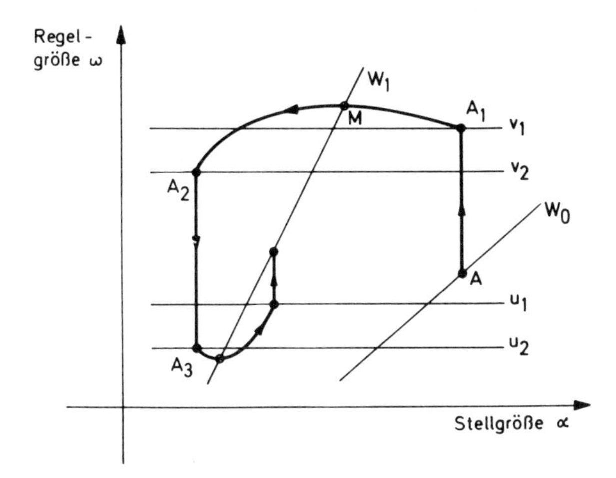


**Bild 38:**
Spezielle Phasenebene nach LEAUTE

Die mathematischen Ausdrücke zur Beschreibung der Kurvenbögen $A_1A_2$ und der anderen leitete LEAUTE unter der Annahme kleiner Abweichungen von der mittleren Drehzahl ab und fand für sie parabolische Gestalt. Er gab auch Fälle an, bei denen ein Zustandspunkt $A_v$ wieder auf den Ausgangspunkt $A$ trifft und damit für den Regelvorgang einen geschlossenen Kreis vollzog. Er prägte dafür den Ausdruck "cycle fermé" (geschlossener Zyklus).

LEAUTE untersuchte die Systeme also bereits in einer speziellen Zustandsebene und bestimmte Integralkurven sowie Grenzzyklen, wenn er auch andere Bezeichnungen benutzte.

Anscheinend kannte LEAUTE die kurz zuvor in den Jahren 1881/82 erschienenen Arbeiten seines Landsmanns POINCARE nicht, in denen jener die Grenzzyklen unter der Bezeichnung "cycles limites" in die mathematische Stabilitätstheorie eingeführt hatte [siehe Kapitel 12].

Verbreitung fand das Verfahren von LEAUTE elf Jahre später durch einen Aufsatz von HOUKOWSKY [379, 1896], der die Synthese nichtstetiger Regler für Turbinen behandelte. HOUKOWSKY erfaßte darin auch langsame Störungen des Beharrungszustandes, indem er sie in eine Folge von kleinen Sprungstörungen entwickelte und so zu einem angenäherten Verlauf des Regelvorgangs kam.

Im Bereich der Kraftmaschinenregelung setzte sich das Verfahren von LEAUTE trotzdem nur begrenzt durch, so daß es beispielsweise in dem sehr verbreiteten Buch von TOLLE [50, 1905] nicht erwähnt wurde. Für spezifisch regelungstechnische Probleme wurde es von BAUERSFELD [64, 1905], HORT [19, 1904] und besonders SCHMIDT [385, 1939] wieder aufgegriffen.

Die spätere umfangreiche Benutzung der Methode der Zustandsebene und des Zustandsraums durch ANDRONOV, WITT und CHAIKIN [386, 1937], FLÜGGE-LOTZ [387, 1947] und anderen basiert dagegen auf den Arbeiten von POINCARE [siehe Kapitel 12].

Begrifflich wurde die Relaisregelung teilweise mit dem diskontinuierlichen Regeleingriff bei Kolbenmaschinen zusammen unter der Bezeichnung "intermittierende Regelung" erfaßt [siehe 328 VON MISES, 1911], so daß die sachliche Klärung theoretischer Zusammenhänge erschwert war.

In der regelungstechnischen Praxis der letzten Jahrzehnte des neunzehnten Jahrhunderts wurden die besprochenen Relaisregelungssysteme hauptsächlich für Kolbendampfmaschinen und Turbinen eingesetzt. Sie bewährten sich im allgemeinen bei den ersteren, doch konnten sie bei den Turbinen häufig nicht befriedigen, da in diesem Fall die Bewegung der Wassersäule im Zuflußrohr der Turbine störend in den Regelvorgang eingriff. Die bei Eintritt einer Störung durch Wirkung des Reglers sich geltend machenden Änderungen der Zuflußöffnung des Leitradquerschnittes bewirkten abwechselnde Beschleunigungen und Verzögerungen der Wassersäule, welche Druckschwankungen und damit Rückwirkungen auf die Bewegung des Laufrades zur Folge hatten. Diese Probleme sind in den Jahren 1893/94 ausführlich von STODOLA [siehe Kapitel 1] untersucht worden. Um die erwähnten Druckstöße bei der Turbinenregelung zu vermeiden, war man auf andere indirekte Regler übergegangen, die auf dem Prinzip des hydraulischen Servomotors beruhten und die Verstellung der Leiträder so besorgten, daß zu jeder Reglerstellung eine bestimmte Stellung des Leitrades gehörte. Diese Entwicklungen waren möglich geworden, nachdem FARCOT 1873 das Prinzip der Rückführung bei hydraulischen Servomotoren propagiert hatte. Den Untersuchungen STODOLAS über die Regelung von Turbinen haben diese stetigen, indirekten Regler zugrunde gelegen.

Unabhängig von den Problemen bei der Turbinenregelung, bei der die meist nichtstetig arbeitenden, mechanischen Systeme besonders ungünstig wirkten, gab TOLLE [50] als Begründung für deren Verdrängung durch hydraulische Systeme den komplizierten Aufbau und die langsame Arbeitsweise an.

Die Relaisregelsysteme, damals hauptsächlich zur Regelung der Drehzahl von Kraftmaschinen in dem geschilderten Sinne bekannt, waren um die Jahrhundertwende von stetig arbeitenden Anordnungen weitgehend verdrängt.

## 10.3 Relaisregelungen elektrischer Größen

Es war die neu aufkommende Regelung elektrischer Größen, die neue Impulse für die Konstruktion und die Analyse der später so genannten Relaisregelungssysteme gab.

Die Firma GENERAL ELECTRIC brachte im Jahre 1902 den von TIRRILL entwickelten und nach ihm benannten Regler heraus, dem kurz darauf ein ähnlicher von der Firma AEG folgte. Die sogenannten TIRRILL-Regler zeichneten sich durch ihre Schnelligkeit aus und verdanken dieser Eigenschaft den Beinamen "Schnellregler", da sie lange Zeit ihren Konkurrenten besonders in dieser Hinsicht überlegen waren.

Sie eigneten sich zur Regelung der Spannung, der Blindleistung, des Leistungsfaktors und der Frequenz von Wechselstromgeneratoren. Wesentlich für diese Funktion war die Relaisschaltung, mit der periodisch ein Widerstand in den Erregerkreis der Erregermaschine eingeschaltet wurde.

Das TIRRILL-Prinzip stellte damals aus regelungstechnischer Sicht aus zwei Gründen eine Novität dar; zum ersten Male wurden selbsterregte Schwingungen als Betriebszustand eingeführt, das heißt, daß auch ohne Regelabweichung Schwingungen im Regelkreis aufrechterhalten blieben; darüber hinaus enthielt der TIRRILL-Regler eine Rückführung, die vorher nur bei der Regelung mechanischer Größen bekannt gewesen war.

Die TIRRILL-Regler traten, ausgehend von den USA, einen regelrechten Siegeszug durch Europa an. Es erschienen in kurzer Folge zahlreiche Veröffentlichungen, die sich mit der Funktionsweise des neuen Reglertyps auseinandersetzten [siehe 388 HÄRDEN, 1903; 389 KNAPP, 1904; 390 GROSSMANN, 1907; 391 SCHWAIGER, 1908; 49 SCHWAIGER, 1909; 392 NATALLS, 1908]. Die verwickelte Funktionsweise führte dazu, daß diese Autoren zu verschiedenen "Theorien" kamen und die möglichen Einflüsse auf den Regelvorgang unterschiedlich beurteilten. So machte erst SEIDNER [393, 1908] darauf aufmerksam, daß der TIRRILL-Regler eine Rückführung enthält. Anscheinend war die Konstruktion des Reglers rein empirisch erfolgt, denn nur so ist die große Diskrepanz zu erklären, die sich zwischen der damaligen praktischen Vollkommenheit und dem Stand der theoretischen Erklärungen ergab.

Die vollständigsten Untersuchungsergebnisse erhielt THOMA [394] im Jahre 1914, der eine weitgehend befriedigende Theorie des TIRRILL-Reglers entwickelte.

THOMA ging von der Vorstellung aus, daß die Schwankungen der Netzspannung langsam gegenüber denen der Erregerspannung waren. Mit dieser Annahme konnte er sich die nichtstetigen Schwankungen der Erregerspannung in harmonische Anteile zerlegt denken. Vorhandene Trägheiten im Regelkreis dienten ihm zur Erklärung, daß die hochfrequenten Schwingungsanteile unterdrückt wurden und bei der Aufstellung der Bewegungsgleichungen nicht berücksichtigt zu werden brauchten. Unter der Voraussetzung kleiner Regelabweichungen stellte THOMA eine im Sinne der Methode der kleinen Schwingungen approximierte Bewegungsgleichung für den Spannungsmesser auf und untersuchte ihre charakteristische Gleichung mit Hilfe des CAUCHYschen Satzes, der auch schon der Arbeit von ROUTH und anderen zugrunde gelegen hatte [siehe Kapitel 4], auf die Lage der Wurzeln, um so auf die Stabilitätsbedingungen für die Bewegung schließen zu können. Die erhaltenen Bewegungsgleichungen erwiesen sich als weitgehend übereinstimmend mit bereits aus der Kraftmaschinenregelung bekannten.

Als Besonderheit berücksichtigte THOMA in einem getrennten Abschnitt den Einfluß des verzögerten Ansprechens des Spannungsmessers durch Einführung einer Totzeit und erhielt eine Differentialgleichung dritter Ordnung, deren charakteristische Gleichung transzendent war. Auch für diesen Fall wendete THOMA den erwähnten Satz von CAUCHY an, der in der deutschsprachigen Literatur bereits in der 1898 erschienenen Übersetzung des Buches von ROUTH, "Dynamics of a System of Rigid Bodies" [147, 1877], angegeben worden war. Die Beiträge von ROUTH und auch von HURWITZ zu diesem Gebiet wurden nicht erwähnt.

Obwohl der TIRRILL-Regler mit den Relais wesentlich nichtlineare Elemente enthält, ist seine Wirkungsweise doch "stetig-ähnlich". Der Klärung dieser Verhältnisse sind auch spätere Arbeiten gewidmet worden [siehe 395 KULEBAKIN, 1932; 396 LANG, 1938]. Die Linearisierung des nichtlinearen, hier speziell nichtstetigen Regelvorgangs, ist für den angegebenen Fall befriedigend von THOMA geklärt worden, doch hat sie ZYPKIN [371, 1958] später in einem allgemeineren Zusammenhang gesehen und den Linearisierungsprozeß als Modulation aufgefaßt, wobei das Relaisglied der Modulator ist, die zusätzliche periodische Einwirkung die Trägerfrequenz und die äußere Einwirkung das modulierende Signal. In dem Relaisglied erfolgte unter dem Einfluß der zusätzlichen äußeren Einwirkung eine Impulsbreitenmodulation.

Konstruktiv hat das TIRRILL-Prinzip Ergänzungen erfahren, doch hat es sich bis in die Zeit nach dem Zweiten Weltkrieg behauptet. Den Änderungen hat man begrifflich Rechnung getragen, indem man für die Regler mit schwingendem Betriebszustand den Oberbegriff "Vibrationsregler" prägte.

Es sind fremdgesteuerte Vibrationsregler entwickelt worden, bei denen der Gegenkontakt durch mechanischen Zwangsantrieb hin- und herbewegt wurde, während der eigentliche Reglerkontakt mit dem Meßwert verbunden war. Einfachere selbsterregte Vibrationsregler wiesen häufig gehäusefeste Gegenkontakte auf (BOSCH-Lichtmaschinenregler, DORNIG-Drehzahlregler).

Ein besonders schwieriges Problem im Zusammenhang mit den Vibrationsreglern ist die Schaltung größerer Leistungen gewesen und selbst in neuerer Zeit ist noch daran gearbeitet worden [397 LEONHARD, 1960].

Die Erfolge der Vibrationsregler bei der Regelung elektrischer Größen haben dazu geführt, daß auch für die Regelung anderer physikalischer Größen dieses Prinzip herangezogen wurde. WÜNSCH [75, 1930] gab in seinem Buch "Regler für Druck und Menge" zwei Durchflußmengenregler an, denen ein schwingender Betriebszustand zugrundelag. Beim KÄLLE-Regler erfolgte die Stellbewegung durch einen Ausdehnungskörper, der durch Kontaktgebung elektrisch beheizt wurde. Das Verhältnis von Einschaltzeit zu Öffnungszeit des Kontaktes bestimmte die Heizleistung.

Daneben gab es den Unterbrecherregler nach SENNLAUB, der als hydro-elektrischer Regler bezeichnet wurde, da eine Druckänderung als Regelabweichung einen elektrischen Kontakt beeinflußte, der einen Magneten ein- und ausschaltete, welcher seinerseits einen Kolbenschieber betätigte. Die mittlere Bewegungsgeschwindigkeit des Kraftgetriebes war demgemäß proportional der Stellung der Kontakte und damit der Druckabweichung vom Sollwert.

Das dynamische Verhalten dieser Regler wurde in Gestalt von Übergangsfunktionen deutlich gemacht. Analytische Arbeiten darüber sind nicht veröffentlicht worden.

LEONHARD [398, 1940] hat ein sogenanntes Pulsationsverfahren angegeben, das sich zur Temperaturregelung eignet. Dabei werden im Gegenstaz zu dem bisher behandelten Vibrationsprinzip erzwungene Schwingungen benutzt. Das Verhältnis von "Auf"-Zeit des Relais zur Gesamtdauer einer Pulsation wurde von der Regelabweichung gesteuert.

Die im Zusammenhang mit Vibrationsreglern als spezielle Zweipunktanordnungen entstandenen regelungstechnischen Probleme sind über den von THOMA 1914 geprägten Lösungs- und Kenntnisstand hinaus erst geklärt worden, nachdem man sich der Verfahren der nichtlinearen Schwingungstheorie bediente, die aus einer umfassenderen Sicht heraus bereits entwickelt worden waren oder noch in der Entwicklung standen. Auf die Notwendigkeit, nichtlineare Verfahren dazu heranzuziehen, hatte 1932 bereits KULEBAKIN [395, 1932] hingewiesen.

In den ersten Jahrzehnten des zwanzigsten Jahrhunderts hatten sich, parallel zu der allgemeinen Entwicklung, auch in der Regelungstechnik zunehmend elektrische Bauelemente eingeführt [siehe Kapitel 2 und 6]. In diesem Rahmen wiederum nahmen die Zweipunktanordnungen aus Gründen der konstruktiven Einfachheit und der Preiswürdigkeit eine Sonderstellung ein. Es fehlte deshalb nicht an Bestrebungen, sie möglichst vielfältig anstelle teurerer, stetiger Regler einzusetzen, die hauptsächlich wegen der noch kostspieligen elektronischen Verstärker preislich nicht konkurrieren konnten [siehe 338 LANG, 1934] und darüberhinaus bei größeren Leistungen die in den Röhren entstehende Wärme nicht abführen konnten. Der letztere Nachteil schied aus, nachdem ab etwa 1930 gittergesteuerte Stromrichter zur Verfügung standen.

Besondere Anwendungsschwerpunkte der Zwei- und Dreipunktregler bildeten die Temperaturregelung wärmetechnischer Anlagen der Verfahrenstechnik und Folgeregelungen militärischer Systeme sowie Flugzeugregelungen.

Für die Regelung elektrisch beheizter Industrieöfen wurde bis zur Einführung der Stromrichter vornehmlich die sogenannte Aussetzregelung angewendet. Als Meßfühler dienten bei mechanischen Ausführungen meist Ausdehnungselemente und bei elektrischen Anordnungen Thermoelemente, die dann je nach Schaltleistung unmittelbar über ein Zwischenrelais einen Kontaktmechanismus betätigten, welcher ein magnetisches Schütz derart steuerte, daß bei Überschreiten der Solltemperatur die Energiezufuhr abgeschaltet und bei Unterschreiten zugeschaltet wurde. Bei elektrischen Temperaturmessungen war die Aussetzregelanordnung meist zur Erhöhung der Meßgliedempfindlichkeit mit einem Fallbügelregler ausgestattet, so daß für die theoretische Behandlung zusätzlich zu der Nichtstetigkeit durch das Relais die Schwierigkeit zeitlicher Diskontinuität kam.

LANG [338, 1934] berechnete für eine derartige Anordnung die mittlere bleibende Regelabweichung und die Periodendauer der Regelschwingung, indem er von der graphischen Darstellung des zeitlichen Verlaufs der Regelgröße ausging. Zu ähnlichen Ergebnissen und Formeln für die Arbeitsbewegung von Ein-Aus-Reglern kam auch MELZER [399, 1936].

Eine Systematik der nichtstetigen Regler haben NEUMANN und WÜNSCH [112, 1932] entwickelt, die sich dabei stark an das früher erschienene Buch von WÜNSCH "Regler für Druck und Menge" [75, 1930] anlehnten [siehe auch 400 RUMMEL, 1934/35].

Der heutige Dreipunktregler wurde als Umschaltregler bezeichnet und fiel begrifflich mit den "halbstetigen Reglern" zusammen, worunter Fallbügelregler mit zustandsabhängiger Schrittlänge verstanden wurden [siehe Kapitel 9], in die Gruppe der Schrittregler.

## 10.4 Analyse- und Syntheseverfahren

Einen ganz anderen, nicht-graphischen Weg zur Analyse thermischer Regelanlagen schlug IVANOFF ein, der sein Verfahren in zwei Aufsätzen der Jahre 1934 und 1936 vorstellte [116, 1934; 401, 1936]. Diese Arbeiten blieben lange Zeit unbeachtet, obwohl darin erstmalig außerhalb der Literatur über elektronische Verstärker ein Frequenzgangverfahren vorgestellt wurde.

In Deutschland fanden die IVANOFFschen Beiträge vor allem durch die Darlegungen in dem 1944 erschienenen Buch von ENGEL "Mittelbare Regler und Regelanlagen" [71, 1944] Beachtung.

Im Rahmen eines Vergleichs mehrerer Regelungsarten untersuchte IVANOFF auch die Regelung einer wärmetechnischen Strecke mit einem Zweipunktregler (im Englischen wurde damals bereits die Bezeichnung "On-and-Off Controll" gebraucht und im Deutschen "Auf-Zu-Regelung"). Der Grundgedanke des benutzten Verfahrens liegt in der Zerlegung der Ausgangsgröße des Zweipunktgliedes in eine FOURIER-Reihe. Die einzelnen harmonischen Komponenten wirken auf die Regelstrecke, deren "Frequenzcharakteristiken" vorliegen, und bilden dann in ihrer Summe eine Ausgangsgröße, die über eine Ansprechsprechschwelle wiederum das Relais ansteuert. Das Ergebnis dieser Untersuchungen gab die Schalthäufigkeit des Relais in Abhängigkeit von der Stellamplitude und der Ansprechschwelle des Relais an.

Das von IVANOFF benutzte Prinzip der Trennung des Regelkreises vor dem Zweipunktglied wurde in den späteren Arbeiten von ZYPKIN ebenfalls angewandt. Die Untersuchungen liefen dann darauf hinaus, den stetigen Teil des Regelkreises unter dem Einfluß von Sprüngen der Stellgröße zu beobachten.

Relais-Folgesysteme sind erstmals in bedeutendem Maße von HAZEN theoretisch behandelt worden, der 1934 seinen vielgerühmten Aufsatz "Theory of Servomechanisms" [87, 1934] veröffentlichte. Derartige Folgesysteme fanden damals außer in den bereits oben erwähnten Gebieten noch weitere Anwendung bei der Kreiselstabilisierung auf Schiffen und in Autopiloten [siehe 402 FERRY, 1932; 403 CHALMERS 1930; 404 HAUS , 1932; 405 SPERRY, 1932; 406 NIKOLSKI, 1934].

HAZEN ermittelte Amplituden- und Phasenänderung durch die Relaissysteme und berücksichtigte dabei endliche Ansprechschwellen, COULOMBsche und viskose Reibung sowie Totzeiten. Die Vorgehensweise war nicht neu, denn HAZEN benutzte die "Anstückelungsmethode", die schon den entsprechenden Arbeiten von PROELL und anderen aus dem Bereich der nichtstetigen Kraftmaschinenregelung zugrunde gelegen hatte; dabei wurden abschnittweise gültige Differentialgleichungen aufgestellt.

Die Bedeutung dieses Beitrags von HAZEN lag nicht in der Angabe neuer Methoden, sondern in der systematischen Zusammenstellung der möglichen Regelanordnungen und der Berücksichtigung der zitierten, nichtlinearen Einflüsse.

Eine entsprechende deutsche Arbeit über Relaisfolgesysteme hat KRAUTWIG 1941 unter dem Titel "Stabilitätsuntersuchungen an unstetigen Reglern, dargestellt anhand einer Kontaktnachlaufsteuerung" [407, 1941] veröffentlicht. Sie brachte eine konsequente Begründung der schon bekannten Anstückelungsmethode. KRAUTWIG wandte sie aber nicht in der bekannten Weise zur Systemanalyse an, sondern berechnete die Endwerte der charakteristischen Größen des Zeitablaufs am Ende eines Gültigkeitsbereiches der linearen Differentialgleichung aus den angenommenen Anfangsbedingungen, um dann festzustellen, bei welcher Bemessung der Dimensionierungsgrößen die Anfangs- und Endbedingungen übereinstimmten. KRAUTWIG ermittelte also die Parametereinstellung für den stationären Pendelvorgang, der im linearen Bereich einem Schwingungsvorgang an der Stabilitätsgrenze entspricht.

Für den speziellen von KRAUTWIG untersuchten Fall eines als Kontaktnachlaufsteuerung ausgebildeten Drehmomentverstärkers wurden drei Größen herausgestellt, die für das dynamische Verhalten des Systems entscheidend sind, nämlich ein Zahnspiel (Lose), Reibung und das Kontaktspiel.

Zu jedem Wertepaar von Zahnspiel und Reibung ergab sich ein kritisches Kontaktspiel, oberhalb dessen die Anordnung instabil wurde.

Die Änderung des Kontaktspiels blieb längere Zeit die hauptsächliche Möglichkeit zur Änderung der Stabilitätsverhältnisse in Relaissystemen.

In den USA erschienen nach dem Ende des Zweiten Weltkriegs Arbeiten, die sich besonders mit Stabilisierungseinrichtungen für Relaisregelungssysteme beschäftigten und die über die Stabilisierung durch Änderung des Kontaktspiels hinausgingen. Zu nennen sind an dieser Stelle zwei Aufsätze von FRY [408] aus dem Jahre 1946, in denen eine Übersicht über den damaligen Stand der Relaisservosysteme gegeben wurde. FRY hat darin verschiedene Stabilisierungseinrichtungen beschreiben, die alle die Aufgabe hatten, die Schwingungen im stationären Zustand zu vermindern.

Eine mehr quantitative Untersuchung führte WEISS durch, der ebenfalls 1946 seine Ergebnisse in dem Aufsatz "Analysis of Relay Servomechanisms" [409, 1946] mitteilte. Die Benutzung der Zustandsebene war wohl das wesentliche dieses Aufsatzes. In den USA war die Zustandsebene zwar schon vorher von STIBITZ im Zusammenhang mit getasteten Folgesystemen [siehe 409 WEISS], von DeJUHASZ [410] zur Analyse nichtlinearer Vorgänge und von MINORSKY [411, 1945] bei der Untersuchung parametrisch erregter Systeme verwendet worden, doch muß die Arbeit von WEISS, zusammen mit der ein Jahr früher erschienenen von MacCOLL [104, 1945], als Anstoß für die Darstellung und Behandlung nichtlinearer Regelungsvorgänge in der Zustandsebene gewertet werden.

Diesen Einfluß haben die erwähnten Arbeiten aber nur für den Bereich der USA ausgeübt, denn in der UdSSR und in Deutschland waren schon vorher Forschungsarbeiten entstanden, die auf den Methoden der Zustandsebene und des Zustandsraumes aufbauten. In der UdSSR brachten ANDRONOV, WITT und CHAIKIN 1937 das Buch [386] heraus, in welchem sie unter anderem einen Röhrengenerator mit signumförmiger Kennlinie als spezielles Relaisglied betrachteten. Zur Untersuchung der Eigenschwingung des Generators verwendeten die Verfasser Zustandstrajektorien. Im übrigen gingen sie ebenfalls den Gedanken von IVANOFF nach und entwickelten die rechteckförmige Ausgangsgröße des Generators in eine FOURIER-Reihe, deren einzelne Anteile sie auf das restlich lineare System wirken ließen.

Die Zustandsebene benutzte auch THEODORCHIK, der 1938 den Einfluß von trockener Reibung und Totzeit in Relaissystemen mit einem Freiheitsgrad abhandelte und mit seiner Arbeit [412, 1938] ein frühes Pendant zu der von WEISS [409, 1946] schuf.

In Deutschland wurden die Methoden der Zustandsebene und des Zustandsraumes besonders an Problemen gesteuerter Bewegungen entwickelt, wenn man von den Darstellungen bei BAUERSFELD [64, 1905] und SCHMIDT [385, 1939] absieht. Im Rahmen militärischer Forschungen interessierten vor und während des Zweiten Weltkrieges besonders die Klappensteuerungen für ferngelenkte Bomben und Flugzeuge.

OPPELT hob 1937 in seinem Aufsatz "Die Flugzeugkurssteuerung im Geradeausflug" [76] die Überlegenheit einer Ruderrelaissteuerung für Flugzeuge gegenüber stellungs- und laufgeschwindigkeitszugeordneten, stetigen Steuerungen wegen der "härteren Steuerwirkung" hervor. Diese Interpretation führte zu der Bezeichnung "Hartlagenregler", die in Deutschland bis nach dem Zweiten Weltkrieg verwendet wurde [siehe 413 OPPELT, 1946].

OPPELT schlug eine "Steuerung mit Rücklaufprogramm" vor, bei der die Einschaltzeit des Relais gerade so bemessen war, daß Überschwingungen nicht eintraten.

Diese Bemerkungen kennzeichnen das damalige Bemühen, Ausgleichsvorgänge regelungstechnischer und steuerungstechnischer Art im zeitlichen Verlauf zu verbessern. Das führte zwangsläufig zur bewußten und beabsichtigten Einführung relaisartiger Schaltungen, die eine Abweichung vom Sollwert oder einen Steuerungsbefehl mit voller Leistungsschaltung des Stellgliedes beantworten. Diese Regelungen arbeiteten so, daß bei positivem Ausschlagen des schwingungsfähigen Systems, beispielsweise des Flugzeugs oder der Rakete um die Hochachse, eine konstante Rückstellkraft oder Geschwindigkeit aufgebracht wurde, bei negativem Ausschlagen eine gleich hohe mit umgekehrtem Vorzeichen. Da die Bewegungsgleichungen in zwei aufeinander folgenden Intervallen verschieden waren, bestand nur die Möglichkeit, mit Hilfe der Anstückelungsmethode eine stückweise Berechnung von Frequenz und Amplitude des Bewegungsablaufs vorzunehmen. Die Bemühungen mehrerer Forscher zielten nun darauf, dieses langwierige Verfahren abzulösen. Dabei entstanden in Deutschland unabhängig voneinander [siehe 414 FLÜGGE-LOTZ/KLOTTER, 1948] Arbeiten von BILHARZ [416, 1942] einerseits und FLÜGGE-LOTZ, KLOTTER und anderen [415, 1943] andererseits, die zu ähnlichen Ergebnissen führten. Die Arbeiten hatten beide die Diskussion der Bewegungsmöglichkeiten eines schwingungsfähigen Systems unter dem Einfluß der damals sogenannten "Schwarz-Weiß-Regelung" zur Aufgabe, wobei das mechanische Gesamtsystem durch die Differentialgleichungen

$$\ddot{\varphi} + 2\delta\dot{\varphi} + \omega^2\varphi = N\beta$$

$$\beta = \pm\beta_0 \operatorname{sgn}(k_1\varphi + k_2\dot{\varphi})$$

beschrieben wurde.

BILHARZ gab in seinem 1942 veröffentlichten Aufsatz die periodischen Lösungen des Gleichungssystems und deren Stabilitätsverhältnisse an. Zur Bestimmung der Stabilität benutzte er die Zustandsebene und die geometrischen Methoden POINCAREs, die jener in den Jahren 1875 bis 1882 entwickelt hatte [siehe Kapitel 12]. Hinsichtlich der Einführung der Zustandsebene als Sonderfall des Zustandsraumes stützte sich BILHARZ auf einen Aufsatz von BIRKHOFF [417] aus dem Jahre 1929.

Die Untersuchung von BILHARZ ist stark mathematisch orientiert und dem durch das obige Gleichungssystem gekennzeichneten, idealisierten Fall gewidmet, der das Fehlen von Totzeit und Totzone voraussetzt. Gerade unter diesen Bedingungen aber ergeben sich vorwiegend periodische Lösungen des Systems. Da diese aber meist unerwünscht sind, gewährt der reale Fall mit Totzeit und Totzone unter Umständen günstigeres Verhalten. Auf diesen Tatbestand hatte BILHARZ schon 1941 in einer anderen Arbeit [418] hingewiesen.

Größere internationale Beachtung haben die Untersuchungen von FLÜGGE-LOTZ, KLOTTER und anderen gefunden. Sie wurden 1942/43 durchgeführt und in einem nicht veröffentlichten Bericht [415, 1943] niedergelegt. Nach Kriegsende sind die Ergebnisse in zwei Aufsätzen veröffentlicht worden [387 FLÜGGE-LOTZ, 1947; 414 FLÜGGE-LOTZ/KLOTTER, 1948] und dann als wesentliche Grundlagen in einem Buch von FLÜGGE-LOTZ [419, 1953] verbreitet worden. Diese Autoren schränkten sich nicht auf die Diskussion periodischer Lösungen des oben angegebenen Gleichungssystems ein, sondern suchten nach Möglichkeiten, gerade diese Lösungen zu vermeiden. In einem angepaßten, schiefwinkligen Kordinatensystem, einer speziellen Zustandsebene, ermittelten sie die Zustandskurve des Systems, die sich aus Stücken kongruenter, logarithmischer Spiralen zusammensetzte, welche auf der sogenannten Schaltgeraden, die der Bedingung

$$\varphi + k\dot{\varphi} = 0$$

gehorcht, unstetig aneinanderstießen. Bei der Berücksichtigung von Totzeit und Totzone, die in der Originalarbeit mit Nachhinkzeit und Nachhinkzone bezeichnet wurden, genügte die Angabe einer Schaltgeraden zur Kennzeichnung der Umschaltstellen nicht mehr, da die Schaltpunkte nicht mehr mit denen übereinstimmten, die sich aus der obigen Argumentbedingung ergaben. Das führte zur Einführung einer "Kommandogeraden", die nun, mit der Schaltgeraden zusammen, die Unstetigkeiten des Systems berücksichtigte. Damit ließen sich die Abklingeigenschaften des Systems bei verschiedenen Kombinationen der Parameter $k_1$, $k_2$ der Signumfunktion aufklären.

Unter Benutzung des Zustandsraumes wurden die entwickelten Methoden für ein System mit drei Freiheitsgraden erweitert, und es gelang zu zeigen, daß häufig genügend Information über die Lage der Schaltpunkte im dreidimensionalen Raum gewonnen werden kann, ohne dafür jeden Punkt mit Hilfe der Trajektorien zu ermitteln. Die Untersuchungen gingen so weit, daß Nomogramme angegeben werden konnten, aus denen sich für beliebige Anfangsbedingungen das Dämpfungsmaß $D$ als Kennwert des Abklingverhaltens entnehmen ließ.

Die Ergebnisse von FLÜGGE-LOTZ, KLOTTER und Mitarbeitern fanden zu ihrer

Zeit international kein Pendant, so daß sie bei Weiterentwicklungen häufig als Grundlage zitiert wurden.

Da die von FLÜGGE-LOTZ und Mitarbeitern untersuchten Relaisschaltungen nur durch lineares Schalten ausgezeichnet waren, handelte es sich bei ihnen nicht um optimale Anordnungen, die dieser Einschränkung nicht von vornherein unterliegen dürfen.

Die Weiterentwicklung der skizzierten Arbeiten führte zu Optimierungsproblemen, die bei den Relaissystemen auf die Suche nach optimalen Schaltfunktionen hinausliefen.

BUSHAW [420, 1952] hat in den Jahren 1952/53 optimale Relaisschaltfunktionen angegeben [siehe Kapitel 13].

Einen anderen Weg hat ANDRE [421, 1956] vorgeschlagen, der durch Superposition geeigneter Zweipunktregelungen erreichte, daß eine auf diese Weise geregelte Bewegung schneller abklingt als die zugehörige ungeregelte Bewegung.

Neben der konsequenten Behandlung der Relaisfunktion als nichtstetigen Zusammenhang ist mit der kurz nach dem Zweiten Weltkrieg eingeführten Beschreibungsfunktion [siehe Kapitel 12] eine Methode entwickelt worden, die an die lineare,stetige Regelungstheorie anlehnt. Da dieses Verfahren in der Anwendung nicht auf Relaissysteme beschränkt ist, wird seine Entwicklung im Abschnitt über nichtlineare Verfahren dargelegt. Es soll aber gerade an dieser Stelle darauf hingwiesen werden, daß schon in früheren Arbeiten über Relaissysteme [siehe beispielsweise bei 394 THOMA, 1914] der Gedanke ausgedrückt wurde, den unstetigen Vorgang des Schaltens in FOURIER-Reihen zu entwickeln, deren höhere Anteile zu vernachlässigen waren. Da auch die Arbeiten zur Einführung der Beschreibungsfunktion von Relaissystemen ausgingen [siehe Kapitel 12], besteht eine besonders enge Verbindung der Relaissysteme zu der umfassenderen Methode der Beschreibungsfunktion.

Die Beschreibungsfunktion führt in der Praxis meist zu befriedigenden Resultaten bei der überschlägigen Bestimmung von Frequenz und Amplitude der Grenzschwingungen eines Zweipunktsystems. Ein großer Nachteil des Verfahrens liegt aber im Fehlen praktikabler Fehlerabschätzungen und in der Tatsache, daß kein brauchbares Kriterium existiert, mit dem sich die Voraussetzungen und der Gültigkeitsbereich exakt angeben lassen.

In den Jahren nach dem Zweiten Weltkrieg sind daraufhin Verfahren entwickelt worden, die diesen Nachteil vermeiden. HAMEL gab in zwei Arbeiten [422, 1949; 423, 1950] den nach ihm benannten HAMEL-Ort an, der in der Zustandsebene mit den Koordinaten der Regelgröße und ihrer ersten zeitlichen Ableitung den Ort der Systembedingungen markiert, die einer periodischen Lösung entsprechen. Der Schnittpunkt des HAMEL-Ortes mit der Schaltgeraden kennzeichnet dann die Frequenz der Grenzschwingungen. Das Verfahren erlaubt quantitative und qualitative Aussagen über den Einfluß der Parameter des linearen Systemteils und des Zweipunktgliedes.

Eine andere Methode ist in der UdSSR entwickelt worden und basiert auf der Berechnung des sogenannten ZYPKIN-Ortes, einer speziellen Ortskurve, die sich im Bereich hoher Frequenzen der Ortskurve des Frequenzgangs des linearen Systemteils anschmiegt. ZYPKIN [371, 1958] hat Verbindungen aufgezeigt, die es gestatten, den ZYPKIN-Ort aus der Ortskurve des Frequenzgangs zu bestimmen.

Die Darstellungen von HAMEL und ZYPKIN sind gleichwertig und lassen sich wechselseitig auseinander ermitteln.

Die Fragen der Linearisierung in Relaissystemen, die schon früher besonders im Zusammenhang mit TIRRILL-Reglern interessiert hatten, sind später ausführlicher von LOEB [424, 1952; 425, 1950] und ZYPKIN [371, 1958] diskutiert worden. Die Linearisierung von Relaissystemen steht jedoch nicht im Mittelpunkt des Interesses, da man sich dabei eines Teils der Vorteile wieder begibt, die man besonders hinsichtlich der Optimierungsbemühungen durch nichtlineare und nichtstetige Elemente zu erlangen trachtet.

Die Zwei- und Dreipunktregler stellen den größten Anteil der Relaisregelsysteme. Auch unter Einbeziehung der stetigen Regler bilden sie heute die umfangreichste Gruppe aller verwendeten Regler, da sie aufgrund ihrer Billigkeit und des einfachen konstruktiven Aufbaus Eingang in viele Haushalts- und Gebrauchsgeräte gefunden haben, in denen geregelt wird. Bemerkenswert erscheint dabei die Tatsache, daß der überwiegende Teil dieser Regler mechanisch arbeitet, obwohl häufig, wie bei der Spannungsregelung in Kraftfahrzeugen, elektrische Großen geregelt werden.

# *11. Kapitel:* Mehrläufige Regelkreise

## 11.1 Einleitung

Unter dem Begriff "mehrläufige Regelkreise" werden solche verstanden, bei denen Störgrößenaufschaltung angewendet wird, Hilfsregelgrößen oder Hilfsstellgrößen herangezogen werden oder mehrere Regelgrößen gekoppelt vorliegen.

Die ersten drei Gruppen werden zur Verbesserung des dynamischen Verhaltens von Regelkreisen absichtlich eingeführt, während die Vertreter der letzten Gruppe, bekannt unter dem Namen Mehrgrößenregelsysteme, meist anlagebedingt entstehen.

## 11.2 Störgrößenaufschaltung, Hilfsstellgrößen und Hilfsregelgrößen

Die Störgrößenaufschaltung, die, für sich allein genommen, keine Regelung sondern eine Kompensation bewirkt, läßt sich historisch am weitesten zurückverfolgen.

Bei den Arabern soll vor mehreren tausend Jahren eine Vorrichtung zur Konstanthaltung der Drehzahl von Windmühlen im Gebrauch gewesen sein, mit der die Segelfläche der Windmühlenflügel als Funktion der äußeren Belastung verändert wurde [nach 426 ULANOV].

Für die Drehzahlregelung der Kraftmaschinen gewann die Störgrößenaufschaltung in der Mitte des neunzehnten Jahrhunderts zeitweise besondere Bedeutung, denn man glaubte, sie als Alternative zu der Regelung entsprechend der Abweichung der Regelgröße einsetzen zu können, mit der man damals nicht immer gute Ergebnisse erzielte. Entsprechende Maschinenkonstruktionen sind mit den Namen PONCELET [7, 1826] und CHIKOLEV [427, 1880] verknüpft. In späteren Jahren hat die Störgrößenaufschaltung besonders in der UdSSR auch in theoretischen Erörterungen viel Interesse beansprucht, welches sich im wesentlichen mit einer Arbeit von SHCHIPANOV [428, 1939] verband, in der jener die Bedingungen für totale Kompensation untersuchte. Weitergehende sowjetische Arbeiten, besonders von KULEBAKIN und IVAKHNENKO, sind bei ULANOV [426] genannt, dessen Aufsatz über Störgrößenaufschaltung die in der UdSSR bereits einschlägig geleistete Arbeit auch in der westlichen Fachwelt bekannt machte.

Bei der Regelung von Kraftmaschinen wurde eine Hilfsstellgröße in der sogenannten Doppelregelung nach PFARR [63, 1908] angewendet, die erstmals für die Turbinenanlage des Elektrizitätswerkes Nordhausen ausgeführt wurde [siehe Bild 39].

Bei plötzlicher Entlastung der Turbine und entsprechend schnellem Strahlabschluß durch die Regelung traten normalerweise sehr heftige Schwingungen in den Rohrlei-

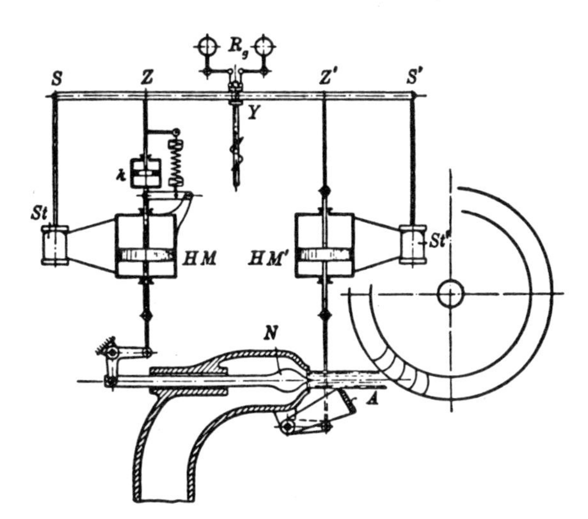


**Bild 39:**
Doppelregelung nach PFARR

tungen des Zulaufs auf [siehe Kapitel 1]. Die Hilfsstellgröße, die bei der Doppelregelung schnell eingriff, wirkte auf den Strahlablenker *A* und erzielte damit einen Leistungsangleich, ohne Druckstöße zu erzeugen. Die langsamer wirkende Hauptstellgröße wirkte auf den Ventilkegel *N* und beendete den Regelvorgang. Eine alleinige Verwendung der Strahlablenkung wurde aus wirtschaftlichen Gründen vermieden. Diese Art der Doppelregelung wurde um 1922 bei fast allen Freistrahlturbinen herangezogen.

In der chemischen Industrie hat WEIS in den LEUNA-Werken als einer der ersten die Störgrößenaufschaltung und Hilfsregelgrößen eingeführt. In einem internen Bericht [429 WEIS] aus dem Jahre 1938 und einer Veröffentlichung [430 WEIS] aus dem Jahre 1943 hat er darüber berichtet.

Ausgangspunkt der Überlegungen von WEIS war die Regelung einer Raumtemperatur, bei der infolge des proportionalen, damals statisch genannten, Verhaltens des Reglers eine Lastabhängigkeit vorlag, welche sich durch die unterschiedlichen Außentemperaturen auswirkte und eine Nachstellung des Sollwertes erforderlich machte. Die Überlegungen liefen nun darauf hinaus, die Außentemperatur selbst zur Sollwertänderung heranzuziehen. Damit erzielte WEIS eine Störgrößenaufschaltung, obgleich er diese Bezeichnung selbst nicht benutzte, sondern Vorsteuerung dazu sagte. Industriell hat er dieses Verfahren dann bei der Temperaturregelung von Destillationskolonnen eingesetzt, bei denen die Lastabhängigkeit des Reglers sich durch die unterschiedliche Produktentnahme auswirkte. WEIS hat für diese Anlagen den Mengendurchfluß des Produktes erfaßt und damit den Sollwert des Reglers für die Kolonnensumpftemperatur verstellt.

Während später die Störgrößenaufschaltung hauptsächlich als Mittel zur Verbesserung des dynamischen Verhaltens des gesamten Regelsystems eingesetzt wurde, gab WEIS als Begründung für deren Verwendung die Verringerung der Lastabhängigkeit an, was gleichbedeutend ist mit einer Verringerung der statischen Regelabweichung.

Die erstmalige Verwendung von Hilfsregel- und Hilfsstellgrößen läßt sich in der chemischen Industrie nur schwer nachweisen. Hilfsregelgrößen sind besonders in Verbindung mit der sogenannten Kaskadenregelung herangezogen worden. Vermutlich liegt das Datum der ersten Anwendung dem der Einführung der Störgrößenaufschaltung benachbart, denn unter bestimmten Bedingungen lassen sich Kaskadenregelungen als einfache Regelkreise mit Störgrößenaufschaltung interpretieren [siehe 431 HENGSTENBERG, STURM und WINKLER].

## 11.3 Mehrgrößenregelungen

Im Bereich der mehrläufigen Regelkreise nehmen die Mehrgrößenregelungen heute den Schwerpunkt des forschungsmäßigen Interesses ein, was sich nicht zuletzt durch das spezielle IFAC-Symposium im Jahre 1968 über Mehrgrößen-Regelungssysteme ausdrückte.

Die Analyse- und Syntheseverfahren für Mehrgrößenregelungen sind im wesentlichen an drei technischen Anlagekomplexen entwickelt worden, nämlich den elektrischen Verbundnetzen, den Dampfkesselanlagen und den großchemischen Trennanlagen. Die Zusammenschaltung mehrerer Elektrizitätswerke zu Verbundnetzen hat in kleinerem Maße begonnen mit der Zusammenschaltung zweier Gleichstrommaschinen, die eine gemeinsame Leitung speisten. Die sich ergebenden Schwierigkeiten liegen in der gleichzeitigen Regelung der Spannung und der Leistungsverteilung zwischen den parallel arbeitenden Generatoren.

Im Jahre 1884 bereitete der Parallelbetrieb zweier Gleichstrommaschinen erhebliche Schwierigkeiten, als nämlich die ersten dynamoelektrischen Generatoren in Betrieb genommen wurden. OSKAR VON MILLER schrieb über eine von RATHENAU, dem Gründer der DEUTSCHEN EDISON GESELLSCHAFT (1883) und späteren AEG (1887) ausgeführte Blockstation in der SCHADOWstraße in Berlin:

> "Es war eine Dampfmaschine mit zwei Dynamomaschinen aufgestellt. Obwohl der Lichtstrom sehr teuer verkauft wurde, wurde doch kein Nutzen erzielt, weil der Kohleverbrauch über alles Erwarten hoch war. Es zeigte sich, daß nur eine Maschine Strom gab und diese nicht nur die gesamte Beleuchtung übernahm, sondern auch die andere Maschine als Motor trieb. Es war zunächst nicht möglich, Einrichtungen zu treffen, die eine gleichmäßige Belastung der beiden Maschinen gewährleisteten. Die Ratschläge hierfür waren eigenartig und nutzlos" [siehe 432 MILLER].

Das Problem der parallelgeschalteten Maschinen wurde anschließend von FÖPPL [433] im Jahre 1902 aufgegriffen, der sich hauptsächlich mit der Schwingungserregung dieses Systems befaßte.

Die Regelung der elektrischen Verbundnetze als Mehrgrößenregelsysteme geschah in der folgenden Zeit nach den Erfahrungen mit der Regelung von Einfachregelkreisen, das heißt, man tat so, als seien die verschiedenen Regelgrößen nicht gekoppelt.

Bei der Verbundschaltung der späteren Drehstromnetze ging man dann so vor, daß in einem Netz die Frequenz und in den anderen die Übergabeleistung zu Nachbarnetzen, unter Umständen noch in Abhängigkeit von der Frequenz, geregelt wurde.

Das Abgehen von der Empirie in diesem Bereich wurde markiert durch die wohl überhaupt erste Arbeit, die sich gezielt mit den Kopplungen bei Mehrgrößensystemen auseinandersetzte, nämlich dem Aufsatz von LEONHARD "Untersuchung von mehrfach geregelten Systemen mit Hilfe der Operatorenrechnung" [434] aus dem Jahre 1943. LEONHARD benutzte die Bezeichnung "Operatorenrechnung" und bezog sich dabei auf das 1940 erschienene Buch von WAGNER [277]; die Verfahren gehören aber in den Bereich der LAPLACE-Transformation, deren Symbolik auch verwendet wurde.

LEONHARD gab in dem zitierten Aufsatz die erste formelmäßige Erfassung einer Mehrgrößenregelung an. Er betrachtete ein Regelungssystem mit $n$ Regelgrößen, die alle derart voneinander abhingen, daß jede Regelgröße über Teilfrequenzgänge (Kopplungsfrequenzgänge) von allen anderen und über einen Störfrequenzgang von einer Störung abhing.

Es entstand ein Gleichungssystem aus $n$ Gleichungen für $n$ Regelgrößen. Durch Elimination ergab sich daraus ein Zusammenhang zwischen Störgröße und jeder beliebigen Regelgröße. Als Beispiel berechnete LEONHARD den Fall einer Zweifachregelung, die sich als Netzregelung bei Verbundbetrieb ergab. Der Vorteil der angegebenen Berechnungsmöglichkeit gegenüber dem davor üblichen rein empirischen Vorgehen bestand darin, daß man die Auswirkungen einer Störung oder einer Änderung einer Regelgröße zumindest so weit übersehen konnte, wie die Möglichkeit bestand, die Kopplungen quantitativ zu ermitteln.

Es darf nicht als zufällig angesehen werden, daß die rechnerische Erfassung von Mehrgrößenregelungen ausdrücklich mit der Verwendung der Operatorenrechnung oder der LAPLACE-Transformation zusammenhing, denn auch im Bereich der schwachstromorientierten Regelungstechnik entstanden damals nahezu gleichzeitig entsprechende Pionierarbeiten [siehe Kapitel 6 und 7]. Die durch die erwähnten Funktionaltransformationen erzielte Algebraisierung der die Regelungssysteme beschreibenden Gleichungen erhöhte die Einsicht in die Zusammenhänge derart, daß man sich überhaupt an die Erfassung komplizierterer Zusammenhänge wagte.

Im Dampfkesselwesen hat STEIN [109, 1926] erste Ansätze zur Beschreibung von Mehrgrößenregelsystemen gemacht. In den Dampfkessel-Regelsystemen sind normalerweise die Teilregelkreise für Dampfdruck, Wasserstand, Heißdampftemperatur, Verbrennung und Brennkammerdruck miteinander gekoppelt.

STEIN gab qualitative Hinweise über die verschiedenen Abhängigkeiten zwischen den Teilregelkreisen der Dampfkesselregelung an, bei der Dampfdruck und Dampfmenge geregelt wurden, und zwar in Abhängigkeit von Kohle- und Luftzufuhr.

Obwohl man damals auch im Dampfkesselwesen die Reglereinstellungen zwangsläufig empirisch vornahm, war man sich doch der bestehenden Kopplungen gewiß, denn STEIN wies ausdrücklich auf unabhängig einstellbare Teilregelkreise hin, bei denen vernachlässigbar kleine Kopplungen vorlagen.

Als Ansatz zur qualitativen Beschreibung von Mehrgrößenregelsystemen prägte STEIN den Satz:

> "Um $n$ Regelaufgaben zu erfüllen, müssen $n$ gesteuerte Regelorgane gleichzeitig zusammenwirken, die durch $n$ regelnde Größen zu beeinflussen sind".

Neben den Kesselregelungen erwähnte STEIN noch Turbinenregelungen, bei denen gleichzeitig Druck und Drehzahl geregelt wurden. Diese Verhältnisse trafen auf Gegendruck-Entnahmeturbinen zu.

Aus dem dritten der oben genannten Gebiete der Mehrgrößenregelungen, der Regelung verfahrenstechnischer Anlagen, sind als frühe Untersuchungen besonders die von WEIS zu nennen.

An dieser Stelle interessiert besonders die von ihm angewendete sogenannte Überkreuzregelung, die er für die Regelung einer Trennkolonne einsetzte, bei der Druck, Sumpftemperatur und Sumpfstand geregelt wurden. Dieses dreifache Regelsystem zeigte normalerweise eine erhebliche Schwingneigung, so daß die erlaubten Istwerttoleranzen überschritten wurden.

Durch Beobachtung einer von Hand gefahrenen Kolonne fand WEIS, daß sich wesentlich günstigere Verhältnisse ergaben, wenn der Sumpfstandsregler nicht wie bisher den Sumpfablauf, sondern die Heizdampfmenge und ein Temperaturregler nicht wie bisher die Heizdampfmenge, sondern den Sumpfablauf beeinflußte.

Die unterschiedliche Wirkung lag in den verschiedenen Zeitkonstanten begründet, welche auf diese Weise vertauscht wurden. Die verminderte Lastabhängigkeit der beiden Regler für Temperatur und Sumpfstand ging zu Lasten eines dritten Reglers, der den Druck regelte, bei dem aber größere Schwankungen in Kauf genommen werden konnten.

Das Verfahren der Überkreuzregelung hat WEIS ebenso wie die Störgrößenaufschaltung in dem zitierten Bericht [429] aus dem Jahre 1938 niedergelegt und 1943 veröffentlicht [430].

Die analytische Untersuchung der Überkreuzregelung hat OPPELT [435, 1951] durchgeführt, der in einem Diagramm der Einzelkreis- und Kopplungsverstärkungen die Vergrößerung der Stabilitätsgebiete der Parameter bei Überkreuzregelung denen bei normaler Regelung gegenüberstellte. Zur Berechnung der zulässigen Verstärkungen benutzte OPPELT Beziehungen, die bereits LEONHARD in dem oben zitierten Aufsatz für die Untersuchung von Mehrfachregelsystemen abgeleitet hatte.

Die bisher besprochenen Arbeiten behandelten nicht das Problem der unabhängigen Einstellung von Teilregelkreisen des Mehrgrößenregelsystems, das zwangsläufig auf Probleme der Entkopplung führt.

In diesem Zusammenhang erscheint der Begriff der Autonomisierung wichtig, mit dem diejenigen Maßnahmen belegt werden, durch welche die Teilregelkreise eines Mehrgrößenregelsystems lediglich durch äußere Korrekturen unabhängig voneinander einstellbar gemacht werden.

Die Frage der Synthese von Mehrgrößensystemen auf der Grundlage der Autonomisierung wurde zuerst in der UdSSR von VOZNESENSKY behandelt, der im Jahre 1938 eine zusammenfassende Arbeit [436, 1938] über die Entkopplung eines Objektes mit *n* geregelten Parametern formulierte und löste. Die Arbeit von VOZNESENSKY und spätere seiner Schule beschäftigten sich im wesentlichen mit der entkoppelten Regelung von Dampfkesseln. Diese russischen Arbeiten wurden in der westlichen Fachwelt erst durch einschlägige Diskussionen auf dem ersten IFAC-Kongreß 1960 in Moskau bekannt.

Entsprechende westliche Arbeiten entstanden nach den russischen.

In Deutschland hat MELDAHL in einer unveröffentlichten Studie [437, 1944] die Bedingungen für die Entkopplung eines Zweifachregelsystems angegeben.

Eine allgemeinere Methode für den Entwurf entkoppelter Regelsysteme wurde dann in den USA von BOKSENBOOM und HOOD [438, 1950] angegeben. Sie behandelten die Regelung einer Turbine, bei der die Drehzahl und die Temperatur in Abhängigkeit vom Ölstrom und der Schubdüsenfläche geregelt werden sollten. Die Fragestellung von BOKSENBOOM und HOOD lautete:

> Wie müssen bei gegebenen Kopplungsfrequenzgängen der Strecke die Reglerfrequenzgänge aussehen, wenn die Änderung einer bestimmten Führungsgröße nur auf eine bestimmte Regelgröße wirken soll?

Bei der Lösung konnten zwei Reglertypen unterschieden werden, nämlich Haupt- und Entkopplungsregler, von denen die ersten nach Kriterien der Einfachregelung festgelegt wurden, während die Entkopplungsregler dann als Ergebnis eines Berechnungsprozesses in ihrer Funktion bestimmt werden mußten.

Als Besonderheit der Arbeit von BOKSENBOOM und HOOD ist die erstmalige Benutzung der Matrizenalgebra für Mehrgrößenregelsysteme zu nennen, die sich im Anschluß daran als überaus sinnvoll erwies.

Die Anwendung der von BOKSENBOOM und HOOD formulierten Bedingungen für die Entkopplung der Führungsgrößen führt schon beim Zweifachregelkreis auf ein schwieriges Problem, wenn die Bedingungen exakt verwirklicht werden sollen.

Weitere Arbeiten über Mehrgrößenregelsysteme haben anschließend konsequent auf dem Matrizenkalkül aufgebaut.

Zu nennen sind die von CRUICKSHANK [439, 1955], KAVANAGH [440, 1956; 441, 1957] und FREEMAN [442, 1957].

Gemeinsam ist diesen Arbeiten die Bestimmung einer Systemübertragungsmatrix, welche für die gewünschte Reglerübertragungsfunktion aufgelöst wird, um ein bestimmtes Verhalten zu ermitteln.

KAVANAGH hat darüber hinaus Realisierbarkeitskriterien für Mehrgrößenregelsysteme mit gewünschtem Verhalten angegeben.

Die in den letzgenannten Veröffentlichungen beschriebenen Verfahren eignen sich für den Fall, daß der Entwurfsingenieur freie Hand bei der Auslegung des Reglernetzwerks hat. Da bei der industriellen Prozeßregelung meist nur die Reglergrundtypen zur Auswahl stehen, sind Anstrengungen unternommen worden, auch mit ihrer Hilfe Entkopplungen vorzunehmen.

Ein entsprechendes Verfahren hat CHATTERJEE [443, 1960] vorgeschlagen und dabei auf dem Kompensationsverfahren von GUILLEMIN und AARON [siehe 127 TRUXAL, 1955] aufgebaut.

Die systematische Untersuchung von Mehrgrößenregelsystemen und die Darstellung mit Blockschaltbildern führte zum Erkennen bestimmter Grundstrukturen, mit denen sich besonders MESAROVIC [444, 1960] beschäftigte. Die beiden einfachsten Grundtypen bezeichnete er als "*P*-kanonische Struktur" und "*V*-kanonische Struktur". Die *V*-kanonische Struktur entsteht aufgrund einfacherer Regelstrecken, bei denen eine Stellgröße jeweils nur die ihr zugeordnete Regelgröße verändert und erst letztere dann nachträglich auch die anderen Regelgrößen beeinflußt. Die *P*-kanonische Struktur kennzeichnet den Fall, in welchem eine Stellgröße direkt auf die verschiedenen Regelgrößen einwirkt. Durch Kombination dieser beiden Strukturen lassen sich gemischte Strukturen angeben.

Als Hilfsmittel für die Untersuchung von Mehrgrößenregelsystemen hat STARKERMANN [445, 1964] aus Elementen der Blockschaltdarstellung und der Graphenmethode [siehe Kapitel 3] das sogenannte "verallgemeinerte Blockschaltbild" entwickelt.

Für die Einsicht in die Struktur von Mehrgrößenregelsystemen haben sich besonders die von KALMAN im Jahre 1960 erstmals propagierten Begriffe der Steuerbarkeit und Beobachtbarkeit als bedeutsam erwiesen.

Die neuere Forschung auf dem Gebiet der Mehrgrößenregelungen hat sich von dem lange im Mittelpunkt gestandenen Problem der Entkopplung verlagert auf die Suche nach optimalen Kopplungen, nachdem sich gezeigt hatte, daß bei einer Reihe von Regelaufgaben eine Entkopplung nicht erstrebenswert war. Besonders wertvoll erscheinen aus dieser Sicht neuere Bestrebungen, Einstellregeln für Mehrgrößenregelsysteme zu ermitteln, die etwa denen von ZIEGLER und NICHOLS [siehe Kapitel 13] für Einfachregelkreise entsprechen.

# *12. Kapitel:* Die Verwendung und Behandlung von Nichtlinearitäten

## 12.1 Einleitung

Da alle technisch realisierten Systeme in irgendeiner Form nichtlineares Verhalten zeigen, haben auch die Regelungsanordnungen schon immer diese Eigenschaft gezeigt.

Die mathematische Kompliziertheit der Analyse nichtlinearer Differentialgleichungen, durch die jene Systeme beschrieben werden, hatte dazu geführt, daß man vielfach in den Nichtlinearitäten Beschränkungen sah, die sich der bewußten Handhabung entzogen. Eine Ausnahme davon machten bereits in der Regelung der Kraftmaschinen des neunzehnten Jahrhunderts die Zwei- und Dreipunktregelungen, deren Entwicklung in einem gesonderten Kapitel geschildert ist. Sonstige Nichtlinearitäten waren durch entsprechende Kennlinien der Kraft- und Arbeitsmaschinen sowie der Regler gegeben. Besondere Aufmerksamkeit schenkte man auch der Reibung im Reglergestänge, die in starkem Maße Anlaß zu nichtlinearem Verhalten der Regelkreise gab [siehe Kapitel 1].

Die theoretische Grundlage für die Behandlung der stetigen Nichtlinearitäten in Regelkreisen fanden die analytisch arbeitenden Regelungstechniker im neunzehnten Jahrhundert und auch noch später in der "Methode der kleinen Schwingungen". Voraussetzung für ihre Gültigkeit ist, daß die Amplituden der Schwingungen um die Ruhelage des Systems so klein sind, daß die nichtlineare Funktion in einer kleinen Umgebung dieser Ruhelage durch ihre Tangente ersetzt werden kann.

Die Ruhelage sei durch die Beziehungen

$$x = 0,\ f(x) = 0$$

gekennzeichnet. In ihrer Umgebung wird $f(x)$ in eine TAYLOR-Reihe entwickelt:

$$f(x) = f(0) + \left(\frac{\mathrm{d}f}{\mathrm{d}x}\right)_{x=0} x + \frac{1}{2}\left(\frac{\mathrm{d}^2 f}{\mathrm{d}x^2}\right)_{x=0} x^2 + \ldots\ .$$

Wenn der beschriebene Bewegungsvorgang auf eine kleine Umgebung der Ruhelage ($x = 0$) beschränkt bleibt, werden die Glieder mit höheren Potenzen von $x$ so klein gegenüber dem zweiten Glied, daß die Näherung

$$f(x) \approx \left(\frac{\mathrm{d}f}{\mathrm{d}x}\right)_{x=0} x$$

zur Berechnung der Bewegungsvorgänge herangezogen werden kann. Wenn man die Wertigkeit der Methode der kleinen Schwingungen mit der an neuere Verfahren geknüpften Terminologie ausdrückt, so kann sie das Systemverhalten nur "im Kleinen" beschreiben.

Mit der zunehmenden Automatisierung in vielen Bereichen der Technik wuchsen die Aufgaben der Regelungen und die an sie gestellten Güteansprüche. Dadurch mehrten sich jene Fälle, in denen die Methode der kleinen Schwingungen zu gar keinen oder nicht ausreichenden Lösungen der Regelungsprobleme führte. Zwangsläufig suchte man nach Auswegen und fand sie teilweise in exakten Lösungen nichtlinearer Differentialgleichungen, in weit stärkerem Maße jedoch in geeigneteren Näherungen als sie die Methode der kleinen Schwingungen darstellt. Für den Bereich der nicht stetigen Regelungen setzten sich schon in den letzten Jahrzehnten des neunzehnten Jahrhunderts graphische und graphisch-analytische Verfahren durch, die ihre Bedeutung bis heute nicht verloren haben.

Die mathematischen Verfahren, die etwa ab 1920 in verschiedenen Zweigen der Technik und speziell der Regelungstechnik zur analytischen Behandlung nichtlinearer Probleme herangezogen wurden, waren meist für Belange der allgemeinen Mechanik entwickelt worden und fanden nun neue Anwendungsgebiete. Daraus entstand eine wech selseitige Beeinflussung, die ihren Ausdruck fand in dem Begriff "Nichtlineare Mechanik", der von KRYLOFF und BOGOLIUBOFF [siehe 446, 1934] geprägt worden ist.

Die regelungstechnischen Lehrbücher beschäftigten sich ungefähr seit 1945 mit der Analyse von Nichtlinearitäten.

Während OLDENBOURG und SARTORIUS [120, 1944] bei der Berücksichtigung von Reibung und Lose in einem Regelkreis noch eine abschnittweise Integration der nichtlinearen Differentialgleichungen durchführten, stützten sich MacCOLL [104, 1945] und später TRUXAL [127, 1955] sowie viele andere mit der Benutzung der Zustandsebene auf Konzepte, die dem Bereich der Nichtlinearen Mechanik entstammen. Moderne regelungstechnische Lehrbücher [siehe beispielsweise 447 HSU/MEYER, 1968; 448 GIBSON, 1963] widmen einen beträchtlichen Teil ihres Inhaltes der Übertragung verschiedener Methoden aus der Nichtlinearen Mechanik auf Probleme der Regelungstechnik.

Die steigende Beachtung dieser Methoden rechtfertigt das Verfolgen ihrer Entwicklung für die Nichtlineare Mechanik und die frühen Anwendungen in der Regelungstechnik.

Die verfügbaren Methoden der Untersuchung nichtlinearer Systeme lassen sich unter anderem folgendermaßen aufteilen:

1. Exakte Lösung der nichtlinearen Differentialgleichungen
2. Lineare Näherungen
3. Stückweise Linearisierung
4. Topologische Methoden der Zustandsebene
5. Beschreibungsfunktionen
6. Analogrechnerstudien
7. Analytische Untersuchung der Differentialgleichung ohne deren Lösung.

Die für den jeweiligen Spezialfall benutzten Verfahren sind sowohl von den Eigenschaften des Systems, das heißt den beschreibenden Differentialgleichungen, als auch der Zielsetzung der Untersuchung abhängig.

Grundsätzlich ist dabei immer die Stabilität einbezogen, die häufig alleiniges Ziel darstellt, vielfach aber auch nur als notwendige Bedingung in einem Gütekriterium enthalten ist.

## 12.2 Stabilitätsdefinitionen

Im Gegensatz zu linearen Systemen, bei denen die Stabilität keine Funktion des Eingangssignals ist, läßt sich bei nichtlinearen Systemen, unter anderem wegen dieser Abhängigkeit, eine Vielfalt von Stabilitätsdefinitionen angeben.

KALMAN und BERTRAM [449, 1960] definierten acht Typen der Stabilität, ANTOSIEWICZ [450, 1958] neun und INGWERSON [451, 1960] zwanzig. Ein Teil der Definitionen bezieht sich jedoch auf nichtautonome Systeme, und ein anderer Teil erscheint technisch nicht sinnvoll. Neben den zahlreichen Stabilitätsdefinitionen existieren nicht minder viele Stabilitätskriterien für die unterschiedlichen Definitionen; DONALSON [452, 1961] führte allein zweiunddreißig auf, die sich auf die Zweite Methode von LJAPUNOV stützen.

Historische Entwicklungen der Stabilitätsbegriffe haben MOISSEJEW [453, 1949] und MAGNUS [454, 1959] aufgezeichnet. Sie umfassen jene von ARISTOTELES, LUKREZ, LEONARDO DA VINCI, GALILEI, DESCARTES, TORRICELLI, DEMOKRIT, EPIKUR, PTOLEMÄUS und anderen bis hin zu jenen von LAGRANGE, POISSON, LAPLACE, POINCARE und LJAPUNOV, die teilweise eine enge Verbindung zu denen der modernen Technik aufweisen.

Das Stabilitätskonzept von LAPLACE ist von derartiger Allgemeinheit, daß es für technische Belange sinnlos ist, denn es bezeichnet jene Bewegungen als stabil, die nicht unbegrenzt sind; demnach wären alle Bewegungen auf der Erde stabil. Man merkt diesem Konzept die Herkunft aus der Himmelmechanik an.

LAGRANGE, dessen Stabilitätsuntersuchungen später von ROUTH [147, 1877] herangezogen wurden, befaßte sich wesentlich mit Energiebetrachtungen in Gleichgewichtslagen von Systemen. In seinem Werk "Mécanique Analytique" [271, 1772] bewies er auf zwei verschiedene Arten den Satz:

> "Wenn ein System sich in einer Lage im Gleichgewicht befindet, in welcher die potentielle Energie ein Minimum hat, dann erlangt das System bei einer kleinen Verrückung niemals einen großen Betrag von kinetischer Energie und entfernt sich niemals weit aus seiner Gleichgewichtslage. Das Gleichgewicht heißt dann stabil".

Auch DIRICHLET [455, 1846; 456, 1847] hat einen Beweis für diesen Satz gebracht. Der Nachteil dieses Satzes liegt in seiner eingeschränkten Gültigkeit begründet. LAGRANGE ging von den nichtlinearen Differentialgleichungen eines Systems aus, entwickelte alle von den verallgemeinerten Koordinaten abhängigen Funktionen in Potenzreihen und vernachlässigte die höheren Glieder. Für das linearisierte System bewies er dann die Stabilität der Lösungen und schloß daraus auf die Stabilität des nichtlinearen Systems.

Die Fragwürdigkeit dieses Satzes, der wieder in den Bereich der Methode der kleinen Schwingungen gehört, wurde schon 1848 von dem Russen DAWIDOW herausgestellt; er schrieb [siehe 457 GERONIMUS]:

> "Diese Art der Betrachtung des Gegenstandes kann uns unbefriedigend erscheinen. LAGRANGE hat die Entfernungen der Massen von ihrer Ruhestellung sehr gering angesetzt, und unter Außerachtlassung der zweiten und höheren Potenzen dieser Größen in den Gleichungen der Bewegung zieht er aus diesen Gleichungen Schlußfolgerungen, die möglicherweise nur Konsequenzen der Voraussetzungen sind".

Dieser Problembereich wurde später von LJAPUNOV aufgegriffen und weitgehend gelöst.

## 12.3 Topologische Verfahren, Störungsrechnung, Bifurkationstheorie und Punkttransformation

Starke Impulse zur Diskussion von Stabilitätsfragen und zur Entwicklung von Methoden der Lösung nichtlinearer Differentialgleichungen gingen von astronomischen Aufgabestellungen aus, die sich bei der Untersuchung der Bahnkurven des Sonnensystems ergaben.

Die Planetenbewegungen lassen sich als fast-periodische Schwingungen betrachten, deren mathematische Beschreibung sich nur wenig von einer geeigneten Summe aus Sinus- und Cosinusanteilen unterscheidet. Dieser Umstand der fast-elliptischen Umlaufbahnen und der fast-periodischen Bewegungen wird dadurch hervorgerufen, daß 99,87 % der gesamten Masse des Sonnensystems in der Sonne selbst vereinigt ist. Die Tatsache jedoch, daß die Bahnen nicht vollkommen elliptisch und die Bewegungen nicht vollkommen periodisch sind, erklärt sich daraus, daß 70 % der Planetenmasse auf den Planeten Jupiter vereint ist, der damit eine starke Störungsquelle für die Bahnen der anderen Planeten darstellt. Die Berechnung dieser Bahnen bildet das sogenannte Dreikörperproblem, das auf 18 Differentialgleichungen mit 18 gesuchten Funktionen, nämlich 9 Koordinatenfunktionen und 9 Geschwindigkeitskomponenten führt. Da die Gleichungen des Dreikörperproblems nicht in Ausdrücken elementarer Funktionen integriert werden können, kann das Stabilitätsproblem des Planetensystems nicht durch Prüfung einer expliziten Funktion gelöst werden. Die Frage, ob das System eine stabile Konfiguration ist, mündet in die Frage, ob die fast-periodischen Planetenbewegungen durch eine konvergente Reihe periodischer Funktionen beschrieben werden können.

POINCARE und andere versuchten nun, Methoden zu finden, mit deren Hilfe die Stabilitätsprobleme durch implizite Untersuchung der bestimmenden Differentialgleichungen beantwortet werden können.

Die Entwicklung der neuen Theorie ist hauptsächlich von drei Arbeiten POINCAREs beeinflußt worden:

1. Mémoire sur les courbes définies par une équation différentielle;
2. Les méthodes nouvelles de la mécanique céleste;
3. Les figures d'équilibre d'une masse fluide animées d'un mouvement de rotation.

Diese Arbeiten entstanden in den Jahren 1875 bis 1900 und sind in der Gesamtausgabe der Werke POINCAREs [458, 1928] enthalten.

Mit der erstgenannten Arbeit, die mehr qualitativer Natur ist, begründete POINCARE die topologischen Untersuchungen, die zu der Theorie der Grenzzyklen führten.

Die zweite Arbeit, im Gegensatz zur ersten mehr quantitativer Natur, brachte eine bedeutende Weiterentwicklung der sogenannten Störungsrechnung und umfaßte die "Methode der kleinen Parameter".

Die drittgenannte Arbeit stellt in gewisser Weise eine Verbindung der beiden ersten dar, die sich in der sogenannten Verzweigungs(Bifurkations)-Theorie ausdrückt.

Die topologischen Untersuchungen, welche grundlegend für die später in der Regelungstechnik so fruchtbaren Verfahren in der Zustandsebene wurden, befaßten sich mit der Struktur von Integralkurven, die durch Differentialgleichungen der Form

$$\dot{x} = P(x,y), \quad \dot{y} = Q(x,y)$$

beschrieben werden.

Wenn die Koeffizienten unabhängig von der Zeit $t$ sind, kann das System auf eine Gleichung erster Ordnung in $x$ und $y$ reduziert werden:

$$\frac{\mathrm{d}y}{\mathrm{d}x} = f(x,y).$$

Durch diesen Ausdruck ist ein System von Trajektorien in der Zustandsebene bestimmt. Wenn Eindeutigkeit des Systems gegeben ist, geht durch einen vorgegebenen Punkt der Zustandsebene nur eine einzige Bahnkurve. Als wichtigste Bedingung dafür ist Stetigkeit der Funktionen $P$ und $Q$ erforderlich. Ausnahmen liegen in den singulären oder kritischen Punkten vor, die sich in verschiedenen Typen nach Bild 40 ausdrücken.

Die Bedeutung dieser topologischen Begriffe ergibt sich erstens aus der Identifizierung mit bestimmten Schwingungszuständen physikalischer Systeme, zum Beispiel des in den Nullpunkt laufenden Strudels mit einer stabilen Gleichgewichtslage, und zweitens aus der sogenannten Indextheorie, welche notwendige, aber nicht hinreichende Bedingungen für die Existenz von Grenzzyklen vermittelt. Diese von POINCARE definierten Grenzzyklen ("cycles limites") werden durch geschlossene Bahnen in der Zustandsebene wiedergegeben.

Die Sätze von POINCARE über die Indizes von Kurven machen Aussagen über die Art der singulären Punkte des Systems anhand der Kenntnis des Geschwindigkeitsvektors $\dot{x}$ in allen Punkten einer geschlossenen Kurve in der Zustandsebene.

Führt man einen Punkt entgegen dem Uhrzeigersinn einmal um die geschlossene Kurve herum, dann nennt man die Anzahl der Umdrehungen, die der Geschwindigkeitsvektor bei diesem Umlauf ausführt, den Index der Kurve.

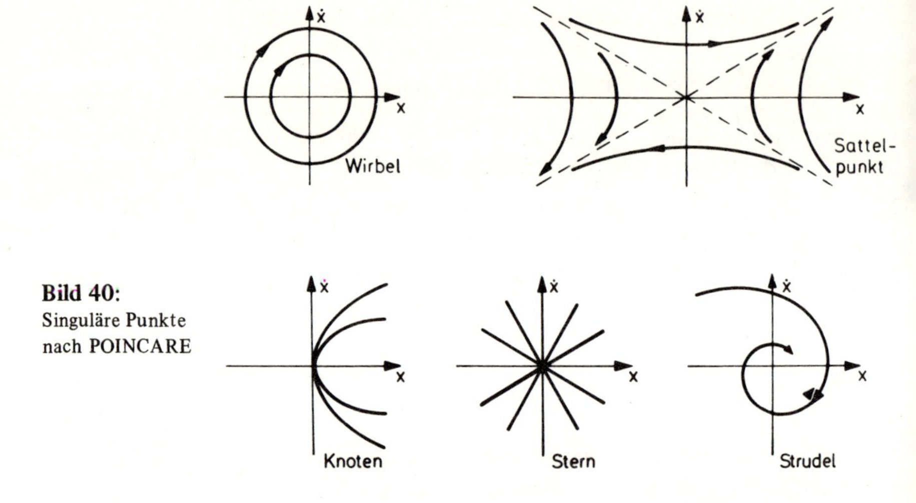


**Bild 40:**
Singuläre Punkte nach POINCARE

Auf die genannten Definitionen stützen sich nun zwei Sätze von POINCARE:

*Erster Satz:*

Es sei $n$ der Index einer geschlossenen Kurve in der Zustandsebene. Wenn das System einen singulären Punkt in der Zustandsebene hat, dann gilt:

a) Für $n = 0$ umschließt die Kurve keine sogenannten singulären Punkte;

b) für $n = 1$ umschließt die Kurve einen Knoten, einen Strudel oder einen Wirbel;

c) für $n = -1$ umschließt die Kurve einen Sattelpunkt.

*Zweiter Satz:*

Eine geschlossene Kurve kann nur eine Lösungskurve sein, wenn ihr Index + 1 ist; folglich muß ein Grenzzyklus einen singulären Punkt des Gleichungssystems umschließen.

Etwa zehn Jahre nach Bekanntwerden der POINCAREschen Arbeiten hat BENDIXON [459, 1901] zwei Sätze angegeben, welche eine wesentliche Ergänzung darstellen, da sie die Frage beantworten, ob überhaupt Grenzzyklen existieren können, beziehungsweise wie sie sich bei großen Zeiten verhalten.

Der *erste Satz* von BENDIXON lautet:

In einem Gebiet der Zustandsebene, in welchem die Summe

$$\frac{\mathrm{d}P}{\mathrm{d}x} + \frac{\mathrm{d}Q}{\mathrm{d}y}$$

konstantes Vorzeichen hat, kann es keine geschlossenen Lösungskurven geben.

Der *zweite Satz* von BENDIXON lautet:

Eine Bahnkurve, welche in einem begrenzten Bereich der Zustandsebene für

$$t_0 < t < \infty$$

verbleibt, ist entweder eine geschlossene Kurve oder sie nähert sich asymptotisch einer geschlossenen Kurve.

Der erste Satz ist auch als Negativ-Kriterium, der zweite als Positiv-Kriterium bekannt geworden.

Nachdem mit den Arbeiten von BENDIXON kurz nach der Jahrhundertwende ein gewisser Abschluß der topologischen Verfahren erreicht worden war, der sich darin ausdrückt, daß man seither von einer "Differentialgleichungs-Geometrie" sprach, standen diese Verfahren in der Anwendung auf physikalische Probleme bis etwa 1920 im Hintergrund; dann wurden sie von VAN DER POL aufgegriffen und zur Lösung der nach ihm benannten Gleichung verwendet [siehe unten].

Wichtiges Hilfsmittel war das Isoklinen-Verfahren, welches es gestattet, aus den für die jeweilige Differentialgleichung gezeichneten Richtungselementen einen Überblick über den möglichen Verlauf der Lösungskurven zu gewinnen [siehe beispielsweise 460 RUNGE, 1919].

Die Systemgleichung wird dabei so umgestellt, daß die Orte gleicher Steigung entnommen werden können. Bei Kenntnis der Anfangsbedingungen ist es dann möglich, ohne Lösung der Differentialgleichung die Trajektorien zu zeichnen. Diese Methode wird auch neuerdings noch besonders bei stückweise linearen Systemen verwendet [siehe 461 GIBSON, 1958].

Eine wichtige Entwicklung der geometrischen Kriterien für die Existenz periodischer Lösungen ging später noch von LIENARD [462, 1928] aus, der eine spezielle Zustandsebene für seine Untersuchungen heranzog; seine graphische Konstruktion eignet sich besonders in jenen Fällen, in denen die Nichtlinearität in graphischer Form vorliegt [siehe 463 MINORSKY, 1947].

Weitere Methoden zur Konstruktion des Zustandsportraits sind entwickelt worden, von denen besonders die von PELL [464, 1957] und die sogenannte $\delta$-Methode zu erwähnen sind [siehe dazu 465 JACOBSEN, 1952; 466 BULAND, 1954], weil sie in der regelungstechnischen Literatur ihren Platz gefunden haben [siehe zum Beispiel 448 GIBSON, 1963].

Die Nachteile der topologischen Verfahren, wie sie von POINCARE und BENDIXON entwickelt wurden, besteht in der Schwierigkeit, sie auf Systeme höherer Ordnung zu erweitern, da sie dann im wesentlichen analytisch werden und ihre Anschaulichkeit verlieren; weitere Schwierigkeiten entstehen durch Stetigkeits- und Zeitunabhängigkeitsbedingungen.

Aus der Stetigkeitsbedingung für die oben angegebenen Funktionen $P(x,y)$ und $Q(x,y)$ folgt, daß sich die Verfahren nicht unmittelbar auf die für die Regelungstechnik so wichtigen Zweipunkt- oder Relaissysteme übertragen lassen. Die für diese Anwendungen nötigen Erweiterungen auf breitere Funktionsklassen wurden von dem Franzosen HAMEL ("HAMEL-Ort") und dem Russen ZYPKIN ("ZYPKIN-Ort") durchgeführt [siehe Kapitel 10].

Das Problem der Zeitabhängigkeit von Differentialgleichungen der Form

$$\dot{x} = P(x,y,t), \ \dot{y} = Q(x,y,t)$$

ist auch schon von POINCARE erkannt, jedoch nicht gelöst worden. Zwar begann er in der zweiten der oben zitierten Abhandlungen, die im Jahre 1892 veröffentlicht wurde mit der Untersuchung dieses Gleichungstyps, doch ging er dann zum Sonderfall der autonomen Gleichung über.

Unter Auslassung von topologischen Darstellungen sind später MANDELSTAM und PAPALEXI in ihrem klassischen Werk über nichtlineare Resonanz [467, 1931] einen anderen Weg zur Lösung des Problems gegangen, indem sie Methoden der Störungsrechnung benutzten, die ebenfalls in Arbeiten von POINCARE wesentlich begründet wurden. Diese Autoren befaßten sich speziell mit parametrischer Erregung und subharmonischer Resonanz in einem rückgekoppelten Generator, auf den eine sinusförmige Erregung einwirkte. Bild 41 zeigt die Schaltung des von ihnen untersuchten Generators in Originaldarstellung.

**Bild 41:**
Generatorskizze

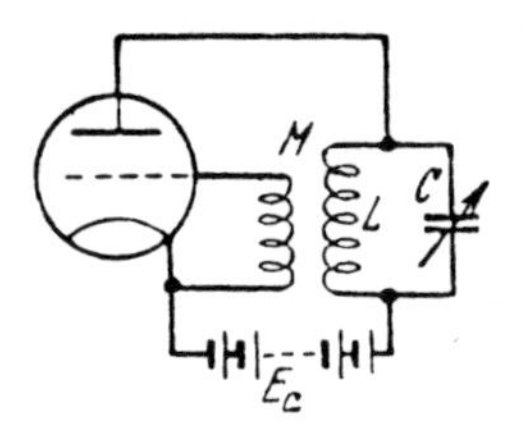


Die topologischen Verfahren von POINCARE, die speziell in der Regelungstechnik mit Verfahrensweisen von LEAUTE und HOUKOWSKY [siehe Kapitel 10] bereits Vorläufer hatten, sollen an dieser Stelle nicht mehr weiter verfolgt werden, sondern dem zweiten bedeutenden Einflußgebiet POINCAREs, der Störungsrechnung, Platz machen.

Die Störungsrechnung ist hauptsächlich von der Berechnung der Planetenbahnen ausgegangen. In seinem Werk "Principia" hatte NEWTON bereits 1686 dem störenden Einfluß der anderen Himmelskörper auf die Mondbewegung einige Aufmerksamkeit gewidmet. Während er das Zweikörperproblem detailiert behandelte, konnte er das Dreikörperproblem nicht lösen.

Die ersten Ansätze zur Lösung der damit verbundenen, quasilinearen Differentialgleichungen über die Betrachtung "kleiner Störungen" machte POISSON, der die Lösung in Reihenentwicklungen suchte.

Die systematische Untersuchung von Systemen, die durch folgende Differentialgleichungssysteme beschrieben werden, wurde erst von POINCARE mit der Störungsrechnung begründet:

$$\dot{x} = ax + by + \mu f_1(x,y); \ \dot{y} = cx + \mathrm{d}y + \mu f_2(x,y).$$

In diesen Gleichungen sind $f_1$ und $f_2$ nichtlineare Funktionen und $\mu$ ein Parameter.

POINCARE nahm an, daß für kleine Werte des Parameters $\mu$ periodische Lösungen der Form

$$x = x(t, \mu, K), \quad y = y(t, \mu, K)$$

existieren, wobei $K$ eine von den Anfangsbedingungen abhängige Integrationskonstante ist.

Mit den Lösungen $x(0, \mu, K)$ und $y(0, \mu, K)$ für die Zeit $t = 0$ läßt sich schreiben:

$$x(0,\mu, K) = x_0(0,K) + \beta_1, \quad y(0,\mu, K) = y_0(0,K) + \beta_2.$$

Damit sind die Funktionen $\beta_1(\mu)$ und $\beta_2(\mu)$ definiert.

Die Methode von POINCARE besteht nun darin, die Lösungen $x(t, \mu, K)$ und $y(t,\mu, K)$ in Potenzreihen von $\mu$, $\beta_1$ und $\beta_2$ zu entwickeln. POINCARE zeigte, daß die Reihenentwicklungen konvergieren, wenn die absoluten Werte von $\mu$, $\beta_1$ und $\beta_2$ hinreichend klein sind.

Eine Schwierigkeit dieses Verfahrens entsteht bei der Berechnung der Koeffizienten für die Potenzreihen, da sogenannte Säkularglieder entstehen können, welche die Zeit explizit enthalten und damit instabile Lösungen beschreiben [siehe 468 BELLMAN, 1964]. GYLDEN und LINDSTEDT [469, 1883] haben diese Schwierigkeiten vermieden, indem sie die Säkularglieder ("secular terms") bei jedem Schritt der Rekursion, durch welche die Koeffizienten der Reihenentwicklung bestimmt werden, eliminiert haben. Die Methode von LINDSTEDT ist später von KRYLOFF und BOGOLIUBOFF [470, 1937] ebenfalls verwendet worden.

Die dritte in diesem Rahmen bedeutende Arbeit von POINCARE [471, 1903; 472] befaßt sich mit der sogenannten Bifurkations- oder Verzweigungstheorie und vereinigt Elemente der beiden anderen zitierten Arbeiten. Aus der ersten wurden im wesentlichen topologische Begriffe entlehnt und aus der zweiten analytische Verfahren. Die Bedeutung dieser dritten Arbeit offenbarte sich erst ziemlich spät, als man nämlich begann, kompliziertere physikalische Probleme zu untersuchen, bei denen mehrere Grenzzyklen auftraten, deren gegenseitige Beeinflussung nicht übersehen werden konnte.

POINCARE führte in dieser Arbeit einen neuen Hilfsparameter ein und studierte das Verhalten der Lösungen der Differentialgleichungen in Abhängigkeit von diesem Parameter.

Wenn für eine kleine Änderung des Parameters um einen Funktionswert herum die Lösung der Differentialgleichung sich auch nur wenig ändert, ohne ihre topologische Struktur zu ändern, wird ein solcher Wert des Parameters "einfach" (nach POINCARE "ordinaire") genannt. Neben diesen einfachen Parameterwerten können kritische Werte existieren, bei denen eine kleine Änderung eine qualitative Änderung der Struktur hervorruft und zu neuen Lösungen der Differentialgleichung führt.

Es tritt häufig der Fall ein, daß für einen Abzweigungswert des Parameters ein stabiler Grenzzyklus sich einem benachbarten instabilen nähert und sich beide gegenseitig durch Verschwinden an der Grenze zerstören.

POINCARE selbst sagte dazu:

> "Die periodischen Lösungen verschwinden zu Paaren wie reelle Wurzeln algebraischer Gleichungen".

Dadurch entsteht ein diskontinuierlicher Sprung im Schwingungsverhalten. Solche Erscheinungen ließen sich mit Hilfe der Verzweigungstheorie erstmalig erklären. Desgleichen ermöglichte diese Theorie die Erklärung der von APPLETON und VAN DER POL [473, 1921] in Generator-Schwingkreisen später beobachteten Sprungphänomene ("Schwingungshysterese" nach der zitierten Arbeit).

Die Untersuchung periodischer Bewegungen in nichtlinearen Systemen anhand der Verzweigungstheorie ist in der Zielsetzung vergleichbar mit der von NEYMARK für lineare Systeme entwickelten Methode der *D*-Zerlegung [siehe Kapitel 4]; es sollen im Parameterraum Bereiche gegeneinander abgegrenzt werden, die grundsätzlich anderes Verhalten zeigen.

Wohl durch diese ähnliche Zielsetzung angeregt, hat NEYMARK [474, 1960] die Verzweigungstheorie für nichtlineare Regelungssysteme herangezogen, deren periodische Bewegungen er in Abhängigkeit von verschiedenen Parametern ermittelte. Zur Berechnung der Verzweigungspunkte stützte er sich allerdings nicht auf die POINCAREsche Theorie, sondern fand einen anderen Zugang über die Punkttransformation, die zuerst von ANDRONOV [siehe 475, 1937] und später von BAUTIN und MAYER [siehe 474 NEYMARK] zur Lösung von nichtlinearen Problemen der Regelungstheorie angewendet worden ist.

Die Methode der Punkttransformation ist hauptsächlich zur Behandlung von Zweipunktregelungen herangezogen worden; so haben ANDRONOV, WITT und CHAIKIN [386, 1937] Kursregelanlagen für Wasserfahrzeuge damit untersucht, bei denen das Ruder nur zwei Endlagen annehmen konnte ("Zweipositions-Selbststeuerung"). ANDRONOV selbst hat aber auch ein anders geartetes nichtlineares Regelproblem mit Hilfe der Punkttransformation gelöst [siehe 476 ANDRONOV/BAUTIN, 1944], und zwar bestimmte er Grenzzyklen und Stabilitätsgrenzen eines mit COULOMBscher Reibung behafteten Systems; der eigentliche Regelvorgang wurde als stückweise lineare Schwingung berechnet. In der deutschen Literatur über Regelungstechnik ist der Punkttransformation bisher wenig Aufmerksamkeit zuteil geworden [siehe 477 KAMMÜLLER, 1961].

## 12.4 Nichtlineare Phänomene in technischen Systemen

Neben den Anregungen der Himmelsmechanik für die Untersuchungen nichtlinearer Systeme ergaben sich etwa ab Ende des neunzehnten Jahrhunderts auch Einflüsse technischer Systeme, die in steigendem Maße vorrangig wurden. Als nichtlineare Phänomene, die zuerst meist nur beobachtet und registriert und erst später analytisch untersucht wurden, sind an dieser Stelle nichtlineare Resonanz, parametrische Erregung, Sprungresonanz und selbsterregte Schwingungen zu nennen.

Es war HELMHOLTZ [478, 1895], der nichtlineare Resonanz in Gestalt von Subharmonischen entdeckte und in seine Theorie der physiologischen Akustik einbaute. Er begründete die Beobachtung, daß das Ohr häufig Töne hört, welche gar nicht in dem angekommenen akustischen Signal enthalten waren, damit, daß die Differentialgleichung, welche die Schwingung des Trommelfells beschreibt, nichtlinear ist.

Parametrische Erregung war als Erscheinung schon lange bekannt. In diese Kategorie gehört beispielsweise die Schaukelbewegung, die aus periodischem Heben und Senken des Schwerpunktes eines Körpers besteht. Lord RAYLEIGH [479, 1883] gab ein Experiment dazu an, bei welchem eine gestreckte Feder am Ende der Spitze einer Stimmgabel Schwingungen in Richtung der Feder ausführen konnte. Es wurde beobachtet, daß Querschwingungen der Feder mit der Frequenz $f$ auftraten, wenn die Stimmgabel mit der Frequenz $2f$ schwang.

Entsprechende Erscheinungen in elektrischen Kreisen wurden später von BRILLOUIN [480, 1897] und POINCARE [786, 1907] festgestellt. Wichtige Experimente im Zusammenhang mit diesem Phänomen haben MANDELSTAM und PAPALEXI [481, 1934] unternommen, die einen speziellen Schwingkreis, den sie "parametrischen Generator" nannten [siehe auch oben], untersuchten. In Fortsetzung der oben zitierten Arbeit wurde in diesem Schwingkreis eine Kapazität mechanisch verändert [siehe 482 MALKIN, 1952].

Sprungresonanz wurde ausführlich schon 1910 von MARTIENSON [483, 1910] behandelt, der sich speziell auf Wechselspannungskreise bezog. Eine noch frühere praktische Beobachtung des Phänomens geht auf BETHENOD [484, 1907] zurück. In späteren Jahren fanden Sprungresonanzen besonders im Zusammenhang mit der Untersuchung der DUFFINGschen und der VAN DER POLschen Gleichung Beachtung.

Die DUFFINGsche Gleichung

$$\ddot{y} + k\,\dot{y} + n^2\,y - \frac{n^2}{6}\,y^3 = f\cos\omega t$$

entsteht aus der Pendelgleichung

$$\ddot{y} + n^2\sin y = 0$$

durch Hinzufügung eines Dämpfungsgliedes und einer Störfunktion sowie Entwicklung der Sinusfunktion in eine Reihe und Vernachlässigung höherer Glieder; als häufigsten Anwendungsfall beschreibt sie eine Uhr.

Die erste systematische Untersuchung dieser Gleichung erfolgte 1918 durch DUFFING [485, 1918]; sie trägt deshalb seinen Namen. Durch die Näherung

$$\sin y = y - \frac{1}{6}\,y^3$$

wird die Gleichung auch als Differentialgleichung für ein mechanisches System mit nichtlinearer Federkraft gedeutet. Die komplizierte Untersuchung der DUFFINGschen Gleichung [siehe dazu 486 DAVIS, 1962; 487 CARTWRIGHT, 1962] führt bei fehlendem Dämpfungsglied auf ein Sprungphänomen.

Speziell in Regelkreisen hat man sich erst wesentlich später dieser Erscheinung analytisch angenommen. BOOTON [488, 1953] wies das Auftreten von Sprungresonanzen in Sättigungssystemen bei stochastischen Eingangssignalen experimentell nach, ohne es aber mit der Beschreibungsfunktion zu erklären und eine Stabilitätsvorhersage zu treffen.

HOPKIN und OGATA [489, 1959] haben ein Servosystem höherer Ordnung mit nichtlinearer Verstärkung untersucht, in welchem Sprungresonanz auftrat.

In umfassender Weise hat KOEPSEL [490, 1961] nichtlineare Regelkreise dritter Ordnung auf Sprungresonanz untersucht und sich dabei des Verfahrens von RITZ und GALERKIN [siehe unten] bedient, um Näherungslösungen zu erzielen.

Als Grundlage hatte KOEPSEL eine Arbeit von ATKINSON und BOURNE [491, 1958] gedient, die sich mit der Lösung von DUFFINGs Gleichung aufgrund der Näherung von RITZ und GALERKIN befaßte.

Die bei Sprungresonanzen plötzlich auftretenden Änderungen im Systemverhalten können bei Regelkreisen besonders gefährlich werden und schon bei relativ einfachen Systemen in Erscheinung treten [siehe 448 GIBSON, 1963; 492 SCHLITT, 1968].

Vor den besprochenen, nichtlinearen Erscheinungen der parametrischen Erregung, der nichtlinearen Resonanz und der Sprungphänomene nahmen, die genannten teilweise umfassend, die von ANDRONOV [493, 1929; 494 LURJE, 1957] so genannten selbsterregten Schwingungen den ersten Platz in der Forschung ein.

Der Einfluß eines potenzierten Anteils der zeitlichen Ableitung wurde 1883 von RAYLEIGH [495, 1877/78; 479, 1883] in Abhandlungen über die Dämpfung von Schwingungssystemen mit Flüssigkeitsreibung besprochen. Er zeigte, wie ein stationärer Zustand unter Hinzufügung eines kubischen Teils der zeitlichen Ableitung erhalten werden kann und kam auf die Gleichung

$$\ddot{x} + k\,\dot{x} + k_1\,\dot{x}^3 + n^2\,x = 0.$$

Die durch diese Gleichung beschriebene Bewegung verläuft nicht monoton. RAYLEIGH sagte dazu:

> "Wenn $k$ negativ und $k_1$ positiv ist, werden die Schwingungen stationär und nehmen die Amplitude $A$ an. Eine kleinere Schwingung wächst bis zu diesem Punkt und eine größere fällt. Wenn andererseits $k$ positiv ist und $k_1$ negativ, dann wird die "abstrakt" mögliche stationäre Schwingung instabil; eine Abweichung von $A$ führt in jeder Richtung zu anwachsenden Schwingungen".

Für kleine Werte von $k$ und $k_1$ gab RAYLEIGH folgende Näherungslösung an:

$$x = A \sin nt + \frac{k_1\,n\,A^3}{32} \cos 3nt;$$

dabei wird $A$ aus der Beziehung gewonnen: $k + \frac{3}{4}k_1 n^2 A^2 = 0.$

Von Wichtigkeit ist die Tatsache, daß die RAYLEIGH-Gleichung durch eine Transformation in die VAN DER POLsche Gleichung überführt werden kann [siehe 486 DAVIS].

Bevor die analytische Behandlung selbsterregter Schwingungen besprochen wird, sollen einige frühe Anwendungen erwähnt werden. Die Möglichkeit, selbsterregte Schwingungen in nichtlinearen Schwingkreisen mit Dämpfung zu erzeugen, wurde zuerst im

Jahre 1900 von DUDDELL [496, 1900] demonstriert, der damit die Grundlage dafür schuf, leistungsfähige Radiosender für ungedämpfte Wellen zu bauen. Genutzt wurde dieses Verfahren in den frühen Tagen der Radiotechnik von POULSEN [siehe 497 ZENNECK, 1915], der den sogenannten POULSEN-Generator entwarf.

In der Regelungstechnik waren selbsterregte Schwingungen damals auch bereits beobachtet worden, wobei besonders das "Tanzen" der Fliehkraftregler zu nennen ist, welches von ISAACHSEN [498, 1899] und SCHMIDT [385, 1939] besprochen wurde und auf Reibungseinflüssen beruht.

Die erste regelungstechnische Nutzung selbsterregter Schwingungen ist in frühen Zweipunktregelungen zu sehen [siehe Kapitel 10], die eine besondere Ausbildung in dem 1902 erfundenen TIRRILL-Regler besaßen.

Einen bedeutenden Anteil an der Untersuchung von Selbstschwingungen in elektrischen Schwingkreisen hat VAN DER POL in seinen Arbeiten errungen. In der ersten bedeutenden Veröffentlichung [499, 1920] berichtete er über erzwungene Schwingungen in einem elektrischen Kreis mit nichtlinearem Widerstand. Für das Verhalten des gesamten Schwingkreises, der eine Triode einschloß, fand VAN DER POL die Gleichung:

$$\ddot{x} - \epsilon(1 - x^2)\,\dot{x} + a\,x = E_0 \sin \omega t.$$

Diese Gleichung hat durch die Bearbeitung VAN DER POLs in mehreren Richtungen zu bedeutsamen Entwicklungen der nichtlinearen Verfahren überhaupt geführt.

In der oben genannten Abhandlung hat VAN DER POL eine Lösung der Gleichung und besonders den Beweis der Existenz periodischer Lösungen mit Hilfe der Isoklinen-Methode geführt und damit die topologischen Verfahren einem Personenkreis zugänglich gemacht, der mehr physikalisch-technisch interessiert war.

In den folgenden Jahren befaßte sich VAN DER POL gemeinsam mit APPLETON weiterhin mit dieser Gleichung.

Untersuchungsergebnisse wurden zuerst von APPLETON [500, 1923] und später in umfassenderer Darstellung von VAN DER POL [501, 1927] mitgeteilt.

Die oben genannte Gleichung ergab in der dargestellten Form unter Einschluß des Störungsgliedes $E_0 \sin \omega t$ wichtige Ergebnisse für das Problem der Frequenzmitnahme. Ein Teil der Arbeiten befaßte sich aber mit der reduzierten Gleichung, ohne das Glied $E_0 \sin \omega t$, die auch als VAN DER POLsche Gleichung bekannt wurde.

Zur Lösung der Gleichung ging VAN DER POL in der zweiten Arbeit analytisch vor, im Gegensatz zur ersten Arbeit, in der er graphisch vorging. Er machte den Ansatz der "langsam veränderlichen Amplituden" und begründete damit ein Näherungsverfahren, das gleichrangig mit dem späteren der Harmonischen Balance zu nennen ist.

Der Grundgedanke des Verfahrens besteht darin, eine Lösungsfunktion

$$x = A\,(t)\,\cos \omega t$$

anzusetzen, in der die Größe $A\,(t)$ eine langsam mit der Zeit veränderliche Amplitude darstellt. Das führt auf folgende Zusammenhänge:

$$x = A(t) \cos \omega t$$
$$\dot{x} = \dot{A}(t) \cos \omega t - A(t)\, \omega \sin \omega t$$
$$\ddot{x} = \ddot{A}(t) \cos \omega t - 2\dot{A}(t)\, \omega \sin \omega t - A(t)\, \omega^2 \cos \omega t;$$

es gelten die Abschätzungen: $\dot{A}(t) \ll A(t)\,\omega$; $\ddot{A}(t) \ll A(t)\,\omega^2$; ferner gilt: $\epsilon(1-x^2)\,\dot{x} + ax \approx b_1 \sin \omega t + a_1 \cos \omega t$.

Die letzte Beziehung bedeutet eine Näherung durch die beiden ersten Glieder einer FOURIER-Entwicklung.

Die oben entwickelten Ausdrücke setzte VAN DER POL in die Gleichung ein und kam zu dem Ausdruck

$$-A(t)\,\omega^2 \cos \omega t - 2\,\dot{A}(t)\,\omega \sin \omega t + a_1 \cos \omega t + b_1 \sin \omega t = 0;$$

zusammengefaßt ergab sich:

$$\left\{-2\,\dot{A}(t)\,\omega + b_1\right\} \sin \omega t + \left\{-A(t)\,\omega^2 + a_1\right\} \cos \omega t = 0.$$

Da dieser Ausdruck für beliebige Zeiten gleich Null sein muß, müssen auch die Klammerausdrücke für sich gleich Null sein, so daß gilt:

$$b_1 = 2\,\dot{A}(t)\,\omega; \quad a_1 = A(t)\,\omega^2.$$

Die Frequenz $\omega$ und die Amplitude $A(t)$ können mit Hilfe dieser beiden Gleichungen errechnet werden, weil die Faktoren $a_1$ und $b_1$ aus der FOURIER-Entwicklung bekannt sind. Die Zeitabhängigkeit der Amplitudengröße $A(t)$ ermöglicht auch die Berechnung von nichtperiodischen Einschwingvorgängen [siehe 463 MINORSKY, 1947]. Mathematisch schließt das Verfahren an die Variation der Konstanten an, die LAGRANGE für lineare Differentialgleichungen angegeben hatte, um bei Kenntnis einer homogenen Lösung einen systematischen Weg zur inhomogenen Lösung zu finden [siehe 303].

In den zitierten Abhandlungen hat VAN DER POL den Faktor $\epsilon$, sowohl aus mathematischen Erwägungen wegen der fast-periodischen Schwingungen als auch von der technischen Begründung geringer Kopplung her, als klein angenommen.

Besonders durch die mathematische Problemstellung angeregt [siehe 502 VAN DER POL, 1948], fragte VAN DER POL im Jahre 1926 nach den Auswirkungen bei großen Werten von $\epsilon$.

Mit den in diesem Zusammenhang durchgeführten Untersuchungen wurde die Theorie der Relaxations- oder Kippschwingungen begründet. Die Auswirkung der Größe von $\epsilon$ auf die Schwingungsform geht aus den Diagrammen in Bild 42 hervor.

Die von VAN DER POL durchgeführte Untersuchung des Problems der Frequenzmitnahme, Synchronisierung oder einfach Mitnahme [siehe 252 BARKHAUSEN, 1929] löste ein schon lange bekanntes Problem. GALILEI kannte es als "Isochronismus"; HUYGENS beobachtete es an einem mechanischen System, nämlich zwei an einer Wand aufgehängten Pendeln.

Die Verbindung der VAN DER POLschen Ergebnisse mit den topologischen Verfahren, wie sie speziell von POINCARE entwickelt worden waren, kam erst 1929 durch

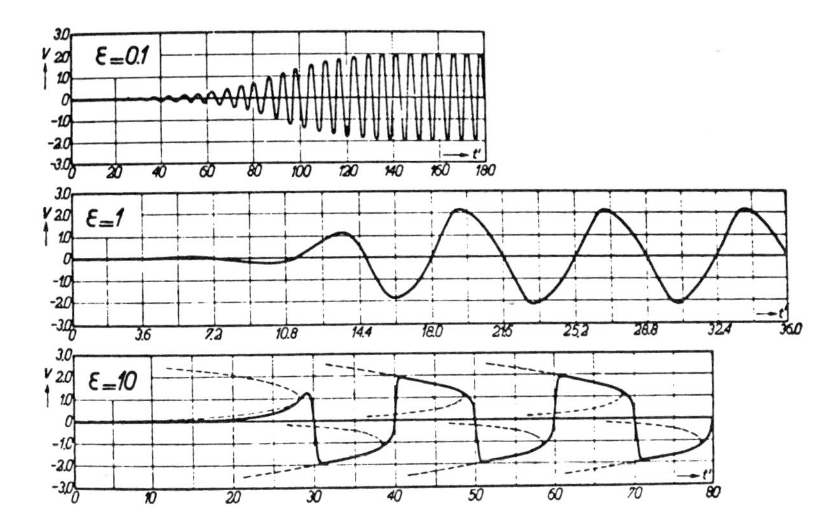


**Bild 42:** Einfluß des Parameters $\epsilon$ der VAN DER POLschen Gleichung auf die Schwingungsform

den Russen ANDRONOV [493] zutage, der in einem Aufsatz in der französischen Zeitschrift COMPTES RENDUS die Aufmerksamkeit auf die Tatsache lenkte, daß die geschlossene Kurve von VAN DER POL, die jener 1920 mit der Isoklinen-Methode festgestellt hatte, nichts anderes war als ein Grenzzyklus der Theorie von POINCARE.

Die VAN DER POLsche Gleichung hat verschiedentlich Anlaß zu mathematischen Verallgemeinerungen gegeben. Die verwendeten Methoden zur Lösung nehmen eine Zwischenstellung ein zwischen topologischen und analytischen und verbinden beide Bereiche teilweise. Das besondere Anliegen dieser Untersuchungen liegt in den Bedingungen, unter denen sich Phasentrajektorien schließen.

LIENARD und CARTAN und CARTAN [503, 1925] verallgemeinerten die Gleichung auf die Form

$$\ddot{x} + f(x)\,\dot{x} + x = 0;$$

LEVINSON und SMITH [504, 1942] untersuchten die Form

$$\ddot{x} + f(x, \dot{x})\,\dot{x} + g(x) = 0.$$

Für Regelungssysteme hat die VAN DER POLsche Gleichung nicht nur durch die bei ihrer Untersuchung entwickelten Verfahren Bedeutung, sondern sie tritt auch selbst als beschreibende Differentialgleichung auf; so behandelte HAYASHI [505, 1957] ein Regelungssystem, das durch die VAN DER POLsche Gleichung beschrieben wurde. Es bestand aus einem Generator mit Spannungsregler, wobei das Generatorsystem durch einen rotierenden Verstärker Rototrol geregelt wurde.

Die oben genannten Arbeiten initiierten auf diversen Gebieten eine Suche nach Grenzzyklen. Auf biologischem Gebiet gaben VAN DER POL und VAN DER MARK

[506, 1928] eine Verhaltenstheorie des Herzens an, welches als Mechanismus Relaxationsschwingungen in einem Grenzzyklus ausführt. Entsprechende Beispiele für Grenzzyklen gab auch [VOLTERRA 507, 1931] in seiner mathematischen Theorie des "struggle for life".

Unabhängig von der VAN DER POLschen Gleichung ist das Verfahren der "langsam veränderlichen Amplitude" für die Behandlung nichtlinearer Regelungsprobleme herangezogen worden. Eine besondere Bedeutung kommt dabei dem Russen BULGAKOV zu, der dieses Näherungsverfahren mit anderen, noch zu besprechenden, in Verbindung setzte und es bei nichtlinearen Servosystemen verwendete [siehe 508 BULGAKOV, 1946].

## 12.5 Harmonische Linearisierungen

Die Näherungsverfahren des "kleinen Parameters" von POINCARE und der "langsam veränderlichen Amplitude" von VAN DER POL sowie das Verfahren der "ersten Näherung" von LJAPUNOV [siehe unten] setzen nach ihrem erfolgreichen Einsatz bei technischen Problemen eine systematische Untersuchung der verschiedenen Näherungsverfahren selbst in Gang, die dazu führte, daß die Verbindungen zwischen den Verfahren geklärt wurden und daß aus der vermehrten Einsicht heraus andere Näherungen gefunden wurden, die für spezielle Fälle zu besseren Ergebnissen leiteten. Markante Punkte dieser Entwicklung liegen im Erscheinen der Bücher von KRYLOFF und BOGOLIUBOFF [470, 1943] mit dem Titel "Introduction to Nonlinear Mechanics", von ANDRONOV, WITT und CHAIKIN [386, 1937] mit dem Titel "Theory of Oscillations" und von MINORSKY [463, 1947] mit dem Titel "Introduction to Nonlinear Mechanics".

Schon die Erscheinungsdaten der Bücher geben einen Hinweis darauf, daß diese Entwicklungen besonders in der UdSSR betrieben wurden, wo sich bestimmte Schulen herausbildeten. Eine Gruppe in Moskau, die unter anderen aus MANDELSTAM, PAPALEXI, ANDRONOV, CHAIKIN und WITT bestand, stützte sich stark auf die topologischen und analytischen Verfahren von POINCARE, während eine andere Gruppe um KRYLOFF und BOGOLIUBOFF in Kiew mehr harmonische Näherungen behandelte, welche speziell für die Belange der Regelungstechnik großen Einfluß bekommen sollten, da sie unmittelbar zu dem Konzept der Beschreibungsfunktionen führten.

Die erste Definition und konkrete Anwendung einer solchen Beschreibungsfunktion stellen die von MÖLLER schon im Jahre 1920 benutzten sogenannten "Schwinglinien" dar. In seinem Buch "Die Elektronenröhre und ihre technischen Anwendungen" [246, 1920] berechnete MÖLLER die Amplituden der Schwingungen in einem elektrischen Schwingkreis, welcher eine Röhre enthielt, und verwendete dabei das bewußte Näherungsverfahren, um einen Wert für den Emissionsstrom zu ermitteln, der über die Röhrenkennlinie nichtlinear mit der Steuerspannung verknüpft ist. Als Schwinglinie bezeichnete MÖLLER die Darstellung der Abhängigkeit

$$I_a = f(U_{st}),$$

worin $I_a$ die im Emissionsstrom enthaltene Grundwellenamplitude und $U_{st}$ die Steuerspannungsamplitude bezeichnet. MÖLLER zeichnete zunächst die Kennlinie der Röhre, darunter den zeitlichen Verlauf der Steuerspannung, und gewann daraus auf zeichnerischem Wege den zeitlichen Verlauf des Emissionsstromes. Zur Ermittlung der eigentlichen Schwinglinie machte MÖLLER Angaben, die in Bild 43 als Auszug aus dem zitierten Buch wiedergegeben sind.

Zur Ermittlung der Grundschwingung kann man sich eines harmonischen Analysators bedienen. Steht ein solcher nicht zur Verfügung, benutze man folgendes graphische Verfahren: Die $i_a$-$t$-Kurven lassen sich durch Fouriersche Reihen:

$$i_a(t) = I_a + J_a \sin \omega t + J_{a2} \sin 2\omega t + J_{a3} \sin 3\omega t + \cdots,$$

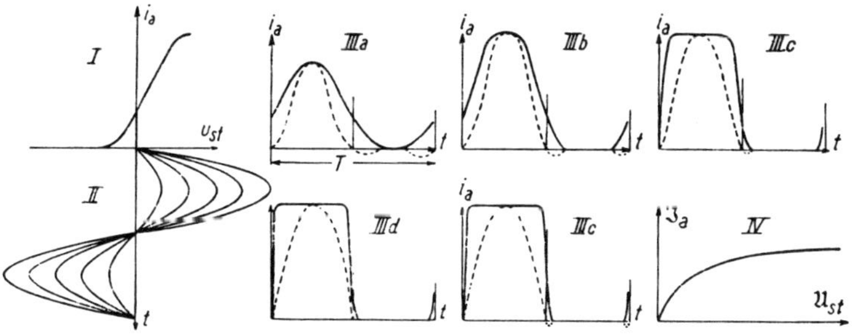

Abb. 50. Schwinglinienkonstruktion.

darstellen. Die Amplitude $J_a$ der Grundschwingung berechnet sich dann durch das Integral

$$J_a = \frac{2}{T} \int_0^T i_a(t) \sin \omega t \, dt.$$

**Bild 43**: Ermittlung der Schwinglinien nach MÖLLER

Die Benutzung von Schwinglinien hat sich in der Folgezeit sehr stark durchgesetzt [siehe beispielsweise 252 BARKHAUSEN, 1929]. Besonders günstig ließen sich mit ihrer Hilfe die Verhältnisse bei "hartem" und "weichem" Schwingungseinsatz fremd- und selbsterregter Röhrengeneratoren aufklären [siehe dazu 509 VILBIG, 1937]. Auch in neueren Lehrbüchern werden die Schwinglinien noch angegeben [siehe 510 MEINKE/GUNDLACH, 1956].

Die Anwendung der Schwinglinien erfuhr keine wesentliche Verallgemeinerung wie die der späteren Beschreibungsfunktionen.

Völlig unabhängig von dieser auf das Gebiet der Röhrenanwendung beschränkten Entwicklung gab IVANOFF in zwei Arbeiten [116, 1934; 401, 1936] ein ähnliches Verfahren an und wendete es auf wärmetechnische Regelstrecken an [siehe auch Kapitel 10].

Ab 1932 erschienen mehrere Veröffentlichungen der Russen KRYLOFF und BOGOLIUBOFF [siehe 172 POPOW], in denen sie sich mit verschiedenen Näherungsmethoden für die Lösung quasilinearer Differentialgleichungen befaßten. Die im wesentlichen von ihnen untersuchten Gleichungen waren von der Form:

$$m\ddot{x} + Kx + \mu f(x, \dot{x}) = 0.$$

Es lassen sich drei im Ansatz verschiedene Lösungsverfahren feststellen, die von KRYLOFF und BOGOLIUBOFF angegeben wurden, nämlich die Harmonische Balance, die Äquivalente Linearisierung und die Energetische Balance.

Alle drei ergeben im Zusammenhang mit der genannten Gleichungsform gleiche Ergebnisse.

Die zugrunde liegenden Gedankengänge wurden in den folgenden Veröffentlichungen vorgestellt: [KRYLOFF und BOGOLIUBOFF 511, 1934; 512, 1934; 446, 1934 470, 1937].

Die letztzitierte Arbeit gewann erhebliche Verbreitung durch ihre im Jahre 1943 erschienene auszugsweise Übersetzung in die englische Sprache.

Ausgangspunkt für die Näherungen nach KRYLOFF und BOGOLIUBOFF waren die Verfahren der "ersten Näherung", mit denen schon POINCARE, LJAPUNOV, VAN DER POL und andere gerechnet hatten und Näherungswerte für die Frequenz und Amplitude einer nichtlinearen Schwingung entsprechend der obigen Differentialgleichung bei kleinem Wert des Parameters $\mu$ erzielt hatten.

Bei der Begründung des Verfahrens der Äquivalenten Linearisierung ersetzten KRYLOFF und BOGOLIUBOFF die obige Differentialgleichung durch eine äquivalente lineare Differentialgleichung,

$$m\ddot{x} + \overline{\lambda}\dot{x} + \overline{K}x = 0,$$

deren Parameter so gewählt wurden, daß sich ihre Lösung nur um eine Größe zweiter Ordnung von der Lösung der ursprünglichen, quasi-linearen Gleichung unterschied. Die beiden äquivalenten Parameter $\overline{\lambda}$ und $\overline{K}$ entstammen dabei einer FOURIER-Entwicklung des Ausdrucks

$$F_{nl} = \mu f(x,\dot{x}),$$

der durch den linearen Ausdruck

$$F_l = K_1\, x + \overline{\lambda}\dot{x}, \quad K_1 = \overline{K} - K$$

ersetzt wurde.

Wenn man diesen Gedankengang etwas modifiziert und verlangt, daß die Schwingung des linearisierten Systems der Grundharmonischen des quasi-linearen Systems gleicht, gelangt man zum Prinzip der Harmonischen Balance; bei ihr wird durch die Annahme einer erzeugenden Lösung,

$$x = a\cos(\omega t + \varphi),$$

die Schwingungsform als harmonisch postuliert.

Damit kann der lineare Ersatzausdruck geschrieben werden:

$$F_l = F_{l0} \cos(\omega t + \varphi_1),$$

mit $F_{l0}$ und $\varphi_1$ als Amplitude und Phasenwinkel von $F_{l0}$.

Der nichtlineare Ausdruck $F_{nl}$ wird durch eine FOURIER-Reihe dargestellt, deren Grundharmonische

$$F = F_0 \cos(\omega t + \varphi)$$

ist. Wenn man, entsprechend dem Prinzip der Harmonischen Balance, die Ausdrücke $F_l$ und $F$ gleichsetzt, ergeben sich zwei Gleichungen,

$$F_0 = F_{l0} \quad \text{und} \quad \varphi = \varphi_1,$$

aus denen die beiden Parameter $\overline{\lambda}$ und $K_1$ bestimmt werden können.

Als drittes der genannten Verfahren ist noch die Energetische Balance zu nennen. Sie ist physikalisch durch gleichen Energieaustausch des quasi-linearen und des linearisierten Systems begründet, was die Gleichheit der folgenden Integralausdrücke bedeutet:

$$\mu \int_0^T f(x,\dot{x})\,\dot{x}\,\mathrm{d}t = \overline{\lambda} \int_0^T \dot{x}^2\,\mathrm{d}t.$$

Die energetische Balance ist in späteren Jahren verschiedentlich von THEODORCHIK [513, 1952] angewendet und weiterentwickelt worden.

KRYLOFF und BOGOLIUBOFF gingen auch auf höhere Näherungen ein, in denen die Lösung nicht mehr in der Form

$$x = a \sin \omega t$$

angesetzt wurde, sondern in der Gestalt

$$x_1 = a \sin \omega t + x_{1h}; \quad \dot{x}_1 = a\,\omega \cos \omega t + \dot{x}_{1h};$$

darin enthielt $x_{1h}$ die höheren Harmonischen:

$$x_{1h} = a_2 \sin(2\,\omega t + \varphi_2) + a_3 \sin(3\,\omega t + \varphi_3) + \ldots + a_n \sin(n\,\omega t + \varphi_n).$$

Im Falle der symmetrischen (geraden) Nichtlinearität, welche sinusförmig angeregt wird, erscheinen nur gerade Harmonische. Mit Hilfe der genannten höheren Harmonischen lassen sich die Lösungen der Differentialgleichungen so verbessern, daß sie für eine $m$-te Näherung der Gleichung bis auf einen Fehler der Ordnung $\mu^{m+1}$ genügen.

Bei der Behandlung spezieller Probleme der Regelungstheorie wurde die Harmonische Balance im Jahre 1941 von KOTELNIKOW angewandt [siehe 172 POPOW].

Die geschlossenste Zusammenfassung aller erwähnten Näherungsverfahren findet sich in dem zitierten Buch von MINORSKY [463, 1947]. Darin wird auf höhere Näherungen der verschiedenen Verfahren eingegangen und die wechselseitige Verbindung der Verfahren aufgezeigt; beispielsweise wird die Gleichheit der ersten Näherungen der Verfahren des "kleinen Parameters", der "langsam veränderlichen Amplitude" und der Harmonischen Balance für den Fall einer harmonischen Lösung herausgestellt.

MAGNUS [178, 1955] kombinierte den Ansatz der Harmonischen Balance mit algebraischen Stabilitätskriterien und ermöglichte damit nicht nur Aussagen über Stabilität, sondern auch über "gefährliche" und "ungefährliche" Abschnitte der Stabilitätsgrenzen.

Für Differentialgleichungen der Form

$$\dot{x}_i = f_i\,(x_1, x_2, ..., x_n);\ \ (i = 1,2, ..., n),$$

in denen die $f_i$ im allgemeinen nichtlineare Funktionen der $x_i$ sind, berechnete MAGNUS ein lineares Ersatzsystem

$$\dot{x}_i = \sum_{\nu=1}^{n} (a_{i\nu} x \ + a_{i\nu}^{*}\, \dot{x}_\nu);\ \ (i = 1,2, ..., n).$$

Die Koeffizienten werden durch Vergleich harmonischer Lösungen des Ersatzsystems mit der Grundharmonischen der periodischen Lösungen des nichtlinearen Systems gewonnen. Aus dem Ersatzsystem entsteht mit dem Ansatz

$$x_\nu = A_\nu\, \mathrm{e}^{\lambda t}$$

ein Gleichungssystem für die Amplituden $A_\nu$ und ferner die charakterische Gleichung

$$\sum_{\mu=1}^{n} c_{n-\mu}\, \lambda^{\mu} = 0.$$

Zu derselben charakteristischen Gleichung kann man auch über den von KLOTTER [552, 1954] benutzten RITZ-Ansatz gelangen.

MAGNUS gründete seine Aussagen nun auf die Untersuchung dieser charakteristischen Gleichung. Eine für das Ersatzsystem existierende Gleichgewichtslage ist stabil, wenn alle Koeffizienten $c_\nu$ sowie die aus ihnen gebildeten HURWITZ-Determinanten $H_\nu$ positiv sind. Die Grenze des Stabilitätsgebietes ist durch die Bedingung

$$R = H_{n-1} = 0$$

gegeben, mit $R$ als der ROUTHschen Diskriminante.

Zur Berechnung von Frequenz und Amplituden $A_\nu$ der Dauerschwingung stehen das oben genannte Gleichungssystem und die Beziehung an der Stabilitätsgrenze zur Verfügung. Die Amplitudenwerte lassen sich nicht direkt ermitteln, sondern nur als auf eine Bezugsamplitude bezogenes Verhältnis. Bei einer Änderung der Amplitude ändert sich auch die ROUTHsche Diskriminante $R$. Der Differentialquotient

$$\left(\frac{\mathrm{d}R}{\mathrm{d}A}\right)_{R=0} > 0$$

kennzeichnet ein stabiles Ersatzsystem. Wenn der Wert negativ wird, dann ist das System instabil.

MAGNUS verwendete das Kriterium des Differentialquotienten zu geometrischen Deutungen in einer $R$-$A$-Ebene oder in einem $a_k$-Raum, wobei die Größen $a_k$ amplitudenabhängige Koeffizienten des obigen Ersatzsystems sind. In einer $a_1$-$a_2$-Ebene bekommt man aus der Forderung $R = 0$ eine "$R$-Kurve", welche die Stabilitätsgrenze kennzeichnet, und außerdem eine von dieser unabhängige "$A$-Kurve", die aus der

Amplitudenabhängigkeit der Koeffizienten $a_1$ und $a_2$ gewonnen wird. Sie ist die Grundlage des sogenannten "$A$-Kurven-Verfahrens".

Jedem Schnittpunkt von $A$- und $R$-Kurven entspricht eine mögliche stationäre Schwingung im Regelkreis. Diese Schwingungen sind stabil, wenn die im Sinne steigender $A$-Werte durchlaufene $A$-Kurve aus dem instabilen Bereich ($R < 0$) in den stabilen ($R > 0$) läuft. Die zu stationären Schwingungen gehörigen Amplitudenwerte können an der $A$-Kurve unmittelbar abgelesen werden, während sich die Frequenz aus den Werten der mit einer Frequenzparametrierung versehenen $R$-Kurve an den Schnittpunkten mit der $A$-Kurve ergibt.

Besondere Bedeutung hat dieses $A$-Kurven-Verfahren dadurch erlangt, daß MAGNUS es zu einer Erweiterung der von BAUTIN [553, 1949] geprägten Begriffe "gefährliche" und "ungefährliche" Stabilitätsgrenze heranzog.

Nach BAUTIN ist die Stabilitätsgrenze "gefährlich", wenn nach einer durch Veränderung irgendwelcher Parameter bedingten Überschreitung der Grenze Schwingungen angefacht werden, deren Amplitude keine stetige Funktion des Betrages dieser Grenzüberschreitung ist. Das Kriterium für "Gefährlichkeit" beziehungsweise "Ungefährlichkeit" hat MAGNUS mit der von ihm angegebenen $R$-$A$-Darstellung in Verbindung gebracht.

In dieser Darstellung sind gefährliche Systeme durch Kurven mit fallender Tendenz für $A = 0$ und ungefährliche durch Kurven mit steigender Tendenz für $A = 0$ gekennzeichnet.

Das analytische Kriterium für diese BAUTINsche Gefährlichkeit, die als Gefährlichkeit "im Kleinen" definiert ist, da sie nur auf kleine Amplituden, also auf das Anfangsstück der $A$-Kurve bezogen ist, lautet:

$$\left(\frac{\mathrm{d}R}{\mathrm{d}A}\right)_{A=0} < 0.$$

Wenn dieser Ausdruck positive Werte annimmt, ist die Grenze "ungefährlich im Kleinen". BAUTIN selbst benutzte allerdings in seiner Arbeit LJAPUNOVsche Funktionen zur Untersuchung des Stabilitätsverhaltens.

MAGNUS erweiterte nun die BAUTINschen Begriffe durch solche der "Gefährlichkeit beziehungsweise Ungefährlichkeit im Großen", die sich je nach Vorzeichen des Ausdrucks

$$\left(\frac{\mathrm{d}R}{\mathrm{d}A}\right)_{A\to\infty}$$

ergeben. Bei der geometrischen Deutung hat man dann auf das Verhalten der $A$-Kurve im Bereich großer $A$ zu achten.

Wenn das letzte Stück der Kurve die Tendenz zeigt, aus dem Stabilitätsbereich herauszulaufen, so ist die Grenze "gefährlich im Großen".

Mit diesen Begriffen beschrieb MAGNUS nicht etwa eine Eigenschaft von Regler oder Regelstrecke, sondern das dynamische Verhalten des geschlossenen Regelkreises.

Bild 44 zeigt die *R*-*A*-Kurven eines Systems in einer Parameterebene, welches "ungefährlich" im Großen ist, da die *A*-Kurve für große Werte im Bereich positiver *R*-Werte verbleibt.

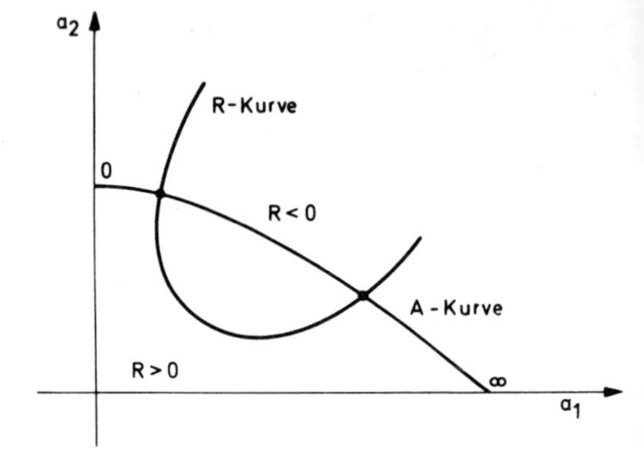


**Bild 44:**
Stabilitätsdiagramm
mit *R*- und *A*-Kurve

Wie zuerst BAUTIN und dann auch MAGNUS gezeigt haben, sind diese Begriffe von erheblicher praktischer Bedeutung.

Es sind beispielsweise Flugzeugkursregelungen mit quadratischen Dämpfungskräften und nichtlinearer Stellgliedcharakteristik berechnet worden, bei denen der Regelkreis bei bestimmten Parameterwerten im Kleinen zwar stabil, aber gefährlich war. Schwerpunktsverlagerungen durch Treibstoffverbrauch konnten zum Überschreiten der gefährlichen Stabilitätsgrenze führen und Dauerschwingungen großer Amplituden anregen. Andererseits konnten bei Stellgliedscharakteristiken mit Sättigung zwar Stabilität und Ungefährlichkeit im Kleinen nachgewiesen werden, während gleichzeitig Gefährlichkeit im Großen vorlag, was bei entsprechend großen Störungen zum völligen Versagen der Kursregelungen Anlaß gab. SCHULER führte beispielsweise an [Diskussionsbemerkung zu 178 MAGNUS, 1955], daß im letzten Weltkrieg viele Flugzeugabstürze zu verzeichnen waren, deren Ursache damals nicht erkannt wurde und erst jetzt mit Kenntnis der gefährlichen Stabilitätsgrenzen klar wird.

## 12.6 Beschreibungsfunktionen

Obwohl kurz nach dem Ende des Zweiten Weltkrieges in den oben zitierten Arbeiten von MINORSKY und anderen ein nahezu geschlossenes theoretisches Gerüst für die angenäherte Berechnung von Nichtlinearitäten zur Verfügung stand, wurde die analytische Erfassung nichtlinearer Regelkreise erst nach der Einführung der Beschreibungsfunktionen einem weiteren Kreis vertraut. Es zeigte sich in fast allen bedeutenden Industrieländern gleichzeitig das Bestreben, Nichtlinearitäten nicht mehr nur empirisch oder im Sinne der "kleinen Schwingungen" linearisiert zu behandeln, sondern ihren Einfluß auf das Verhalten technischer Systeme genauer zu berücksichtigen und vorher angeben zu können. Dieses Verlangen entstand speziell in der Regelungstechnik, und es kann deshalb nicht als Zufall angesehen werden, daß in den Jahren 1947 bis 1950 in fünf verschiedenen Ländern unabhängig voneinander Veröffentlichungen erschienen, die sich mit der Einführung von Beschreibungsfunktionen für spezielle Regelkreisglieder befaßten.

In Arbeiten des Russen GOLDFARB [514, 1947], des Engländers TUSTIN [515, 1947], des Deutschen OPPELT [516, 1948], des Amerikaners KOCHENBURGER [517, 1950; 518, 1950] und des Franzosen DUTILH [519, 1950; 520, 1950] wurde mit ähnlichen praktischen Begründungen und Anliegen, aber mit sehr unterschiedlichen theoretischen Rechtfertigungen für zum Teil gleiche, aber auch für verschiedene nichtlineare Regelkreiselemente die Verwendung von Beschreibungsfunktionen vorgeschlagen.

Wesentliche Anstöße zur analytischen Berechnung des Einflusses von Nichtlinearitäten kamen durch die Schwierigkeiten zustande, welche die COULOMBsche Reibung in verschiedenen Regelkreisen bereitete [siehe dazu 62 SCHMIDT, 1936; 516 OPPELT, 1948]. Auch GOLDFARB wies unter Bezugnahme auf andere Arbeiten [521 OPPELT, 1939; 522 ANDRONOV/BAUTIN, 1945; 523 LURJE, 1946] darauf hin, daß die Vernachlässigung von Reibungseinflüssen zur Vortäuschung von Stabilität führen kann, wo tatsächlich aber Instabilität herrscht.

GOLDFARB leitete die Beschreibungsfunktion als komplexes Vektorverhältnis der Grundharmonischen des Ausgangssignals zum sinusförmigen Eingangssignal ab. Er stützte sich dabei ausdrücklich auf das Prinzip der Harmonischen Balance und wies auf die Zusammenhänge mit der Methode von VAN DER POL hin, die in der UdSSR damals durch eine Übersetzung eines Buches [524, 1935] von VAN DER POL bekannt und auch bereits von KRYLOFF und BOGOLIUBOFF berücksichtigt worden war.

GOLDFARB berechnete dann Beschreibungsfunktionen für verschiedene in Regelkreisen vorkommende Nichtlinearitäten, wie Ansprechschwelle, Dreipunktschalter (bei ihm Ansprechschwelle zweiten Typs genannt), Getriebelose, Begrenzer, Ansprechschwelle plus Begrenzer und Ansprechschwelle plus Begrenzer plus Getriebelose. Besondere Bedeutung wurde dabei dem Begrenzer zugemessen, da sich mit dessen Beschreibungsfunktion die so wichtigen Servoverstärker mit Leistungsbegrenzung beschreiben ließen.

Die Berechnung der Beschreibungsfunktionen für die einzelnen Nichtlinearitäten kann nur als ein wichtiges Element der Arbeit von GOLDFARB und auch der anderen zitierten Parallelarbeiten angesehen werden; ebenso wichtig ist die damit verbundene Eingliederung in den Bereich der linearen Analysis, die eine Stabilitätsvorhersage unter Benutzung des NYQUIST-Kriteriums für den geschlossenen Regelkreis, einschließlich des nichtlinearen Gliedes, ermöglichte.

Nachdem GOLDFARB das nichtlineare Glied eines Regelkreises mit der Beschreibungsfunktion ausgedrückt hatte, bildete er die "charakteristische Gleichung", um die Selbstschwingungszustände zu berechnen.

Die eigentliche Stabilitätsaussage gewann GOLDFARB durch die Auftragung in einem modifizierten NYQUIST-Diagramm, in welchem er die Ortskurve des Frequenzgangs des linearen Systemteils und die negativ inverse des nichtlinearen Teils getrennt einzeichnete; deren wechselseitige Lage bestimmte die Stabilität. Mit dieser besonderen Auftragung hatte er eine Modifizierung des Zweiortskurvenverfahrens übernommen.

GOLDFARB rechnete mehrere Beispiele durch, von denen er besonders eines, nämlich die automatische Flugzeugkurssteuerung mit Ansprechschwelle, als Rechtfertigung für das Verfahren der Beschreibungsfunktion herausstellte, da er auf exakt gerechnete Ergebnisse des gleichen Systems zurückgreifen konnte, die ANDRONOV und BAUTIN [525, 1945] erzielt hatten; er fand, daß die Ergebnisse nicht nur qualitativ, sondern auch quantitativ gut übereinstimmten. Eine eigentliche Fehlerbetrachtung für das Verfahren stellte GOLDFARB aber nicht an.

Bemerkenswert an der GOLDFARBschen Einführung der Beschreibungsfunktion ist die von allen Parallelarbeiten am weitesten gehende Begründung und Anwendung auf verschiedene Typen von Nichtlinearitäten. GOLDFARB wies beispielsweise ausdrücklich auf die erforderlichen Filtereigenschaften des linearen Teils des Regelkreises hin, um eine Rechtfertigung für die Vernachlässigung der höheren Frequenzanteile und die Annahme der quasi-harmonischen Ausgangsschwingung zu haben. Wenn er auch nicht ausdrücklich darauf hinwies, daß die Beschreibungsfunktion eine Approximation im FOURIERschen Sinne ist, so kann man doch vermuten, daß ihm diese Tatsache bekannt war, weil er auf die Harmonische Balance verwies und auch bei der Aufspaltung der Beschreibungsfunktion in Real- und Imaginärteil die auf die Eingangsamplitude bezogenen FOURIER-Koeffizienten angab, ohne allerdings diese Bezeichnung zu gebrauchen.

TUSTIN [515, 1947] wollte mit seiner Arbeit eine Möglichkeit geben, die Einflüsse von Getriebelose und Flüssigkeitsreibung auf das Stabilitätsverhalten des geschlossenen Regelkreises zu untersuchen. Er erstellte Ortskurven, aus denen die zusätzliche Phasenverschiebung und das Amplitudenverhältnis für beliebige sinusförmige Eingangsfrequenzen und -Amplituden hervorging. Die Auswirkung der Harmonischen, welche durch die wesentlich nichtlineare Natur der untersuchten Nichtlinearitäten hervorgerufen werden, vernachlässigte TUSTIN. Zur analytischen Erfassung des Übertragungsverhaltens der Nichtlinearitäten definierte er eine Beschreibungsfunktion ("vector multiplier"), ohne dabei einen Hinweis auf bereits bekannte Näherungsverfahren zu geben, so daß die Einführung der Beschreibungsfunktion hier einen ausgesprochen intuitiven Charakter trägt. Es ist ferner kein Hinweis auf irgendwie optimale Approximation gegeben.

Nach einer Anmerkung des Autors beruhte sein Gedankengang auf einer unveröffentlichten Arbeit von DANIELL, der darin eine analytische Behandlung des Einflusses der Getriebelose in Regelkreisen vorgenommen hatte.

Mit Hilfe der definierten Beschreibungsfunktion gewann TUSTIN eine Aussage über das Stabilitätsverhalten des geschlossenen Regelkreises und zeigte speziell die stabilitätsmindernde Wirkung einer mit steigender Geschwindigkeit fallenden Reibungskennlinie.

Der Beitrag von OPPELT zur Einführung der Beschreibungsfunktion stammt im wesentlichen aus drei Veröffentlichungen [516, 1948; 526, 1948; 508, 1952], deren zwei erste die wesentlichen Gedanken bereits enthalten, während die dritte aus einem zusammenfassenden Vortrag anläßlich der regelungstechnischen Konferenz im Jahre 1951 in Cranfield resultiert.

In der zweiten zitierten Arbeit untersuchte OPPELT die Stabilität unstetiger Regelungsvorgänge, indem er den Regelkreis im sogenannten Kraftschalter, dem dabei einzigen unstetigen Glied, auftrennte und für den entstandenen, offenen Kreis die Ortskurve des Frequenzgangs ermittelte. Die rechteckförmige Ausgangsschwingung des Kraftschalters mit der Amplitude $m_0$ ersetzte er durch eine Sinusschwingung gleichen Flächeninhaltes über eine Periode:

$$m_0 \frac{\pi}{\omega} = \int_0^{\frac{\pi}{\omega}} m_{0N} \sin \omega t \, dt.$$

Die ersetzende Sinusschwingung ergab sich daraus mit der Amplitude

$$m_{0N} = \frac{\pi}{2} m_0.$$

Für den Fall endlicher Ansprech- und Abfallschwellen des Kraftschalters berücksichtigte OPPELT dieses durch ein Korrekturglied, welches den auf die Maximalamplitude $\varphi_0$ der sinusförmigen Ausgangsschwingung des aufgetrennten Kreises bezogenen Schwellwert enthält. Das ergab eine verringerte Amplitude der ersetzenden Sinusschwingung:

$$m_{0N} = \left(\frac{\pi}{2} - \arcsin \frac{\varphi A}{\varphi_0}\right) m_0.$$

Die Bedeutung der für die Arbeitsbewegung maßgeblichen Größen geht aus Bild 45 hervor, das der Arbeit [526] von OPPELT entnommen ist.

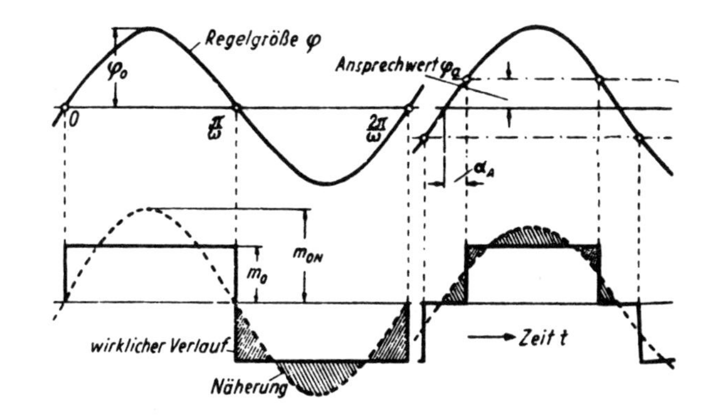


**Bild 45:**
Wesentliche Größen der Arbeitsbewegung nach OPPELT

Die gesamte Ortskurve des Frequenzgangs des offenen Kreises unterwarf OPPELT anschließend dem NYQUIST-Kriterium und schloß dann auf die vorliegenden Stabilitätsverhältnisse.

Die erst zitierte der Arbeiten von OPPELT brachte einige Erweiterungen gegenüber der zweiten. Während er das Verfahren der Beschreibungsfunktion in der zweiten Arbeit nur auf einen Zwei- beziehungsweise Dreipunktschalter angewandt hatte, benutzte OPPELT es jetzt, um reibungsbehaftete Glieder zu beschreiben. Er berechnete analytisch das Amplituden- und Frequenzverhältnis und wandte die Ergebnisse unter anderem auf die Drehzahlregelung einer Turbine an, deren Fliehkraftregler reibungsbehaftet war. In Abhängigkeit von der bezogenen Ansprechgrenze $\frac{\varphi_r}{\varphi_0}$ des Reglers infolge Reibung trug er entsprechend Bild 46 die Ortskurvenschar des Reglers auf und zeichnete in dasselbe Diagramm die negativ inverse Ortskurve des Regelstreckenfrequenzgangs.

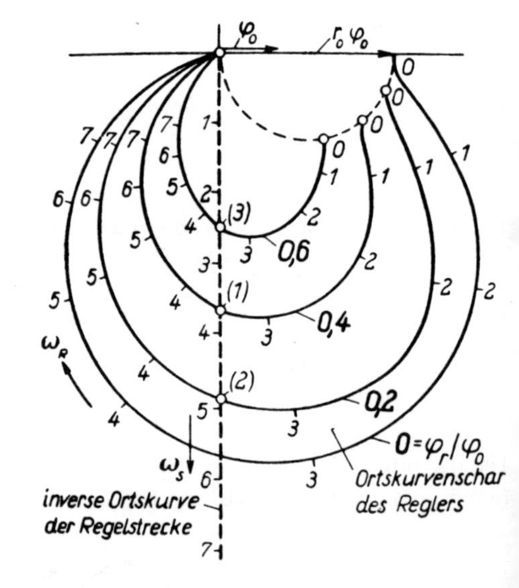


**Bild 46:**
Ortskurven eines Systems mit Reibung

Wie schon GOLDFARB, zog auch OPPELT aus der gegenseitigen Lage der beiden Ortskurven Schlüsse auf die Stabilität des geschlossenen Kreises; er zitierte dafür die Kriterien des von LEONHARD entwickelten Zweiortskurvenverfahrens [siehe Kapitel 5]. Die ausdrückliche Zitierung des Zweiortskurvenverfahrens hat dazu geführt, daß die Kombinierung der Methoden mit der Beschreibungsfunktion ihm zugeschrieben wird. Ein Bericht über diese Kombination erschien in der UdSSR noch 1961 [528 OPPELT].

In der amerikanischen Literatur wird ebenfalls auf diesen OPPELTschen Beitrag Bezug genommen [siehe 529 CHEN und HAAS, 1965], und er wird als Erweiterung der Arbeit von KOCHENBURGER bezeichnet.

Im Hinblick auf allgemeinere Approximationsgesichtspunkte erscheint die OPPELTsche Definition der Beschreibungsfunktion als nicht so günstig wie beispielsweise die Definition von GOLDFARB.

In den USA wurde die Methode der Beschreibungsfunktion erstmals von KOCHEN-

BURGER vorgestellt, der eine Zusammenfassung seiner einschlägigen Untersuchungen [517, 1950] und auch eine verkürzte Fassung [518, 1950] veröffentlichte.

KOCHENBURGER beschrieb in seinen Aufsätzen Zweipunktregler und Systeme mit Sättigung von Drehmoment, Geschwindigkeit und Beschleunigung. Die Begründung der Näherung durch eine Beschreibungsfunktion erfolgte auch etwas heuristisch, wenngleich zur Bestimmung der Beschreibungsfunktion eine FOURIER-Analyse durchgeführt wurde; es fehlt auch hier ein Hinweis auf die Fehlerminimierung im quadratischen Mittel.

Hinsichtlich der Übertragung der Methode auf von ihm nicht behandelte Systeme bemerkte KOCHENBURGER, daß sie dafür günstig sein kann. Im Gegensatz zu den anderen zitierten Arbeiten, die sich mit der Einführung von Beschreibungsfunktionen befaßten, stand bei KOCHENBURGER der Gedanke der Systemsynthese und der damit meist verbundenen Kompensationsnetzwerke im Vordergrund. Ein wesentliches Anliegen war auch in dieser Arbeit die Kombination des Verfahrens mit dem NYQUIST-Kriterium.

Als interessante Nebenerscheinung bleibt anzumerken, daß KOCHENBURGER seine mit der Beschreibungsfunktion erzielten Ergebnisse anhand von Analogrechnerstudien nachprüfen konnte und damit gleichzeitig eine sinnvolle frühe Anwendung des damals noch wenig verbreiteten Verfahrens der Analogrechnersimulation vornahm.

In Frankreich erschienen zwei fast gleiche Aufsätze von DUTILH [519, 1950; 520, 1950] in denen für Relaisservosysteme der Ersatz der Rechteckschwingung durch die Sinusschwingung gefordert wurde, welche sich als erster Ausdruck der FOURIER-Entwicklung des Rechtecks ergab. Die Vernachlässigung höherer Harmonischer wurde mit der Tiefpaßfilterung durch einen nachgeschalteten Motor begründet.

Die Aufsätze von DUTILH begründen die spezielle Beschreibungsfunktion entsprechend den gegebenen Möglichkeiten; sie zeigen aber durch ihre enge Bindung an eine spezielle Nichtlinearität, daß das Verfahren der Beschreibungsfunktion nicht so umfassend aufgefaßt ist wie beispielsweise bei GOLDFARB.

Wenn sich die Arbeiten von GOLDFARB, TUSTIN, OPPELT, KOCHENBURGER und DUTILH in ihrem theoretischen Fundament auch unterscheiden, so haben sie doch alle große praktische Bedeutung erlangt, da sie in ihren jeweiligen Entstehungsländern Ausgangspunkte weiterer Verbreitung des zugrunde liegenden Verfahrens wurden. Wie aus der Literatur hervorgeht, haben die drei Jahre, welche zwischen den Veröffentlichungen von GOLDFARB und TUSTIN einerseits und KOCHENBURGER und DUTILH andererseits liegen, nicht zu einer Abhängigkeit der letzten Arbeiten von den ersten geführt.

Aus den besprochenen Abhandlungen ragen die von GOLDFARB und KOCHENBURGER durch die umfassendere Anwendung und Begründung der Beschreibungsfunktionen hervor, was sich in der Literatur dadurch äußert, daß in der östlich orientierten allgemein GOLDFARB und in der westlich orientierten zumeist KOCHENBURGER als Begründer des Verfahrens der Beschreibungsfunktion genannt wird.

In den fünfziger Jahren wurde die Methode der Beschreibungsfunktion regelungstechnisches Allgemeingut; hervorzuheben ist besonders die große praktische Bedeutung, welche sie erlangt hat und die sie zum wichtigsten Hilfsmittel bei der Behandlung nichtlinearer Regelkreisglieder überhaupt gemacht hat.

Es wurden für alle bekannten Nichtlinearitäten Beschreibungsfunktionen berechnet; eine besonders allgemeine Beschreibungsfunktion, welche die meisten anderen als Sonderfälle einschließt, hat SRIDHAR [530, 1960] angegeben.

Als gravierende Schwierigkeit stellte sich bei der Anwendung der Beschreibungsfunktion die Bestimmung der durch die Näherung hervorgerufenen Fehler heraus. Verknüpft damit ist die Frage nach einer Verbesserung der Näherung. Mit diesem Problemkreis haben sich nur wenige Autoren befaßt.

Die bekannteste Arbeit stammt von JOHNSON [531, 1952]. Sie zielt darauf ab, mit Hilfe der POINCAREschen Methode des kleinen Parameters harmonische Korrekturterme zu berechnen. Mit diesen Zusatzgliedern kann die Beschreibungsfunktion korrigiert und eine Abschätzung der Genauigkeit vorgenommen werden. Das Verfahren gilt nur für analytische Nichtlinearitäten, was als erhebliche Beschränkung angesehen werden muß. Für nichtanalytische Nichtlinearitäten zeigte JOHNSON ein mehr heuristisches Näherungsverfahren.

Hinsichtlich der Potenzreihenentwicklungen für die periodischen Bewegungen stützte sich JOHNSON auf die damals auch in den USA bereits in Übersetzungen und Bearbeitungen bekannten Arbeiten von KRYLOFF und BOGOLIUBOFF sowie auf eine von BULGAKOV [532, 1943].

Während BULGAKOV in der genannten Veröffentlichung die Methode des kleinen Parameters auf allgemeine fast-lineare Schwingungssysteme anwendete, untersuchte er in zwei weiteren Arbeiten speziell Regelungsprobleme mit derselben Methode [533, 1942; 534, 1946].

BULGAKOV entwickelte eine Variante der Methode des kleinen Parameters, die es gestattete, eine graphisch vorliegende nichtlineare Funktion günstig auszuwerten.

Wegen der besonders in der russischen Literatur hervortretenden Beachtung, die dieser Methode zuteil wurde, bezeichnet man sie auch als BULGAKOV-Methode [siehe 24 SOLODOWNIKOW]. LETOV [535, 1955] unterschied zwei Varianten und nannte sie erstes und zweites Problem von BULGAKOV. BULGAKOV [534] selbst illustrierte das als zweites bekannte Problem an einer Regelstrecke zweiter Ordnung, $PD^2$-Regler und Stellmotor mit nichtlinearer Kennlinie. Er untersuchte die Stabilität des geschlossenen Regelkreises, indem er für die periodische Lösung des linearisierten Systems kleine Änderungen annahm.

Die auf der erstgenannten Arbeit von BULGAKOV aufgebaute verbesserte Näherung der Beschreibungsfunktion von JOHNSON konnte keine allgemeine Klärung der Fehlerabschätzung bei beliebigen Nichtlinearitäten liefern. Für einige spezielle Nichtlinearitäten hat SAGIROW [536, 1960; 537, 1961; 538, 1961] Fehlerabschätzungen für die Beschreibungsfunktion in Gestalt oberer Schranken für die möglichen Fehler entwickelt.

Mit der Frage der Fehlerabschätzung ist die nach der allgemeinen Verwendbarkeit der Beschreibungsfunktion und der theoretischen Begründung verknüpft.

Die heuristische Rechtfertigung lag immer in der Annahme des linearen Systemteils als Tiefpaßfilter, so daß die durch die Nichtlinearitäten hervorgerufenen, höheren Harmonischen derart gedämpft wurden, daß eine Vernachlässigung erlaubt schien. In neuerer Zeit hat BASS [539, 1960] eine mathematisch strenge Begründung für Beschreibungsfunktionen gegeben, die es ermöglichen soll, vorher eine Aussage über deren Anwendbarkeit zu erzielen. BASS beschränkte sich allerdings auf Systeme, deren nichtlineare Kennlinie symmetrisch ist und die nur einen stabilen Gleichgewichtszustand haben. Die von BASS gefundenen, mathematischen Kriterien lassen sich aber selbst für einfache Systeme nur mit großem Aufwand in konkrete Forderungen an die Systemparameter umsetzen, wie aus der Diskussion zu der Arbeit von BASS hervorgeht.

## 12.7 Erweiterungen der Beschreibungsfunktionen

Während die vorstehend behandelten Arbeiten von einer im Grundgedanken gleichen Definition der Beschreibungsfunktion ausgingen und sich um Fehlerabschätzungen und Aussagen über den Gültigkeitsbereich bemühten, entstanden auch andere Arbeiten, die von ganz anderen Definitionen der Beschreibungsfunktion ausgingen und ebenfalls bestrebt waren, die Beschreibungsfunktion in ihrer Aussagekraft mindestens für bestimmte Kombinationen von Signalen und Systemen zu verbessern.

In diesen Bereich gehört die von WEST, DOUCE und LIVESLEY definierte "Dual-Input-Describing Function" (meist DIDF abgekürzt), für die ein entsprechender deutscher Ausdruck noch fehlt. Die DIDF geht von zwei sinusförmigen Eingangsschwingungen aus, von denen die eine ein Vielfaches der Frequenz der anderen hat:

$$e(t) = a \cos(\omega t + \Phi) + b \cos n\omega t.$$

Der Betrag der DIDF ist folgendermaßen definiert:

$$|\mathrm{DIDF}| = \frac{\text{Amplitude der gewünschten Frequenz im Ausgang}}{\text{Amplitude derselben Frequenz im Eingangssignal}} .$$

Die Phasendrehung der DIDF ist diejenige der betreffenden Frequenzkomponente; da es zwei Komponenten im Eingangssignal gibt, kann für jede eine Beschreibungsfunktion definiert werden, die jeweils von vier Parametern $a$, $b$, $n$ und $\Phi$ abhängt. WEST et al. untersuchten in ihrem Aufsatz [546 WEST, DOUCE und LIVESLEY, 1956] besonders die Bedingungen, unter denen Sprungresonanzen auftreten, um anschließend den linearen Systemteil so zu verändern, daß diese Bedingungen nicht mehr gegeben sind In weiteren Arbeiten erwies sich die DIDF nützlich bei der Untersuchung subharmonischer Schwingungen in Servosystemen und der Stabilität erzwungener Schwingungen besonders in bereichsweise stabilen Systemen [siehe 540 SILJAK, 1969].

Der verbreiteten Anwendung der DIDF hat bisher die umfangreiche Rechenarbeit im

Wege gestanden, die sich selbst bei einfacheren mehrdeutigen Nichtlinearitäten und solchen mit frequenzabhängigen Beschreibungsfunktionen ergibt.

Eine weitere Einschränkung in der Anwendung der DIDF ist auch in der harmonischen Verbindung der beiden Eingangsschwingungen gesehen worden. Um diese Schwierigkeiten zu umgehen, sind von BOYER [541, 1960] und SRIDHAR [542, 1960]Näherungsverfahren angegeben worden. Das Verfahren von BOYER führt zu guten Ergebnissen, wenn die Frequenz des zweiten Signals als Eingangsgröße etwa das zehn- und mehrfache derjenigen des ersten Signals ausmacht. Die angenommene Form des Eingangssignals der Nichtlinearität ist dann:

$$e(t) = a \sin \omega t + b \sin \beta t, \quad \beta \gg \omega.$$

Diese Trennung der beiden Frequenzen erlaubt bei der Auswertung die Annahme, daß die Amplitude der niedrigeren Frequenz während eines Zyklus der höheren Frequenz nahezu konstant bleibt.

SRIDHAR hat eine approximative DIDF dahingehend entwickelt, daß eines der beiden Signale ein stationäres Rauschen mit GAUSSscher Amplitudenverteilung sein kann, während das andere eine Sinusschwingung bleibt.

Genauere Angaben quantitativer Art über die Verbesserungen, die in speziellen Fällen mit der DIDF gegenüber der normalen Beschreibungsfunktion zu erzielen sind, fehlen bisher in der Literatur.

Der bisher geschilderte Stand der Entwicklung und Anwendung von Beschreibungsfunktionen zeichnete sich unter anderem dadurch aus, daß die Näherungen meist im FOURIERschen Sinne erfolgt waren und daß die behandelten Nichtlinearitäten keine Energiespeicher enthielten, so daß die nichtlineare Verbindung zwischen Eingang und Ausgang des Systems durch eine statische Kennlinie zu beschreiben war.

Nachdem schon LURJE und TSCHEKMAREW im Jahre 1938 an Problemen der Schwingungslehre und BODNER 1946 an Aufgaben der Regelungstheorie gezeigt hatten [siehe 172 POPOW], daß man unter Verwendung eines auf RITZ und GALERKIN zurückgehenden Prinzips zu gleichen Ergebnissen kommen kann wie mit der Harmonischen Balance, machte sich KLOTTER dieses Prinzip zunutze, um eine Beschreibungsfunktion anzugeben, welche die beiden oben genannten Einschränkungen nicht enthält.

RITZ [543, 1908; 544, 1911] hatte zur Lösung von Randwertaufgaben Lösungsansätze der Form

$$x = \sum_{\nu=1}^{\infty} A_\nu \, \psi_\nu (t)$$

gemacht, die sich auch in der Schwingungslehre zur Berechnung periodischer Schwingungen als nützlich erwiesen [siehe 545 MAGNUS]. Wenn man mit solchen Ansätzen Differentialgleichungen der Form

$$\ddot{x} + f(x, \dot{x}) = 0$$

lösen will, kann man mit Vorteil ein von GALERKIN angegebenes allgemeines Bewertungsintegral

$$\int_0^T [\ddot{x} + f(x, \dot{x})]\, \psi_\nu(t)\, \mathrm{d}t = 0, \quad (\nu = 1, 2, \ldots)$$

heranziehen, welches in den $\psi_\nu(t)$ weitgehend beliebig zu wählende und dabei dem jeweiligen Problem anzupassende "Bewertungsfunktionen" besitzt. Im Zusammenhang mit der Integration über eine Periode spricht man von einem "gewogenen Mittel", das zur Berechnung der Amplitudenfaktoren des obigen Lösungsansatzes dient. Als Sonderfall enthält der obige RITZsche Ansatz auch die Harmonische Balance.

KLOTTER [547, 1956; 548, 1956] wertete nun die Gedanken dahingehend aus, daß er eine Beschreibungsfunktion für solche Systeme damit definierte, die durch eine nichtlineare Differentialgleichung beschrieben werden.

Als Beispiel wählte KLOTTER die Differentialgleichung zweiter Ordnung

$$E(z) = \ddot{z} + 2\,D\,k\,g(\dot{z}) + k^2 f(z) - k^2 Y \cos\omega t = 0.$$

Die Eingangsfunktion sei $y(t) = Y \cos\omega t$, die Ausgangsfunktion sei $z(t)$.

Um in der als harmonisch angenommenen Ausgangsfunktion

$$\tilde{z} = Z \cos(\omega t - \varphi),$$

welche das erste Glied eines RITZ-Ansatzes ist, die beiden unbekannten Parameter $Z$ und $\varphi$ zu bestimmen, benutzte KLOTTER das Bewertungsintegral nach GALERKIN und nahm als Bewertungsfunktionen die Sinus- beziehungsweise Cosinusfunktion, deren günstige Verwendung für diesen Zweck er schon in früheren Arbeiten [549, 1951; 550, 1953] herausgestellt hatte.

Die Bestimmung der beiden Parameter erfolgte dann aus den beiden Integralen

$$\int_0^{2\pi} E\left\{\tilde{z}(\sigma)\right\} \cos\sigma\, \mathrm{d}\sigma = 0$$

$$\int_0^{2\pi} E\left\{\tilde{z}(\sigma)\right\} \sin\sigma\, \mathrm{d}\sigma = 0.$$

KLOTTER zeigte, daß diese Verwendung des Verfahrens von RITZ und GALERKIN die Minimierung eines HAMILTONschen Integrals beinhaltet und schlug deshalb für die von ihm definierte Beschreibungsfunktion die Bezeichnung "HAMILTON-Beschreibungsfunktion" vor, die damit im Gegensatz zu der nach FOURIER steht.

RITZsche Ansätze haben schon früher bei andersgearteten Regelungsproblemen eine Rolle gespielt. MELAN [551, 1939] schlug sie zur Lösung einer Variationsaufgabe vor, die daraus entstanden war, daß für bestimmte Nachschalt- und Vorschaltturbinen die Gleichungen der Regelvorgänge unter gleichzeitiger Minimierung eines Energieintegrals gelöst werden mußten.

Im Zusammenhang mit stochastischen Eingangssignalen der nichtlinearen Regelkreisglieder sind weitere, unterschiedliche Definitionen für Beschreibungsfunktionen entwickelt worden, die aber weiter unter besprochen werden sollen.

Nachdem sich die Beschreibungsfunktionen in der Praxis als außerordentlich nützlich erwiesen hatten, wollte man sie verstärkt und direkt zur Systemsynthese heranziehen. Bei der Zielsetzung, nichtlineare Systeme zu optimieren, entstand als letzter Schritt bei der Synthese das Problem, für eine analytisch berechnete Beschreibungsfunktion das tatsächliche, nichtlineare Element zu konstruieren.

Dieses Problem wurde als "inverse Beschreibungsfunktion" oder "Identifizierungsproblem" bekannt. Erste Anmerkungen zu dieser Aufgabenstellung stammen von ZADEH [586, 1956].

GIBSON und DI TADA [587, 1963] haben eine analytische Lösung gefunden, die auf Ausdrücken in Form VOLTERRAscher Integralgleichungen beruht. Die Autoren gaben auch die Bedingungen an, unter denen die Darstellung des nichtlinearen Gliedes eindeutig ist und darüber hinaus die zusätzlichen Erfordernisse für die eindeutige Definition eines nichtlinearen Gliedes mit mehrdeutiger Kennlinie. DI TADA [588, 1962] und GIBSON [589] haben Rechenverfahren zur maschinellen Lösung der inversen Beschreibungsfunktion vorgeschlagen.

## 12.8 Statistische Linearisierungen

Da bei nichtlinearen Systemen das Superpositionsgesetz nicht gilt, sind die Aussagen über das Verhalten solcher Systeme, die man mit Hilfe der Beschreibungsfunktion gewinnt, nur beschränkt zu verallgemeinern, da die Beschreibungsfunktionen an sinusförmige Eingangssignale der Nichtlinearitäten geknüpft sind.

Aus der Überlegung, daß in praktischen Regelkreisen die weitaus meisten Änderungen sowohl der Stör- als auch der Führungsgrößen nicht sinusförmig verlaufen, sondern statistischen Charakter aufweisen, entstanden Bemühungen, ein den Beschreibungsfunktionen äquivalentes Konzept zu entwerfen, welches die Beschreibung von Nichtlinearitäten unter dem Einfluß stochastischer Störungen zu beschreiben gestattet.

Die WIENERschen Arbeiten hatten gezeigt, wie das Verhalten linearer Systeme unter dem Einfluß stochastischer Signale mit der Einbeziehung der Frequenzverfahren bestimmt werden kann. Entscheidende Voraussetzung war, daß die Wahrscheinlichkeitsverteilung des Ausgangssignals, ebenso wie die des Eingangssignals, GAUSSscher Art ist. Da GAUSSverteilte Signale beim Passieren linearer Elemente ihren Charakter nicht ändern [siehe 554 SEIGERT, 1953], werden in Regelkreisen die anfänglich GAUSS-verteilten Signale auch in den Rückführungen wieder GAUSSverteilt sein, so daß an den Mischstellen jeweils nur Repräsentanten dieser Verteilung zusammenkommen, deren Summenverteilung von gleicher Art bleibt.

In nichtlinearen Regelkreisen liegen die Verhältnisse anders, weil ursprünglich GAUSS-verteilte Signale nach Durchlaufen eines nichtlinearen Elementes ihre Verteilung geändert haben können und nach ihrer Rückführung an einer Mischstelle mit den GAUSS verteilten Signalen gemischt werden müssen. Die Berechnung der Verteilung der entstehenden Fehlerfunktion führt zu simultanen Integralgleichungen, welche, zumindest in geschlossener Form, nur näherungsweise gelöst werden können.

Wenn das nichtlineare Glied im Regelkreis von einem Schmalbandfilter gefolgt wird, kann die Verteilung des Ausgangssignals im gleichen Maße der Näherung durch eine GAUSS-Verteilung angenähert werden, unabhängig von der eigentlichen Verteilung des Eingangssiganls.

Diese Verhältnisse und Annahmen mußten bei der Entwicklung eines der Beschreibungsfunktion äquivalenten Konzepts berücksichtigt werden. Die Grundlagen dafür wurden in Arbeiten von RICE [555, 1944/45], KAC und SEIGERT [556, 1947], MIDDLETON [557, 1946], LAWSON und UHLENBECK [558, 1950] und anderen entwickelt.

Es sind von mehreren Autoren Vorschläge zur linearen Approximation der Eigenschaften nichtlinearer Systeme angegeben worden. Am stärksten durchgesetzt hat sich ein Ansatz von BOOTON. Für Nichtlinearitäten mit einer eindeutigen Kennlinie schlug BOOTON [488, 1953; 559, 1954] die Definition einer "Äquivalenten Verstärkung" $K_{eq}$ vor, mit der sich aus dem Eingangssignal $x_{AI}(t)$ und einem Störanteil $x_H(t)$ eine Beziehung für das Ausgangssignal $x_{AR}(t)$ ergibt:

$$x_{AR}(t) - K_{eq}\, x_{AI}(t) + x_H(t).$$

Die eigentliche, von BOOTON vorgeschlagene, quasi-lineare Näherung besteht in der geeigneten Wahl der Äquivalenten Verstärkung und der Vernachlässigung des Störanteils $x_H(t)$. Die Verstärkung soll so berechnet werden, daß der quadratische Mittelwert der Differenz

$$\{x_{AR}(t) - K_{eq}\, x_{AI}(t)\}$$

ein Minimum wird. Die Art des Kriteriums bewirkt einen engen Zusammenhang der Äquivalenten Verstärkung mit der Beschreibungsfunktion. Es läßt sich zeigen, daß die Beschreibungsfunktion für sinusförmige Signale als Sonderfall im Konzept der Äquivalenten Verstärkung enthalten ist, welche damit die umfassendere Form hat.

Wie schon die Beschreibungsfunktion ist auch die Äquivalente Verstärkung kein echter Linearfaktor, denn sie ist von der Streuung des GAUSSverteilten Eingangssignals abhängig, wenngleich diese Abhängigkeit meist nicht im Argument ausgewiesen wird.

Die BOOTONsche Arbeit enthielt bereits alle für die Näherung wesentlichen Zusammenhänge, wie beispielsweise Bemerkungen über die besonderen Verhältnisse im geschlossenen Regelkreis und den Nachweis, daß die vernachlässigte Störfunktion nicht mit dem Eingangssignal korreliert ist.

In der UdSSR wurde die BOOTONsche Methode der statistischen Linearisierung von KAZAKOV [560, 1954; 561, 1956; siehe 562, 1962] eingeführt. Im Gegensatz zu den sonst gleichen Ausführungen von BOOTON beschränkte KAZAKOV die zulässigen stochastischen Eingangssignale nicht auf solche mit verschwindenden linearen Mittelwerten [siehe 492 SCHLITT, 1968].

Die Verfahren blieben nicht auf theoretische Erörterungen beschränkt, sondern wurden gleich zur Untersuchung verschiedener Regelungssysteme herangezogen [siehe 563 MATHEWS, 1955; 564 WEST/NIKIFORUK, 1956]. BOOTON selbst behandelte in seinen Arbeiten Servoregelkreise mit Begrenzer.

Aus der Sekundärliteratur wurde bekannt, daß schon vor den Veröffentlichungen von BOOTON von dem Engländer BURT [565, 1951] eine ähnliche äquivalente Verstärkung vorgeschlagen worden war. Der Grundgedanke war der gleiche wie bei BOOTON doch berechnete BURT die äquivalente Verstärkung nicht für ein Minimum des quadratischen Mittelwertes der Näherungsabweichung, sondern so, daß sich die äquivalente Verstärkung als Wurzel aus dem Verhältnis der quadratischen Mittelwerte des Eingangssignals und des nichtlinear verformten Signals ergibt [siehe Bild 47].

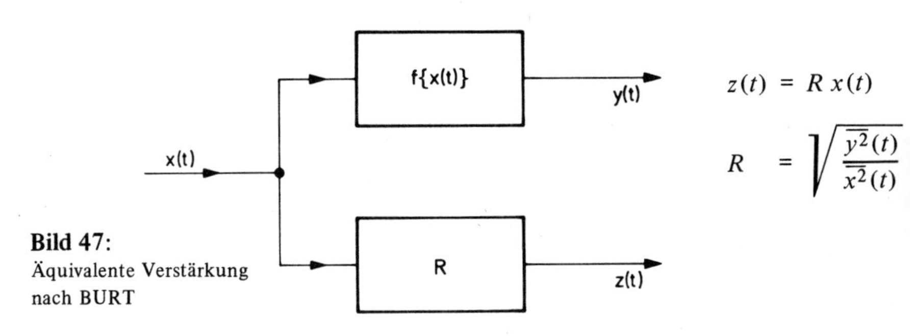


**Bild 47:**
Äquivalente Verstärkung nach BURT

Dabei ist $z(t)$ die ersetzende Zeitfunktion des linearen Ersatzsystems.

Das Verfahren von BURT wurde erst durch Arbeiten von BARRETT und COALES [566, 1956] und SEIFERT und STEEG [567, 1960] veröffentlicht.

Andere äquivalente Linearisierungen sind bei AXELBY [568, 1959] und PUPKOV [569, 1960] angegeben. PUPKOV gab als mögliche Methoden der Näherung diejenige von BURT an, ohne diesen zu zitieren, und ferner die Näherung von BOOTON und KAZAKOV, wobei er den Russen zitierte. Als eigene Näherungsmethode stellte er die Berechnung eines äquivalenten Verstärkungsfaktors $K(\omega, \sigma_x)$ aus der spektralen Leistungsdichte $S_{in}$ des Eingangssignals und der des nichtlinear verformten Ausgangssignals $S_{out}$ vor:

$$K(\omega, \sigma_x) = \sqrt{\frac{S_{out}(\omega, \sigma_x)}{S_{in}(\omega, \sigma_x)}}\,.$$

Die Vorteile der verschiedenen Linearisierungen lassen sich kaum allgemein angeben.

Eine Erweiterung der statistischen Linearisierung für den Fall, daß das Eingangssignal des nichtlinearen Elementes als Summe voneinander unabhängiger Rauschsignale mit verschiedenen Verteilungsfunktionen vorliegt, haben SOMMERVILLE und ATHERTON [570, 1958] diskutiert.

Nachdem in den fünfziger Jahren die Theorie der verschiedenen statistischen Linearisierungen weitgehend entwickelt worden war [siehe dazu 571 CHANG/KAZDA, 195 stellten etwa ab 1960 mehrere Autoren fest, daß sich zur Behandlung nichtlinearer stochastischer Systeme auch die Theorie der MARKOV-Prozesse mit Vorteil verwenden läßt. Zu nennen sind Arbeiten von FELDBAUM [572, 1959; 573, 1960] und PERVOZVANSKY [574, 1960; 575, 1960], in denen die Theorie der MARKOV-Ketten für einen extremalen Suchprozeß eines optimalen Abtastregelsystems herangezogen wurde.

Nachdem der russische Mathematiker MARKOV, der von 1856 bis 1922 lebte, grundlegende Arbeiten über das Konzept der Kettenabhängigkeiten veröffentlicht hatte [576, 1906; 577, 1924; siehe auch 578 BHARUCHA-REID], wurde die Theorie der MARKOVschen Prozesse zuerst für die Analyse der Genauigkeit dynamischer Systeme von ANDRONOV, WITT und PONTRJAGIN [579, 1933] benutzt.

Die weitere Entwicklung der statistischen Theorie nichtlinearer Systeme ist, soweit sie auf der Theorie von MARKOV-Ketten beruht, mit Arbeiten von BARRETT [580, 1960], PUGACHEV [581, 1960; 582, 1961], HAZEN [583, 1961; 584, 1961] und anderen verbunden. Auch BARRETT und COALES wiesen in dem oben bereits zitierten Aufsatz auf die Möglichkeit hin, höhere Momente des Ausgangssignals nichtlinearer Regelkreisglieder mit MARKOV-Ketten zu beschreiben und zu berechnen.

Die Verwendung von MARKOV-Ketten als Beschreibungshilfsmittel ist wegen der umfangreichen Rechenprozeduren an die Verfügbarkeit eines Digitalrechners gebunden.

Da die nötigen Speicherkapazitäten und die Rechenzeit mit der Ordnung der Systemdifferentialgleichung stark ansteigen, ist allein durch diese Tatsache eine breitere Anwendung noch eingeschränkt [siehe 585 PUGACHEV, 1963].

## 12.9 Die Bedeutung von Näherungsverfahren

Die ausführliche Schilderung der Entwicklung von Näherungsverfahren zur Lösung nichtlinearer Probleme der Regelungstechnik drängt die Frage auf, inwieweit die Näherungsverfahren heute überhaupt noch Bedeutung haben und ob sie nicht überwiegend nur noch historisches Interesse verdienen.

Unterstützt wird diese Fragestellung durch die Verfügbarkeit leistungsfähiger Digitalrechner und Analogrechner, welche die Möglichkeit bieten, in vielen Fällen exakte Lösungen der analytischen Aufgabenstellungen zu liefern.

Obgleich durch die Tatsache, daß noch nicht allen Regelungstechnikern leistungsfähige Rechengeräte zur Verfügung stehen, allein schon eine Entscheidung zugunsten vieler Näherungsverfahren getroffen wird, gibt es darüber hinaus Argumente von Gewicht.

Es ist häufig günstig, aufgrund einfachster Näherungsverfahren die grundlegende Struktur eines Regelungssystems zu entwerfen und den ungefähren Bereich geeigneter Parameterwerte zu bestimmen. Anschließend können mit Rechengeräten und durch Simulation die Struktur und die Parameter endgültig festgelegt werden. Ohne die näherungsweise Vorausberechnung wäre man auf automatische Suchverfahren angewiesen, die sehr aufwendig sein können. Ferner ist zu berücksichtigen, daß die Näherungslösung in vielen Fällen sofort brauchbar ist und nicht verbessert werden muß.

Ein wichtiger Gesichtspunkt für die Beurteilung exakter Lösungen bei praktischen Problemen ist die Tatsache, daß die Lösungen vielfach nur scheinbar exakt sind. Der Grund dafür ist darin zu sehen, daß schon bei der analytischen Erfassung vieler nichtlinearer Regelungsaufgaben vereinfachende Annahmen getroffen werden müssen, die das qualitative Bild der untersuchten dynamischen Eigenschaften verfälschen können. Die exakte Lösung des vereinfachten Problems täuscht dann eine Genauigkeit in der Beschreibung des Systems vor, die gar nicht tatsächlich vorliegt.

## 12.10 Stabilitätsuntersuchungen nach Ljapunov

Nachdem mit den Methoden der Störungsrechnung und den Linearisierungsverfahren zwei große Bereiche besprochen wurden, auf denen ein Teil der Regelungstheorie gründet, soll nun die Entwicklung eines weiteren Bereiches dargelegt werden, der sich aufgrund der sogenannten "Zweiten Methode von LJAPUNOV" gebildet hat und der sich in den letzten Jahren besonders in den Vordergrund des Interesses geschoben hat.

Der Russe LJAPUNOV hat in seiner Dissertation aus dem Jahre 1892 mit dem Titel "Das allgemeine Problem der Stabilität einer Bewegung" [590] das Stabilitätsproblem dynamischer Systeme in sehr allgemeiner Form formuliert und gelöst.

Neben der oben erwähnten Zweiten Methode hat er sich darin auch der sogenannten "Ersten Methode" gewidmet, die im wesentlichen die gleichen Grundgedanken enthält wie die entsprechenden Untersuchungen von ROUTH und POINCARE, jedoch in der Systematik und der Aussagekraft über diese hinausgeht.

Sachlich gehört die "Erste Methode von LJAPUNOV" in den Bereich der am Anfang dieses Kapitels behandelten Verfahren, doch scheint es angebracht, die Arbeit von LJAPUNOV geschlossen zu betrachten; deshalb soll zuerst einiges über die "Erste Methode" und ihre Anwendung in der Regelungstechnik gesagt werden. Als bemerkenswert ist herauszustellen, daß LJAPUNOV Bedingungen für die Anwendbarkeit der von ihm getroffenen Linearisierungen angab.

Im Vorwort zu seiner Dissertation schrieb LJAPUNOV:

> "Die gewöhnlich benutzte Methode läuft darauf hinaus, in den zu untersuchenden Differentialgleichungen alle Glieder höherer Ordnung als die erste wegzulassen und anstelle der ursprünglichen Gleichungen die auf diese Weise gewonnenen, linearen Gleichungen zu untersuchen. So wird dieses Problem in den Werken von THOMSON und TAIT [144, 1879], ROUTH und SHUKOWSKY behandelt. Freilich bringen diese Methoden wesentliche Vereinfachungen mit sich, besonders in den Fällen, wenn die Koeffizienten in den Differentialgleichungen konstante Größen sind; aber die Zulässigkeit einer derartigen Vereinfachung ist a priori durch nichts gerechtfertigt, denn de facto wird anstelle der eigentlichen zu untersuchenden Funktion eine andere Funktion untersucht, die von der ersten gar nicht abhängig zu sein braucht. Jedenfalls ist es offensichtlich, daß selbst dann, wenn die Lösung des anderen Problems eine Antwort auf das ur-

sprüngliche Problem gibt, dies nur unter gewissen Voraussetzungen der Fall ist. Diese Voraussetzungen werden aber gewöhnlich nicht mit angegeben".

Ausgehend von diesen Verhältnissen, sah LJAPUNOV seine Aufgabe so:

"... die Fälle angeben, in denen die erste Näherung wirklich das Problem der Stabilität löst, und irgendwelche Methoden anführen, die seine Lösung wenigstens in einigen jener Fälle ermöglichen, wo nach der ersten Näherung nicht auf die Stabilität geschlossen werden kann".

Die Beiträge LJAPUNOVs lassen sich in einigen Punkten zusammenfassen:

1. Eine strenge Definition der Stabilität einer Bewegung in bezug auf gewisse Funktionen.
2. Die Festlegung einfacher, hinreichender Kriterien für das Vorhandensein stabiler oder instabiler Lösungen eines linearisierten Systems und Klarstellung, in welchen Fällen die Linearisierung von Bewegungsgleichungen berechtigt ist.
3. Die Untersuchung einfacher Sonderfälle, bei denen nach der ersten Näherung nicht auf die Stabilität geschlossen werden kann; im Zuge eines dieser Fälle Untersuchungen über die Existenz periodischer Lösungen.
4. Die Untersuchung von Gleichungen mit periodischen Koeffizienten und Festlegung hinreichender Kriterien für die Stabilität ihrer Lösungen.
5. Die Ausarbeitung einer "direkten" Methode (auch "Zweite Methode" genannt), welche einfache und hinreichende Kriterien für Stabilität und Instabilität liefert.

Die LJAPUNOVsche Definition der Bewegungsstabilität wird in der modernen regelungstechnischen Literatur vielfach verwendet. Nach LJAPUNOV ist eine ungestörte Bewegung stabil bezüglich der Größen $y_s$, wenn sich zu jeder positiven Zahl $\epsilon$, wie klein sie auch sein mag, eine andere positive Zahl $\eta(\epsilon)$ derart angeben läßt, daß für alle gestörten Bewegungen $y_s = y_s(t)$, bei denen im Augenblick $t = t_0$ die Ungleichung

$$|y_s(t_0) - f_s(t_0)| \leqq \eta$$

gilt, für alle Zeitpunkte $t > 0$ die folgende Ungleichung erfüllt ist:

$$|y_s(t) - f_s(t)| < \epsilon.$$

Die ungestörte Bewegung heißt "instabil", wenn sie nicht stabil ist.

Von größerer Bedeutung speziell in der Regelungstechnik ist die Definition der "asymptotischen Stabilität":

Wenn eine Bewegung stabil ist und sogar alle gestörten Bewegungen, bei denen die Anfangsstörungen hinreichend klein sind, mit wachsender Zeit ($t \to \infty$) gegen die ungestörte Bewegung streben, heißt die Bewegung asymptotisch stabil.

Diese beiden Stabilitätsdefinitionen beziehen sich auf den Einfluß vorübergehender Störungen. Da jedoch in der regelungstechnischen Praxis viele Störungen nicht impulsartig auftreten, sondern nahezu ständig wirken, wurde von DUBOSCHIN [591, 1952] ein Stabilitätskonzept entworfen, welches ständig wirkende Störungen berücksichtigt; danach wird ein System, dessen Zustandsgrößen bei nicht zu großer Anfangsabweichung und nicht zu großen ständig wirkenden Störungen nahe den ursprünglichen bleiben, als "total stabil" bezeichnet.

MALKIN und GORSHIN haben später gezeigt, daß bei asymptotischer Stabilität in vielen Fällen auch totale Stabilität gewährleistet ist. Eine weitere Präzisierung dieser Begriffe haben AUSLANDER und SEIBERT [592, 1961] vorgenommen.

Die Erste Methode von LJAPUNOV gibt notwendige und hinreichende Bedingungen für die Stabilität nichtlinearer Systeme entsprechend der Gleichung

$$\dot{x}_s = p_{s1}x_1 + \ldots + p_{sn}x_n + X_s(x_1, \ldots, x_n)$$

durch die Gleichung der ersten Näherung

$$\dot{x}_s = p_{s1}x_1 + \ldots + p_{sn}x_n, \; (s = 1,2, \ldots, n).$$

Die wichtigsten Ergebnisse zu diesem Problem faßte LJAPUNOV in drei Sätzen zusammen:

1. Wenn alle Wurzeln der charakteristischen Gleichung des Systems der ersten Näherung negative Realteile haben, dann ist die ungestörte Bewegung stabil und sogar asymptotisch stabil, wie auch die Glieder höherer Ordnung in den Differentialgleichungen der gestörten Bewegung beschaffen sind.
2. Wenn sich beim System der ersten Näherung unter den Wurzeln der charakteristischen Gleichung wenigstens eine mit positivem Realteil befindet, dann ist die ungestörte Bewegung instabil, wie auch die Glieder höherer Ordnung in den Differentialgleichungen der gestörten Bewegung beschaffen sind.
3. Wenn die charakteristische Gleichung für das System der ersten Näherung keine Wurzeln mit positivem Realteil, aber Wurzeln mit verschwindendem Realteil besitzt, dann lassen sich die Glieder höherer Ordnung in den Differentialgleichungen der gestörten Bewegung so wählen, daß man nach Belieben Stabilität oder Instabilität erhält.

Die vom dritten Satz erfaßten Fälle werden als "kritische Fälle" bezeichnet. Da sie häufig auftreten, war es wichtig, sich Methoden zu verschaffen, mit denen sich dieses Stabilitätsproblem lösen ließ. Allgemeine Lösungen hat auch LJAPUNOV nicht gefunden und sind auch in der Zwischenzeit nicht gefunden worden. Die Schwierigkeit steigt mit der Anzahl der kritischen Wurzeln. Für einige Sonderfälle gelang LJAPUNOV die Lösung:

1. Die charakteristische Gleichung hat eine verschwindende Wurzel und $n$ Wurzeln mit negativen Realteilen.
2. Die charakteristische Gleichung hat ein Paar rein imaginärer Wurzeln und $n$ Wurzeln mit negativen Realteilen.
3. Die charakteristische Gleichung hat zwei verschwindende Wurzeln, und das System ist nur von zweiter Ordnung.

Dadurch, daß LJAPUNOV die allgemeine Lösung des Problems der ersten Näherung nicht angeben konnte, wurde er angeregt, als Ergänzung der Ersten Methode die Zweite Methode zu entwickeln, welche die erste später an Bedeutung weit übertraf.

Die Arbeiten LJAPUNOVs zur Stabilitätsfrage fanden international zuerst kaum Beachtung.

Im Jahre 1907 erschien eine französische Übersetzung der Arbeit LJAPUNOVs; diese Übersetzung wurde 1947 als Photoreproduktion in den USA herausgegeben und damit einem größeren Personenkreis bekannt.

Die LJAPUNOVschen Stabilitätsdefinitionen und die Erste Methode fanden in der UdSSR gegen Ende der zwanziger Jahre Beachtung und liefen damit parallel zur Anwendung der POINCAREschen Methoden der Störungsrechnung. Überhaupt läßt sich eine nicht unerhebliche Übereinstimmung in vielen Aussagen der Arbeiten von POINCARE und LJAPUNOV feststellen [siehe dazu 457 GERONIMUS]. Diese Tatsache war schon ANDRONOV und WITT bekannt, die in einer Arbeit [593, 1933] über Stabilitätsfragen die Aussagen der Ersten Methode für periodische Lösungen ergänzten.

In den USA wies MINORSKY [594, 1941] auf die LJAPUNOVschen Aussagen hin und deutete ihre Anwendung auf nichtlineare Regelungsprobleme an. Er untersuchte die Rollstabilisierung von Schiffen mit aktiven Tanks [siehe 595 MINORSKY, 1944], wobei zwei Tanks an einem Pendel aufgehängt waren und durch eine Pumpe mit veränderlichen Schaufelanstellwinkeln Wasser zwischen den Tanks hin- und hergepumpt wurde [siehe auch Kapitel 2].

Größere Beachtung wurde der Ersten Methode erst zuteil, nachdem JONES [596, 1952] sie der regelungstechnischen Fachwelt auf der Konferenz in Cranfield vorgestellt hatte. JONES berechnete in einem Regelkreis alle abhängigen Variablen als Summe eines festen und eines inkrementalen Wertes. Alle Ausdrücke höherer als erster Ordnung vernachlässigte er und untersuchte dann das entstandene System linearer Differentialgleichungen der Inkrementwerte mit einem algebraischen Kriterium. JONES wies darauf hin, daß die Methode der kleinen Schwingungen nicht verwendet werden konnte, weil in den von ihm diskutierten Systemen Produkte und Potenzen der abhängigen Variablen auftauchten. Technisch handelte es sich bei den Systemen um solche zur Spannungsregelung.

Nach JONES ist die Erste Methode schon von BOTHWELL [597, 1950] zur Untersuchung parametrischer Erregung verwendet worden.

In neuerer Zeit findet die Erste Methode stärkere Beachtung in der regelungstechnischen Literatur, vor allem zur Rechtfertigung bestimmter Linearisierungen [siehe beispielsweise 447 HSU/MEYER, 1968].

Die sogenannte "zweite" oder "direkte" Methode, die von LJAPUNOV als Ergänzung der Ersten Methode auch bereits 1892 in derselben Arbeit entwickelt worden war, sollte Stabilitätsaussagen im Bereich der theoretischen Mechanik liefern.

Im Gegensatz zur quantitativ ausgerichteten Ersten Methode ist die zweite qualitativer Art.

Die Einteilung der Verfahren und Methoden zur Lösung von Stabilitätsproblemen in zwei grundlegende Kategorien stammt von LJAPUNOV selbst:

1. Diejenigen Methoden, die auf der unmittelbaren Betrachtung der gestörten Bewegungen und der Bestimmung von Lösungen der beschreibenden Differentialgleichungen beruhen, die man gewöhnlich in Reihenentwicklungen findet, ordnete LJAPUNOV als Gesamtheit der Ersten Methode zu.
2. Andere Verfahren, die nicht auf der Lösung der Differentialgleichungen beruhen, sondern mit Vergleichsfunktionen spezieller Eigenschaften arbeiten, nannte LJAPUNOV der Zweiten Methode zugehörig.

Die Stabilitätsaussagen der Zweiten Methode beziehen sich auf ein Differentialgleichungssystem der gestörten stationären Bewegung:

$$\dot{x}_s = X_s (x_1, x_2, ..., x_n), \quad (s = 1,2, ..., n).$$

Die Funktionen $X_s$ hängen nicht explizit von der Zeit $t$ ab, wohl aber die Variablen $x_s$.

Für die Stabilitätsaussagen wurden gewisse Vergleichsfunktionen $V(x_1, ..., x_n)$ eingeführt, von denen verlangt ist, daß sie eindeutig sind, für alle

$$x_1 = x_2 = ... = x_n = 0$$

verschwinden und stetige partielle Ableitungen besitzen. Für diese Funktionen sind die Begriffe "definit", "positiv definit", "negativ definit", "semi-definit" und "indefinit" wichtig, da sie im Zusammenhang mit den untersuchten Funktionen auf das Stabilitätsverhalten schließen lassen.

Mit den Funktionen $V(x_1, ..., x_n)$ werden ihre zeitlichen Ableitungen betrachtet:

$$\dot{V} = \sum_{s=1}^{n} \frac{\mathrm{d}V}{\mathrm{d}x_s} \frac{\mathrm{d}x_s}{\mathrm{d}t} = \sum_{s=1}^{n} \frac{\mathrm{d}V}{\mathrm{d}x_s} X_s.$$

Aus den Eigenschaften der beiden Funktionen $V$ und $\dot{V}$ und ihren wechselseitigen Beziehungen leitete LJAPUNOV die in einigen Sätzen präzisierten Stabilitätsaussagen ab:

*Erster Stabilitätssatz*

Wenn für die Differentialgleichungen der gestörten Bewegung eine definite Funktion $V(x_1, ..., x_n)$ existiert, deren zeitliche unter Berücksichtigung dieser Gleichungen gebildete Ableitung semidefinit mit dem zu $V$ entgegengesetzten Vorzeichen ist oder identisch verschwindet, dann ist die ungestörte Bewegung stabil.

*Zweiter Stabilitätssatz*

Wenn für die Differentialgleichungen der gestörten Bewegung eine definite Funktion $V(x_1, ..., x_n)$ existiert, deren zeitliche Ableitung ebenfalls definit ist, aber mit dem zu $V$ entgegengesetzten Vorzeichen, dann ist die ungestörte Bewegung asymptotisch stabil.

Über diese beiden Stabilitätssätze hinaus hat LJAPUNOV auch zwei Instabilitätssätze abgeleitet, deren praktische Bedeutung durchaus nicht viel geringer ist:

*Erster Instabilitätssatz*

Wenn für die Differentialgleichungen der gestörten Bewegung eine Funktion $V(x_1, ..., x_n)$ existiert, deren zeitliche Ableitung definit ist, während die Funktion $V$ selbst nicht semidefinit mit dem zu $\dot{V}$ entgegengesetzten Vorzeichen ist, dann ist die ungestörte Bewegung instabil.

*Zweiter Instabilitätssatz*

Wenn eine Funktion $V$ existiert, deren zeitliche Ableitung die Gestalt

$$\dot{V} = \lambda\, V + W(x_1, ..., x_n)$$

besitzt, wobei $\lambda$ eine positive Konstante ist und $W$ entweder identisch verschwindet oder semidefinit ist, und wenn im letzteren Fall die Funktion $V$ nicht semidefinit mit dem zu $W$ entgegengesetzten Vorzeichen ist, dann ist die ungestörte Bewegung instabil.

Die beiden Instabilitätssätze haben für technische Belange einen gewissen Mangel darin, daß der gesamte Existenzbereich der Funktionen eingeschlossen ist, was häufig eine zu weitgehende Einschränkung ist.

Einen entsprechenden Satz für nur einen Teil des Existenzgebietes hat anfangs der dreißiger Jahre CHETAYEW angegeben [siehe 598 LASALLE/LEFSCHETZ, 1961].

Wie schon die Tatsache, daß LJAPUNOV die Zweite Methode als Ergänzung der Ersten Methode gedacht hat, vermuten läßt, verwendete er sie auch nur zur Untersuchung der Stabilität "im Kleinen", denn er prüfte nur die Gleichgewichtslage dynamischer Systeme auf Stabilität oder asymptotische Stabilität. Später wurde von anderen russischen Autoren der große Vorteil der Methode entdeckt, auch Aussagen über die Stabilität "im Großen" zu ermöglichen.

Ein weiterer großer Vorteil des Verfahrens, der darin zu sehen ist, daß es keine näherungsweisen Ergebnisse liefert, sondern exakte Aussagen vermittelt, wird durch den Nachteil überschattet, daß keine allgemeinen Methoden zur Konstruktion der sogenannten LJAPUNOVschen $V$-Funktionen bekannt sind. LJAPUNOV selbst gab nur für ganz einfache Systeme ein paar Hinweise.

Wie es schon für die Erste Methode zutraf, wurde auch der Wert der Zweiten Methode erst sehr spät erkannt. Hinsichtlich der Ersten Methode ist dies dadurch begreiflich, daß man nicht viel Neues gegenüber den Ergebnissen von ROUTH, POINCARE und anderen darin sah; bei der Zweiten Methode jedoch, für die es gar keinen theoretischen Ersatz gleicher Aussagekraft gab, muß offensichtlich die Schwierigkeit bestanden haben, die mathematischen Aussagen verständlich zu machen, denn die LJAPUNOVsche Originalarbeit ist nicht einfach zu lesen.

In der UdSSR belebte sich das Interesse an der Zweiten Methode etwa um 1930, nachdem nämlich CHETAYEW an der Universität Kazan ein einschlägiges Seminar organisiert hatte. Von diesem Seminar, das sich mit der Stabilität von Bewegungen und der qualitativen Theorie von Differentialgleichungen befaßte, gingen weitere Entwicklungen in der mathematischen Aufbereitung der Zweiten Methode aus. Seither wird diese Methode besonders in der Regelungstechnik immer stärker angewendet.

In der westlichen Welt fand sie zu jener Zeit allerdings noch keine Beachtung.

Diejenigen russischen Arbeiten, welche als erste die Zweite Methode zur Berechnung praktischer Regelungsprobleme enthalten, wiesen als hauptsächliche Schwierigkeit und nach deren Überwindung als größten Erfolg die Konstruktion geeigneter LJAPUNOV-Funktionen aus.

Während LJAPUNOV selbst nur für lineare Systeme mit konstanten Koeffizienten die Existenz von Vergleichsfunktionen aus quadratischen Formen gezeigt hatte, wies MALKIN [599, 1937] nach, daß für lineare Systeme mit Gleichungen der Form

$$\dot{x} = A(t)\, x$$

eine geeignete LJAPUNOV-Funktion sich immer aus einer quadratischen Form der Gestalt

$$V = \sum_{i,j} b_{i,j}(t)\, x_i\, x_j$$

herleiten läßt.

Der eigentliche Einzug der Zweiten Methode in die Regelungstheorie ist den Russen LURJE und POSTNIKOV [600, 1944] zu danken, die im Jahre 1944 das Problem der absoluten Stabilität für Systeme mit nichtlinearen Kennlinien untersuchten, welche im ersten und dritten Quadranten einer $\sigma$-$F(\sigma)$-Ebene verliefen, wobei $\sigma(t)$ das Eingangssignal und $F(\sigma)$ das Ausgangssignal des einen im Regelkreis enthaltenen nichtlinearen Elementes bezeichnet.

Die Kennlinie oder "Charakteristik" durfte den in Bild 48 angegebenen Verlauf haben und mußte folgenden Zusatzbedingungen genügen: eindeutig, stückweise stetig, reell, für alle reellen Wert von $\sigma$ definiert; ferner mußte gelten:

$$F(0) = 0,$$

$$k_1 \leqq \frac{F(\sigma)}{\sigma} \leqq k_2,$$

$$k_1 = 0; \qquad k_2 = \infty.$$

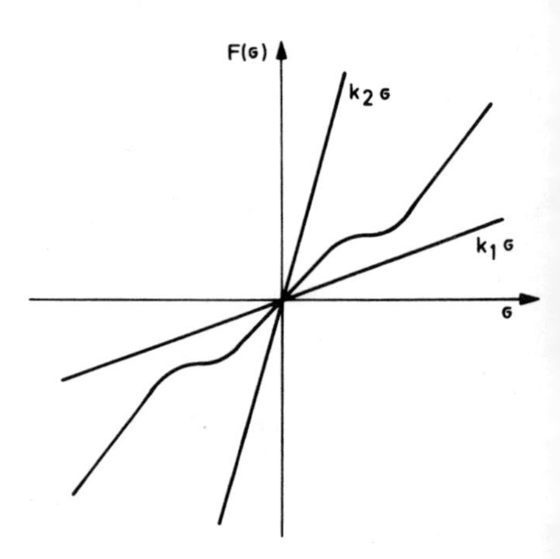


**Bild 48:**
Nichtlineare Kennlinie nach LURJE

LURJE und POSTNIKOV untersuchten einen speziellen Regelkreis, der obige Kennlinie einschloß, und schlugen dabei zur Lösung der Stabilitätsfrage eine LJAPUNOV-sche Funktion vor, die aus zwei Summanden, nämlich einer quadratischen Form und einem Integral über die nichtlineare Funktion, bestand.

Diese spezielle Form einer LJAPUNOV-Funktion, (hier in der meistens benutzten Matrizenschreibweise angegeben)

$$V(\mathbf{x}, \sigma) = \mathbf{x}^T \mathbf{B} \mathbf{x} + \int_0^\sigma \mathbf{F}(\sigma)\, d\sigma, \qquad (\mathbf{x}^T \text{ ist die Transponierte von } \mathbf{x})$$

wird in der Literatur häufig als LURJEsche Form bezeichnet.

In mehreren Arbeiten, unter anderen [601, 1951], hat LURJE anschließend dieses Verfahren ausgebaut und die Ergebnisse in seinem Buch, welches auch in deutscher Sprache [494, 1957] erschienen ist, zusammenfassend dargestellt.

LURJE untersuchte sowohl "direkte" als auch "indirekte" Regelungen. Diese Bezeichnungen, die man auch noch bei AIZERMAN und GANTMACHER [602, 1963] findet, sind wohl aus der deutschen Terminologie entlehnt worden und bezeichnen Regelkreise ohne beziehungsweise mit Hilfsenergie.

Die Gesamtheit der von LURJE in diesem Zusammenhang durchgeführten Untersuchungen sind als "LURJEsches Problem" bekannt geworden.

Die "indirekten" Regelungen waren aus der Sicht der damaligen Zeit von besonderem Interesse, weil sie den Fall der Flugzeugklappensteuerung mit hydraulischem Stellmotor und nichtlinearem Verstärker umfaßten. In der Schreibweise von LURJE stellten sich die indirekten Regelungen so dar:

$$\dot{\eta}_k = \sum_{\alpha=1}^{n} b_{k\alpha}\eta_\alpha + n_k\,\xi, \quad (k = 1,2, \ldots, n)$$

$$\dot{\xi} = F(\sigma), \quad \sigma = \sum_{\alpha=1}^{n} p_\alpha \eta_\alpha - r\,\xi - N\xi, \quad N = 0.$$

Darin sind die $b_{k\alpha}$ gegebene konstante Parameter und die $\eta_\alpha$ die allgemeinen Koordinanten der Regelstrecke; die $n_k$ sind konstante Parameter, $\xi$ ist die Stellgröße, $p_\alpha$, $r$ und $N$ sind die Reglerparameter.

Die nichtlineare Kennlinie unterlag den oben genannten Einschränkungen.

Für den Fall $N = 0$ überführte LURJE die obigen Bewegungsgleichungen mit Hilfe einer von ihm gefundenen, nichtsingulären, linearen Transformation

$$x_s = \sum_{\alpha=1}^{n} C_\alpha \eta_\alpha + \xi, \quad (s = 1,2, \ldots, n)$$

in die sogenannte "kanonische Form":

$$\dot{x}_s = -\rho_s x_s + F(\sigma), \quad (s = 1,2, ..., n)$$

$$\dot{\sigma} = \sum_{k=1}^{n} \beta_k x_k - r F(\sigma).$$

Dieses Gleichungssystem verband LURJE mit der von ihm gefundenen speziellen LJAPUNOV-Funktion und erhielt ein System von quadratischen Gleichungen, die er "lösende Gleichungen" nannte. Er zeigte, daß das Vorhandensein reeller Lösungen für diese Gleichungen hinreichend für die absolute Stabilität des Ausgangssystems war. Die absolute Stabilität schließt dabei die Stabilität "im Großen" ein, was besonders bemerkenswert für LURJE war, der als einer der ersten überhaupt sich vom Begriff der Stabilität "im Kleinen" getrennt hatte und ausdrücklich auf die von ihm ermittelte Stabilität "im Großen" hinwies.

Der Begriff der absoluten Stabilität ist von LETOV geprägt worden. LETOV [603, 1957] hat nachgewiesen, daß auch für den Fall $N \neq 0$ und einen beliebigen Wert $N > 0$ der Rückführkonstante die Vorgehensweise von LURJE gültig bleibt. Den Beweis führte LETOV über eine spezielle LJAPUNOV-Funktion, welche für $N = 0$ mit der von LURJE benutzten übereinstimmt, und zeigte, daß die Parameter, welche für die absolute Stabilität maßgebend sind, ihrerseits nicht von $N$ abhängen. In einer anderen Arbeit [535, 1955] hat LETOV Möglichkeiten aufgezeigt, wie sich die Anzahl der Gleichungen des lösenden Systems reduzieren läßt.

Die Methode von LURJE und POSTNIKOV ist nach verschiedenen Richtungen hin erweitert worden, besonders von LETOV [604, 1948; 605, 1950; 606, 1953; 607, 1954; 535, 1955; 608, 1955] und YAKUBOVICH [609, 1957; 610, 1958]. LETOV untersuchte in zwei der Arbeiten [606, 1953; 607, 1954] speziell die Stabilität für Regelkreise mit zwei nichtlinearen Gliedern, was der Existenz zweier nichtlinearer Funktionen $f_1(\sigma)$ und $f_2(\gamma)$ entspricht.

Weitere Ergebnisse bei der Konstruktion von LJAPUNOV-Funktionen entstanden im Zusammenhang mit dem Problem von AIZERMAN. Die dabei interessierende Frage, inwieweit die LJAPUNOV-Funktionen nicht nur hinreichend, sondern auch notwendig sind, wurde in Arbeiten von PERSIDSKY [611, 1937]. MASSERA [612, 1949], BARBASHIN [613, 1951; siehe 614, 1952], MALKIN [615, 1954] und KRASOVSKY [616, 1955; 617, 1956; 618, 1959] behandelt; darin wiesen die Autoren entweder für spezielle Systeme die Notwendigkeit der LJAPUNOVschen Bedingungen nach oder aber leiteten Zusatzbedingungen ab, welche die Existenz von LJAPUNOV-Funktionen sicherstellten.

Während LURJE und POSTNIKOV in ihrer Arbeit aus dem Jahre 1944 die nichtlineare Kennlinie des im Regelkreis eingeschlossenen nichtlinearen Gliedes im ganzen Bereich des ersten und dritten Quadranten zuließen, befaßte sich AIZERMAN [619, 1946] mit dem Problem der absoluten Stabilität in einem eingeschränkten Winkelbereich. Er verwendete bei seiner Untersuchung als LJAPUNOV-Funktion eine quadratische Form der Regelgröße. Das von AIZERMAN untersuchte Regelungssystem ist durch ein Blockschaltbild entsprechend Bild 49 gekennzeichnet.

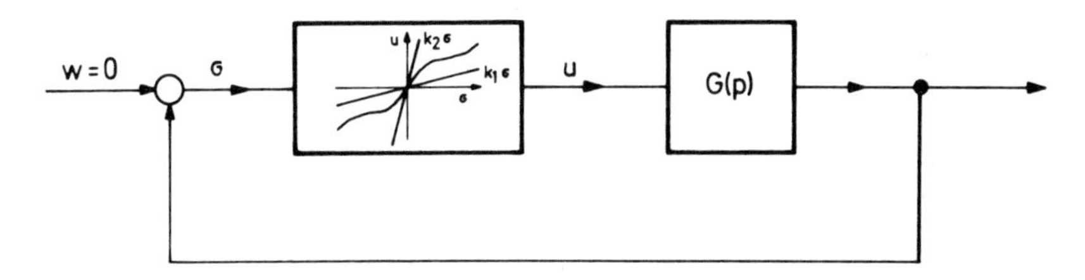


**Bild 49:** AIZERMANsches System

Die Beschränkungen, denen die Kennlinie unterliegt, sind gleich den oben für das System von LURJE angegebenen, bis auf die Winkelbegrenzung, für die hier gilt:

$$0 < k_1 \leqq \frac{F(\sigma)}{\sigma} < k_2.$$

Wenn $F(\sigma)$ durch die lineare Verstärkung $u = k\,\sigma$ ersetzt wird, ist das resultierende System linear. Es sei stabil für jedes $k$, welches der Bedingung genügt

$$k_1 \leqq k \leqq k_2.$$

Es erhob sich für AIZERMAN, der dieses Problem untersuchte, die Frage, ob das ursprüngliche nichtlineare System asymptotisch stabil im Großen ist für alle nichtlinearen Funktionen $F(\sigma)$, die der obigen Bedingung unterliegen.

AIZERMAN sprach dies 1949 in einer weiteren Arbeit [620], die jenem Problem gewidmet war, als bejahende Vermutung aus.

Eine strengere Vermutung äußerte KALMAN [621, 1957]:

> Wenn das lineare System mit $F(\sigma) = h\,\sigma$ für jedes $k$ stabil ist, welches der Bedingung
>
> $$k_1' \leqq k \leqq k_2'$$
>
> genügt, dann ist das nichtlineare System asymptotisch stabil für jedes $F(\sigma)$, welches der Bedingung
>
> $$k_1' \leqq \frac{\mathrm{d}}{\mathrm{d}\sigma} F(\sigma) = F'(\sigma) < k_2'$$
>
> genügt.

Es läßt sich zeigen, daß auch die AIZERMANsche Vermutung erfüllt ist, wenn die KALMANsche gilt. Beide Vermutungen erwiesen sich als nicht allgemein haltbar.

PLISS [622, 1958] gab als Gegenbeispiel ein System dritter Ordnung an, bei dem der maximale Winkel, innerhalb dessen sich die nichtlineare Kennlinie beliebig verändern darf, nur ein Teil des sogenannten "HURWITZ-Winkels" ist, innerhalb dessen eine entsprechende lineare Kennlinie liegen darf.

FITTS [623, 1966] untersuchte einschlägige Systeme dritter und vierter Ordnung auf einem Analogrechner und beobachtete selbsterregte Schwingungen, deren Auftreten er mit der Dual-Input-Beschreibungsfunktion erklären konnte, die aber, der KALMANschen Vermutung entsprechend, nicht hätten auftreten dürfen. Ebenfalls mit der Dual-Input-Beschreibungsfunktion widerlegte WILLEMS [624, 1966] die beiden Vermutungen.

Die AIZERMANsche Vermutung scheint vor ihrer Widerlegung einen gewissen Einfluß auf die Konstruktion LJAPUNOVscher Funktionen gehabt zu haben. MALKIN [625, 1952] verwendete eine LJAPUNOV-Funktion für ein System zweiter Ordnung mit einem nichtlinearen Glied. Seine Methode besteht im Auffinden einer quadratischen Form für das linearisierte System und Angabe einer LJAPUNOV-Funktion für das nichtlineare System durch Analogieschluß. In ähnlicher Weise hat eine russische Gruppe um KRASOVSKY [626, 1952; 627, 1954; 628, 1954] und BARBASHIN [629, 1952; siehe 614, 1952] die Stabilität von Systemen dritter und vierter Ordnung bestimmt.

Besonders bekannt geworden ist aus dieser Gruppe eine von KRASOVSKY [627, 1954] beschriebene Methode, die auch von dem Amerikaner BASS [630, 1957] vermerkt worden ist. Im Gegensatz zu den meisten anderen Verfahren wurden hierbei die quadratischen Formen nicht mit den Zustandsvariablen selbst, sondern mit den nichtlinearen Funktionen des Differentialgleichungssystem gebildet.

Für das System

$$\dot{\mathbf{X}} = \mathbf{F}(\mathbf{X}),$$

bei dem $\mathbf{F}$ als Spaltenmatrix die nichtlinearen Funktionen der Zustandsvariablen enthält, wählte KRASOVSKY die LJAPUNOV-Funktion nach der Vorschrift

$$V = \mathbf{F}^{\mathrm{T}} \mathbf{P} \mathbf{F}$$

mit positiv definiter Matrix $\mathbf{P}$.

$$\mathbf{F} = \begin{bmatrix} f_1(x_1, \ldots, x_n) \\ \cdot \\ \cdot \\ f_n(x_1, \ldots, x_n) \end{bmatrix}.$$

Nach Einführung der "JACOBIschen Matrix"

$$\mathbf{J} = \frac{\mathrm{d}\mathbf{F}}{\mathrm{d}\mathbf{X}} = \begin{bmatrix} \frac{\mathrm{d}f_1}{\mathrm{d}x_1} & \frac{\mathrm{d}f_1}{\mathrm{d}x_2} & \cdots & \frac{\mathrm{d}f_1}{\mathrm{d}x_n} \\ \cdots & \cdots & \cdots & \cdots \\ \frac{\mathrm{d}f_n}{\mathrm{d}x_1} & \frac{\mathrm{d}f_n}{\mathrm{d}x_2} & \cdots & \frac{\mathrm{d}f_n}{\mathrm{d}x_n} \end{bmatrix}$$

läßt sich zeigen, daß die hinreichende Bedingung für asymptotische Stabilität des nichtlinearen Systems erfüllt ist, wenn die Matrix

$$\mathbf{Q} = \mathbf{P}\mathbf{J} + \mathbf{J}^{\mathrm{T}}\mathbf{P}$$

negativ definit ist.

Weitere Methoden, welche durch Analogieschluß von linearen Systemen LJAPUNOV-sche Funktionen für nichtlineare ergeben, stammen von AIZERMAN [619, 1946; 631, 1947; 632, 1952].

Einen anderen Weg hat CHETAYEV [633, 1955] eingeschlagen; er ging von den Energiezuständen der Systeme aus und machte sich die Vorstellung zunutze, daß die LJAPUNOVschen Sätze eine Verallgemeinerung der Tatsache sind, daß ein physikalisches System im Gleichgewichtszustand stabil ist, wenn in der Nähe dieses Gleichgewichtszustandes die Energie des Systems ständig abnimmt. Auf CHETAYEVs Arbeit gehen wahrscheinlich auch die im Zusammenhang mit der Zweiten Methode entwickelten geometrischen Vorstellungen zurück, die sich unter anderem dadurch ausdrücken, daß die LJAPUNOVschen Funktionen als verallgemeinerte Abstandsfunktionen im Zustandsraum angesehen werden können.

Nach den bereits genannten Konstruktionsverfahren für LJAPUNOV-Funktionen sind eine Reihe weiterer angegeben worden. LURJE und ROZENVASSER [634, 1960], SCHULTZ [635, 1965] und GRAYSON [636, 1965] haben einschlägige Zusammenstellungen vorgenommen, wobei GRAYSON im wesentlichen Syntheseverfahren aufgrund der Zweiten Methode berücksichtigte.

Neben den Methoden von LURJE und KRASOVSKY sind als besonders bekannte noch die von SZEGÖ, ZUBOV und SCHULTZ und GIBSON anzuführen.

SZEGÖ [637, 1963] versuchte, für jeweils spezielle Nichtlinearitäten die "besten" Funktionen zu finden und ließ neben quadratischen Gliedern in der LJAPUNOV-Funktion auch solche höherer Ordnung zu. Grundlegend für das Verfahren ist aber auch eine Polynomapproximation der Nichtlinearität.

Die beiden anderen Methoden sind bereits stark auf die Verwendung eines Computers angelegt.

ZUBOV [638, 1954; 639, 1955; 640, 1955; 641, 1957; 642, 1957] hat das Problem auf die Lösung einer partiellen Differentialgleichung zurückgeführt. Die LJAPUNOVsche Funktion wird dabei als unendliche Reihe angenähert.

Die Notwendigkeit eines Rechnereinsatzes geht beispielsweise aus einer Arbeit von RODDEN [643, 1963] hervor, der ein Beispiel zitierte, bei dem für ein System dritter Ordnung zur Berechnung einer LJAPUNOV-Funktion bei einer Näherung sechsten Grades mit Hilfe der ZUBOV-Prozedur vierzig Koeffizienten ausgerechnet werden mußten.

Die von SCHULTZ und GIBSON [644, 1962] entwickelte Methode der "variablen Gradienten" macht sich zunutze, daß für eine LJAPUNOVsche Funktion, welche asymptotische Stabilität eines bestimmten Systems angibt, ein eindeutiger Gradient existiert. Dieser Gradient $\frac{\mathrm{d}V}{\mathrm{d}\mathbf{X}}$, der bei der Ableitung der LJAPUNOV-Funktion $V$ benötigt wird, $\dot{V} = \frac{\mathrm{d}V}{\mathrm{d}\mathbf{X}} \dot{\mathbf{X}}$, muß hier zuerst gewählt werden. SCHULTZ und GIBSON empfahlen folgende allgemeine Form des Gradienten:

$$\frac{\mathrm{d}V}{\mathrm{d}\mathbf{X}} = \begin{bmatrix} a_{11}x_1 + a_{12}x_2 + \ldots + a_{1n}x_n \\ \ldots \quad \ldots \quad \ldots \\ a_{n1}x_1 + a_{n2}x_2 + \ldots + a_{nn}x_n \end{bmatrix}.$$

Die Koeffizienten $a_{ij}$ dürfen allgemeine Funktionen von $\mathbf{X}$ sein, so daß die obigen Gleichungen nichtlinear sein können.

Die Ausweitung in der Anwendung LJAPUNOVscher Funktionen hat aber nicht nur darin bestanden, immer neue Verfahren zu ihrer Erzeugung zu erdenken.

Eine bedeutsame Anwendung liegt in der Übertragung auf stochastische Systeme. Diese Systeme sind in steigendem Maße wichtig geworden, da sie immer häufiger als realistische Modelle Verwendung finden.

Die Anwendung LJAPUNOVscher Funktionen für die Stabilitätsuntersuchung stochastischer Systeme ist besonders mit den Arbeiten von BERTRAM und SARACHIK [645, 1959], KUSHNER [646, 1965; 647, 1967] und WONHAM [648, 1963] in den USA und KATS und KRASOVSKY [649, 1960] in der UdSSR verbunden.

Bei der Verwendung LJAPUNOVscher Funktionen und der Ausarbeitung einschlägiger Techniken ist ein deutlicher Zeitunterschied zwischen der UdSSR und anderen Ländern festzustellen. Im Westen schenkte man der Zweiten Methode erst ab etwa Mitte der fünfziger Jahre Aufmerksamkeit, nachdem diese von HAHN [179, 1954/55; 650, 1956; 651, 1056; 652, 1957; 653, 1959] und ANTOSIEWICZ [450, 1958 propagiert worden war. Die Arbeiten von HAHN sind in der westlichen Welt die bedeutendsten auf diesem Gebiet.

## 12.11 Stabilitätsuntersuchungen nach Popov

Dadurch, daß sich die Zweite Methode gegen Ende der fünfziger Jahre innerhalb der Regelungstheorie stark in den Vordergrund schob, schien sich, unterstützt durch steigenden Rechnereinsatz, eine allgemeine Abkehr von den Frequenzgangverfahren und eine Hinwendung nach den Verfahren des Zeitbereichs abzuzeichnen.

Dieser Tendenz stellte sich ein von dem Rumänen POPOV angegebenes Stabilitätskriterium entgegen, welches im Frequenzbereich hinreichende Bedingungen für die Stabilität gewisser nichtlinearer Systeme liefert.

POPOV stellte sein Kriterium in mehreren Aufsätzen vor, doch wurde es zunächst nur in östlichen Ländern bekannt, da die ersten vier Aufsätze in einer rumänischen Fachzeitschrift erschienen, die im Westen nicht übersetzt wurde.

Das Stabilitätskriterium wurde erstmals 1959 in wenig allgemeiner Form erklärt [654 POPOV, 1959] und anschließend [655 POPOV, 1959] für sogenannte $S_1$-Systeme ("indirekte" Regelung nach LURJE) und dann auch für $S_0$-Systeme ("direkte" Regelung nach LURJE) bewiesen [656 POPOV, 1960].

POPOV wies nach, daß für ein System entsprechend Bild 50 und der zusätzlichen Bedingung für die nichtlineare Funktion,

$$0 \leqq \frac{F(\sigma)}{\sigma} \leqq k,$$

bei stabilem linearen Systemteil $G(p)$ eine hinreichende Bedingung für absolute asymptotische Stabilität vorliegt, wenn für alle $\omega \geqq 0$ eine reelle Zahl $q$ existiert, so daß gilt:

$$\mathrm{Re}\,(1 + \mathrm{i}\omega q)\, G(\mathrm{i}\omega) + \frac{1}{k} \geqq \delta > 0.$$

Beschränkungen für $q$ und $k$ hängen von der Art der jeweiligen Nichtlinearität ab.

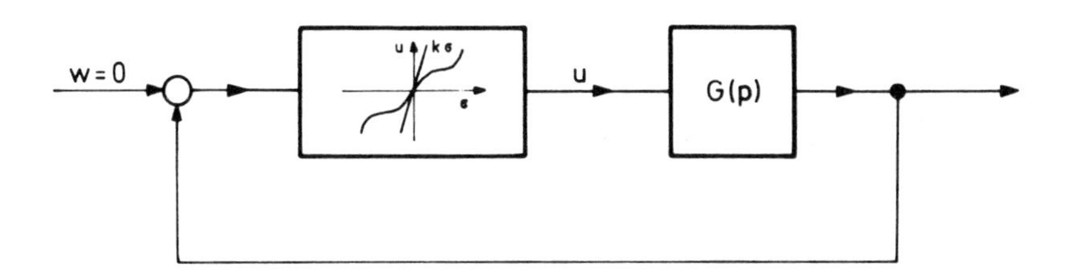


**Bild 50:** Ein von POPOV untersuchtes System

Die besonders einfache Anwendbarkeit des POPOVschen Stabilitätskriterium entspringt einer geometrischen Deutung der POPOV-Bedingung, bei der die Ortskurve $G(\mathrm{i}\omega)$ des Frequenzgangs des linearen Systemteils durch eine modifizierte oder POPOV-Ortskurve $G^*(\mathrm{i}\omega)$ ersetzt wird.

Diese modifizierte Ortskurve unterscheidet sich von der gewohnten durch einen mit $\omega$ multiplizierten Imaginärteil. Mit

$$G^*(\mathrm{i}\omega) = u(\mathrm{i}\omega) + \mathrm{i}\, v(\mathrm{i}\omega)$$

läßt sich die obige Bedingung umschreiben:

$$\mathrm{Re}\,(1 + \mathrm{i}\, q\, \omega)\, G\,(\mathrm{i}\omega) = \mathrm{Re}\, G(\mathrm{i}\omega) - q\,\omega\, \mathrm{Im}\, G(\mathrm{i}\omega) = u - q\, v\,.$$

Es ergibt sich:

$$G^*(\mathrm{i}\omega) = \mathrm{Re}\, G(\mathrm{i}\omega) + \mathrm{i}\,\omega\, \mathrm{Im}\, G(\mathrm{i}\omega).$$

Die POPOV-Bedingung lautet entsprechend

$$u - q\, v + \frac{1}{k} > 0.$$

Das ist nach Umwandlung in eine Gleichung die Gleichung einer Geraden, der sogenannten POPOV-Geraden, die in der $u$, $v$-Ebene mit der Steigung $\frac{1}{q}$ verläuft und die reelle Achse im Punkt $-\frac{1}{k}$ schneidet.

Daraus ergibt sich die von POPOV in einer Arbeit [567] aus dem Jahre 1960 vorgestellte graphische Form des eigentlichen Stabilitätskriteriums:

> Liegen alle Punkte der Ortskurve des modifizierten Frequenzgangs $G^*(i\omega)$ für alle $\omega \geqq 0$ rechts von der POPOV-Geraden, dann ist das vorliegende, nichtlineare Regelungssystem absolut asymptotisch stabil in dem fraglichen Sektor der Kennlinie [siehe Bild 51].

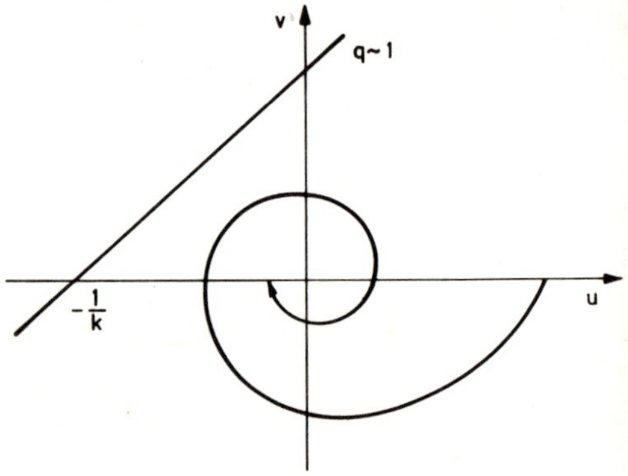

**Bild 51:**
Modifizierte Ortskurve und POPOV-Gerade eines absolut asymptotisch stabilen Systems

Das POPOV-Kriterium ist verschiedentlich ergänzt und erweitert worden.

Systeme mit mehreren nichtlinearen Gliedern hatte bereits POPOV [655, 656] selbst mit einer Verallgemeinerung der beschriebenen Methode behandelt. Die anschauliche graphische Interpretation ist dabei aber nicht mehr möglich.

POPOV und HALANAI [658, 1962] erfaßten auch Systeme mit Totzeit. POPOV [659, 1960] und YACUBOVICH [660, 1963] untersuchten mit einer Variante des Kriteriums Systeme mit mehrdeutigen Kennlinien auf absolute asymptotische Stabilität.

ZYPKIN [661, 1962; 662, 1963] hat ein dem POPOV-Kriterium äquivalentes Kriterium mit $q = 0$ für Abtastsysteme entwickelt.

Um die praktische Verwendbarkeit der POPOV-Bedingungen noch zu erhöhen, sind in der letzten Zeit Übertragungen in das BODE- und NICHOLS-Diagramm vorgenommen worden.

Auf den vorhergehenden Seiten hat die Behandlung der theoretischen Verfahren stark im Vordergrund gestanden, und es mag die Frage auftauchen, ob diese Verfahren auch für die Berechnung praktischer Regelkreise herangezogen wurden. Diese Frage muß eindeutig positiv beantwortet werden, obgleich die Häufigkeit der Anwendung zwischen den einzelnen Verfahren stark schwankt.

Besonders im Zusammenhang mit Optimierungsproblemen ist eine genauere analytische Erfassung der früher meist vernachlässigten Nichtlinearitäten möglich geworden.

Die Vernachlässigung bedeutete dabei sowohl eine solche aus scheinbarer Geringfügigkeit des nichtlinearen Einflusses als auch eine notgedrungene, welche den zu günstigeren Regelergebnissen führenden Einsatz nichtlinearer Glieder verhinderte.

# *13. Kapitel:* Optimierung

## 13.1 Einleitung

In diesem Abschnitt soll die Entwicklung jenes Gebietes aufgezeigt werden, das heute unter der Bezeichnung "Optimierung" zu einem zentralen Anliegen in der Regelungstechnik geworden ist. Die historische Entwicklung der regelungstechnischen Optimierung hat zu einer immer steigenden Verallgemeinerung des Konzepts optimaler Systeme in dem Sinne geführt, daß die Kriterien der Regelgüte umfassender wurden. Dieser Werdegang kann so gedeutet werden, daß die Kriterien selbst dem jeweiligen Kenntnisstand der Regelungstheorie entsprachen und im Zusammenhang mit wachsenden Kenntnissen über regelungstheoretische Belange neue Formulierungen fanden.

Die Optimierung automatisierter Prozesse und Systeme hinsichtlich ihres Verhaltens gegenüber Störungen und Änderungen des Sollwertes und darüber hinaus auch bezüglich entstehender Kosten sowie weiterer je nach Anwendungsfall auszustellender Kriterien ist eines der wesentlichen Anliegen der Regelungstechnik. Optimierung ist fast ausschließlich sinnvoll für stabile technische Vorgänge und Systeme, denn instabile Anordnungen sind nur in ganz wenigen Fällen technisch sinnvoll.

Der Begriff "Optimierung" tauchte im Zusammenhang mit Regelungssystemen erstmalig in den Büchern von OLDENBOURG und SARTORIUS [120, 1944] und LEONHARD [663, 1949] auf. Die vor dieser Zeit liegenden Bemühungen um "gute Regelung" müssen zwar als Vorläufer der Optimierung gesehen werden und finden auch in diesem Abschnitt Berücksichtigung, doch lag ihnen im wesentlichen nur eine notwendige Bedingung für Optimalität, nämlich die Stabilität, zugrunde. Bei dieser Zielsetzung lagen die grundsätzliche Funktion und die Betriebssicherheit der Regelungssysteme an erster Stelle, während bei der Optimierung im heutigen Sinne wirtschaftliche Gründe wesentlich sind, die auf eine optimale Abstimmung von Aufwand und Leistung zielen.

Die Einbeziehung wirtschaftlicher Maßstäbe in eine Optimierung führt zu einer optimalen Berücksichtigung der Entwurfsverfahren selbst. Daneben kann ein gegebenes System optimal kompensiert werden, es können die Parameter eines gegebenen Systems optimal bestimmt werden, es kann die grundsätzliche Struktur für ein optimales System festgelegt werden und es kann nach einer bestimmten Größe, beispielsweise der Zeit, optimiert werden. Sowohl diese Ebenen, auf denen eine Optimierung erfolgt, als auch die Kriterien, nach denen sie erfolgt, haben eigene Entwicklungen durchlaufen.

## 13.2 Verschiedene Kennwerte der Regelgüte

Im Bereich der Regelung von Kraft- und Arbeitsmaschinen, der bis etwa 1920 als gesondertes und wesentliches Teilgebiet die allgemeine Regelungstechnik überhaupt repräsentierte, stand das Problem der Stabilität im Vordergrund, so daß sich Überlegungen hinsichtlich der Regelgüte häufig auf die Unterscheidung von "brauchbaren" und "unbrauchbaren" Regelungen beschränkte, wobei die unbrauchbaren zunehmende oder "zu langsam abnehmende, große Schwingungen" ergaben [siehe 385 SCHMIDT, 1939]. Über solche qualitativen Merkmale hinaus entstand eine große Anzahl von Begriffen, die sich am Übergangsverhalten des gesamten Regelsystems oder den Eigenschaften der Regler orientierten und teilweise einen Hinweis auf Güteeigenschaften vermittelten [siehe dazu Kapitel 1]. An dieser Stelle sollen nur einige dieser Begriffe stellvertretend erwähnt werden.

REULEAUX [29, 1859] nannte den "resultierenden Ungleichförmigkeitsgrad des Regulators", den SCHMIDT [siehe oben] später als "Gesamtschwankung" bezeichnete, welcher sich aus "Grundschwankungen" und "Unempfindlichkeitsbereich" zusammensetzte und als größte Abweichung vom Sollwert definiert wurde. STODOLA [55, 1899] sprach von einer "größten Geschwindigkeitsschwankung" und führte an:

> "So ist es bei den neuen Kraftanlagen heute vielfach üblich, bei einer Laständerung von 30 pCt (der größten Leistung) für die Geschwindigkeitsänderung 3 pCt als Grenze vertraglich zu gewähren ..."

TOLLE [50, 1905] benutzte den "kleinsten zulässigen Ungleichförmigkeitsgrad, bei dem der Regler ebenso weit über die anzustrebende Gleichgewichtslage hinausgeht wie er von der anderen Seite aus die Bewegung begonnen hat. Wird dieser Ungleichförmigkeitsgrad unterschritten, so ist der Regler unbrauchbar; er vollführt stets wachsende Pendelungen".

Die Einbeziehung qualitativer Maße für die Regelvorgänge konnte erst erfolgen, nachdem man gelernt hatte, die beschreibenden Differentialgleichungen zu normieren. Zeitkonstanten wurden für Übergangsvorgänge in Regelungssystemen erstmalig in den Jahren 1893/94 von STODOLA [40] herangezogen, nachdem HELMHOLTZ sie in der Physik eingeführt hatte [siehe Kapitel 1]. Das heute sehr verbreitete und zur Angabe der Dämpfung von Schwingungen verwendete Dämpfungsmaß $D$ wurde 1930 von LEHR [82] eingeführt und in der regelungstechnischen Literatur dann von SCHMIDT [385] benutzt.

In HAZENs 1934 erschienenem Aufsatz "Theory of Servo-Mechanisms" [87] wurde in starkem Maße von dimensionslosen Variablen Gebrauch gemacht und ein Dämpfungsfaktor eingeführt. Um eine Grundlage für den Entwurf von Folgesystemen zu bekommen, stellte HAZEN ein Gütemaß auf, welches er "figure of merit" nannte. Es ist definiert als Quotient aus dem Quadrat der Maximaldrehzahl und dem dabei auftretenden Winkelfehler:

$$M = \frac{\omega_m^2}{\Theta_m} \, .$$

Die praktische Verwendungsmöglichkeit dieses Maßes wurde dadurch gesichert, daß es mit den beim Entwurf zu wählenden Konstanten der beschreibenden Differentialgleichung in Verbindung gebracht wurde. Mit dem maximalen Drehmoment $T_m$, dem Dämpfungsfaktor $y$ und dem Trägheitsmoment $I$ als Entwurfsparameter ergab sich:

$$M = \frac{T_m}{y^2 4 I} .$$

Um dieses Gütemaß zu maximieren, mußte das Verhältnis von Drehmoment zu Trägheitsmoment möglichst groß und der Dämpfungsfaktor möglichst klein gestaltet werden.

Einen qualitativen Rückschluß auf die Regelgüte erlaubt auch der von KÜPFMÜLLER [118, 1928] eingeführte "Regelfaktor", der das Verhältnis der statischen Regelabweichung mit Regler zu der ohne Regler bezeichnet.

Die gleiche dimensionslose Größe benutzte auch IVANOFF [116, 1934], der sie als "Over-All Sensitivity" bezeichnete.

RUTHERFORD [664, 1950] führte den "Deviation-Reduction Factor" ein, der das Verhältnis zwischen der Endabweichung ohne Regler und dem Größtwert der Abweichung mit Regler ist.

AHRENDT und TAPLIN [665, 1951] definierten ein Abweichungsverhältnis ("Error Ratio"), welches für die Frequenz Null dem KÜPFMÜLLERschen Regelfaktor gleichkommt.

Die wenig allgemeine theoretische Durchdringung der Gütekriterien bis etwa zum Zweiten Weltkrieg bedeutet nicht, daß die damals vorhandenen Regelungsanordnungen sehr unzureichend waren, doch spiegelt sich hier die auch auf anderen Teilgebieten der Regelungstechnik zu beobachtende Tatsache wider, daß die regelungstechnische Praxis der theoretischen Erkenntnis damals noch voraus war.

Mit dem Aufkommen der Ortskurvenkriterien für die Prüfung der Stabilität [siehe Kapitel 5] entstanden gleichzeitige Bemühungen, durch bestimmte Bedingungen an die Ortskurven Mindestdämpfungen sicherzustellen. Solche Bestrebungen sind im Ansatz schon bei NYQUIST [193, 1932] zu erkennen. Sie führten zu den in den USA während des Zweiten Weltkrieges entwickelten Syntheseverfahren von HARRIS, HALL, NICHOLS, BODE und anderen, die mit den Begriffen Phasenrand, Amplitudenrand, $M$- und $N$-Kreisen und anderen verbunden sind [siehe Kapitel 2 und 6].

In verschiedenen anderen Arbeiten wurden Parameterbereiche angegeben und graphisch dargestellt, in denen Stabilität und hinreichende Dämpfung sichergestellt waren [siehe auch Kapitel 4]. In den als frühe Arbeiten zu nennenden von CALLENDER, HARTREE, PORTER und STEVENSON [89, 1936; 90, 1937] erfolgte die erste Einstellung der Systemparameter nach errechneten, allgemeiner gültigen Werten und die genauere Bestimmung optimaler Parameter dann anschließend auf einem mechanischen Analogrechner nach BUSH [siehe Kapitel 8].

## 13.3 Integralkriterien

Gleichzeitig entstanden während des Krieges sowohl in Deutschland als auch in den USA Arbeiten, in denen erstmalig Integralkriterien als Gütemaße herangezogen wurden und die damit zum Ausgangspunkt einer eigentlichen Optimierungstheorie wurden.

In den USA war es HALL, der in seinem 1943 erschienenen bekannten Buch "The Analysis and Synthesis of Linear Servomechanisms" [99] ein Kapitel der Einführung und Begründung des Kriteriums der quadratischen Regelfläche widmete und es wie folgt definierte:

$$I = \int_0^\infty \{E(t)\}^2 \, \mathrm{d}t.$$

Dieses galt es zu minimieren, wobei $E(t)$ die Regelabweichung bezeichnete. HALL rechtfertigte dieses Kriterium unter anderem mit der Ähnlichkeit der an verschiedene Servosysteme gestellten Anforderungen bezüglich der Dämpfungskonstanten, die bei diesem Kriterium auf minimale Werte führt.

Die Berechnung der quadratischen Regelfläche ("Minimum Integral Squared-Error Servomechanisms Response Criterion") als Funktion der einstellbaren Reglerkonstanten gab HALL für den Zeitbereich und auch bereits im Frequenzbereich über die LAPLACE-Transformation an.

In Deutschland waren es OLDENBOURG und SARTORIUS, die in ihrem aus verschiedener Sicht grundlegenden Buch "Dynamik selbsttätiger Regelungen" [120] aus dem Jahre 1944 ein Integralkriterium für die Güte der Regelungen einführten. Da sie jedoch im Gegensatz zu HALL davon ausgingen, daß Regelvorgänge "im wesentlichen aperiodisch" verlaufen sollen, führte bei ihnen die Einbeziehung des Betrages der Regelabweichung und der Zeit als Kenngrößen in das Gütemaß zu der "linearen Regelfläche". Auch sie berechneten die Regelfläche parallel im Zeit- und Frequenzbereich; gerade die letzte Berechungsmöglichkeit kann für die damalige Zeit nicht als selbstverständlich angesehen werden, denn erst kurz zuvor waren deutsche Arbeiten veröffentlicht worden, in denen überhaupt regelungstechnische Probleme mit Hilfe der FOURIER- un LAPLACE-Transformation behandelt wurden [siehe Kapitel 6 und 7]. Für die Berechnung der Regelfläche im Zeitbereich aus der vorliegenden Differentialgleichung und den Anfangsbedingungen konnten die Autoren auf eine Abhandlung von OBRADOVIC [666, 1942] zurückgreifen, in der aber die berechnete "Abweichungsfläche", welche mit der von OLDENBOURG und SARTORIUS vorgeschlagenen Regelfläche identisch ist, nicht als Optimierungskriterium angesehen wurde, sondern nur entweder zur Stabilitätsaussage oder, bei gemessener Übergangsfunktion, zur Bestimmung bestimmter Reglerkonstanten diente.

Da die lineare Regelfläche durch die Voraussetzung aperiodischer Übergangsfunktionen in der Anwendung sehr eingeschränkt war, forderte SARTORIUS [667, 1945], die lineare Regelfläche zu minimieren und zusätzlich das Dämpfungsmaß auf $D = 0{,}5$ festzulegen, da die Regelfläche ohne Dämpfungsfestsetzung ein Minimum auch für einen periodischen Übergangsvorgang bei nichtvorhandener Dämpfung findet.

Die zitierten Arbeiten von HALL sowie OLDENBOURG und SARTORIUS bildeten die Ausgangspunkte für viele andere Untersuchungen, in denen andere Integralkriterien behandelt wurden, denen jedoch ebenfalls die Minimierung des Funktionals

$$E = \int_0^\infty F\{e(t), t\}\,\mathrm{d}t$$

zugrundeliegt. NIMS [668, 1951] gab eine "bewertete Regelfläche" an, die durch das Integral

$$F = \int_0^\infty t\,x(t)\,\mathrm{d}t$$

ausgedrückt wird, aber den gleichen Nachteil bei nichtaperiodischen Vorgängen aufweist wie die lineare Regelfläche.

WESTCOTT [siehe 156 EFFERTZ und KOLBERG] bewertete die quadratische Regelfläche mit der Zeit und gelangte zu dem Integral

$$F = \int_0^\infty t\,x^2(t)\,\mathrm{d}t.$$

Einen umfassenden Vergleich der verschiedenen Integralkriterien haben GRAHAM und LATHROP [669, 1953] veröffentlicht. Sie unterlegten ihren Bewertungen die drei Eigenschaften Zuverlässigkeit, schnelle Anwendbarkeit und Selektivität und wendeten die Integralkriterien unter diesen Gesichtspunkten auf Systeme zweiter Ordnung an. Während die Bedeutung des Begriffs "schnelle Anwendbarkeit" augenscheinlich ist, muß erwähnt werden, daß unter Zuverlässigkeit die gesicherte Auswahl einer günstigen Dämpfung mit einem Dämpfungsmaß von ungefähr $D = 0{,}5$ und unter Selektivität das Ansprechen auf Parameteränderungen verstanden wurde. Im Ergebnis erwies sich das von GRAHAM und LATHROP selbst aufgestellte ITAE (Integral of time-multiplied absolute value of error)-Kriterium als besonders günstig und wurde daraufhin in den USA vielfach benutzt.

Ein Integralkriterium, das nicht der oben angegebenen allgemeinen Form unterliegt, hat FELDBAUM [670, 1948] in der UdSSR vorgeschlagen:

$$I = \int_0^\infty \{a_0 x^2 + a_1 \dot{x}^2 + \ldots + a_{n-1} (x^{(n-1)})^2\}\,\mathrm{d}t.$$

Es sollte besonders zur Bewertung von Regelvorgängen dienen, die unter von Null verschiedenen Anfangsbedingungen zustande gekommen sind. Mehrere Hinweise auf andere in der UdSSR entstandene Gütekriterien sind bei POPOW [172] zu finden.

Die im Zeitbereich formulierten Forderungen nach gewünschter Regelgüte lassen sich auch im Frequenzbereich ausdrücken und führen zu den Forderungen nach möglichst großer Bandbreite und zulässiger Amplitudenabweichung des Frequenzgangs.

Ein Bindeglied der beiden Formulierungsbereiche ist das von KÜPFMÜLLER 1928 angegebene Einschwingtheorem, welches die Konstanz des Produktes aus Bandbreite und Einschwingzeit (”Anregelzeit”) feststellt. Aus ihm folgt die oben erwähnte Forderung nach großer Bandbreite.

Das später sogenannte ”praktische oder Betragsoptimum” auf der Grundlage des Frequenzgangs des offenen Kreises wurde im Ansatz schon von WHITELEY [107, 1946] ausgedrückt, doch gaben ihm erst OLDENBOURG und SARTORIUS [671, 1953/54] eine exakte Formulierung. Bei der Definition des Praktischen Optimums wurde gefordert, daß sich der Amplitudengang von Null bis zu möglichst hohen Frequenzen der Linie $|F_G| = 1$ anschmiegen soll. In der mathematischen Formulierung von OLDENBOURG und SARTORIUS bedeutete dies, daß möglichst viele Ableitungen des Amplitudengangs nach der Frequenz zu Null werden sollen. Da wegen der geraden Frequenzgangfunktion $F_G$ die ungeraden Ableitungen ohnehin gleich Null sind, reduziert sich die Forderung für das Betragsoptimum darauf, daß möglichst viele gerade Ableitungen zu Null werden sollen:

$$\left(\frac{\mathrm{d}^{2n}|F_G|}{\mathrm{d}\,\omega^{2n}}\right)_{\omega=0} = 0\,.$$

Die Bedeutung der letztgenannten Abhandlung von OLDENBOURG und SARTORIUS ist nicht nur durch die mathematische Formulierung des Betragsoptimums begründet, sondern auch durch die Verbindung von Zeit- und Frequenzbereich mit dem PARSEVALschen Theorem im Zusammenhang mit der quadratischen Regelfläche.

Bei der Synthese von Regelungssystemen kann ein Optimierungskriterium erst dann als befriedigend angesehen werden, wenn sich bereits aus den Systemparametern eine Aussage über das zu erwartende Verhalten treffen läßt.

Für das verbreiteste Integralkriterium, das Minimum der quadratischen Regelfläche, sind von verschiedenen Autoren Wege aufgezeigt worden, um seinen Wert zu berechnen. Dabei scheidet der Weg über die explizite Lösung aus, da eben wegen der verfügbaren Parameter diese Lösung nicht explizit angegeben werden kann.

SARTORIUS [667, 1945] benutzte den komplexen Faltungssatz, während BÜCKNER [672, 1952], aufbauend auf zwei Arbeiten von HAZEBROEK und VAN DER WAERDEN [673, 1950; 674, 1950], einen Algorithmus aufgrund der HURWITZ-Determinanten des Systems angab, um die quadratische Regelfläche zu berechnen. Eine frühe Berechnung der quadratischen Regelfläche im Zeitbereich ohne Kenntnis der expliziten Lösung geht auf KRASOWSKY [675, 1948; 676, 1954; 677, 1949] zurück und wurde später auch von ANKE [678, 1955] angegeben, der aber nicht auf KRASOWSKY Bezug nahm. Über weitere, spätere Untersuchungen der Probleme hat FULLER [679, 1967] berichtet.

Die den meisten Integralkriterien zugrundeliegenden Funktionale $F\{e(t), t\}$ lassen sich in einfacher Weise geschlossen angeben. In einigen Fällen kann es jedoch vorkommen, daß sich die Forderungen an die Funktionen zwar leicht in geometrischer Form, doch nur schwer in analytischer Form darstellen lassen. Für diese Fälle haben SCHULTZ und RIDEOUT [680, 1958], ausgehend von solch einer geometrischen Forderung, das die Güte des Regelvorgangs charakterisierende Funktional unter Einsatz eines Analogrechners ermittelt. Der Grundgedanke dieser Vorgehensweise, nämlich eine geometrisch ausgedrückte Fehlerbewertung, war schon früher bekannt und fand ihren Ausdruck in den "weight-of-error-versus-error"-Kurven von JAMES, PHILLIPS und NICHOLS [100, 1947] und den von TRUXAL [127, 1955] vorgeschlagenen "importance-versus-error"-Kurven.

Die rasche Einbeziehung der Optimierungskriterien in die Systemsynthese fand ihren Ausdruck unter anderem darin, daß Bemühungen entstanden, die Berechnung der Integralwerte zu erleichtern und zu systematisieren. Erste Integraltafeln, in denen die quadratische Regelfläche als Funktion der Systemkoeffizienten angegeben wurde, stammen von JAMES, PHILLIPS und NICHOLS aus dem Jahre 1947. BOOTON et al. [681, 1953] haben eine von HALL vorgeschlagene Methode benutzt, um die Tafeln von JAMES et al. zu korrigieren und zu erweitern.

Einen anderen Weg war schon ein Jahr vorher WHITELEY [107, 1946] gegangen, der für Systeme verschiedener Ordnung die Koeffizienten des als Polynom vorliegenden Nenners der Systemübertragungsfunktion zusammen mit drei verschiedenen Zählerpolynomen berechnete. Als Gütekriterium zog er maximal zulässiges Überschwingen heran. Die tabellierten Polynome wurden als "standard forms" bekannt. Ähnliche Standardformen, allerdings dem ITAE-Kriterium entsprechend berechnet, haben GRAHAM und LATHROP [669, 1953] für Systeme ohne Lagefehler bis zur achten Ordnung und für solche ohne Geschwindigkeits- und Beschleunigungsfehler bis zur sechsten Ordnung angegeben.

## 13.4 Anfänge der statistischen Optimierung

Eine gänzlich andere Richtung der Synthese optimaler Folgesysteme entwickelte sich aufgrund der 1942 von WIENER [682] vorgeschlagenen Methode, das Syntheseproblem gleich als Optimierungsaufgabe für lineare Systeme mit verrauschten Eingangssignalen zu formulieren. Ein Jahr zuvor schon hatte der Russe KOLMOGOROFF [683, 1941] den Weg zur Bestimmung solcher mathematischen Operationen gewiesen, die ein Minimum des mittleren quadratischen Fehlers bei der Interpolation und Extrapolation stationärer regelloser Zahlenfolgen verwirklichen. Beide Autoren konnten sich auf eine bereits bestehende Korrelationstheorie stützen, die unter anderem auf Arbeiten von WIENER [684, 1930] und KHINTCHINE [685, 1934] beruhte.

Die grundlegende Abhandlung WIENERs aus dem Jahre 1942 wurde nur einem begrenzten Kreis von Fachleuten in den USA zur Kenntnis gebracht, so daß meist das Buch mit dem Titel "Extrapolation, Interpolation and Smoothing of Stationary Time Series" [682], welches erst 1949 erschien, als Anfang der "WIENERschen Optimalfiltertheorie" genannt wird, obwohl es sich inhaltlich nicht von dem früheren Bericht unterscheidet. Für eine historisch orientierte Abhandlung ist aber besonders der frühe Bericht wichtig, weil er, noch im Zusammenhang mit den Kriegsereignissen, die Entwicklung "besserer" Folgesysteme für Feuerleit- und Ortungsanlagen ermöglichte. Nach der Entwicklung geeigneter RADAR-Anlagen war man in der Lage, anfliegende Flugzeuge und Raketen frühzeitig zu erfassen. Die RADAR-Antennen mußten bei vielen Anlagen durch Folgesysteme den fliegenden Objekten nachgeführt werden, wobei als Nutzsignal das Eingangssignal diente, welches durch die Bewegung des Zielobjektes erzeugt wurde. Das Nutzsignal erreichte die Antenne stark gestört, denn der Reflexionskoeffizient der fliegenden Objekte änderte sich bei der Anstrahlung ständig, was durch Gieren und Nicken sowie durch die Schraubenrotation bei Flugzeugen hervorgerufen wurde. Zusätzlich zu den regellos schwankenden Störungen unterlag das Nutzsignal nichtvorhersehbaren Schwankungen. Der Entwurf der Folgesysteme nur nach den Kriterien Stabilität und Dämpfung bei Sprungerregung erwies sich häufig als nicht befriedigend. Eine erfolgreichere Entwurfsmethode bot nun die Optimalfiltertheorie nach WIENER, bei der die Differenz aus dem gewünschten und dem tatsächlichen Nutzsignal im Sinne eines von WIENER propagierten Gütemaßes, der Wurzel aus dem mittleren quadratischen Fehler ("root-mean-square error"), minimiert wurde. Die optimale Gewichtsfunktion des linearen Übertragungssystems erscheint dabei als Integrand einer WIENER-HOPFschen Integralgleichung, deren Bezeichnung sich auf eine frühere Veröffentlichung von WIENER und HOPF [686, 1931] stützt. Als Lösung der WIENERschen Problemstellung ergibt sich die FOURIER-Transformierte der optimalen realisierbaren Gewichtsfunktion.

Für die Synthese ist damit mehr eine Strukturvorschrift für das System als eine Vorschrift für bestimmte Parameter gegeben. Eine für Regelungssysteme erhebliche Einschränkung der WIENERschen Optimalfiltertheorie ist die Forderung, daß Nutz- und Störsignal an derselben Stelle in das zu entwerfende System eintreten sollen. Gerade für die oben erwähnten Folgesysteme jedoch war diese Forderung erfüllt, da dem Nutzsignal ein Rauschen überlagert war und die Aufgabe bestand, dieses Nutzsignal optimal aus dem Rauschen wiederzugewinnen. Praktisch bedeutete das für die vielen Fälle, in denen die Übertragungsfunktion des Folgesystems aus gerätetechnischen Gründen bereits vorher festlag, die Schaffung eines im WIENERschen Sinne optimalen Vorfilters, dessen Ausgangssignal dann als Führungssignal für das eigentliche, rückgekoppelte Folgesystem diente.

Unter anderen sind zwei Arbeiten zu nennen, die sich mit entsprechenden Systemen befaßten und denen der WIENERsche Gedankengang zugrundeliegt, nämlich eine von PHILLIPS und WEISS [687, 1944].

Ausgehend von der Erkenntnis, daß sich ein nach WIENER berechnetes Optimalfilter zwar als elektrisches Netzwerk, nicht jedoch immer in einem mechanischen Folgesystem verwirklichen läßt, schlug PHILLIPS [689] bereits 1943 ein andersgeartetes Syntheseverfahren vor, bei dem er im Gegensatz zu WIENER die Systemstruktur nicht frei beließ, sondern davon ausging, daß bestimmte Teile schon am Anfang festliegen, deren Parameter nicht mehr geändert werden können. Der Entwurfsingenieur muß sich ein mathematisches Modell der Strecke verschaffen und dann einen geeignet erscheinenden Regler entwerfen, wobei bestimmte Parameter frei bleiben. Anschließend wird der von WIENER übernommene mittlere quadratische Fehler in Abhängigkeit von diesen freien Parametern ausgedrückt und minimiert, wodurch sich optimale Werte für die bis dahin freien Parameter ergeben. In der Literatur wird dieses Syntheseverfahren vielfach als "Parameteroptimierung nach PHILLIPS" bezeichnet. International bekannt wurde es erst, nachdem es als Kapitel in dem 1947 erschienenen Buch von JAMES et al. [100] zugänglich geworden war.

Die Optimierung von Regelungsanordnungen unter dem Einfluß statistisch veränderlicher Signale und Systemparameter spielt in der neueren Regelungstheorie eine große Rolle, doch soll erst später darauf zurückgegriffen werden, damit an dieser Stelle die Entwicklung der Einstellregeln besprochen werden kann, die sich an die der verschiedenen Gütemaße und Standardformen sinngemäß und chronologisch anschließt.

## 13.5 Einstellregeln

Wenn man sich bei der Einstellung eines vorliegenden Regelsystems oder der Synthese eines zu entwerfenden auf die Standardregeleingriffe der Proportional-, Integral- und Differentialregelung und ihrer Kombinationen beschränkt, was meist zutrifft und häufig aus wirtschaftlichen Gründen geboten erscheint, lassen sich für eine große Anzahl von Regelaufgaben quantitative Aussagen über "günstige" Einstellung der drei freien Parameter treffen.

Durch Auswertung von praktischen Messungen haben ZIEGLER und NICHOLS in ihrer Abhandlung "Optimum Settings for Automatic Controllers" [690] aus dem Jahre 1942 erstmals Einstellregeln angegeben, die große Verbreitung fanden, da sie offensichtlich einem allgemeinen Bedürfnis nachkamen. Die Verfasser benutzten nicht solche Daten, die in Einzelversuchen an Reglern und Regelstrecken erhältlich sind, da deren Ermittlung im praktischen Betrieb nur schwer durchzuführen ist, sondern gingen von der Stabilitätsgrenze des geschlossenen Regelkreises aus. Die dort vorliegenden Werte für die Proportionalverstärkung und die Periodendauer bilden die Grundlage für die Einstellung der drei Regelparameter, die heute den einschlägigen Lehrbüchern entnommen werden kann. Die gefundenen Einstellwerte sind abhängig davon, ob P-, PI- oder PID-Regelung vorgesehen ist.

Neben dem Verfahren unter Heranziehung der Verhältnisse an der Stabilitätsgrenze gaben ZIEGLER und NICHOLS ein zweites aufgrund der Übergangsfunktion der Regelstrecke an, wobei sie eine ähnliche Auswertung der Übergangsfunktion vornahmen wie seinerseits KÜPFMÜLLER bei der Ableitung seines Stabilitätskriteriums [siehe Kapitel 6], der eine Ersatztotzeit und eine Übergangszeit definierte. Statt der Übergangszeit verwendeten ZIEGLER und NICHOLS die Steigung der Wendetangente, was aber keinen wesentlichen Unterschied bedeutet. Die so gefundene Ersatztotzeit und die Steigung der Wendetangente wurden benutzt, um die gleichen Werte für die drei zu bestimmenden Regelparameter anzugeben. Die Übereinstimmung der aus zwei verschiedenen Verfahren gewonnenen "optimalen" Einstellwerte bot die Möglichkeit, die vier maßgebenden Größen, nämlich Verstärkung an der Stabilitätsgrenze, Periodendauer an der Stabilitätsgrenze, Ersatztotzeit und Steigung der Wendetangente, ineinander überzuführen.

Wie spätere Vergleichsuntersuchungen [siehe unten] gezeigt haben, bilden die Einstellregeln von ZIEGLER und NICHOLS einen guten Kompromiß hinsichtlich des zu wählenden Gütemaßes, im allgemeinen eines Integralkriteriums. Diese Tatsache ist erstaunlich, denn der Arbeit von ZIEGLER und NICHOLS hat kein definiertes Gütekriterium zugrunde gelegen. Als Anhaltspunkte dienten solche, in diesem Zusammenhang globale, Begriffe wie Stabilität, Geschwindigkeit und Amplitudenverhältnis. Rückwirkend wurde festgestellt, daß die Einstellwerte von ZIEGLER und NICHOLS auf ein Dämpfungsmaß von ungefähr $D = 0{,}5$ führen. Obwohl kein ausdrücklicher Hinweis erfolgte, beziehen sich die ermittelten optimalen Einstellwerte nur auf Störgrößenausregelung, was den Übergangsfunktionen entnommen werden kann.

Die Arbeit von ZIEGLER und NICHOLS blieb lange Zeit die einzige ihres Gebietes. Erst 1950 veröffentlichten HAZEBROEK und VAN DER WAERDEN [674] rein mathematisch gewonnene günstigste Einstellwerte für die wichtigsten Regelstrecken mit PI-Reglern. Ihren Ergebnissen lag das inzwischen entwickelte Kriterium der quadratischen Regelfläche zugrunde.

Ebenfalls 1950 erschien die Arbeit von RUTHERFORD [664], in welcher günstigste Einstellwerte aufgrund der negativ inversen Ortskurve der Regelstrecke angegeben wurden. Der Proportionalfaktor eines P-Reglers wurde durch den Schnittpunkt der reellen Achse mit einer Ortskurve gegeben, die aus der ursprünglichen negativ-inversen Ortskurve dadurch hervorgeht, daß alle Punkte um 10 % im Phasenwinkel vorgedreht werden. Auf ähnliche Weise wurden die anderen Parameter gefunden. RUTHER FORD nahm an, daß der Regelvorgang dann ausreichend gedämpft verläuft, wenn das Verhältnis zweier gleichsinniger, aufeinander folgender Amplituden e : 1 beträgt. In derselben Arbeit wies er auf die gegenseitige Beeinflussung von Proportionalverstärkung, Integralanteil und Differentialanteil hin und definierte einen Abhängigkeitsfaktor ("interaction factor"), der verschwindet, wenn parallel arbeitende Glieder benutzt werden. Zum damaligen Stand der Gerätetechnik sei erwähnt, daß bereits Regler mit unabhängig voneinander einstellbaren Beiwerten angeboten wurden (Firmen BROWN, EVERSHED & VIGNOLES und NEGRETTI & ZAMBRA).

Die nach denen von ZIEGLER und NICHOLS wohl verbreitetsten Einstellregeln wurden 1952 von CHIEN, HRONES und RESWICK [691] ermittelt, die das Übergangsverhalten der Regelstrecke bei einer Änderung der Stellgröße um den Einheitssprung zugrundelegten. Dieses Übergangsverhalten charakterisierten sie durch die beiden Größen Ersatztotzeit und Übergangszeit. Sie bildeten eine Regelstrecke mit Verzögerung erster Ordnung und variabler Totzeit auf dem Analogrechner nach, kombinierten sie mit Standardreglern und beobachteten die Abhängigkeit der Übergangsfunktionen der geschlossenen Regelkreise von den Parametern. Dabei wurden zwei charakteristische Arten von Übergangsfunktionen als Grundlage für die Einstellungen ausgewählt, nämlich solche mit aperiodischem Übergang und solche mit 20 % Überschwingen, was einem Dämpfungsmaß $D = 0{,}45$ entspricht. Im Gegensatz zu ZIEGLER und NICHOLS führten sie gesonderte Untersuchungen über das Stör- und Führungsverhalten durch und gaben auch unterschiedliche Einstellwerte an.

Neben den hier angeführten Einstellregeln sind noch weitere veröffentlicht worden, die aber alle keine große Bedeutung erlangt haben. Einen Vergleich verschiedener Einstellregeln haben IZAWA und HAYASHIBE[[692, 1957] durchgeführt, wobei die Frequenzgangmethode die Basis für den Vergleich der Regeln lieferte, und zwar für Stör- als auch für Führungsverhalten.

Die Einstellregeln haben ihren Wert für die industrielle Praxis bis heute behalten. Ihre leichte Anwendbarkeit bildet einen Anreiz, auch für Mehrfachregelungen entsprechende Regeln anzugeben. Erste Erfolge in dieser Richtung zeichneten sich bereits ab.

## 13.6 Bewußte Einführung schaltender Systeme

Die bisher geschilderten Entwicklungen bezogen sich allein auf lineare Regelungssysteme. Da die analytische Behandlung nichtlinearer Regelungssysteme, von wenigen Ausnahmen abgesehen [siehe Kapitel 9, 10 und 12], ohnehin erst kurz vor dem Zweiten Weltkrieg begann, setzten Güteüberlegungen für nichtlineare Systeme entsprechend später ein. Während für frühe Anwendungen der Zweipunktregelungen im wesentlichen praktische Gründe maßgebend waren, da sich sowohl für Rotationsbewegungen als auch für elektrischen Strom auf diese Weise einfach Verstärkungen erzielen ließen, wandelte sich diese Einschätzung etwa um 1940. Man fing an, den anderen großen Vorteil dieser einfachen nichtlinearen Systeme, nämlich den sofortigen Stellbefehl mit Maximalamplitude, schätzen zu lernen. Das Erkennen dieses Vorteils für schnelle Regelungen deutete sich in qualitativer Weise in verschiedenen Ländern an. OPPELT [76, 1937] schlug in Deutschland solche Anordnungen für Flugzeugsteuerungen vor; KULEBAKIN [693, 1937] machte implizit eine ähnliche Aussage, indem er im Zusammenhang mit elektrischen Maschinen auf die Abhängigkeit der Schnelligkeit von Regelungssystemen von der Stelleistung hinwies; ein besonders deutlicher Hinweis stammt aus den USA von HICKES [Diskussionsbemerkung zu 694 ZIEGLER/NICHOLS, 1943], der Zweipunktregler als häufig den stetigen überlegen bezeichnete und darauf hinwies, daß deren "optimales Verhalten" für manche Fälle sogar aus den Einstellregeln von ZIEGLER und NICHOLS folgt.

Eines der ersten zeitoptimalen Probleme, allerdings auf eine Steuerung bezogen, wurde in einem Aufsatz von ZERMELO [695, 1930] angeschnitten und betraf die Flugzeugnavigation zwischen zwei gegebenen Punkten in minimaler Zeit und bei bekannten Windgeschwindigkeiten.

Die Arbeiten von BILHARZ [418, 1941; 416, 1942] und FLÜGGE-LOTZ und KLOTTER [415, 1943], die während des Zweiten Weltkrieges in Deutschland entstanden, wiesen durch die Einführung der Phasenebene einen Weg, der es gestattete, auch für nichtlineare Systeme die Bewegungsabläufe zu überblicken. Die letztgenannten Autoren sahen die Begründung ihrer Arbeiten aber nicht im Hinblick auf zeitliche Optimierung der behandelten Regelvorgänge, sondern in der Notwendigkeit apparativ einfacher Regelsysteme, wie sie durch schaltende Anordnungen verwirklicht werden können. Sie untersuchten das später sogenannte "lineare Schalten" für lineare Systeme zweiter Ordnung, bei dem die durch das Relais erzeugte Störfunktion der beschreibenden Differentialgleichung einen konstanten Betrag hat, dessen Vorzeichen eine lineare Funktion der Regelabweichung $y$ und deren zeitlicher Ableitung ist:

$$c = ay + b\dot{y}.$$

Dieses lineare Schalten ergab keine optimalen Eigenschaften bezüglich schnellen Abklingens der Regelungsvorgänge, denn die gewählte Schaltfunktion bedeutet eine erhebliche Beschränkung. Wenn auch den Arbeiten von FLÜGGE-LOTZ et al. noch nicht das Ziel gesetzt war, eine optimale nichtlineare Schaltfunktion zu finden, so lag ihnen aber doch zumindest das Bestreben zugrunde, innerhalb der gewählten Beschränkung möglichst schnell abklingende Einschwingvorgänge anzugeben.

Ähnliche Arbeiten entstanden in den USA durch MacCOLL [104, 1945] und WEISS [409, 1946; siehe auch Kapitel 10]. Im amerikanischen Schrifttum wurden die darin untersuchten Systeme später als solche mit "flip-flop damping" bezeichnet [siehe beispielsweise 696 UTTLEY/HAMMOND, 1952]. In den folgenden Jahren zeigte sich in mehreren amerikanischen Abhandlungen das Bemühen, für Systeme zweiter Ordnung Schaltfunktionen zu entwickeln, welche zeitoptimale Übergänge zwischen verschiedenen Systemzuständen ermöglichten. Eine häufig zitierte Arbeit stammt von McDONALD [697, 1950]. Darin wurde erstmalig für ein System eine nichtlineare Dämpfung angegeben, die linear von der Geschwindigkeit abhing, aber zusätzlich von der Regelabweichung derart beeinflußt wurde, daß sie bei großer Abweichung klein war und mit abnehmender Regelabweichung größer wurde; diese Anordnung war nicht zeitoptimal. In derselben Arbeit untersuchte McDONALD einen im Sättigungsbereich arbeitenden elektrischen Servomotor als System zweiter Ordnung und gab eine nichtlineare Funktion der Regelabweichung und deren erster zeitlicher Ableitung an, deren Zeitoptimalität als Schaltfunktion er anhand des Zustandsportraits des Gesamtsystems plausibel erklärte. Eine Parallelarbeit erschien ein Jahr später von HOPKIN [698, 1951].

In einer Folgearbeit McDONALDs [699, 1952] standen Systeme zur Debatte, deren Verhalten in Abhängigkeit von einem gemessenen Parameter zwischen zwei Arten umgeschaltet wurde. Sie sind unter der Bezeichnung "dual-mode systems" in die Literatur eingegangen und kennzeichnen einen Übergang zu adaptiven Systemen. Häufig wurden sie in der Weise verwirklicht, daß sie bei großen Regelabweichungen nichtlinear geschaltet wurden und im Bereich kleiner Regelabweichungen linear arbeiteten, was den Vorteil brachte, daß die sonst möglichen Dauerschwingungen mit hoher Frequenz und kleiner Amplitude im Bereich kleiner Regelabweichungen unterblieben.

Die mehr praktisch orientierte, erstgenannte Arbeit von McDONALD fand ein theoretisch ausgerichtetes Gegenstück in der von BUSHAW [420, 1952; 700, 1953] in welcher topologische Untersuchungen ebenfalls von Übergangsvorgängen im Falle der Sättigung vorgenommen wurden. Es gelang BUSHAW, für autonome lineare Systeme zweiter Ordnung, die durch die Differentialgleichung

$$\frac{d^2y}{dt^2} + g(y, \dot{y}) = f(y, \dot{y}), \quad |f(y, \dot{y})| = 1$$

beschrieben werden, die optimale Schaltfunktion des speziellen Falles mit

$$g(y, \dot{y}) = 2\,\zeta\dot{y} + y, \quad \zeta \text{ reell}$$

anzugeben und die Zeitoptimalität nachzuweisen.

Der Unterschied zu den Arbeiten von FLÜGGE-LOTZ et al. liegt darin, daß BUS-

HAW die Störfunktion nicht auf die Signumfunktion einschränkte und die Optimalität mit Hilfe topologischer Strukturen nachwies.

Eine Parallelarbeit zu der von BUSHAW führte in der UdSSR durch FELDBAUM [701, 1953] zu gleichen Ergebnissen und zu der Erkenntnis, daß höchstens $(n-1)$ Vorzeichenwechsel der optimalen Steuerung erforderlich sind für ein System $n$-ter Ordnung mit negativen, reellen und verschiedenen Eigenwerten. Dieses wurde auch unabhängig davon durch BELLMAN, GLICKSBERG und GROSS [702, 1956] mit einer anderen Methode bewiesen. Sie betrachteten die Erreichung des Zustandsnullpunktes in minimaler Zeit von jedem beliebigen gegebenen Anfangszustand aus, wobei das System während des Übergangsprozesses keinen äußeren Störungen unterworfen war.

LASALLE [703, 1953] gelang eine teilweise Erweiterung der Ergebnisse von BUSHAW, da er beweisen konnte, daß die schaltenden Systeme, die in dem amerikanischen Sprachraum als "bang-bang"-Systeme bezeichnet werden, optimales Zeitverhalten ergeben innerhalb aller Systeme, die den gleichen Beschränkungen hinsichtlich der Sättigung unterworfen sind, wobei die anderen Systeme auch Zustände unterhalb der Sättigungsgrenze annehmen können.

Die Beschäftigung verschiedener Forscher mit den oben geschilderten Problemen ließ in der regelungstechnischen Fachwelt die Erkenntnis durchdringen, daß eine wesentliche Verbesserung vieler Regelungsvorgänge nur noch durch die Einführung nichtlinearer Glieder zu erreichen war.

Die theoretischen Verfahren, die am Anfang der fünfziger Jahre des zwanzigsten Jahrhunderts zur Verfügung standen, ließen noch keine Sättigungsbeschränkungen in Systemen beliebiger Ordnung zu, da die Variationsrechnung den Fall, daß sich die Störfunktion der Differentialgleichung ständig auf dem Rand ihres Existenzgebietes bewegt, noch nicht befriedigend gelöst hatte. Gerade dieser Fall ist aber bei der Regelung mit maximaler Stellgröße gegeben.

In zunehmendem Maße nahmen sich Mathematiker dieses Problems an und führten es schließlich zur Lösung.

Einen besonderen Weg, die Sättigungsbeschränkung bei der Systemsynthese zu berücksichtigen, schlug NEWTON ein. In einer Arbeit [704] aus dem Jahre 1952 entwickelte er ein Verfahren, das hauptsächlich durch die spätere Behandlung in dem Buch "Analytical Design of Linear Feedback Controls" [705, 1957] von NEWTON, GOULD und KAISER bekannt wurde und davon ausging, daß für das nichtlineare System mit Sättigung ein lineares Modell aufgestellt wurde, bei dem die Wahrscheinlichkeit für das Überschreiten der Sättigungsgrenze beschränkt war. Unter der Voraussetzung, daß bestimmte Teile eines zu entwerfenden Servosystems festliegen, sollte ein Korrekturnetzwerk derart entworfen werden, daß ein Gütemaß minimiert wurde unter Beschränkung der Wahrscheinlichkeit für das Überschreiten der Sättigungsgrenze. Als Gütemaß setzte NEWTON den quadratischen Mittelwert $\overline{y_e^2}(t)$ der Regelabweichung an. Um die Beschränkung der Stellgröße zu berücksichtigen, griff er auf die Theorie der LAGRANGEschen Multiplikatoren zurück. Die Minimierung des quadratischen Mittelwertes der Regelabweichung wurde dabei erweitert durch die Minimierung des Funktionals $F$, welches sich additiv zusammensetzte aus dem quadratischen Mittelwert der Regelabweichung und dem mit einem LAGRANGE-schen Multiplikator behafteten, beschränkten quadratischen Mittelwert des Stellsignals $q_s(t)$:

$$F = \overline{y_e^2}(t) + \rho\overline{q_s^2}(t), \quad \overline{q_s^2}(t) \leqq \sigma_{sm}^2 .$$

Für den optimalen Entwurf berechnete NEWTON den quadratischen Mittelwert des Stellsignals als analytische, nichtlineare Funktion des LAGRANGEschen Multiplikators. Die Lösung dieser Funktion ergab sich für den Fall, daß der Multiplikatorwert die Entwurfsbedingungen erfüllte.

Das Verfahren baut auf dem der Optimalfiltersynthese von WIENER auf; so ergibt sich die Lösung ebenfalls als Integralgleichung vom WIENER-HOPFschen Typ.

Während das NEWTONsche Verfahren auf die Synthese eines Servosystems, also eines geschlossenen Regelkreises zielt, mußten die zeitoptimalen Verfahren von BUSHAW und anderen auf die Ermittlung optimaler Steuerungen beschränkt werden. Diese Aussage bedeutet, daß keine unvorhersehbaren Störungen, die überhaupt eine Regelung erforderlich machen, zugelassen werden dürfen, da die Zustandsvariablen dann in nicht übersehbarer Weise verändert worden wären. Die eigentliche Regelung schließt aber an die genannten Steuerungsprobleme an, da bei vorhandenen Störungen die Zustandsvariablen während der Übergangsvorgänge gemessen und mit den Sollwerten entsprechend den berechneten, optimalen Verläufen verglichen werden müssen; bei Abweichungen infolge unvorhergesehener Störungen müssen dann jeweils neue optimale Steuerungen berechnet werden [siehe auch unten].

## 13.7 Dynamische Optimierung und Maximumprinzip

Die Arbeiten von BUSHAW, LASALLE und anderen hatten noch nicht die Lösung des verallgemeinerten Problems gebracht, bei dem die Steuerung eines linearen oder nichtlinearen Systems höherer Ordnung im Sinne eines bestimmten Bewertungsfunktionals zu optimieren ist. Als Sonderfall enthielt dieses verallgemeinerte Problem auch das zeitoptimale Problem, das in der Regelungstechnik besondere Bedeutung hat.

Das Bedürfnis für eine auf optimale Steuerung und Regelung hinauslaufende Weiterentwicklung der Optimierungstheorie, wie sie für Servosysteme aufgebaut worden war, erwuchs wesentlich aus den Anforderungen der Regelung und Steuerung von Luft-, Raum- und Wasserfahrzeugen, denn diese unterliegen Beschränkungen in der Schubkraft, der Beschleunigung, des Brennstoffverbrauchs und auch der zulässigen Koordinaten.

Die schon oben angedeutete verstärkte Beschäftigung von Mathematikern mit den für die Lösung der genannten Regelungs- und Steuerungsprobleme erforderlichen Erweiterungen der klassischen Variationsrechnung führten in den USA und der UdSSR zu unterschiedlichen Vorgehensweisen.

In den USA wurde in den Jahren 1950 bis 1960 eine mathematische Methode, die sogenannte "Dynamische Programmierung" entwickelt. Das zugrundeliegende Rekursionsverfahren erschien bereits in frühen Arbeiten des Franzosen MASSE [706, 1944; 707, 1946]. Die Methode und die Terminologie der Dynamischen Programmierung wurden in mehreren Arbeiten von BELLMAN [708, 1956; 709, 1957; 710, 1961] entwickelt. Das Verfahren ist anwendbar auf die meisten dynamischen Systeme und Verhaltenskriterien und erlaubt die Angabe von Begrenzungen für die verschiedenen Variablen. Die Dynamische Programmierung ist eine Erweiterung der grundlegenden Entscheidungstheorie und der linearen Programmierung. Ihr wesentliches Merkmal ist die Formulierung der Lösung einer Aufgabe als mehrstufiger Entscheidungsprozeß, der dann durch die Anwendung der BELLMANschen Methode auf die nacheinander folgende Ausführung von mehreren einstufigen Entscheidungsprozessen zurückgeführt wird. Man bedient sich dabei des von BELLMAN angegebenen sogenannten Optimalitätsprinzips, welches folgende Aussage trifft:

"In einem mehrstufigen Entscheidungsprozeß hat jede optimale, $N$-stufige Folge von Entscheidungen $E_1, E_2, ..., E_n$, die einen Anfangszustand $x_0$ nacheinander in die Zustände $x_1, x_2, ..., x_n$ überführt, die Eigenschaft, daß jeder der ($N$-$i$)-stufigen Teilfolgen $E_{i+1}, E_{i+2}, ..., E_N$ bezüglich des Anfangszustandes $x_i$ ihrerseits eine optimale, ($N$-$i$)-stufige Folge darstellt".

BELLMAN selbst drückte das Prinzip beschreibend so aus [siehe 709 BELLMAN]:

"Eine optimale Strategie hat die Eigenschaft, daß die noch zu treffenden Entscheidungen, unabhängig von den bereits vorher getroffenen und dem Anfangszustand, eine optimale Strategie hinsichtlich des Zustandes darstellen müssen, der aus den ersten Entscheidungen entstanden ist".

Die Anwendung der Dynamischen Programmierung auf Probleme der Regelungstechnik wurde in einer Reihe von Arbeiten besonders von KALMAN, BERTRAM und KOEPCKE [711, 1957; 712, 1958] und BELLMAN [708, 1956; siehe 713, 1960] behandelt. Es ist anzumerken, daß BELLMAN in der zitierten Arbeit aus dem Jahre 1956 verschiedene, ziemlich allgemeine Gütekriterien verwendete. Diese Tatsache gewinnt an Bedeutung im Vergleich zu den weiter unten besprochenen Arbeiten von PONTRJAGIN und anderen, die sich zu derselben Zeit noch auf zeitoptimale Systeme beschränkten.

KALMAN und KEOPCKE [712, 1958] benutzten die Dynamische Programmierung zur Berechnung eines Abtastreglers; sie ermittelten für eine lineare Regelstrecke und das Gütemaß der quadratischen Regelfläche die optimale Stellgröße und zeigten, daß diese für das jeweils nächste Abtastintervall eine lineare zeitvariante Funktion des Momentanwertes der Zustandsvariablen ist.

Die hauptsächliche Schwierigkeit bei der Anwendung der Dynamischen Programmierung entsteht durch den enormen Rechenaufwand, der selbst für einfache Problemstellungen schon sehr leistungsfähige Digitalrechner erfordert, obwohl die eigentliche Rechenprozedur prinzipiell einfach ist. Die starke Abhängigkeit von der Rechnerkapazität verliert zunehmend an Bedeutung, da immer mehr geeignete Rechner verfügbar werden.

Die Anwendung des Verfahrens der Dynamischen Programmierung auf Optimierungsprobleme wird häufig mit der Bezeichnung "Dynamische Optimierung" belegt.

Die Bemühungen zur Verallgemeinerung des zeitoptimalen Regelproblems führten in der UdSSR zur Entwicklung des sogenannten Maximumprinzips, mit dem gegenüber der klassischen Variationsrechnung die Klasse der zulässigen Stellfunktionen derart erweitert wurde, daß die für die Regelungstechnik wichtigen Fälle, bei denen mit maximaler Stellamplitude gearbeitet wird, erfaßt sind.

Das Maximumprinzip wurde erstmalig 1956 in einem Aufsatz von BOLTYANSKY, GAMKRELIDZE und PONTRJAGIN [714] veröffentlicht und in demselben Jahr auf dem Mathematiker-Kongreß in Edinburg vorgetragen. Zu jener Zeit war das Prinzip noch nicht vollständig bewiesen und wurde von den Autoren deshalb vorerst nur für eine Reihe von Spezialfällen angegeben und als Hypothese formuliert. Anstelle des Begriffs "Maximumprinzip" wird verschiedentlich auch der Begriff "Minimumprinzip" gebraucht. Diese unterschiedliche Bezeichnungsweise ist historisch bedingt und resultiert aus einer willkürlich getroffenen Vorzeichenwahl bei der Ableitung des Prinzips.

In einer Reihe von weiteren Aufsätzen von GAMKRELIDZE [715, 1957; 716, 1958; 717, 1959] wurde das Prinzip als notwendige und hinreichende Bedingung für lineare Systeme bewiesen. Der Beweis für seine Notwendigkeit bei nichtlinearen Systemen konnte von BOLTYANSKY [718, 1958], GAMKRELIDZE [719, 1958] und PONTRJAGIN [720, 1959] erbracht werden. In den ersten Veröffentlichungen beschränkten sich die Autoren, die alle aus der von PONTRJAGIN geleiteten Regelungsgruppe des Mathematischen Instituts der Sowjetischen Akademie der Wissenschaften stammen, auf zeitinvariante Systeme, doch ist diese Beschränkung, wie PONTRJAGIN [721, 1960] später angegeben hat, nicht gravierend, da sich der Fall, daß die Zeit explizit auftritt, durch Einführung einer zusätzlichen Variablen auf den autonomen Fall reduzieren läßt.

Da sich in der Regelungstechnik häufig aus konstruktiven oder sicherheitstechnischen Gründen notwendige Beschränkungen für verschiedene Zustandsvariable ergeben, besitzt die entsprechende Erweiterung des Maximumprinzips ebenfalls erhebliche Bedeutung [siehe dazu 722 PONTRJAGIN et al., 1961]. Von gleicher praktischer Wichtigkeit ist der auch von PONTRJAGIN [720, 1959] vorgenommene Übergang von der Zeitoptimierung zur Minimierung eines allgemeineren Kostenfunktionals, wobei die Minimierung beispielsweise die optimale Kraftstoffausnutzung bei Regelvorgängen von Raumfahrzeugen gestattet. Eine umfassende Darstellung des Maximumprinzips und der geschilderten Erweiterungen findet sich in dem Buch von PONTRJAGIN et al. [722, 1961]. Dessen Übersetzung ins Englische im Jahre 1962 und ins Deutsche 1964 hat zwar die westliche Literatur ergänzt, doch bestanden seinerzeit bereits andere Arbeiten, die das Maximumprinzip bekannt gemacht hatten; zur raschen Verbreitung hat nicht zuletzt der Vortrag der genannten Autoren auf dem IFAC-Kongreß 1960 in Moskau beigetragen.

Schon bald nach dem Beweis des Maximumprinzips versuchte man, Verbindungen zum BELLMANschen Optimalitätsprinzip und der Dynamischen Programmierung herzustellen. Dabei ist zu beachten, daß die Dynamische Programmierung ursprünglich für diskrete Vorgänge abgeleitet worden war und erst später für kontinuierliche Fälle herangezogen wurde; in der letztgenannten Form wird sie als HAMILTON-JACOBI-BELLMAN-Theorie bezeichnet. Das Maximumprinzip hingegen wurde für kontinuierliche Probleme entwickelt und dann für diskrete erweitert.

In der UdSSR war es ROZONOER [723, 1959], der die Gültigkeit des Maximumprinzips für lineare diskrete Systeme bewies. In den USA geht die Formulierung des diskreten Maximumprinzips auf CHANG [724, 1960] zurück. Eine strengere Ableitung wurde später von HALKIN et al. [725, 1966] angegeben.

Der engere Zusammenhang zwischen Maximumprinzip und Dynamischer Programmierung konnte von ROZONOER [723] und DESOER [726, 1961] gezeigt werden, wobei DESOER das Maximumprinzip aus dem Optimalitätsprinzip ableitete. In derselben Abhandlung gelang DESOER der Nachweis, daß die Gültigkeit des Maximumprinzips nicht an einen vorher fixierten Endwert der optimalen Trajektorie gebunden ist, sondern daß die optimale Trajektorie auch einen nach einem gegebenen Bewegungsgesetz bewegten Punkt oder einen bewegten Unterraum des Zustandsraumes erreichen kann. Durch Ergänzung ihrer ursprünglichen Ergebnisse sind auch PONTRJAGIN et al. [727, 1960] zu dieser Schlußfolgerung gelangt.

Die Begriffe "Dynamische Programmierung" und "Maximumprinzip" und die mit ihnen verknüpften Namen BELLMAN und PONTRJAGIN haben in der Regelungstheorie eine derartige Verbreitung erfahren, daß es den Anschein hat, als habe es keine Parallelarbeiten zu demselben Problemkreis gegeben; dieser Anschein trügt, denn mehrere andere Forscher haben ebenfalls in den Jahren ab 1957 Ergebnisse erzielt, die sich teilweise mit denen von PONTRJAGIN et al. überdecken, aber auf mathematisch anderen Wegen gewonnen wurden. In diesem Zusammenhang sind besonders die Namen des Amerikaners LASALLE, des Russen KRASOVSKY und des Polen KULIKOWSKY zu nennen.

LASALLE [728; 729, 1959] fand für lineare Systeme vom Typ

$$\dot{\mathbf{X}}(t) = \mathbf{A}(t)\mathbf{X}(t) + \mathbf{B}(t)\mathbf{U}(t)$$

die optimale Steuerfunktion zu

$$\mathbf{U}^0(t) = \operatorname{sgn} \eta\, \mathbf{X}^{-1}(t)\mathbf{B}(t).$$

Dieser Zusammenhang besagt, daß die optimale Steuerung vom Relaistyp ist. Voraussetzung dafür ist nach LASALLE, daß das System "normal" ist; nach seiner Definition darf in diesem Fall keine Komponente des Ausdrucks

$$\eta\, \mathbf{X}^{-1}(t)\mathbf{B}(t)$$

für irgendein $\eta \neq 0$ verschwinden. Mit dem Ausdruck "normal" forderte LASALLE vollständige Steuerbarkeit des Systems, doch war damals die Arbeit KALMANs noch nicht erschienen, in der jener die Konzepte der Steuerbarkeit und Beobachtbarkeit veröffentlicht hatte, so daß die Bezeichnungen differieren.

Die Überschneidung der LASALLEschen Ergebnisse mit denen von PONTRJAGIN et al. bezieht sich auf lineare Systeme. Der gleiche Hinweis gilt für eine Abhandlung von KRASOVSKY [730, 1957], in der er die zeitoptimale Regelung linearer Regelstrecken mit amplitudenbeschränkten Stellgrößen diskutierte. In einem nachfolgenden Aufsatz [731, 1959] ließ er auch Beschränkungen der Zustandsvariablen zu. Die Besonderheit und Eigenständigkeit der Arbeiten von KRASOVSKY liegt in dem Weg begründet, der ihn zu den Optimalitätsbedingungen führte, denn er wendete Ergebnisse von BANACH und KREIN [siehe 732, 1938] an, die jene im Bereich der Funktionalanalysis erzielt hatten und welche als KREINs $L$-Problem bezeichnet wurden. Diese Vorgehensweise wurde von KULIKOWSKY in mehreren Veröffentlichungen aufgegriffen [733, 1959/60] und auf die Optimierung nach verschiedenen Kostenfunktionalen ausgedehnt.

In der westlichen Literatur wurde diese Methode durch eine Arbeit von KRANC und SARACHIK [734, 1962] bekannt.

## 13.8 Gütemaße mit Ljapunov-Funktionen

Ein anders geartetes Optimierungsverfahren, das von vornherein keinen Unterschied zwischen offenen und geschlossenen Regelkreisen macht, entstand aus der LJAPUNOVschen Stabilitätstheorie. Nachdem diese für Belange der Regelungstechnik entdeckt und aufbereitet worden war [siehe Kapitel 12], was etwa in den Zeitraum von 1940 bis 1960 fiel, versuchte man, über die reine Stabilitätsaussage hinaus Informationen über Regelgüte aus den LJAPUNOVschen Probefunktionen zu ziehen.

Die grundlegenden Arbeiten zu diesem Problem, nämlich die Probefunktionen mit Gütekriterien zu verknüpfen, gehen in der UdSSR auf KRASOVSKY [735, 1959; 731, 1959] und in den USA auf KALMAN und BERTRAM [449, 1960] zurück.

KRASOVSKY zeigte in den genannten Veröffentlichungen, daß das Funktional $I(\xi) = \int_0^\infty V\,\mathrm{d}t$, in dem $V$ eine positiv definite quadratische Form ist, unter Umständen als quadratische Regelfläche und gleichzeitig als LJAPUNOVsche Funktion angesehen werden kann [siehe auch 736 LETOV, 1961].

In besonders klarer Form zeigte KALMAN [449, 1960] die Zusammenhänge auf. Er definierte das Gütemaß

$$V(\mathbf{X}) = \int_0^\infty g(t, \mathbf{X}, \mathbf{0})\,\mathrm{d}t, \quad g(\mathbf{0}) = \mathbf{0}.$$

Wenn ein Regler nun einstellbare Parameter $P$ besitzt, können diese so eingestellt werden, daß der Wert von $V(\mathbf{X}, P)$ im Hinblick auf diese Parameter und einen oder mehrere Anfangszustände minimiert wird. Die asymptotische Stabilität des Systems ist gesichert, wenn $V(\mathbf{X})$ eine geeignete LJAPUNOVsche Funktion ist. KALMAN stellte den Satz auf:

"Für ein freies, lineares und stationäres dynamisches System mit einem Gleichgewichtspunkt im Ursprung werden die Annahmen getroffen:

1. Das Fehlerkriterium $g(\mathbf{X})$ ist positiv definit und $g(\mathbf{0}) = \mathbf{0}$.

2. Das Gütemaß $V(\mathbf{X})$, das durch die obige Gleichung definiert wird, ist in einer Umgebung des Ursprungs endlich.

Unter diesen Umständen ist die Gleichgewichtslage asymptotisch stabil".

Dieser Satz fordert keine weiteren Eigenschaften der Fehlerfunktion $g(\mathbf{X})$, beispielsweise, daß sie eine quadratische Funktion der Zustandsvariablen sein soll.

Die Wahl einer quadratischen Fehlerfunktion ist aber deswegen besonders günstig, weil nichtquadratische nach der Minimierung des Funktionals $V$ auf nichtlineare Systeme führen.

Eine weitere Aussage über die Regelgüte, die KALMAN aus den LJAPUNOVschen Funktionen zog, bezieht sich auf das Übergangsverhalten. KALMAN zeigte, daß sich das negative Verhältnis $(-\eta)$ der Ableitung der LJAPUNOVschen Funktion zu der Funktion selbst,

$$\eta(t) = -\frac{\dot{V}}{V},$$

als ein Maß für die Schnelligkeit ansehen läßt, mit der das System seinem Gleichgewichtszustand zustrebt.

## 13.9 Systeme mit verteilten Parametern

Den bisher geschilderten Optimierungsverfahren liegt allen die Voraussetzung konzentrierter Parameter zugrunde. In der regelungstechnischen Praxis kommen aber häufig solche Systeme vor, bei denen diese Voraussetzung nicht zutrifft. Typische Beispiele für diese Systeme mit verteilten Parametern sind nukleare und chemische Reaktoren, Wärmeaustauscher und Destillationskolonnen. Die Regelung dieser Strecken und deren Optimierung ist aus wirtschaftlichen Gründen meist geboten. Schon kurz nachdem die theoretischen Grundlagen für optimale Regelung einfacherer Strecken entwickelt worden waren, versuchte man, die Ergebnisse auf Strecken mit verteilten Parametern zu übertragen. Die wohl erste Veröffentlichung auf diesem Gebiet stammt von BUTKOVSKY und LERNER [737] aus dem Jahre 1960. Diese Autoren haben ein System von partiellen Differentialgleichungen derart reduziert, daß die Anwendung des Maximumprinzips zur Bestimmung notwendiger Bedingungen für die Optimalität möglich wurde. In weiteren Aufsätzen hat BUTKOVSKY [738, 1991; 739, 1961] die Vorgehensweise verallgemeinert und ein Maximumprinzip für nichtlineare Integralgleichungen angegeben, mit dem sich ein beliebiges Funktional mit Nebenbedingungen minimieren läßt. Damit lagen die wesentlichen Grundlagen zur theoretischen Optimierung einschlägiger Systeme bereit. In der Praxis scheitert ihre Anwendung aber häufig an der mangelnden Kenntnis der Streckendynamik, so daß man vielfach weiterhin auf empirisch begründete und suboptimale Regelung angewiesen ist.

## 13.10 Die Existenz optimaler Regelungen

Bei den meisten technischen Regelungssystemen ist die grundsätzliche Existenz optimaler Regelanordnungen evident. Es sind jedoch Anordnungen denkbar, bei denen sich die Frage nach der Existenz stellt. Allgemeingültige Aussagen fehlen selbst noch für den einfacheren Fall der optimalen Steuerungen. Die meisten Ergebnisse, die auf dem Gebiet der optimalen Steuerungen erzielt worden sind, bauen auf der Maßtheorie und dem Konzept der meßbaren Funktionen auf. Ein Existenztheorem für optimale Steuerung linearer Systeme hat PONTRJAGIN [720, 1959] angegeben. Weitere Untersuchungen über dieses Problem haben PONTRJAGIN et al. [722, 1961] und LASALLE [740, 1960] angestellt. Eine Übersicht über Existenztheoreme optimaler Steuerungen findet sich bei SCHMAEDEKE [741, 1966].

Ein für die Systemsynthese besonders durchsichtiges Existenztheorem für lineare Systeme hat KALMAN [742, 1960] anhand der von ihm kurz zuvor definierten Begriffe der Steuerbarkeit und Beobachtbarkeit abgeleitet. Nachdem er sich auf eine lineare, stationäre Einfachregelstrecke festgelegt hatte, deren Daten in diskreten Zeitabständen zur Verfügung standen, legte er als Gütemaß eine zu minimierende Fehlersumme fest und fand, daß für jeden beliebigen Anfangszustand eine Lösung des optimalen Regelproblems besteht, wenn die Strecke vollständig steuerbar und vollständig beobachtbar ist.

Die Konzepte der Steuerbarkeit und Beobachtbarkeit weisen jedoch eine über dieses Existenztheorem hinausgehende Bedeutung für die Optimierungstheorie auf, denn sie bilden eine Grundlage für die Beurteilung der Frage, welcher Art und welche die Information sein muß, die für ein bestimmtes Regelverhalten zur Verfügung stehen, das heißt dem Regler von der Strecke zugeführt werden muß.

Für den geschlossenen Regelkreis, in dem die optimale Stellfunktion aus der Regelgröße durch den Regler erzeugt werden muß, besagt die vollständige Beobachtbarkeit im Falle eines linearen Systems, daß die Minimierung eines quadratischen Kostenfunktionals zu linearen Beziehungen zwischen optimaler Stellfunktion und Zustandsgröße führt.

Das ebenfalls von KALMAN analytisch gefaßte Dualitätsprinzip zwischen Steuerbarkeit und Beobachtbarkeit ermöglicht nach KALMAN [743, 1960] die Berücksichtigung einer entsprechenden Dualität hinsichtlich des Optimalfilterproblems und des optimalen Regelproblems und erlaubt einen Vergleich dieser beiden Problemkreise.

## 13.11 Adaptive Regelungen

Die beiden letzten Abschnitte, die sich innerhalb des Kapitels über Regelgüte mit den Systemen mit verteilten Parametern und mit der Existenz optimaler Regelungen befaßten, zeigten, daß sich die damit verbundenen Probleme wesentlich aus den neueren Theorien ableiteten und keine eigenständige Vergangenheit besitzen. Ähnlich verhält es sich mit einem weiteren Teilgebiet der Optimierung, das bisher in diesem Rahmen noch nicht besprochen worden ist, nämlich der adaptiven Regelung.

Zwar gibt es Hinweise, daß derartige Regelungen bereits im Zweiten Weltkrieg verwendet wurden, doch ist der größte Teil der Theorie adaptiver Regelungen erst nach der Aufbereitung der statistischen Verfahren und der Verbreitung der Rechenmaschinentechnik entwickelt worden.

Mit adaptiver Regelung wird eine auch in der belebten Natur sehr verbreitete Fähigkeit bezeichnet, in Abhängigkeit von wechselnden Umweltbedingungen die Systemstruktur zu ändern,um das Regelverhalten anzupassen.

Der Begriff der "adaptiven Regelung" impliziert noch nicht unmittelbar den der Optimalität, doch ist mit jeder Adaptionsaufgabe eine Optimierungsaufgabe verbunden, wobei die Verknüpfung der beiden durch die Adaptionsstrategie gegeben ist, welche möglichst gut befolgt werden soll. Dieser enge Zusammenhang rechtfertigt die Betrachtung der Entwicklung der adaptiven Systeme im größeren Rahmen der Regelgüte. Darüber hinaus besteht eine Verbindung hinsichtlich der optimalen Regelung von Systemen mit veränderlichen Parametern; wenn sich diese Parameter nichtvorhersehbar ändern, müssen meist adaptive Regelungen vorgesehen werden.

Innerhalb der adaptiven Regelungssysteme unterscheidet man vier wesentliche Gruppen, nämlich solche mit passiver Adaption, mit Adaption nach dem Eingangssignal, mit Adaption nach den Systemvariablen und mit Adaption nach den Systemeigenschaften.

Besondere Bedeutung kommt dabei der dritten Gruppe zu, da sie auch die sogenannten Extremwertregler umfaßt, welche häufig realisiert wurden und auch historisch am Anfang der Entwicklung adaptiver Regelungen gestanden haben.

Den verschiedenen Gruppen gemeinsam ist der Gedanke, daß die a priori verfügbaren Kenntnisse über das dynamische Streckenverhalten nicht ausreichen, um einen optimalen Regler zu konzipieren. Man versucht nun, die ursprüngliche Unbestimmtheit durch Informationen zu verkleinern, die während der zu regelnden Vorgänge gewonnen werden.

Frühe Extremwertregler wurden in der UdSSR von KHLEBTSEVICH [744, 1940] und KAZAKEVICH [745, 1945; 746, 1943/46] entworfen, doch gelangten sie erst durch OSTROVSKY [747, 1957] einer breiteren Öffentlichkeit zur Kenntnis.

In den USA sollen adaptive Regelsysteme hauptsächlich im Zweiten Weltkrieg für Feuerleitanlagen entwickelt worden sein [siehe 748 EVELEIGH]. Bei ihnen hängt die Strategie von der Zielobjektentfernung ab. Wenn das Ziel, meist ein anfliegendes Flugzeug oder eine Rakete, weit entfernt ist, liegt die Bedeutung auf der Zielgenauigkeit, und die Abschätzung von Zielposition und -Bewegung sollten von mehreren Messungen abhängen. Wenn jedoch das Ziel nahe herangekommen ist, werden in erster Linie schnelle Manöver zur wirksamen Abwehr benötigt und die Rechengeschwindigkeit steht im Vordergrund [siehe 749, 1959].

In entsprechenden Systemen, die schon 1940 zur Anwendung gekommen sein sollen, wurde das Rechenmodell für die Schußkoordinaten als Funktion der Zielentfernung geändert und fortschreitend vereinfacht, um Rechenzeit zu sparen und die Folgegeschwindigkeit mit abnehmender Zielentfernung erhöhen zu können. Die Absicht war, die Trefferwahrscheinlichkeit unter verschiedenen Bedingungen zu maximieren. Während des Krieges und auch unmittelbar danach sind keine Arbeiten veröffentlicht worden, die sich mit adaptiven Systemen beschäftigen.

In einer nicht unmittelbar regelungstechnischen Arbeit stellte ASHBY [750, 1948; 751, 1952] den bekanntgewordenen Homöostaten vor, bei dem die Parameter so lange geändert wurden, bis das System stabil war. Hierbei wurden durch den Suchvorgang die Stabilitätsbedingungen geprüft. Es ist augenscheinlich, daß es sich dabei nicht um ein optimierendes System handelte, sondern nur um ein selbsteinstellendes. Obwohl hier keine Größe existiert, die einen Extremwert annehmen sollte, ergibt doch die Art des Suchvorgangs eine beträchtliche Ähnlichkeit mit den späteren adaptiven Regelungen.

Die bedeutendste Arbeit auf dem Gebiet der adaptiven Regelungen, die Anlaß zu vielen weiteren Untersuchungen gab, erschien 1951 und stammt von DRAPER und LI [752, 1951]. Sie befaßten sich gleichfalls mit dem Finden und Halten des Extremums einer oder mehrerer Regelgrößen.

DRAPER und LI gaben mehrere Möglichkeiten zur Realisierung des adaptiven Verhaltens an und optimierten damit die Regelung einer Verbrennungskraftmaschine. Die grundlegende Methode setzte die Existenz eines unbekannten Extremums der einen oder mehreren Streckenausgangsvariablen voraus, welches sich mit der Zeit langsam verändern durfte.

Das Verhaltenskriterium war durch möglichst geringen Abstand des Streckenausgangs zum Extremwert gegeben.

Der Extremwertregler erzeugte ein im Verhältnis zur größten Streckenzeitkonstanten langsam veränderliches Eingangssignal in einer bestimmten Richtung, bis beobachtet werden konnte, daß die fragliche Variable das Extremum überschritten hatte, worauf der Regler die Richtung des Eingangssignals umschaltete, um die Variable wieder in Richtung des Extremums zu führen. Unter der Annahme, daß die Übergangseigenschaften der Regelstrecke, unabhängig von der Lage des unbekannten Extremums, im Laufe der Zeit ungefähr gleich blieben, paßte der Regler seine Arbeitsweise kontinuierlich an, um dem langsam veränderlichen Extremwert der Ausgangsvariablen zu folgen. Diese von DRAPER und LI benutzte Methode ist später als "hill-climbing" bekanntgeworden. Bei deren mathematischer Behandlung stützt man sich heute entweder auf ein Verfahren von GAUSS-SEIDEL, das Gradientenverfahren oder die Methode des steilsten Falls ("steepest descent"). Die Literatur zu diesen Problemen ist außerordentlich umfangreich.

Ein nicht unwesentlicher Beitrag zu den adaptiven Regelungen entstand aus den Arbeiten McDONALDs über die Verbesserung des Verhaltens von Servosystemen durch Einführung nichtlinearer Glieder. Um optimales Übergangsverhalten bei Führungssprüngen zu erzielen, schlug er eine Umschaltung zwischen verschiedenen Dämpfungen des Systems vor und konzipierte mit seinem "dual-mode"-System [siehe oben] eine Strukturumschaltung.

Die Adaption entsprechend dem Eingangssignal gewinnt ihre Bedeutung im Zusammenhang mit verrauschten und statistisch schwankenden Eingangssignalen. Mitte der fünfziger Jahre entstanden mehrere Arbeiten zu diesem Problem. KEISER [753, 1955] stellte die Systemparameter nach Messungen der Kurzzeitautokorrelationsfunktion des verrauschten Eingangssignals ein.

DRENICK und SHABENDER [754, 1957] benutzten einen Prediktor nach ZADEH und RAGAZZINI, um die Eigenschaften des Eingangssignals abzuschätzen. Das System wurde so eingestellt, daß die Summe aus mittlerem quadratischem Rauschanteil und quadratischem dynamischem Fehler ein Minimum ergab. Ein ähnliches Kriterium benutzten BATKOV und SOLODOWNIKOW [755, 1957], doch gewichteten sie zusätzlich den Rauschanteil.

1961 führte KULIKOWSKY [756] für das Problem von DRAPER und LI eine andere Methode ein. Um die Voraussetzung der an ein bestimmtes Testsignal gebundenen Übergangseigenschaften fallen lassen zu können, schlug er abwechselnd Perioden der Identifizierung und der Optimierung vor und veränderte die Form des Eingangssignals. Dies steht im Gegensatz zu dem Extremwertregler von DRAPER und LI, bei dem die Sägezahnform des Testsignals von vornherein feststand. Die Optimierung knüpfte KULIKOWSKY an das Funktional

$$P(U) = \lambda \int_0^T u^2(t)\,\mathrm{d}t - \int_0^T y(t)\,\mathrm{d}t,$$

wobei $y(t)$ die Ausgangsvariable mit dem unbekannten Extremum und $u(t)$ die Stellgröße ist. Die Begründung dieses Integrals ist in dem Bestreben zu sehen, das gesamte Streckenübergangsverhalten im Bereich $(0, T)$ im Zusammenhang mit den durch den Faktor $\lambda$ bewerteten Stellkosten zu optimieren.

Der wohl bedeutendste praktische Einsatz adaptiver Regelsysteme, die nicht nur einen oder mehrere Extremwerte suchen, ist im Flugzeugbau zu erkennen. Die extremen Unterschiede in den Flugbedingungen beim Starten und Landen einerseits und dem Hochgeschwindigkeitsflug andererseits erfordern die Strukturumschaltung verschiedener Regelkreise. Durch die Berücksichtigung von Beschränkungen der Zustandsvariablen und der Stellgrößen ist die theoretische Behandlung der adaptiven Regelsysteme eng mit der dynamischen Optimierung verbunden worden. Da komplizierte Adaptivsysteme ohnehin unter Einsatz digitaler Rechner arbeiten, erscheint es häufig sinnvoll, gerade dieses Verfahren der dynamischen Optimierung heranzuziehen, zumal sich dann ohne erheblichen Mehraufwand auch Probleme der Schätzwertangabe von Zustandsvariablen einbauen lassen [siehe 710 BELLMAN].

Über Einzelheiten weiterer Abhandlungen, die sich mit der adaptiven Regelung befaßt haben, soll hier nicht berichtet werden, da die Entwicklungen noch nicht annähernd abgeschlossen sind und einen beträchtlichen Teil der theoretischen Arbeiten in den heutigen Fachzeitschriften ausmacht. Einen Überblick über die einschlägige Literatur bis zum Jahre 1958 haben ASELTINE, MANCINI und SARTURE [757, 1958] vermittelt.

## 13.12 Der Einsatz neuerer Optimierungsverfahren

Bevor das Kapitel über Entwicklungen hinsichtlich der Optimierung von Regelungen abgeschlossen werden kann, muß noch etwas über neuere Tendenzen der Theorie und den Stand der praktischen Anwendung gesagt werden.

Der Ansatz exakterer Optimierungsverfahren erfordert fast immer einen beträchtlichen Aufwand, der sowohl aus den Entwurfskosten als auch aus den Anlagekosten entstehen kann. Da dieser Aufwand in der industriellen Praxis zumindest überschlägig abgeschätzt wird, ist die Häufigkeit des Einsatzes moderner Optimierungsverfahren, die sich vielfach auf Elektronenrechner abstützen müssen, in den verschiedenen Branchen der Industrie sehr unterschiedlich.

Während in der Raumflugtechnik verschiedene Aufgaben überhaupt erst mit Hilfe beispielsweise des Maximumprinzips oder der dynamischen Optimierung gelöst werden konnten, was zu häufiger Anwendung dieser Verfahren führte, bringen diese Möglichkeiten bei vielen verfahrenstechnischen Regelungsproblemen, wie beispielsweise Durchflußregelungen, nur geringfügige Verbesserungen, weil beispielsweise die Stellventile über einen großen Stellbereich ohnehin mit maximaler Stellgeschwindigkeit betätigt werden und die genauere Optimierung nur noch in dem Bereich eine Änderung brächte, in dem die Ventile von der maximalen Geschwindigkeit in eine neue Ruhestellung übergehen.

Anlagen- und entwurfsbedingte Wirtschaftlichkeitsüberlegungen sind in vielen Fällen Anlaß zur Suche nach suboptimalen Regelungen gewesen; häufig hatten sich auch die berechneten Schaltfunktionen als zu schwer zu realisieren erwiesen. OLDENBURGER [758, 1957] bemerkte, daß er optimale Servosysteme untersucht und sie enttäuschend gefunden habe. MITSUMAKI [759, 1960] unterstützte diese Angabe quantitativ, indem er optimale Schaltgeraden durch korrigierte Schaltgeraden ersetzte und so zu suboptimalen Anordnungen kam. Allgemein gültige Aussagen lassen sich darüber aber schwerlich treffen, doch wurde in verschiedenen mehr praktisch orientierten Arbeiten vor übertriebenen Erwartungen gewarnt.

Die bei der Regelkreissynthese erforderliche Suche nach optimalen Reglerparametern kann in einfacheren Fällen mit bekannten Methoden durchgeführt werden, die sich aus der Differentialrechnung ergeben. In der Praxis sind jedoch bei komplexen Systemen die Gleichungen, die zur Bestimmung des Optimums gelöst werden müßten, so kompliziert, daß eine geschlossene analytische Lösung nicht möglich ist. Häufig ist aber auch die Anzahl der Parameter so groß, daß dieser Lösungsweg nicht gangbar ist. Gerade solche Systeme mit vielen Parametern lassen aber eine Optimierung besonders geboten erscheinen. Bei großer Parameterzahl kann die Suche nach dem Optimum mit Hilfe numerischer Verfahren auf einem Digitalrechner erfolgen. Diese Verfahren bedingen, daß ein Gütemaß existiert, welches sich eindeutig berechnen läßt. Die eigentliche Suchstrategie besteht dann vor allem aus einem Plan, nach dem der Parameterraum in diskreten Schritten abgetastet wird. Nach jedem Suchschritt wird der Wert des Gütemaßes berechnet und der Schritt als Verbesserung oder Verschlechterung gewertet. Auf diese Weise gelangt die Parameterwahl schließlich in unmittelbare Nähe eines Optimums. Als numerische Suchverfahren sind besonders die achsenparallele Suche, das Gradientenverfahren, das Verfahren der parallelen Tangenten und die direkten Suchverfahren bekannt. Speziell in der Regelungstechnik sind die Gradientenverfahren auch zur Konstruktion LJAPUNOVscher Funktionen verwendet worden [siehe 760 OGATA und 761 TIMOTHY/BONA].

Diese Verfahren scheinen in der Regelungstechnik mit der zunehmenden Verfügbarkeit geeigneter Rechenanlagen wichtige Hilfsmittel der Optimierung zu werden [siehe auch 762 DRENICK]. In einem Buch von LEE und MARKUS [763, 1967] finden sich ausführliche Literaturangaben über den Einsatz der numerischen Prozeduren für die Optimierung von Regelkreisen. Die ersten einschlägigen Veröffentlichungen über spezielle Anwendungen auf Regelungssysteme erschienen etwa um das Jahr 1962.

Im Anschluß an die schon vorher in diesem Kapitel erwähnten Arbeiten von WIENER, NEWTON und anderen hat die sogenannte stochastische Optimierung eine immer größere Bedeutung in der Theorie und Praxis der Regelungstechnik gewonnen [siehe 764 WONHAM, 1969]. Die Literatur über stochastische Optimierung ist zwar im Gegensatz zu der über deterministische Optimierung noch gering, doch nimmt sie zunehmend einen breiteren Raum ein.

Eine Verallgemeinerung der WIENERschen Optimalfiltertheorie konnte BOOTON [765, 1952] vorweisen, indem er sie auf lineare zeitvariante Systeme ausdehnte, die nichtstationären Rauschprozessen unterliegen. Zur Formulierung benutzte er eine WIENER-HOPFsche Integralgleichung.

In den fünfziger Jahren erschienen mehrere Veröffentlichungen, in denen verschiedene Regelungssysteme im Sinne des mittleren quadratischen Fehlers optimiert werden. WESTCOTT [766, 1953] benutzte statistische Methoden, um den mittleren quadratischen Fehler eines Systems zu minimieren, welches einer Sättigungsbeschränkung unterlag. Zur Einbeziehung der Sättigungsbeschränkung bediente er sich der schon vorher von NEWTON [704, 1952] verwendeten Methode der LAGRANGEschen Multiplikatoren. PETERSON [767, 1961] minimierte den mittleren quadratischen Fehler der Ausgangsgrößen eines Systems mit mehreren Ein- und Ausgängen, dessen Eingangsgrößen verrauscht waren.

Obwohl der mittlere quadratische Fehler als Kriterium überwiegend Anwendung fand, sind auch andere Kriterien herangezogen worden [siehe 768 MAGDALENO/WALKOVITCH, 1952].

Die besondere Beliebtheit des mittleren quadratischen Fehlers beruht unter den Voraussetzungen linearer Systeme und stationären GAUSSverteilten Rauschens auf der Tatsache, daß er sich einfach aus der spektralen Leistungsdichte oder der Autokorrelationsfunktion bestimmen läßt.

Die neuentwickelten stochastischen Verfahren wurden im Zusammenhang mit Optimierungen bevorzugt für militärische Objekte herangezogen. Besondere Aufmerksamkeit ist dabei dem Entwurf optimaler Autopiloten für Flugzeuge und Raketen zuteil geworden, welche stochastischen Eingangsgrößen unterliegen. So hat SCHWARTZ

[769, 1960] optimale Autopiloten für niedrig fliegende Objekte entworfen, die einer Vertikalbeschleunigungsbeschränkung unterlagen und frei von Bodenberührung gehalten werden mußten.

Wiederum BOOTON [770, 1956] behandelte Endwertsysteme, bei denen es darauf ankam, den Endfehler zu minimieren. Derartige Aufgabenstellungen ergaben sich bei der Bahnregelung von Luftlandesystemen. Die Eingangsgröße bestand aus Signal und Rauschanteil.

Der Zusammenhang zwischen optimaler Filterung und optimaler Regelung bei stochastischen Größen ist mit Hilfe des Dualitätsprinzips von KALMAN geklärt worden. [siehe auch oben]. Die Lösung des nichtstationären optimalen Filterproblems wurde von KALMAN [743, 1960; 771, 1961] für diskrete Zeitabschnitte und von KALMAN und BUCY [772, 1961] für kontinuierliche Zeit auf anderem Wege angegeben als von BOOTON. Anstelle der zeitveränderlichen Impulsantwort, die vorher zur Beschreibung der berechneten Filter genommen worden war, wählten KALMAN und BUCY ein System von Differentialgleichungen und behandelten die Aufgabe damit im Zeitbereich. Als zusätzliche Erweiterung lösten sie das Optimierungsproblem gleich für Mehrfachsysteme. Die von KALMAN und BUCY gefundene Lösung des Optimalfilterproblems führt auf die sogenannten KALMAN-BUCY-Filter, deren Konzept schon bald bei der Führung von Raumfahrzeugen angewendet wurde [siehe 773 STEWART, 1961; 774 McLEAN/SCHMIDT/McGEE, 1962; 775 TUNG, 1964]. Aufgrund der entwickelten Filter- und Prediktionstheorie ist viel Folgeliteratur über das optimale Schätzen der Parameter und der Zustandsvariablen der Systeme entstanden. Einschlägige Übersichten existieren von RIDEOUT und RAJARMAN [776, 1962] und von COX [777, 1964].

Die Formulierung des stochastischen optimalen Regelproblems im Sinne der dynamischen Programmierung ist verschiedentlich vorgenommen worden [unter anderen von KUSHNER 778, 1965], doch kann als besonders vollständige Darstellung die von BELLMAN [708, 1956] angesehen werden.

Eine stochastische Version des Maximumprinzips ist von KUSHNER [779, 1964] und WONHAM [780, 1963] abgeleitet worden. Ein Vergleich verschiedener Optimierungsverfahren für stochastische Systeme ist von DREYFUS [781, 1964] durchgeführt worden. In neuerer Zeit geht man vielfach davon ab, stochastische Prozesse durch Hilfsmittel der Korrelationstheorie zu beschreiben. Die Optimierung nichtlinearer Regelsysteme mit verrauschten Eingängen und der Entwurf optimaler linearer Systeme bei nicht GAUSSverteilten Eingangssignalen erfordern die Untersuchung der Wahrscheinlichkeitsverteilung der Systemvariablen. Häufig lassen sich die Vorgänge durch MARKOFF-Prozesse darstellen, für deren Behandlung weitentwickelte mathematische Grundlagen zur Verfügung stehen. Solche Vorgehensweise ist von RUINA und VAN VALKENBURG [782, 1960] bei der Untersuchung von Radar-Folgesystemen gewählt worden und gewinnt zunehmend an Bedeutung.

In neuerer Zeit hat man verschiedentlich damit begonnen, zur Berechnung optimaler Steuerungen die sogenannte Spieltheorie ("differential game") heranzuziehen. Das bekannte optimale Steuerproblem wird dabei so interpretiert, daß zwei verschiedene Arten von Steuervariablen vorliegen, von denen die einen versuchen, ein vorgegebenes Kostenfunktional zu minimieren, während die anderen versuchen, dasselbe Kostenfunktional zu maximieren. Das Ziel eines Differentialspieles ist es, die Steuerfunktionen $U^*(t)$ und $V^*(t)$ im Bereich $t \in (t_0, T)$ so zu finden, daß die Randbedingungen erfüllt werden und das Kostenfunktional "minimaximiert" wird:

$$I(U^*, V^*) = \min_{U \varepsilon \Omega} \left[ \max_{V \varepsilon V} \int_{t_0}^{T} L\{X(t), U(t), V(t)\} \mathrm{d}t \right].$$

Wesentliche Ergebnisse auf diesem Gebiet wurden von ISAACS [783, 1965] veröffentlicht. Die Verbindung der Spieltheorie zu den optimalen Steuerungen fand besonders in einer Arbeit von HO [784, 1965] ihren Ausdruck.

Es sind auch Vorschläge gemacht worden, die Theorie der Differentialspiele zu benutzen, um den bestmöglichen Entwurf unter den ungünstigsten Umständen zu bestimmen. Wenn man beispielsweise eine Regelstrecke mit unbestimmten Parametern regeln will, kann man die Parameter als die Stellgröße $V(t)$ auffassen und annehmen, daß diese Parameter immer den ungünstigsten Wert anzunehmen trachten. Man muß nun versuchen, die andere Steuergröße $U(t)$ so zu finden, daß das zugeordnete Minimaxproblem gelöst wird. Wenn die Lösung unter den ungünstigsten Umständen die Spezifikationen erfüllt, wird das tatsächliche Verhalten besser sein.

Die innerhalb des Abschnittes über die Güte der Regelungen dargelegten verschiedenartigen Teilentwicklungen zeigen, daß sich die Optimierungstheorie sehr stark auffächert und nur noch schwer geschlossen zu überblicken ist.

# *Literaturverzeichnis*

1. MAYR, Otto: Zur Frühgeschichte technischer Regelungen. R. Oldenbourg, München 1969.
2. HACHETTE, J. N. P.: Traité élémentaire des machines. Paris 1811.
3. BORGNIS, J. A.: Traité complet des machines. Paris 1818.
4. LANGSDORF, K. Chr. von: Ausführliches System der Maschinenkunde, Heidelberg 1826.
5. TREDGOLD: The Steam Engine. London 1827; franz. Übersetzung Paris 1838;
6. PREUS: Magasin philosophique, vol. 62, p. 298.
7. PONCELET, J. V.: Cours de mécanique appliqué aux machines. Lith. Ausgabe Metz 1826 – 1836.
8. SIEMENS, C. W.: On Uniform Rotation. Phil. Trans., 1866, p. 657.
9. MAXWELL, J. C.: On Governors. Phil. Magazine, vol. 35, 1868, p. 385.
10. DARMSTAEDTER, L. und DUBOIS-REYMOND, R.: Handbuch zur Geschichte der Naturwissenschaft und Technik.
11. SEUFERT, F.: Bau und Berechnung von Verbrennungskraftmaschinen. Springer, Berlin 1920.
12. AIRY, G. B.: On the Regulator of the Clockworks for effecting Uniform Movement of Equatorials. Mem. Astr. Soc., London 1840.
13. SCHULER, M.: Die Selbststeuerung von Maschinen, Schiffen und Flugzeugen. Göttingen 1935.
14. AIRY, G. B.: Supplement to the Paper: "On the Regulator of the Clockworks for effecting Uniform Movement of Equatorials". Mem. Astr. Soc., London 1850.
15. ARMENGAUD: Praktisches Handbuch über den Bau und Betrieb der hydraulischen Motoren oder der Wasserräder und Turbinen. Dt. von Hartmann, Leipzig 1859.
16. LÜDERS, J.: Über die Regulatoren. VDI-Zeitschrift, 1861 und 1865.
17. BUDAU, A.: Beiträge zur Frage der Regulierung hydraulischer Motoren. Erstes und zweites Heft 1906, drittes Heft 1909, alle Wien und Leipzig.
18. SIEMENS, W. und W.: Beschreibung des Differentialregulators von W. und W. Siemens. Dingl. Polyt. J., Bd. 98, 1845.

19. HORT, W.: Die Entwicklung des Problems der stetigen Kraftmaschinenregelung nebst einem Versuch der Theorie unstetiger Regelungsvorgänge. Zeitschrift Math. und Phys., Bd. 50, 1904, S. 233-279.
20. WOODS, J.: Exhibition and descrition of the chronometric governor, invented by Messrs. E. W. and C. W. Siemens. Minutes and Proc. Inst. Civil Engrs., vol. 5, 1846, S. 255.
21. SIEMENS, C. W.: On an Improved Governor for Steam Engines. Proc. Inst. Mech. Engrs., vol. 4, 1853, pp. 75-83.
22. RAMSEY, A. R. J.: The Thermostat or Heat Governor. Trans. Newcomen Soc., vol. 25, 1946, pp. 53-72.
23. GASSIOT, J. P.: On Appold's apparatus for regulating temperature and keeping the air in a building at any desired degree of moisture. Proc. Royal Soc. London, 1866, p. 144.
24. SOLODOWNIKOW, W. W.: Grundlagen der selbsttätigen Regelung; Bd. 1 und 2, deutsche Ausgabe: Oldenbourg, München 1959.
25. ROLLAND: Mémoire sur l'établissement de régulateurs de la vitesse. J. école polyt., 1870.
26. FRANKE: Régulateur parabolique de Franke. Technologiste, tome 9, 1848.
27. WEISBACH: Ingenieur- und Maschinenmechanik. 1876.
28. HERRMANN: Regulator für Dampfmaschinen. VDI-Zeitschrift, Bd. 3, 1859.
29. REULEAUX, F.: Zur Regulatorfrage. VDI-Zeitschrift, 1859, S. 165-168.
30. CHARBONNIER: Bulletin de la Soc. industr. Mulhouse, no. 83, 1842.
31. KRAUSE: Regulator mit konstanter Umdrehzahl. VDI-Zeitschrift, Bd. 2, 1858.
32. KARGL: Beweis der Unbrauchbarkeit sämtlicher astatischer Regulatoren. Civilingenieur, Bd. 19, 1873, S. 421.
33. GRASHOF, F.: Theoretische Maschinenlehre. 1875.
34. TSCHEBYSCHEW, P. L.: Du régulateur centrifuge. Les Mondes, Paris 1873.
35. TRINKS, W.: Governors and the Governing of Prime Movers. Van Nostrand, N. Y. 1919.
36. KARGL: Beitrag zur Lösung der Regulatorfrage. Civilingenieur, 1871 und 1872.
37. WORMS DE ROMILLY: Mémoire sur divers systèmes de régulateurs à force centrifuge. Annales des Mines, 1872, p. 36.
38. WISCHNEGRADSKY, J. A.: Sur la théorie générale des régulateurs. Comptes Rendus, Bd. 83, Paris 1876, S. 318-321.
39. WISCHNEGRADSKY, J. A.: Über direkt wirkende Regulatoren. Civilingenieur, Bd. 23, 1877, S. 95-131.
40. STODOLA, A.: Über die Regulierung von Turbinen. Schweiz. Bauzeitung, H. 22, 1893, S. 27-30 und H. 23, 1894, S. 17-18.

41. FARCOT, J.: Le servo-moteur ou moteur asservi. Paris 1873.

42. LINCKE: Das mechanische Relais. VDI-Zeitschrift, 1879.

43. CONWAY, H. G.: Some Notes on the Origins of Mechanical Servo Mechanisms. Trans. Newcomen Soc., vol. 29, 1954, pp. 55-75.

44. GRAY, J.: Description of the Steam Steering Engine in the "Great Eastern" Steamship. Proc. Inst. Mech. Engrs. 1867.

45. WIENER, N.: Cybernetics. J. Willey, N. Y. 1948.

46. KNÜTTEL: VDI-Zeitschrift, 1880, S. 98.

47. LUEDE: VDI-Zeitschrift, 1885, S. 151.

48. PROELL, R.: Über den indirekt wirkenden Regulierapparat Patent Proell. VDI-Zeitschrift, Bd. 28, 1884, S. 457-460, 473-477.

49. SCHWAIGER, A.: Das Regulierproblem in der Elektrotechnik. Teubner, Leipzig 1909.

50. TOLLE, M.: Die Regelung der Kraftmaschinen. Springer, Berlin 1905, 1909 und 1922.

51. SIEMENS-Archiv München: Tabellarische Angabe einer PI-Regelung von Wasserturbinen im Jahre 1893.

52. HUTAREW, G.: Regelungstechnik. Springer, 2. Auflage Berlin 1961.

53. WEISS, F. J.: Leistungsregulator für Pumpwerksdampfmaschinen mit veränderlicher Expansion. VDI-Zeitschrift, Bd. 35, 1891.

54. KRAUSE, R.: Anlasser und Regler für elektrische Motoren und Generatoren. Springer, 2. Auflage Berlin 1909.

55. STODOLA, A.: Das Siemenssche Regulierprinzip und die amerikanischen Inertieregulatoren. VDI-Zeitschrift, 1899.

56. BALL, F. H.: Steam-Engine Governors. Trans. ASME, vol. 18, 1897, pp. 290-308, 308-313.

57. HERRMANN, G.: VDI-Zeitschrift, 1886, S. 253.

58. TOLLE, M.: Beiträge zur Beurteilung der Zentrifugalregulatoren. VDI-Zeitschrift, 1895 und 1896.

59. HARTNELL, W.: On Governing Engines by Regulating the Expansion. Proc. Inst. Mech. Engrs., vol. 33, 1882, pp. 408 ff.

60. THÜMMLER, F.: Fliehkraft- und Beharrungsregler. Berlin 1903.

61. LÖWY, R.: Zur Theorie des Bandfederfliehkraftreglers. Polytechnische Zeitschrift, 1909, S. 470.

62. SCHMIDT, W.: Reibung in Fliehkraft-Muffenreglern. Forsch. Ing.-Wesen, Bd. 7, 1936, S. 31 ff.

63. PFARR, A.: Die Peltonradanlage des Elektrizitätswerkes der Stadt Nordhausen. VDI-Zeitschrift, 1908, S. 1224.

64. BAUERSFELD, W.: Die automatische Regulierung der Turbinen. Springer, Berlin 1905.

65. FABRITZ, G.: Die Regelung der Kraftmaschinen. Springer, Wien 1940.

66. BALCKE, H.: Das Kriterium der Hannemann-Regler. Oldenbourg, Berlin 1931.

67. HEATHCOTE: Nobel Prize Winners in Physics 1901 – 1950. Schuman, N.Y. 1953.

68. dtv-Lexikon, Deutscher Taschenbuch Verlag, München 1966.

69. OETKER, R.: Private Schrift, 1968.

70. BROWN, G. S. und CAMPBELL, D. P.: Principles of Servomechanisms. Wiley, N. Y. 1848.

71. ENGEL, F. V. A.: Mittelbare Regler und Regelanlagen. VDI-Verlag, Berlin 1944

72. BOLLAY, W.: Aerodynamic Stability and Automatic Control. J. I. Aeron, S., N. Y., vol. 18, no. 9, 1951.

73. BASSETT, P.R.: The Control of Flight. 4th Anglo-American Aeron. Conference, London 1953.

74. BASSETT, P. R.: Development and principles of the gyropilot. Instruments, Bd. 9, 1936, S. 251-254.

75. WÜNSCH, G.: Regler für Druck und Menge. Oldenbourg, München und Berlin, 1930.

76. OPPELT, W.: Die Flugzeugkurssteuerung im Geradeausflug. Luftfahrtforschung Bd. 14, 1937, S. 270-282.

77. OPPELT, W.: Das Verhalten des Flugzeugs mit Kurssteuerung. Beitrag VE 1 im Ringbuch Luftfahrttechnik.

78. FISCHEL, E.: Die vollautomatische Flugzeugsteuerung. Beitrag VE 4 im Ringbuch Luftfahrttechnik, 1940.

79. CHALMERS, T. W.: The principles and practice of automatic control. Engineer Bd. 163, 1937, S. 236/37.

80. MAGNUS, K.: Zum Geburtstag von Prof. Dr.-Ing. Max Schuler. Regelungstechnik, 1957, S. 37-40.

81. MINORSKY, N.: Directional Stability of Automatically Steered Bodies. J. Amer. Soc. Naval Engrs., vol. 34, 1922, pp. 280-309.

82. LEHR, E.: Schwingungstechnik. Berlin 1930 und 1934.

83. BLONDEL, M. A.: J. de Physique, April und Mai 1919.

84. HARRIOTT, P.: Process Control. MacGraw-Hill, N. Y. 1964.

85. MINORSKY, N.: Automatic Steering Tests. J. Amer. Soc. Naval Engrs., Bd. 42, 1930, pp. 285-310.

86. MITEREFF, S. D.: Principles Underlying the Rational Solution of Automatic Control Problems. Trans. ASME, vol. 57, 1935, pp. 159-163.

87. HAZEN, H. L.: Theory of Servomechanisms. J. Franklin Inst., vol. 218, 1934, pp. 279-330, 543-580.

88. BUSH, V. und HAZEN, H. L.: Integraph Solution of Differential Equations. J. Franklin Inst., vol. 24, 1927, pp. 675 ff.

89. CALLENDER, A., HARTREE, D. R. und PORTER, A.: Time Lag in a Control System, pt. 1. Phil. Trans. Royal Soc. London, 1936, pp. 415-444.

90. CALLENDER, A., HARTREE, D. R. PORTER, A. und STEVENSON, A.B.: Time Lag in a Control System, pt. 2. Phil. Trans. Royal Soc. London, 1937, pp. 460-476.

91. WEISS, H.K.: Constant Speed Control Theory. J. Aeron. Sc., vol. 6, 1939, pp. 147-152.

92. LIU, A. J.: Servomechanisms; charts for Varifying Their Stability and for Finding the Roots of Their Third and Fourth Degree Characteristic Equations. Druck MIT, 1941.

93. EVANS, L. W.: Solution of the Cubic Equation and the Cubic Charts. Druck MIT, 1943.

94. OPPELT, W.: Zum Dämpfungsgrad der Regelungsdifferentialgleichung dritter Ordnung. Arch. Elektrotechnik, Bd. 37, 1943, S. 357.

95. STEFANIAK, H.: Ein graphisches Verfahren zur Bestimmung der Zeitkonstante und der Schwingungsdauer eines linearen Systems dritter Ordnung. Ing. Arch., Bd. 18, 1950.

96. BROWN, G. S. und HALL, A. C.: Dynamic Behaviour and Design of Servomechanisms. Trans. ASME, vol. 68, 1946, p. 503 ff.

97. BROWN, G. S.: Behaviour and Design of Servomechanisms. Sec. D-2 of NDRC, 1940.

98. HARRIS, H.: The Analysis and Design of Servomechanisms. OSRD Report 454, Jan. 1942.

99. HALL, A. C.: The Analysis and Synthesis of Linear Servomechanisms. Technology Press, Cambridge, Mass. 1943.

100. JAMES, H. M., PHILLIPS, R. S. und NICHOLS, N.B.: Theory of Servomechanisms. McGraw-Hill, N. Y. 1947.

101. BLACK, H. S.: Stabilized Feedback Amplifiers. Bell System Techn. J., 1934.

102. BODE, H.W.: Relations Between Attenuation and Phase in Feedbeck-Amplifier Design. Bell System Techn. J., vol. 19, 1940, p. 421 ff.

103. BODE, H. W.: Network Analysis and Feedback Amplifier Design. Van Nostrand, Princeton 1945.

104. MacCOLL, R. A.: Fundamental Theory of Servomechanisms. Van Nostrand, N. Y. 1945.

105. FERRELL, E. B.: The Servo Problem as a Transmission Problem. Proc. IRE, vol. 33, 1945, pp. 763-767.

106. MARCY, H. T.: Parallel Circuits in Servomechanisms. AIEE Trans., vol. 65, 1946, pp. 521-529.

107. WHITELEY, A. L.: Theory of Servo Systems with Particular Reference to Stabilization. J. IEE, vol. 93, 1946, pp. 353 ff.

108. SCHMIDT, H.: Regelungstechnik – Die technische Aufgabe und ihre wirtschaftliche, sozialpolitische und kulturpolitische Auswirkung. Vortrag vor dem wiss. Beirat des VDI, Berlin 1940. VDI-Zeitschrift, Bd. 85, 1941, S. 81-93.

109. STEIN, Th.: Regelung und Ausgleich in Dampfanlagen. Springer, Berlin 1926.

110. GMELIN, P. und RANKE, F.: Versuch einer Vereinheitlichung und Verdeutschung der Bezeichnungen im Reglerwesen. Zeitschrift Techn. Phys., Bd. 18, 1937, S. 406-409.

111. KRÖNERT, J.: Regelung wärmetechnischer Größen. Arch. f. techn. Messen, 1935.

112. NEUMANN, G. und WÜNSCH, G.: Regler. Arch. Eisenhüttenwesen, Bd. 6, 1932/33, S. 137-144, 183-188.

113. NEUMANN, G.: Erfahrungen an Reglern. Arch. Eisenhüttenwesen, Bd. 7, 1934, S. 499-503.

114. Regelungstechnik – Begriffe und Bezeichnungen. VDI-Verlag, Berlin 1944.

115. PHILBRICK, G. A.: Unified Symbolism for Regulatory Controls. Trans. ASME, vol. 69, 1947, S. 47 ff.

116. IVANOFF, A.: Theoretical Foundations of the Automatic Regulation of Temperature. J. Inst. Fuel, vol. 7, 1934.

117. GAVRILOV: Basic Terminology of Automatic Control. Proc. IFAC-Moscow 1960, Bd. 2, S. 1052 ff.

118. KÜPFMÜLLER, K.: Die Dynamik der selbsttätigen Verstärkungsregler. Elektr. Nachrichtentechnik, Bd. 5, 1928, S. 459 ff.

119. HALL, A. C.: Application of Circuit Theory to the Design of Servomechanisms. J. Franklin Inst., vol. 242, 1946.

120. OLDENBOURG, R. C. und SARTORIUS, H.: Dynamik selbsttätiger Regelungen. Oldenbourg, München 1944.

121. GRAYBEAL, T. D.: Block-Diagramm Network Transformation. Elec. Engr., vol. 70, 1951, pp. 985-990.

122. STOUT, T. M.: A blockdiagramm approach to network analysis. Trans. AIEE, vol. 71, 1952, pp. 255-260.

123. STOUT, T. M.: Block-diagramm transformation for systems with one nonlinear element. Trans. AIEE, vol. 75, 1956, pp. 130-141.

124. MASON, S. J.: Feedback Theory-Some Properties of Signal Flow Graphs. Proc. IRE, vol. 41, 1953, pp. 1144-1156.

125. TUSTIN, A.: Direct current machines for control Systems. MacMillan, N. Y. 1952.

126. MASON, S. J.: Feedback Theory-Further Properties of Signal Flow Graphs. Proc. IRE, vol. 44, 1956, pp. 920-926.

127. TRUXAL, J. G.: Automatic Feedback Control Systems Synthesis. MacGraw-Hill, N. Y. 1955; deutsche Ausgabe: Entwurf automatischer Regelsysteme, Oldenbourg, München 1960.

128. COATES, C. L.: Flow graph solutions of linear algebraic equations. IRE Trans. Circuit Theory, vol. CT-6, 1959.

129. CHOW, Y.: A Theory of Linear Graphs on Matrices and Determinants. Internal Report Univ. Waterloo, Ontario, 1961.

130. SALZER, J. M.: Signal flow reduction in sampled-data systems. IRE Wescon Conv. Rec., 1957, pp. 166-169.

131. LENDARIS, G.G. und JURY, E. J.: Input-output relationships for multiloop sampled systems. Trans. AIEE Appl. and Ind., 1960, pp. 375-385.

132. ASH, R., KIM, W. H. und KRANC, G. M.: A general flow graph technique for the solution of multiloop sampled systems. J. Basic Engrg., Trans. ASME, 1960, pp. 360-370.

133. SEDLAR, M. und BEKEY, G. A.: Signal flow graphs of sampled-data systems: a new formulation. IEEE Trans. Automatic Control, vol. AC-12, 1967, pp. 154-161.

134. BUDAN, D.: Nouvelle méthode pour la résolution des équations numérique. Paris 1822.

135. FOURIER, J. B. J.: Analyse des équations déterminées. Paris 1831.

136. GAUSS, K. F.: Werke, 3 Bd. Analysis, 1871, S. 499.

137. STURM, J. K.: J de Math., vol. 7, 1842, p. 356.

138. CAUCHY, A.: Calcul des indices des fonctions. J. école polytechnique, vol. 15, 1837, pp. 176-229.

139. KRONECKER, L.: Berliner Berichte, 1869, S. 159, 668 und 1878, S. 145.

140. HERMITE, Ch.: Sur le nombre des racines d'une équation algébrique comprises entre deux limites données. Oevres, Bd. 1, 1850, S. 397-414.

141. RUNGE, C.: Separation und Approximation der Wurzeln. Enzykl. math. Wiss., Teubner, Leipzig 1898-1904.

142. FROBENIUS: Über das Trägheitsgesetz der quadratischen Formen. Sitzungsberichte der kgl. preußischen Akademie der Wissenschaften, Berlin 1894.

143. ROUTH, E. J. A Treatise on the Stability of a Given State of Motion. London 1877.

144. THOMSON, W. und TAIT, P. G.: Treatise on Natural Philosophy. London 1867.

145. BATEMAN, H.: The Control of an Elastic Fluid. Bulletin of the American Mathematical Soc., 1945.

146. ROUTH, E. J.: Advanced Rigid Dynamics. MacMillan, London 1884.

147. ROUTH, E. J.: Dynamics of a System of Rigid Bodies. MacMillan, London 1877.

148. HURWITZ, A.: Über die Bedingungen, unter welchen eine Gleichung nur Wurzeln mit negativen reellen Teilen besitzt. Mathematische Annalen, 1895, S. 273-284.

149. LAWRENTJEW und SCHABAT: Methoden der komplexen Funktionentheorie. VEB Dt. Verlag der Wiss.

150. SCHMEIDLER, W.: Vorträge über Determinanten und Matrizen nebst Anwendungen in Physik und Technik. Berlin 1949.

151. ORLANDO, L.: Sul problema di Hurwitz. Math. Annalen, Bd. 71, 1911, S. 233-245.

152. SCHUR, J.: Über algebraische Gleichungen, die nur Wurzeln mit negativen Realteilen besitzen. Zeitschrift Angew. Math. Mech., Bd. 1, 1921, S. 307-311.

153. LIÉNARD und CHIPART: Sur le signe de la partie réelle des racines d'une équation algébrique. J. Math. Pures et Appl., vol. 10, 1914, S. 291-346.

154. CREMER, L.: Die Verringerung der Zahl der Stabilitätskriterien bei Voraussetzung positiver Koeffizienten der charakteristischen Gleichung. Zeitschrift Angew. Math. Mech., Bd. 33, 1953, S. 221-227.

155. FULLER, A. T.: Stability criteria for linear systems and realizability criteria for RC-networks. Proc. Cambridge Phil. Soc., vol. 53, 1957, p. 878 ff.

156. EFFERTZ, F. H. und KOLBERG, F.: Einführung in die Dynamik selbsttätiger Regelungssysteme. VDI-Verlag, Düsseldorf 1963.

157. HERGLOTZ, G.: Über die Wurzelanzahl algebraischer Gleichungen innerhalb und auf dem Einheitskreis. Math. Zeitschrift, Bd. 19, 1924, S. 26-34.

158. FRAZER, R. A. und DUNCAN, W. I.: On the criteria for the stability of small motions. Proc. Royal Soc., London, vol. 24, 1929, pp. 642-654.

159. VAHLEN, K. Th.: Wurzelabzählung bei Stabilitätsfragen. Zeitschrift Angew. Math. Mech., Bd. 14, 1934, S. 65-70.

160. BILHARZ, H.: Bemerkung zu einem Satz von Hurwitz. Zeitschrift Angew. Math. Mech., Bd. 24, 1944, S. 77-82.

161. WALL, H. S.: Polynomials, whose zeros have negative real parts. Amer Math., vol. 52, 1945, pp. 308-322.

162. BAIER, O.: Die Hurwitzschen Bedingungen. Zeitschrift Angew. Math. Mech., Bd. 28, 1948, S. 153.

163. FRANK, E.: On the Zeros of Polynomials with Complex Coefficients. Bull. Amer. Math. Soc., vol. 52, 1946, pp 144 ff.

164. SHERMAN, S.: Generalized Routh-Hurwitz Discriminant. Phil. Mag. London, vol. 37, 1946, pp. 537-551.

165. PARKS, P. C.: A New Proof of the Routh-Hurwitz Stability Criterion Using the Second Method of Ljapunov. Proc. Cambridge Phil. Soc., vol. 58, 1962, pp. 694-702.

166. BOMPIANI, E.: Sulle condizioni sotto le quali un equazione a coefficienti reale amette solo radici con parte reale negative. Giornale di Matematica, vol. 49, 1911.

167. BILHARZ, H.: Geometrische Darstellung eines Satzes von Hurwitz für Frequenzganggleichungen fünften und sechsten Grades. Zeitschrift Angew. Math. Mech., Bd. 21, 1941, S. 96-102.

168. CREMER, H. und EFFERTZ, F. H.: Über die algebraischen Kriterien für die Stabilität von Regelungssystemen. Math. Annalen, Bd. 137, 1959, S. 328-350.

169. STEIN, Th.: Systematik der Reglerarten. Escher-Wyss-Mitteilungen Propeller und Reglerbau, Bd. 13, 1940, S. 59-64.

170. LÜTHI, A.: Abklingbedingungen für Reglergleichungen beliebiger Ordnung. Escher-Wyss-Mitteilungen, Bd. 15/16, 1942/43.

171. STEIN, Th.: Drehzahlregelung der Wasserturbinen. Schweiz. Bauzeitung, Bd. 65, 1947, S. 564 ff.

172. POPOW, E. P.: Dynamik automatischer Regelsysteme. Akademie;Verlag, Berlin 1958.

173. MEEROV, M. W.: Grundlagen der selbsttätigen Regelung elektrischer Maschinen. Moskau 1952.

174. SCHMIDT, K.: Stabilität und Aperiodizität bei Bewegungsvorgängen vierter Ordnung. Arch. Elektrotechnik, Bd. 37, 1943, S. 217-220.

175. HOGAN, H. A. und HIGGINS, T. J.: Stability Boundaries for Fifth Order Servomechanisms. Proc. Natl. Electronics Conf., 1955.

176. NEIMARK, I. J.: Über die Bestimmung der Parameterwerte, bei denen ein automatisches Regelungssystem stabil ist. AIT, Bd. 9, 1948.

177. EFFERTZ, F. H. und BREUER, K. H.: On the Relation between the Stability Boundary Surface of Linear and Nonlinear Servomechanisms and the Realizability Boundary Surfaces of some classes of Frequency Characteristics of Electrical Networks. In Cauer: Synthesis of Linear Communication Networks, vol. 2, N. Y. 1958, S. 840-856.

178. MAGNUS, K.: Über ein Verfahren zur Untersuchung nichtlinearer Schwingungs- und Regelungssysteme. VDI-Forschungsheft Nr. 451, 1955.

179. HAHN, W.: Stabilitätsuntersuchungen in der neueren sowjetischen Literatur. Regelungstechnik, 1954, S. 293-295 und 1955, S. 229-2312

180. SILJAK, D.: Generalization of the Parameter Plane Method. J. IEEE, vol. AC-11, 1966, pp. 63-70.

181. MEEROV, M. V.: Bull. Acad. Sci. URSS, cl. sci. tech. 12, 1945, S. 1169-1178.

182. BLOCH, Z. S.: On the aperiodic stability of linear systems. AiT, vol. 10, 1949, pp. 3-7.

183. FULLER, A. T.: Conditions for aperiodicity in linear systems. Brit. J. Appl. Physics, vol. 6, 1955, pp. 195-198 und 450-451.

184. STEINMETZ, Ch. P.: Theory and calculation of alternating current phenomena. 1897.

185. SCHENKEL, M.: Geometrische Örter an Wechselstromdiagrammen. Elektrotechn. Zeitschrift, 1901, S. 1043 ff.

186. CAMPBELL, G. A.: Trans. AIEE, vol. 30, 1911, pp. 873 ff.

187. BLOCH, O.: Die Ortskurven der graphischen Elektrotechnik, nach einheitlicher Methode behandelt. Diss. ETH Zürich, 1917.

188. RIVLIN, R. S.: The Stability of Regenerative Circuits. Wireless Engineer, vol. 17, 1940, pp. 298-302.

189. STRECKER, F.: Die elektrische Selbsterregung, mit einer Theorie der aktiven Netzwerke. Hirzel, Stuttgart 1947.

190. STRECKER, F.: Aktive Netzwerke und das allgemeine Ortskriterium für Stabilität. Frequenz, Bd. 3, 1949, S. 78-84.

191. STRECKER, F.: Stabilitätsprüfung durch geschlossene und offene Ortskurven. AeÜ, Bd. 4, 1950, S. 199-206.

192. STRECKER, F.: Praktische Stabilitätsprüfung mittels Ortskurven und numerischer Verfahren. Springer, Berlin 1950.

193. NYQUIST, H.: Regeneration Theory. Bell System Technical Journal, vol. 11, 1932, pp. 126-147.

194. PETERSON, E., KREER, J. G. und WARE, L. A.: Regeneration Theory and Experiment. Bell System Technical Journal, vol. 13, 1934, pp. 680-700.

195. BODE, H. W.: Feedback – The History of an Idea. Symp. Act. Netw. Feedb. Systems, Polyt. Inst. Brooklyn 1960.

196. REID, D. G.: Necessary conditions for stability of electrical circuits. Wireless Engr., vol. 14, 1937, pp. 588 ff.

197. BRAYSHAW, G. S.: Wireless Engr., vol. 14, 1937.

198. FREY, W.: Beweis einer Verallgemeinerung des Stabilitätskriterium von Nyquist sowie desjenigen von Leonhard. Brown Boveri Mitt., Bd. 33, 1946, S. 59-65.

199. LUDWIG, E. H.: Die Stabilisierung von Regelanordnungen mit Röhrenverstärkern durch Dämpfung oder elastische Rückführung. Arch. Elektrotechnik, Bd. 34, 1940, S. 269 ff.

200. CREMER, L.: Ein neues Verfahren zur Beurteilung der Stabilität linearer Regelungssysteme. Zeitschrift Angew. Math. Mech., Bd. 25/27, 1947, S. 161-163.

201. FEISS, R.: Regenerationstheorie und Stabilität von Regulierungen. Schweiz. Bauzeitung, Bd. 115, 1940, S. 97-99.

202. FEISS, R.: Untersuchung der Stabilität von Regulierungen anhand des Vektorbildes. Diss. TH Zürich 1939.

203. FEISS, R.: Eine neue Methode zur Bestimmung der Stabilität von Regulierungen. Schweiz. Bauzeitung, Bd. 118, 1941, S. 61-65.

204. THEODORCHIK, K.: On the Theory of Sinusoidal Autooscillations in Systems with Many Degrees of Freedom. C. R. l'acad. sci. URSS, vol. 52, 1946, pp. 33-36.

205. BLAQUIERE, A.: Extension of the Nyquist theory to the case of nonlinear characteristics. Comptes Rendus, vol. 233, pp. 345-347, Paris 1951.

206. BLAQUIERE, A.: Adaption générale de la méthode du diagramme de Nyquist dans le domaine non linéaire. J. Phys. Radium, vol. 13, 1952, pp. 527-540, 636-644.

207. MINORSKY, N.: Nonlinear Oscillations. Van Nostrand, Princeton 1962.

208. BARTELS: Grundlagen der Verstärkertechnik. Hirzel, Leipzig 1942.

209. LEONHARD, A.: Die selbsttätige Regelung in der Elektrotechnik. Springer, Berlin 1940.

210. OPPELT, W.: Grundgesetze der Regelung. Wolfenbütteler Verlagsanstalt, Hannover 1947.

211. OPPELT, W.: Neuere Verfahren zur Prüfung der Stabilität von Regelvorgängen. Die Technik, Bd. 3, 1948, S. 312-314.

212. OPPELT, W.: Das Gestalten von Regelkreisen anhand der Ortskurvendarstellung. AeÜ, Bd. 4, 1950, S. 11.

213. OPPELT, W.: Über Ortskurvenverfahren bei Regelvorgängen mit Reibung. VDI-Zeitschrift, Bd. 90, 1948, S. 179-183.

214. SCHÄFER, O.: Grundlagen der selbsttätigen Regelung. Franzis-Verlag, München 1953.

215. SATCHE, M.: Diskussionsbemerkung. J. Appl. Mech., vol. 16, 1949, pp. 159-164.

216. OPPELT, W.: Über die Anwendung der Beschreibungsfunktion zur Prüfung der Stabilität von Abtast-Regelungen. Regelungstechnik, 1960, S. 15-18.

217. CREMER, H. und KOLBERG, F.: Zur Stabilitätsprüfung mittels der Frequenzgänge von Regler und Regelstrecke. Regelungstechnik, 1960, S. 190-194.

218. MICHAILOW, A. W.: Die Methode der harmonischen Analyse in der Regelungstheorie. AiT, Bd. 3, 1938, S. 27-81.

219. OPPELT, W.: Kleines Handbuch technischer Regelvorgänge. Verlag Chemie, Weinheim 1953.

220. KÖNIG, H.: Periodische und aperiodische Schwingungen an empfindlichen Regelanordnungen. Zeitschrift techn. Phys., Bd. 18, 1937, S. 426-431.

221. LEONHARD, A.: Neues Verfahren zur Stabilitätsuntersuchung. Arch. Elektrotechnik, Bd. 38, 1944, S. 17-28.

222. GILLE, J. C., PÈLEGRIN, M. und DECAULNE, P.: Théorie et technique des asservissements. Dunod, Paris 1956; deutsche Ausgabe: Lehrgang der Regelungstechnik, Bd. 1, 2 und 3, Oldenbourg, München 1964.

223. SCHÖNFELD, H.: Regelungstechnik – Ausgewählte Kapitel. VEB Verlag Technik, Berlin 1953.

224. GRÜNWALD, E.: Lösungsverfahren der Laplace-Transformation für Ausgleichsvorgänge in linearen Netzen, angewandt auf selbsttätige Regelungen. Arch. Elektrotechnik, Bd. 35, 1941, S. 379-400.

225. LEONHARD, A.: Stabilitätskriterium insbesondere von Regelkreisen bei vorgeschriebener Stabilitätsgüte. Arch. Elektrotechnik, Bd. 39, 1948, S. 100-107.

226. EVANS, W. R.: Graphical Analysis of Control Systems. Trans. AIEE, vol. 67, 1948, pp. 547-551.

227. PROFOS, P.: A new Method for the Treatment of Regulation Problems. Sulzer Technical Review, N.Y. 1945.

228. PROFOS, P.: Vektorielle Regeltheorie. Leemann, Zürich 1944.

229. EVANS, W. R.: Control System Synthesis by Root-Locus Method. Trans. AIEE, vol. 69, 1950, pp. 66-69.

230. EVANS, W. R.: Control System Dynamics. MacGraw-Hill, N. Y. 1954.

231. BIERNSON, G.: Quick methods for evaluating the closed-loop poles of feedback control systems. Trans. AIEE, vol. 72, 1953, pp. 53-70.

232. CHEN, K.: A quick method for estimating closed-loop poles of control systems. Trans. AIEE, vol. 76, 1957, pp. 80-87.

233. YEH, V. C. M.: The study of transients in linear feedback systems by conformal mapping and the root-locus method. Trans. ASME, vol. 76, 1954, pp. 349-361.

234. TAKAHASHI, Y.: Control system design notes. Kyoritsu, Tokio 1954.

235. CHU, Y.: Synthesis of Feedback Control Systems by Phase-angle Loci. Trans. AIEE Appl. Ind., vol. 71, 1952, pp. 330 ff.

236. BENDRIKOW, B. A. und THEODORCHIK, K. F.: The laws of root migration. Autom. Remote Control, vol. 16, 1955.

237. BENDRIKOW, G. A. und THEODORCHIK, K. F.: The theory of derivative control in third order linear systems. Autom. Remote Control, 1957, pp. 516-517.

238. BENDRIKOW, G. A. und THEODORCHIK, K. F.: The analytic theory of constructing root loci. Autom. Remote Control, 1959, pp. 340-344.

239. BENDRIKOW, G. A. und THEODORCHIK, K. F.: The methods of plotting root paths of linear systems and for qualitative determination of path type. Proc. IFAC-Congress Moscow 1960, pp. 8-12.

240. FÖLLINGER: Über die Bestimmung der Wurzelortskurve. Regelungstechnik, Bd. 6, 1958, S. 442 ff.

241. LEHNIGK: Das Wurzel-Ortskurven-Verfahren. Regelungstechnik, Bd. 10, 1962, S. 120 ff.

242. STEIGLITZ, K.: An analytical approach to root loci. Trans. IRE, vol. AC-6, 1961, pp. 326-332.

243. WOJCIK, C. K.: Analytical representation of root locus. J. Basic Eng., 1964, pp. 37-43.

244. KRISHNAN, V.: Semi-analytic approach to root locus. Report Polytechn. Inst. Brooklyn, N. Y. 1965.

245. LENARD: Das Verhalten der Kathodenstrahlen parallel der elektrischen Kraft. Annalen d. Phy., Bd. 65, 1898, S. 504 ff.

246. MÖLLER, H. G.: Die Elektronenröhren und ihre technischen Anwendungen. Vieweg, Braunschweig 1920 und 1929.

247. FOREST, Lee de: US-Patente Nr. 879532 (Audion-Detektor) und Nr. 841387 (Verstärker), beide 1906.

248. MEISSNER, A.: Selbsterregung eines induktiv rückgekoppelten Verstärkers. Arch. Elektrotechnik, Bd. 14, 1919, S. 5 ff.

249. STEINBUCH, K.: Die informierte Gesellschaft. DVA 1966.

250. BARKHAUSEN, H.: Das Problem der Schwingungserzeugung. Leipzig 1907.

251. HONNELL, P, M.: The generalized transmission matrix stability criterion. Trans. AIEE, vol. 70, 1951, pp. 292-298.

252. BARKHAUSEN, H.: Lehrbuch der Elektronenröhren. Hirzel, Leipzig 1921 und 1929.

253. WALLOT, J.: Schwachstromtechnik. Springer 1948.

254. CAUER, W.: Rückkopplungsschaltungen. Mix und Genest Techn. Nachr., Bd. 12, 1940, S. 1-20.

255. KÜPFMÜLLER, K.: Über Beziehungen zwischen Frequenzcharakteristiken und Ausgleichsvorgängen in linearen Systemen. Elektr. Nachr.-Technik, Bd. 5, 1928, S. 18-32.

256. WAGNER, K. W.: Über eine Formel von Heaviside zur Berechnung von Einschaltvorgängen. Arch. Elektrotechnik, Bd. 4, 1916, S. 159 ff.

257. CARSON, J.: Theory of the Transient Oscillations of Electrical Networks and Transmission Systems. Proc. AIEE, vol. 38, 1919, pp. 345 ff.

258. FOSTER, R. M.: A Reactance Theorem. Bell Syst. Techn. J., Bd. 3, 1924, pp. 259-267.

259. CAUER, W.: Die Verwirklichung von Wechselstromwiderständen vorgeschriebener Frequenzabhängigkeit. Arch. Elektrotechnik, 1926, S. 355-388.

260. CAUER, W.: Frequenzweichen konstanten Betriebswiderstandes. Elektr. Nachr.-Technik, Bd. 16, 1939, S. 96-120.

261. CAUER, W.: Theorie der linearen Wechselstromschaltungen. Leipzig 1940.

262. LEONHARD, A.: Determination of Transient Response from Frequency Response, Trans. ASME, 1954.

263. OLDENBURGER, R.: Frequency Response. MacMillan, N. Y. 1956.

264. TISCHNER, H.: Die Darstellung von Regelvorgängen. Zeitschrift Hochfrequenz und Elektroakustik, Bd. 58, 1941, S. 145-148.

265. GÖRK, E.: Gesetzmäßigkeiten bei Regelvorgängen. Wissensch. Veröffentl. Siemens-Werke, Bd. 20, 1942, S. 329-365.

266. BODE, H. W.: Variable Equalizers. Bell System Technical Journal, 1938.

267. LEE, Y. W.: Synthesis of Electrical Networks by Means of Fourier Transforms of Laguerre's functions. J. Math. Phys., vol. 11, 1932, pp. 83-113.

268. WIENER, N. und LEE, Y. W.: Electrical network system. US-Patent Office Nr. 2024900, 1931.

269. BAYARD, M.: Relations entre les parties réelles et imaginaires des impédances et détermination des impédances en fonction de l'une des parties. Revue Gén. d'Electr., vol. 37, 1935, pp. 659-664.

270. LEIBNIZ, G. W.: Symbolismus memorabilis calculi algebraici et infinitesimalis, in comparatione potentiarum et differentiarum. Schriften der Kgl. Ges. der Wissenschaften, Berlin 1710.

271. LAGRANGE, J. L.: Mem. Acad. Berlin, Bd. 3, 1772.

272. CAUCHY, A. L.: Oeuvres. Ser. 1, T. 1, 2 und 8; Ser. 2, T. 6.

273. LAPLACE, P. S.: Théorie Analytique des Probabilités. Paris 1812.

274. BOOLE, G.: Phil. Trans., Bd. 134, 1844, pp. 225-282.

275. GREGORY, D. F.: Examples of the Processes of the Differential and Integral Calculus. Collected Works, 1841.

276. FOURIER, J. B. J.: Théorie analytique de la chaleur. Didot, Paris 1822.

277. WAGNER, K. W.: Operatorenrechnung nebst Anwendungen in Physik und Technik. Barth, Leipzig 1940.

278. VAN DER POL, B. und BREMMER, H.: Operational Calculus. Cambridge University Press, 1964.

279. COOPER, J. L. B.: Heaviside and the Operational Calculus. Math. Gazette, vol. 36, 1952, pp. 5-19.

280. HEAVISIDE, O.: Electromagnetic Theory. London 1899.

281. GIORGI, G.: Il metodo simbolico nello studio delle correnti variabili. Associazione Elettrot. Ital., 1904.

282. BROMWICH, T. J. A.: Normal Coordinates in Dynamical Systems. Proc. London Math. Soc., 1916.

283. CARSON, J. R.: The Heaviside Operational Calculus. Bell Syst. Techn. J., Bd. 1, 1922, pp. 43 ff.

284. DOETSCH, G.: Über das Problem der Wärmeleitung. Jahresber. dt. Math. Verein., Bd. 33, 1924, S. 45 ff.

285. VAN DER POL, B.: Phil. Mag., vol. 8, 1929, pp 861 ff.

286. BUSH, V.: Operational Circuit Analysis. Wiley, N. Y. 1929.

287. HUMBERT, P.: Le Calcul symbolique. Paris 1934.

288. DOETSCH, G.: Theorie und Anwendung der Laplace-Transformation. Springer, Berlin 1937.

289. MIKUSINSKI, J. Operatorenrechnung. Berlin 1957.

290. PRINGSHEIM, A.: Über das Fouriersche Integraltheorem. Jahresber. der dt. Mathem. Verein., Bd. 16, 1907, S. 2-16.

291. CAMPBELL, G. A. und FOSTER, R. M.: Fourier Integrals for practical Applications. Bell Telephone System Monograph B 584, N. Y. 1931.

292. DROSTE, H. W.: Die Lösung angewandter Differentialgleichungen mittels Laplacescher Transformation. Verlag Mittler, Berlin 1939.

293. WIDDER, D. V.: The Laplace Transformation. Princeton 1946.

294. POLYA, G.: Mathematik und plausibles Schließen. Princeton University Press, 1954.

295. WINKLER, H.: Elektronische Analogieanlagen. Akademie-Verlag, Berlin 1963.

296. PRICE, D. J.: An Ancient Greek Computer. Sci. Amer., vol. 200, 1959, pp. 60 ff.

297. WILLIAMS, R. W.: Analogue Computation. Heywood, 1961.

298. LEVINE: Methods for Solving Engineering Problems using Analog Computers. MacGraw-Hill, N. Y. 1964.

299. KENNEDY, E. S.: Al-Kushi's Plate of Conjunctions. ISIS, vol. 38, 1947, pp. 56-59.

300. KENNEDY, E. S.: A Fifteenth Century Planetary Computer. ISIS, vol. 41, 1950, pp. 180-183 und vol. 43, 1952, pp. 42-50.

301. BUSH, V.: Bull. Amer. Math. Soc., vol. 42, 1936, pp. 649 ff.

302. Kleine Enzyklopädie der Mathematik. Pfalz-Verlag, Basel 1966.

303. THOMSON, W.: Mechanical Integration of the Linear Differential Equations of the Second Order with Variable Coefficients. Proc. Royal Soc. London, vol. 24, 1876, pp. 269-271.

304. THOMSON, W.: Mechanical Integration of the General Linear Differential Equation of any Order with Variable Coefficients. Proc. Royal Soc. London, vol. 24, 1876, S. 271-275.

305. ZUBOV, V. I.: Mathematical Methods for the Study of Automatic Control Systems. Leningrad 1959.

306. STEINBUCH, K.: Taschenbuch der Nachrichtenverarbeitung, Springer, Berlin 1967.

307. BUSH, V., GAGE, F. D. und STEWART, H. R.: A Continuous Integraph. J. Franklin Inst., 1927, pp. 63-84.

308. BUSH, V.: The Differential Analyzer. A New Machine for Solving Differential Equations. J. Franklin Inst., 1931, pp. 447-488.

309. GRISON, S. P.: A mechanical analogy to the problem of transmission stability. Electr. J., vol. 23, 1926, p. 230 ff.

310. DARRIEUS, M.: Les modèles mécaniques en électrotechnique, leur appliquation aux problèmes de stabilité. Bull. Soc. Franc. Electr., vol. 9, 1929, pp. 794-809.

311. FREUDENREICH, J. v.: Untersuchung der Stabilität von Regeleinrichtungen. Stodola-Festschrift, Zürich 1929.

312. HÄHNLE, W.: Die Darstellung elektromechanischer Gebilde durch rein elektrische Schaltbilder. Wiss. Veröff. Siemens-Werke, Bd. 11, 1932, S. 1-23.

313. McCANN, G. D., CRINER, H. E. und WARREN, C. E.: A new Device for the Solution of Transient Vibration Problems by the Method of Electrical-Mechanical Analogy. J. Appl. Mech., vol. 12, 1945, pp. 135 ff.

314. HERWALD, S. W. und McCANN, G. D.: Electrical Analogy Methods Applied to Servomechanisms Problems. Trans. AIEE, vol. 65, 1946, pp. 91 ff.

315. HERWALD, S. W., McCANN, G. D. und KIRSCHBAUM, H. S.: Dimensionless Analysis of Angular-Position Servomechanisms. Trans AIEE, vol. 65, 1946, pp. 636-639.

316. RAGAZZINI, J.R., RANDALL, R. H. und RUSSELL, F. A.: Analysis of Problems in Dynamics by Electronic Circuits. Proc. IRE, 1947, pp. 444-452.

317. LATHROP, R. C.: A Topological and Analog Computer Study of Certain Servomechanisms Employing Nonlinear Electronic Components. PhD Thesis, Univ. Wisconsin, 1951.

318. ETERMAN, J. J.: Analogue Computers. Pergamon Press, 1960.

319. ROSENBROCK, H. H. und YOUNG, A. J.: Real-time On-Line Digital Computers. Proc. IFAC-Congress London 1966.

320. GRABBE, E. M.: Digital Computer Systems – An Annotated Bibliography. Proc. IFAC-Congress Moscow, 1960.

321. BUKOVICS, E.: Die Stabilitätskriterien und die mathematischen Grundlagen ihrer Anwendung. Regelungstechnik, Tagung Heidelberg, Oldenbourg, München 1957.

322. GILOI, W.: Entwicklungstendenzen im hybriden Rechnen. Elektronische Rechenanlagen, Bd. 10, 1968, S. 11-17.

323. FINK, C.: Über die gebräuchlichen Modifikationen des Wattschen Regulators. VDI-Zeitschrift, 1865.

324. RÜLF, B.: Der Reguliervorgang bei Dampfmaschinen. VDI-Zeitschrift, Bd. 46, 1902, S. 1307–1314 und 1399-1403.

325. KOOB, A.: Das Regulierproblem in vorwiegend graphischer Behandlung. Diss. TH Berlin, 1903. VDI-Zeitschrift, Bd. 48, 1904, S. 296-303, 373-379 und 409-416.

326. COHN, F.: Math. Annalen, Bd. 44, S. 473 ff.

327. PRINGSHEIM, A. und FABER, G.: Enzyklopädie der mathem. Wissenschaften, Bd. 2, C1, Nr. 4.

328. MISES, R. v.: Dynamische Probleme der Maschinenlehre. Enzyklopädie der mathem. Wiss., Bd. 4, Art. 10, 1911.

329. GENSECKE, W.: Mitteilungen über Forschungsarbeiten. VDI-Verlag, Heft 3, 1908.

330. MACHLET, G.: Electric Regulator. US-Pat. 1227921, 1912/17.

331. MACHLET, G.: Heating apparatus. US-Pat. 1033816, 1908/12.

332. LEEDS, M. E.: Recorder. US-Pat. 965824, 1909/10.

333. LANG, M.: Die Theorie der ausschlagabhängigen Schrittregelung. Zeitschrift techn. Phys., Bd. 18, 1937, S. 318-322.

334. KRÖNERT, J. und BÜCHTUNG, M. U.: Prinzipien der elektrischen Regelung in der Wärmetechnik. Siemens-Jb. 1930.

335. LANG, M.: Temperaturregelung. HDI-Mitteilungen, Bd. 21, 1932, S. 406 ff.

336. MEYER, H. O.: Elektrisches Messen und Regeln der Temperatur. Elektrot. Zeitschrift, Bd. 57, 1936, S. 1417 ff.

337. BLEICH, Fr. und MELAN, E.: Die gewöhnlichen und partiellen Differentialgleichungen der Baustatik. Springer, Berlin 1927.

338. LANG, M.: Theorie des Regelvorgangs elektrischer Industrieöfen. Zeitschrift Elektrowärme, 1934, S. 201-208.

339. SCHUR, J.: Über Potenzreihen, die im Inneren des Einheitskreises beschränkt sind. J. reine und ang. Math., 1917/18.

340. FUJIWARA, M.: Über die algebraischen Gleichungen, deren Wurzeln in einem Kreise oder in einer Halbebene liegen. Math. Zeitschrift, Bd. 24, 1926, S. 161 ff.

341. HUREWICZ, W.: Filters and Servo Systems with Pulsed Data. In James et al.: Theory of Servomechanisms, N. Y. 1947.

342; ZYPKIN, Ja. S.: Theorie der unstetigen Regelung. AiT, vol. 10, 1949, pp. 189 ff, 342 ff, vol. 11, 1950, pp. 300 ff.

343. SALZER, J. M.: Frequency Analysis of Digital Computers, Operating in Realtime. Proc. IRE, vol. 52, 1954, pp. 457 ff.

344. TSCHAUNER, J.: Einführung in die Theorie der Abtastsysteme. Oldenbourg, München 1960.

345. LAWDEN, D. F.: A General Theory of Sampling Servo Systems. Proc. IEE, vol. 98, 1951, pp. 31 ff.

346. ZYPKIN, Ja. S.: Theorie der linearen Impulssysteme. Fitmatgis, Moskau 1958; Deutsche Ausgabe: Oldenbourg, München 1967.

347. DeMOIVRE, A.: Miscellanea analytica de seriebus et quadraturis. London 1730.

348. SEAL, H. L.: The Historical Development of the Use of Generating Functions in Probability Theory. Mitt. Schweiz. Versich.-Math., vol. 49, 1949, pp. 209-228

349. SHANNON, C. E.: Communication in the Presence of Noise. Proc. IRE, vol. 37, 1949, pp. 10-21.

350. GABOR, D.: Communication Theory and Cybernetics. Trans. IRE, PGCT, vol. CT-1, 1954, pp. 19-31.

351. BARKER, R. H.: The Theory of Pulse-monitored Servos and Their Use for Prediction. Report 1046, Siganls Res. and Dev. Establ. Christchurch, 1950.

352. BARKER, R. H.: The Pulse Transfer Function and its Application to Sampling Servosystems. Proc. IEE, vol. 99, 1952, pp. 302-317.

353. JURY, E. I.: Hidden Oscillations in Sampled-data Control Systems. Univ. Calif. Eng. Res., ser. 60, issue 155, 1955.

354. ZYPKIN, Ja. S.: Differenzengleichungen der Impuls- und Regeltechnik und ihre Lösung mit Hilfe der Laplace-Transformation. VEB Verlag Technik, Berlin 1956.

355. JURY, E. I.: Sampled-data Control Systems. Wiley, N. Y. 1958.

356. LINVILL, W. K. und SALZER, J. M.: Analysis of Control Systems Involving Digital Computers. Proc. IRE, 1953, pp. 901-906.

357. ZYPKIN, Ja. S.: Zur Berechnung nichtlinearer Impulsregelsysteme. Isdat. AN, Moskau 1955, S. 367-385.

358. LINVILL, W. K.: Sampled-data Control Systems Studies through Comparsion with Amplitude Modulation. Trans. AIEE, vol. 70, 1951, pp. 1779-1788.

359. SKLANSKY, J.: Pulsed RC-Networks for Sampled-data Systems. IRE Convention Rec., pt. 2, 1956, pp. 81-99.

360. RAGAZZINI, J. R. und FRANKLIN, G. F.: Sampled-data Control Systems. MacGraw-Hill, N. Y. 1958.

361. JURY, E. I.: Correlation between Root-Locus and Transient Response of Sampled-data Control Systems. Trans. AIEE, vol. 74, 1955, pp. 337-346.

362. MORI, M.: Root-Locus Method of Pulse Transfer Function for Sampled-data Control Systems. IRE Trans. Autom. Control, PGAC-3, 1957, pp. 13-20.

363. LINVILL, W. K. und SITTLER: Design of Sampled-data Systems by Extension of Conventional Techniques. Report R-222, MIT, 1953.

364. SMITH, C. H., LAWDEN, D. F. und BALLEY, A. E.: Characteristics of Sampling Servosystems. Automatic and Manual Control, Butterworth, London 1952.

365. BERGEN, A. R. und RAGAZZINI, J. R.: Sampled-data Processing Techniques for Feedback Control Systems. Trans. AIEE, vol. 73, 1954, pp. 236 ff.

366. MAITRA, K. K. und SARACHIK, P. E.: Digital Compensation of Continuous-data Feedback Control Systems. Trans. AIEE, vol. 75, 1956, pp. 107-116.

367. BERTRAM, J. E.: Factors in the Design of Digital Controllers for Sampled-data Feedback Control Systems. Trans AIEE, vol. 75, 1956, pp. 151-159.

368. KRANC, G. M.: The Analysis of Multi-rate Sampled Systems. Techn. Rep. T-11/B, Dep. Electr. Engrg., Columbia Univ., N. Y. 1955.

369. KRANC, G. M.: Multi-rate Sampled Systems. Techn. Rep. T-14/B, Dep. Electr. Engrg., Columbia Univ., N. Y. 1956.

370. KRANC, G. M.: Additional Techniques for Sampled-data Problems. Convention Record, Wescon, IRE, 1957.

371. ZYPKIN, Ja. S.: Theorie der Relaissysteme der automatischen Regelung; Deutsche Ausgabe: Oldenbourg, München 1958.

372. WIEDEMANN, E. und HAUSER, F.: Über Trinkgefäße und Tafelaufsätze nach Al-Gazari und den Benu Musa. Der Islam, Bd. 8, 1918, S. 274-277.

373. HENDERSON, J. B.: The automatic control of ships and suggestions for its improvement. Trans. Inst. Naval Archit., Bd. 76, 1934, pp. 20-34.

374. CHANG, S. S. L.: Synthesis of Optimum Control Systems. Mac Graw-Hill, N.Y. 1961.

375. BROWN, A. B.: On the Application of Hydraulic Machinery to the Loading, Discharging, Steering and Working of Steamships. Trans. Inst. Naval Archit., 1884, pp. 153,ff.

376. REULEAUX, F.: Theoretische Kinematik – Grundzüge einer Theorie des Maschinenwesens.

377. REULEAUX, F.: Über die Sperrwerke und ihre Anwendungen. Verhandlungen des Vereins zur Beförderung des Gewerbefleißes in Preußen, 1877.

378. LÉAUTÉ, H.: Mémoire sur les oscillations à longues périodes dans les machines actionnées par des moteurs hydrauliques et sur les moyens de prévenir ces oscillations. J. école polytechnique, vol. 55, 1885, pp. 1-126.

379. HOUKOWSKY, A.: Die Regulierung der Turbinen. VDI-Zeitschrift, Bd. 40, 1896, S. 839-846, 871-877.

380. PFARR, A.: Der Reguliervorgang mit indirekt wirkendem Regulator. VDI-Zeitschrift, Bd. 43, 1899, S. 1553-1556, 1594-1599.

381. RATEAU: Traité des turbo-machines. Paris 1900.

382. LÉAUTÉ, H.: Sur un perfectionnement applicable à tous les régulateurs à force centrifuge. J. école polytechnique, vol. 47, 1880.

383. LÉAUTÉ, H.: Sur les moyens de réduire les accroissements momentanés de vitesse dans les machines munies de régulateurs à action indirecte. Mém. Poudr. Salp., vol. 2, 1888.

384. LÉAUTÉ, H.: Du mouvement troublé des moteurs. J. école polytechnique, vol. 61, 1891, pp. 1-33.

385. SCHMIDT, W.: Unmittelbare Regelung, VDI-Verl., Berlin 1939.

386. ANDRONOV, A. A., WITT, A. A. und CHAIKIN, S. E.: Theorie der Schwingungen, Moskau 1937.

387. FLÜGGE-LOTZ, I.: Über Bewegungen eines Schwingers unter dem Einfluß von Schwarz-Weiß-Regelungen. Zeitschrift Angew. Math. Mech., Bd. 25/27, 1947, S. 97-113.

388. HÄRDEN, J.: Ein neuer Spannungsregler für Gleich- und Wechselstrom. Elektrotechn. Zeitschrift, 1903.

389. KNAPP, O.: Spannungsregulierung in ausgedehnten Kraftübertragungsanlagen mittels Tirrill-Regulatoren und dynamischen Kondensatoren. Elektrotechn. Zeitschrift, 1904.

390. GROSSMANN, G.: Über den selbsttätigen Spannungsregler System Tirrill. Elektrotechn. Zeitschrift, 1907.

391. SCHWAIGER, A.: Zur Theorie des Tirrill-Regulators. Elektrotechnik und Maschinenbau, 1908.

392. NATALIS, F.: Die selbsttätige Regulierung der elektrischen Generatoren. Braunschweig, 1908.

393. SEIDNER, M.: Zur Theorie des Tirrill-Regulators. Elektrotechnik und Maschinenbau, Bd. 26, 1908, S. 683-686.

394. THOMA, H.: Theorie der Tirrillregler. Berlin 1914.

395. KULEBAKIN, W. S.: Zur Theorie der automatischen Vibrationsregler für elektrische Maschinen. Elektrotechnika, Moskau, 1932, S. 3-21.

396. LANG, A.: Die Schnellregeleigenschaften des Tirrillreglers. Arch. Elektrotechnik, Bd. 32, 1938, S. 675 ff.

397. LEONHARD, W.: Erweiterung des Leistungsbereiches von Tirrillreglern. Regelungstechnik, 1960, S. 37-42, 119-123.

398. LEONHARD, A.: Temperatur-Regelung mit großen wirksamen Zeitkonstanten nach dem Pulsationsverfahren. Elektrowärme, Bd. 10, 1940, S. 85-91.

399. MELZER, M.: Über die Regelung der Temperatur in elektrischen Öfen. Arch. Elektrotechnik, Bd. 30, 1936, S. 398-409.

400. RUMMEL, K.: Die Grundgesetze der Regelung. Arch. Eisenhüttenwesen, Bd. 8 1934/35, S. 281-292.

401. IVANOFF, A.: The influence of the characteristics of a plant on the performance of an automatic regulator. Proc. Soc. Chem. Ind. Eng. Group, London, vol. 18, 1936, pp. 138-150.

402. FERRY, E. S.: Applied Gyro-Dynamics. Wiley, 1932.

403. CHALMERS, T. W.: The Automatic Stabilization of Ships. The Engineer, London 1930.

404. HAUS, F.: Stabilité automatique des Avions. L'Aéronautique, vol. 14, 1932, pp. 156-159.

405. SPERRY, E. A.: Description of the Sperry Automatic Pilot. Aviation Eng., 1932, pp. 16-18.

406. NIKOLSKI, G. N.: Zur Frage der automatischen Kursstabilität eines Schiffes. Trudy Zentral. Lab. Prow. Swasi, 1934, Nr. 1, S. 34-75.

407. KRAUTWIG, F.: Stabilitätsuntersuchungen an unstetigen Reglern, dargestellt anhand einer Kontaktnachlaufsteuerung. Arch. Elektrotechnik, Bd. 25, 1941, S. 117-126.

408. FRY, M.: Designing Computing Mechanisms. Part 6-Servomechanisms, Machine Design, vol. 18, 1946, pp. 115-118, Part 7-Stepping Followups, Machine Design, vol. 18, 1946, pp. 137-140.

409. WEISS, H. K.: Analysis of Relay-Servomechanisms. J. Aeronaut. Sci., vol. 13, 1946, pp. 364-376.

410. DeJUHASZ, K. J.: Discussion of Paper "Forced and Free Motion of a Mass on an Air Spring". J. Appl. Mech., vol. 12, pp. 175-177.

411. MINORSKY, N.: On Parametric Excitation. J. Franklin Inst., Vol. 240, 1945, pp. 25-46.

412. THEODORCHIK, K. F.: Die Typen von Bewegungen, welche die Relais von Servomechanismen steuern. Shurn. Techn. Fisiki, Bd. 8, 1938, S. 960-967.

413. OPPELT, W.: Theorie der Regelung und Steuerung. Dt. Ausgabe "Naturforschung und Medizin", Bd. 3-7, Kap. 10, S. 127-135. Sammlung von zusammenfassenden Berichten über deutsche Forschung in den Jahren 1939-1946 (F. I. A. T.-Review).

414. FLÜGGE-LOTZ, I. und KLOTTER, K.: Über Bewegungen eines Schwingers unter dem Einfluß von Schwarz-Weiß-Regelungen. Zeitschrift Angew. Math. Mech., Bd. 28, 1948, S. 318-337.

415. FLÜGGE-LOTZ, I. , KLOTTER, K. und andere: Zentrale für wissenschaftliches Berichtswesen der Luftfahrtforschung des Generalluftzeugmeisters (ZWB), Untersuchungen und Mitteilungen Nr. 1326, Berlin 1943.

416. BILHARZ, H.: Über eine gesteuerte eindimensionale Bewegung. Zeitschrift Angew. Math. Mech. Bd. 22, 1942, S. 206-215.

417. BIRKHOFF, G. D.: Einige Probleme der Dynamik. Jahresber. Deutsch. Math. Verein., Bd. 38, 1929, S. 1-16.

418. BILHARZ, H.: Rollstabilität eines um seine Längsachse freien Flugzeugs bei automatisch gesteuerten, intermittierenden, konstanten Quermomenten. Luftfahrtforschung, Bd. 18, 1941, S. 317-326.

419. FLÜGGE-LOTZ, I.: Discontinuous Automatic Control. Princeton Univ. Press, Princeton 1953.

420. BUSHAW, D. W.: Ph. D. Thesis, Princeton Univ. 1952.

421. ANDRÉ, J.: Eine Bemerkung über unstetige Regelungen mit Stellungszuordnung. Zeitschrift Angew. Math. Mech., Bd. 36, 1956, S. 268-269.

422. HAMEL, B.: Contribution à l'étude mathématique des systèmes de règlage par tout ou rien. CEMV, No. 17, Service technique aéronautique, Paris 1949.

423. HAMEL, B.: Etude mathématique des systèmes à plusieurs degrées de liberté décrits par das équations linéaires avec un terme de commande discontinu. Ber. Schwingungstagung A. E. R. A., Paris 1950.

424. LOEB, J. M.: A General Linearizing Process for Nonlinear Control Systems. Automatic and Manual Control, Butterworth, London 1952.

425. LOEB, J. M.: De la mécanique linéaire à la mécanique nonlinéaire. Annales des Télécommunications, vol. 5, 1950, pp. 65-71.

426. ULANOV, G. M.: Excitation Control. In: Progress in Control Engineering, Bd. 2, 1965.

427. CHIKOLEV, V. N.: Elekt., Spb. No. 3, 1880.

428. SHCHIPANOV, G. V.: AiT, No. 1, 1939.

429. WEIS, E.: Automatische Regler in der Hydrierung des Leuna-Werkes. Betriebsbericht, 1938.

430. WEIS, E.: Die Lastabhängigkeit selbsttätiger Regler und Mittel zu ihrer Beseitigung. Elektrotechn. Zeitschrift, Bd. 64, 1943.

431. HENGSTENBERG, J., STURM, B. und WINKLER, O.: Messen und Regeln in der Chemischen Technik. Springer, Berlin 1957.

432. MILLER, W. v.: Oscar von Miller-Pionier der Energiewirtschaft und Schöpfer des Deutschen Museums München. 2. Auflage 1955.

433. FÖPPL, A.: Das Pendeln parallelgeschalteter Maschinen. Elektrotechn. Zeitschrift 1902, S. 59-64.

434. LEONHARD, A.: Die Untersuchung von mehrfach geregelten Systemen mit Hilfe der Operatorenrechnung. Elektrotechnik und Maschinenbau, Bd. 61, 1943, S. 329-333.

435. OPPELT, W.: Regelung von Destillationskolonnen. Dechema-Monographie, Bd. 16, 1951, No. 183-199, S. 152 ff.

436. VOZNESENSKY, I. N.: The control of machines with a large number of controlled parameters. AiT, No. 4-5, 1938.

437. MELDAHL, A.: Theorie der Mehrfach-Regulierungen. Studie der Fa. Brown-Boveri, Baden 1944.

438. BOKSENBOØM, A. S. und HOOD, R.: General Algebraic Method Applied to Control Analysis of Complex Engine Types. NACA Techn. Rep. 980, Washington 1950.

439. CRUICKSHANK, A. J. O.: Matrix Formulation of Control System Equations. The Matrix and Tensor Quarterly, vol. 5, 1955.

440. KAVANAGH, R. J.: The Application of Matrix to Multivariable Control Systems. J. Franklin Inst., vol. 261, 1956, S. 349 ff.

441. KAVANAGH, R. J.: Trans. AIEE, pt. 2, 1957.

442. FREEMAN, H.: Trans. AIEE, pt. 2, 1957.

443. CHATTERJEE, H. K.: Multivariable Process Control. Proc. IFAC-Congress, vol. 1, 1960, pp. 132-141.

444. MESAROVIC, M. D.: The Control of Multivariable Systems. Wiley, N. Y. 1960.

445. STARKERMANN, R.: Die Behandlung linearer Mehrfachregelsysteme mit Hilfe von Determinanten auf der Basis des verallgemeinerten Blockschaltbildes. Diss. TH. Zürich 1964.

446. KRYLOFF, N. und BOGOLIUBOFF, N.: Über einige Methoden der nicht-linearen Mechanik in ihren Anwendungen auf die Theorie der nicht-linearen Resonanz. Schweiz. Bauz., Bd. 103, 1934, S. 255-257, 267-270.

447. HSU, J. C. und MEYER, A. U.: Modern Control Principles and Applications. MacGraw-Hill, N. Y. 1968.

448. GIBSON, J. W.: Nonlinear Automatic Control. MacGraw-Hill, N. A. 1963.

449. KALMAN, R. E. und BERTRAM, T. E.: Control System Analysis and Design Via the Second Method of Ljapunov. J. of Basic Engineering, 1960, pp. 371-393, 394-400.

450. ANTOSIEWICZ, H.: A Survey of Ljapunov's Second Method. In: Contributions to Nonlinear Oscillations. Ann. Math. Studies, vol. 41, 1958, pp. 147-166.

451. INGWERSON, D. R.: A Modified Ljapunov Method for Nonlinear Stability Problems. D. Diss. Univ. Stanford, 1960.

452; DONALSON, D. D.: The Theory and Stability Analysis of a Model Referenced Parameter Tracking Technique for Adaptive Automatic Control Systems. D. Diss. Univ. California, 1961.

453. MOISSEJEW, N. D.: Abrisse aus der Entwicklung der Stabilitätstheorie. Moskau 1949.

454. MAGNUS, K.: Zur Entwicklung des Stabilitätsbegriffs in der Mechanik. Die Naturwissenschaften, Bd. 46, 1959, S. 590-595.

455. DIRICHLET, L.: Crelle's Journal, Bd. 32, 1846.

456. DIRICHLET, L.: Liouville's Journal, Bd. 12, 1847.

457. GERONIMUS, J. L.: A. M. Ljapunov. VEB-Verl. Technik, Berlin 1954.

458. POINCARE, H.: Oeuvres. Gauthier-Villars, Paris 1928.

459. BENDIXON, J.: Sur les courbes définies par des équations différentielles. Acta Mathematica, Bd. 24, 1901, S. 1-88.

460. RUNGE, C.: Graphische Methoden. Teubner, 1919.

461. GIBSON, J. E.: How to Construct a Phase Plane Plot. Control Eng., vol. 5, no. 10, 1958, pp. 69-75.

462. LIENARD, A.: Etude des oscillations entretenues. Revue Générale d'Electricité, vol. 23, 1928.

463. MINORSKY, N.: Introduction to Nonlinear Mechanics. Edwards, Ann Arbor 1947.

464. PELL, W. H.: Graphical Solution of Single-degree-of-freedom Vibration Problem with Arbitrary Damping and Restoring Forces. J. Appl. Mech., vol. 24, 1957, pp. 311-312.

465. JACOBSEN, L. S.: On a General Method of Solving Second-order Ordinary Differential Equations by Phase Plane Displacement. J. Appl. Math., vol. 19, 1952, pp. 543-553.

466. BULAND, R. A.: Analysis of Nonlinear Servos by Phase-Plane Delta Method. J. Franklin Inst., vol. 257, 1954, pp. 37-48.

467. MANDELSTAM, L. und PAPALEXI, N.: Über Resonanzerscheinungen bei Frequenzteilung. Zeitschrift f. Physik, Bd. 73, 1931.

468. BELLMAN, R.: Methoden der Störungsrechnung in Mathematik, Physik und Technik, N. Y. 1964; Deutsche Ausgabe: Oldenbourg, München 1967.

469. LINDSTEDT, A.: Differentialgleichungen der Störungstheorie. Mém. Acad. Imp. Sci. Pétersbourg, vol. 31, 1883.

470. KRYLOFF, N. und BOGOLIUBOFF, N.: Introduction to Nonlinear Mechanics. Princeton Univ. Press 1943. Auszugsweise Übersetzung der 1937 in Kiew erschienenen Originalarbeit.

471. POINCARE, H.: Figures d'équilibre d'une masse fluide. Paris 1903.

472. POINCARE, H.: Figures d'équilibre d'une masse fluide animées d'un mouvement de rotation. Acta Mathematica, Bd. 7.

473. APPLETON, E. V. und VAN DER POL, B.: On a Type of Oscillation Hysteresis in a Simple Triode Generator. Philosophical Magazine, vol. 42, 1921.

474. NEYMARK, A. I.: On the Dependence of Automatic Control Systems on the Parameters of Periodic Movements. Proc. IFAC-Congress 1960, Moscow, vol. 2, pp. 879-882.

475. ANDRONOV, A. A. und PONTRJAGIN, L. S.: Coarse Systems. DAN USSR, vol. 14, no. 5, 1937, pp. 247-250.

476. ANDRONOV, A. A. und BAUTIN, N. N.: Le mouvement d'une avion neutre piloté automatiquement et la théorie des transformations ponctuelles des surfaces. C. R. Acad. Sci. URSS, 1944, vol. 43, pp. 189 ff.

477. KAMMÜLLER, R.: Ein Abbildungsverfahren zur Untersuchung nichtlinearer Regelvorgänge. Regelungstechnik, 1961, S. 407-413.

478. HELMHOLTZ, H.: Sensation of Tone. Longmans, London 1895.

479. RAYLEIGH, L.: On Maintained Vibrations. Phil. Mag., vol. 15, 1883, pp. 229 ff.

480. BRILLOUIN, L.: Eclairage Electrique, April 1897.

481. MANDELSTAM, L. und PAPALEXI, N.: J. Techn. Phys., Moskau 1934.

482. MALKIN, I. G.: Theorie der Stabilität einer Bewegung. Staatsverlag, Moskau, 1952; Deutsche Ausgabe: Oldenbourg, München 1959.

483. MARTIENSON, O.: Über neue Resonanzerscheinungen in Wechselspannungskreisen. Phys. Zeitschrift, Bd. 11, 1910, S. 448-460.

484. BETHENOD' J.: Resonance Phenomena in Transformers. L'éclairage Electrique, vol. 53, 1907, pp. 289-296.

485. DUFFING, C.: Erzwungene Schwingungen bei veränderlicher Eigenfrequenz. Braunschweig 1918.

486. DAVIS, H. T.: Introduction to Nonlinear Differential and Integral Equations. Dover, 1962.

487. CARTWRIGHT, M. L.: Non-Linear Vibrations – A Chapter in Mathematical History. Math. Gazette, vol. 36, 1962. pp. 81-88.

488. BOOTON, R. C. Jr.: The Analysis of Nonlinear Control Systems with Random Inputs. Proc. Symp. Nonlin. Circ. Anal., Polytechn. Inst. Brooklyn, 1953, pp. 369-391.

489. HOPKIN, A. M. und OGATA, K.: An Analytic Frequency Response Solution for a Higher Order Servo with a Nonlinear Control Element. Trans ASME, J. Basic Eng., vol. 81, 1959, pp. 41-45.

490. KOEPSEL, W.: Jump Resonance in a Third Order Nonlinear Control Element. Ph. D. Diss., Oklahoma Univ.; 1960; auch: J. Franklin Inst., vol. 271, 1961, pp. 292-303.

491. ATKINSON, P. und BOURNE, C. P.: Solution of Duffing's Equation for Softening Spring Using Ritz-Galerkin-Method with Three Term Approximation. Proc. Third US. Natl. Congr. Appl. Mech., ASME, 1958, pp. 71-77.

492. SCHLITT, H.: Stochastische Vorgänge in linearen und nichtlinearen Regelkreisen. Vieweg, Braunschweig 1968.

493. ANDRONOV, A.: Les cycles limites de Poincare et le théorie des oscillations auto-entretenues. Comptes Rendues, Paris, vol. 189, 1929, pp. 559-561.

494. LURJE, A. I.: Einige nichtlineare Probleme aus der Theorie der selbsttätigen Regelung. Akademie-Verlag, Berlin 1957.

495. RAYLEIGH, L.: The Theory of Sound. London 1877/78.

496. DUDDELL, W.: On Rapid Variations in the Current Through the Direct Current Arc. Electrician, vol. 46, 1900, pp. 269-273, 310-313.

497. ZENNECK, J.: Wireless Telegraphy. MacGraw-Hill, N. Y. 1915.

498. ISAACHSEN, I.: Die Bedingungen für eine gute Regulierung. Berlin 1899.

499. VAN DER POL, B.: Tijdschr. v. h. Ned. Radiogenootschap, p. 1, 1920, S. 1-31.

500. APPLETON: Cambridge Phil. Soc, vol. 23, 1923, p. 231.

501. VAN DER POL, B.: Forced Oscillations in a Circuit with Nonlinear Resistance (Reception with Reactive Triode). Phil. Mag. and J. Science, vol. 3, 1927, pp. 65-80.

502. VAN DER POL, B.: Mathematics and Radio Problems. Philips Research Report, No. 3, 1948, pp. 174-190.

503. CARTAN, E. und CARTAN, H.: Note sur la généralisation des oscillations entretenues. Annales des Postes, Télégraphes et Téléphones, Dec. 1925.

504. LEVINSON, N. und SMITH, O. K.: A General Equation for Relaxation Oscillations. Duke Mathematical Journal, vol. 9, 1942.

505. HAYASHI, Ch.: Hunting Oscillation in Nonlinear Control Systems and its Stabilization. Regelungstechnik-Tagung Heidelberg, Oldenbourg, München 1957.

506. VAN DER POL, B. und VAN DER MARK, M.: Le battement du coeur considéré comme oscillation de relaxation. Onde Electrique, 1928, p. 365 ff.

507. VOLTERRA, V.: Lecons sur la théorie mathématique de la lutte pour la vie. Gauthier-Villars, Paris 1931.

508. BULGAKOV, B. V.: On the method of Van der Pol and its applications to nonlinear control problems. J. Franklin Inst., vol. 241, 1946, pp. 31-54.

509. VILBIG, F.: Lehrbuch der Hochfrequenztechnik. Akademische Verlagsgesellschaft, Leipzig 1937 und 1939.

510. MEINKE, H. und GUNDLACH, F. W.: Taschenbuch der Hochfrequenztechnik. Springer, Berlin 1956.

511. KRYLOFF, N. und BOGOLIUBOFF, N.: Neue Methoden der nichtlinearen Mechanik. Moskau 1934.

512. KRYLOFF, N. und BOGOLIUBOFF, N.: Application of the Methods of Nonlinear Mechanics to the Theory of Stationary Oscillations. Ukranian Academy of Sciences, Kiew 1934.

513. THEODORCHIK, K. F.: Eigenschwingende Systeme. Gostechisdat, 3. Aufl. Moskau 1952.

514. GOLDFARB, L. C.: On Some Nonlinear Phenomena in Regulatory Systems. AiT, vol. 8, 1947, pp. 349-383.

515. TUSTIN, A.: The Effects of Backlash and of Speed-dependent Friction on the Stability of Closed-cycle Control Systems. J. IEE, vol. 94, 1947, pp. 143-151.

516. OPPELT, W.: Über Ortskurvenverfahren bei Regelvorgängen mit Reibung. VDI-Zeitschrift, Bd. 90, 1948, S. 179-183.

517. KOCHENBURGER, R. J.: A Frequency Response Method for Analyzing and Synthesizing Contactor Servomechanisms. Trans AIEE, vol. 69, 1950, pp. 270-284.

518. KOCHENBURGER, R.: Analyzing contactor servomechanisms. Electrical Engg., vol. 69, 1950, pp. 687-692.

519. DUTILH, J. R.: Théorie des servomécanismes nonlinéaires. La Radio Française, No. 5, 1950, pp. 1-7

520. DUTILH, J. R.: Théorie des servomécanismes à relais. L'onde Electrique, vol. 30, 1950, pp. 438-445.

521. OPPELT, W.: Vergleichende Betrachtung verschiedener Regelaufgaben hinsichtlich der geeigneten Regelgesetzmäßigkeit. Luftfahrtforschung, Bd. 16, 1939, S. 447-472.

522. ANDRONOV, A. A. und BAUTIN, N. N.: A Degenerative Case of the General Problem of Linear Regulation. Doklady Akademii Nauk, vol. 46, no. 7, 1945.

523. LURJE, A. I.: The Influence of Frictional Forces in the Measuring Element of Regulators on the Process of Nonlinear Regulation. Soviet Boiler-Turbine Making, vol. 3, 1946.

524. VAN DER POL, B.: Nonlinear Theory of Electrical Oscillations. Moskau 1935.

525. ANDRONOV, A. A. und BAUTIN, N. N.: Stabilization of the Course of a Neutral Airplane by an Autopilot with Constant Velocity Servomotor in the Insensitivity Zone. Doklady Akademii Nauk, vol. 46, no. 4, 1945.

526. OPPELT, W.: Über die Stabilität unstetiger Regelvorgänge. Elektrotechnik, Bd. 2, 1948, S. 71-78.

527. OPPELT, W.: Oscillatory Phenomena in on-off controls with feedback. Automatic and Manual Control, Butterworth, London 1952.

528. OPPELT, W.: A Stability Criterion based on the Method of Two Hodographs. AiT, vol. 22, 1961, pp. 1175-1178.

529. CHEN, C. F. und HAAS, I. J.: An Extension of Oppelt's Stability Criterion Based on the Method of the Two Hodographs. Trans. IEEE, AC, vol. 10, 1965.

530. SRIDHAR, R.: A General Method for Deriving the Describing Functions for a Certain Class of Nonlinearities. IRE Trans. AC, vol. AC-5, 1960, pp. 135-141.

531. JOHNSON, E.C.: Sinusoidal Analysis of Feedback Control Systems Containing Nonlinear Elements. Trans. AIEE, vol. 71, 1952, pp. 169-181.

532. BULGAKOV, B. V.: Periodic Processes in Free Pseudo-linear Oscillatory Systems. J. Franklin Inst., vol. 235, 1943, pp. 591-616.

533. BULGAKOV, B. V.: Über die Anwendung der Methode von Poincare auf freie pseudolineare Schwingungssysteme. Angew. Math. Mech., 1942, pp. 263-280.

534. BULGAKOV, B. V.: Regelungsprobleme mit nichtlinearen Charakteristiken. Angew. Math. Mech., 1946, S. 313-332.

535. LETOV, A. M.: Die Stabilität nichtlinearer Regelungssysteme. Gostechisdat, Moskau 1955.

536. SAGIROW, P.: Zur Fehlerabschätzung beim Verfahren der harmonischen Balance. Angew. Math. Mech., 1960, S. 456-463.

537. SAGIROW, P.: Über periodische Lösungen nichtlinearer Differentialgleichungen und über eine Beziehung zwischen Amplitude und Frequenz. Angew. Math. Mech., Bd. 41, 1061, S. 110-114.

538. SAGIROW, P.: Eine obere Schranke für die Frequenzen periodischer Lösungen von nichtlinearen Differentialgleichungen. Angew. Math. Mech., Bd. 41, 1961, S. 59-60.

539. BASS, R. W.: Mathematical Legitimacy of Equivalent Linearization by Describing Functions. Proc. IFAC-Congress 1960, Moscow, vol. 2, pp. 895-905.

540. SILJAK, D.: Nonlinear Systems. Wiley, N. Y. 1969.

541. BOYER, R. C.: Sinusoidal Signal Stabilization. M. S. Thesis, Purdue Univ., Lafayette, 1960.

542. SRIDHAR, R.: Signal Stabilization of a Control System with Random Inputs. Ph. D. Thesis, Purdue Univ., Lafayette, 1960.

543. RITZ, W.: Über eine neue Methode zur Lösung gewisser Variationsprobleme der mathematischen Physik. J. f. Math., Bd. 135, 1908.

544. RITZ, W.: Gesammelte Werke, Paris 1911.

545. MAGNUS, K.: Schwingungen. Teubner, Stuttgart 1961.

546. WEST, J. C., DOUCE, J. L. und LIVESLEY, R. K.: The Dual-Input Describing Function and its Use in the Analysis of Nonlinear Feedback Systems. Proc. IEE vol. 103, pp. 463-474.

547. KLOTTER, K.: How to obtain describing functions for nonlinear feedback systems. Aufsatz Nr. 56-1, IRD, ASME-IRD-Konferenz, Princeton 1956.

548. KLOTTER, K.: An Extension of the Conventional Concept of the Describing Function. Proc. Symp. on Nonlinear Circuit Analysis. Brocklyn Polytechn. Inst., 1956.

549. KLOTTER, K.: Nonlinear Vibration Problems Treated by the Averaging Method of Ritz. Proc. 1. Nat. Congr. of Appl. Mech., 1951; Trans. ASME, N. Y. 1952, pp. 125-131.

550. KLOTTER, K.: Steady State Vibrations in Systems Having Arbitrary Restoring and Arbitrary Damping Forces. Proc. Symp. Nonlinear Circuit Analysis, Polytechn. Inst. Brookly, 1953, pp. 234-257.

551. MELAN, H.: Regelung von Vorschalt- und Nachschaltturbinen; Reglergleichung und Lösungsmöglichkeiten. Arch. Wärmewirtschaft und Dampfkesselwesen, Bd. 20, 1939, S. 219-221.

552. KLOTTER, K.: Proc. IRE, CT-1, No. 4, 1954, pp. 13-18.

553. BAUTIN, N. N.: Das Verhalten dynamischer Systeme an den Grenzen des Stabilitätsbereichs. Gostechisd., Moskau 1949.

554. SEIGERT, A. F. J.: The Passage of Stationary Processes through Linear and Nonlinear Devices. Berkeley Symp. on Stat. Meth. in Commun. Engg., Berkeley 1953.

555. RICE, S. O.: Mathematical Analysis of Random Noise. Bell Syst. Techn. J., vol. 23, 1944, pp. 282-332 und vol. 24, 1945, pp. 46-156.

556. KAC, M. und SEIGERT, A. F. J.: On the Theory of Noise in Radio Receivers with Square Law Detectors. J. Appl. Phys., vol. 18, 1947, pp. 383-397.

557. MIDDLETON, D.: The Response of Biased, Saturated Linear and Quadratic Rectifiers to Random Noise. J. Appl. Phys., vol. 17, 1946, pp. 778-801.

558. LAWSON, J. L. und UHLENBECK, G. E.: Threshold Signals. MIT Radiation Lab. Ser., MacGraw-Hill, N. Y. 1950.

559. BOOTON, R. H., The measurement and representation of nonlinear systems. Trans. IRE, PGCT-1, 1954, pp. 32-34.

560. KAZAKOV, I. Je.: Näherungsverfahren zur statistischen Untersuchung nichtlinearer Systeme. Trudy WWIA 394, 1954.

561, KAZAKOV, I. Je.: AiT, vol. 17, no. 5, 1956, pp. 385-409.

562. KAZAKOV, I. Je. und DOSTUPOV, B. G.: Statistical dynamics of nonlinear automatic systems. Fizmatgiz, Moskau 1962.

563. MATHEWS, M. V.: A method for evaluating nonlinear servomechanisms. Trans. AIEE, vol. 74, 1955, pp. 114 ff.

564. WEST, J. C. und NIKIFORUK, P. N.: The describing function analysis of a nonlinear servomechanism subjected to stochastic signals and noise. Proc. IEE, pt. 4, 1956.

565. BURT, E. G. C.: Method of Optimizing Certain Nonlinear Systems with Noise. Privat umgelaufene Abhandlung, 1951.

566. BARRETT, J. F. und COALES, J. F.: An Introduction to the Analysis of Nonlinear Control Systems with Random Inputs. Proc. IEE, vol. 103, pt. C, pp. 190 ff.

567. SEIFERT, W. W. und STEEG, C. W.: Control System Engineering. MacGraw-Hill, N. Y. 1960.

568. AXELBY, G.: Random Noise with Bias Signals in Nonlinear Devices. Trans. IRE, AC-4, No. 4, 1959.

569. PUPKOV, K.: Method of Investigating the Accuracy of Essentially Nonlinear Automatic Control Systems by Means of Equivalent Transfer Functions. AiT, vol. 21, No. 2, 1960.

570. SOMMERVILLE, M. J. und ATHERTON, D. P.: Proc. IEE, vol. 105, No. 8, 1958, pp. 537-549.

571. CHANG, K. und KAZDA, L.: A Study of Nonlinear Systems with Random Inputs. Trans. AIEE (Appl. Ind.) No. 42, 1959, pp. 100-105.

572. FELDBAUM, A. A.: AiT, vol. 20, No. 8, 1959, pp. 1056-1070.

573. FELDBAUM, A. A.: AiT, vol. 21, No. 2, 1960, pp. 167-179.

574. PERVOZVANSKY, A. A.: Izv. Akad. Nauk SSSR, OTN, Energetika automat., No. 3, 1960, pp. 64-72.

575. PERVOZVANSKY, A. A.: (wie 574) No. 5, 1960, pp. 187-195.

576. MARKOV, A. A.: Extension of the law of large numbers to depedent events. Bull. Soc. Phys. Math. Kazan, vol. 2, No. 15, 1906, pp. 135-156.

577. MARKOV, A. A.: Calculus of Probability. 4th. ed. Moscow 1924.

578. BHARUCHA-REID, A. T.: Elements of the Theory of Markov Processes and Their Applications. MacGraw-Hill, N. Y. 1960.

579. ANDRONOV, A. A., WITT, A. A. und PONTRJAGIN, L. S.: J. exp. theor. Phys vol. 3, No. 3, 1933, pp. 165-180.

580. BARRETT, J. F.: Application of Kolmogoroff's Equation to Randomly Disturbed Automatic Control Systems. Proc. IFAC-Congress 1960, Moscow, vol. 2, pp 724-733.

581. PUGACHEV, V. S.: Ein Verfahren zur Bestimmung einer optimalen Anordnung mit nichtlinearer Abhängigkeit der beobachteten Funktion von den Parametern eines Signals. Proc. IFAC-Congress 1960, Moscow, vol. 2, pp. 702-706.

582. PUGACHEV, V. S.: Izv. Akad. Nauk SSSR, OTN, Energetika autom., No. 3, 1961, pp. 46-57.

583. HAZEN, E. M.: (wie 582.) No. 3, 1961, pp. 58-72.

584. HAZEN, E. M.: Teoria veroyatnostey i ee primeneniya, vol. 6, No. 1, 1061, pp. 130-137.

585. PUGACHEV, V. S.: Statistical Methods in Automatic Control, Proc. IFAC-Congress 1963, Basel, vol. 1, pp. 1-13.

586. ZADEH, L. A.: On the Identification Problem. Trans. IRE, vol. CT-e, 1956, pp. 277-281.

587. GIBSON, J. E. und DI TADA, E. S.: On the Inverse Describing Function Problem. Proc. IFAC-Congress 1963, Basel, vol. 1, pp. 29-34.

588. DI TADA, E. S.: Analytical Approach to the Inverse Describing Function Problem. M. S. Thesis, Purdue Univ.; 1962.

589. GIBSON, J. E. et al.: Describing function inversion: theory and computational techniques. Techn. Rep. EE 62-10, Control and Inf. Syst. Lab., Purdue Univ., Indiana.

590. LJAPUNOV, A. M.: Das allgemeine Problem der Stabilität einer Bewegung. Diss Charkow 1892; Franz. Ausg. 1907; dieselbe als Photoreproduktion in: Math. Studies, No. 17, Princeton Univ. Press, Princeton 1947.

591. DUBOSCHIN, G. N.: Grundlagen der Theorie über die Stabilität einer Bewegung Univ.-Verl., Moskau 1952.

592. AUSLANDER, J. und SEIBERT, P.: Prolongations and generalized Ljapunov functions. Proc. OSR-RIAS Symposium, 1961.

593. ANDRONOV, A. A. und WITT, A. A.: Über die Stabilität im Sinne von Ljapunov, Physikalische Zeitschrift der Sowjetunion, Bd. 4, 1933, S. 606-608.

594. MINORSKY, N.: Control Problems.
J. Franklin Inst., vol. 232, 1941, pp. 519-551.

595. MINORSKY, N.: On Mechanical Self-Excited Oscillations. Proc. Nat. Acad. Sci., Washington 1944.

596. JONES, R. W.: Stability Criteria for Certain Nonlinear Systems. Automatic and Manual Control, Butterworth, London 1952.

597. BOTHWELL, F. E.: AIEE Technical Paper 50-231, 1950.

598. LASALLE, J. L. und LEFSCHETZ, S.: Stability by Ljapunov's Direct Method with Applications. Academic Press, N. Y. 1961.

599. MALKIN, I. G.: Certain Questions on the Theory of the Stability of Motion in the Sense of Ljapunov. Amer. Math. Soc., Translation No. 20, N. Y. 1950, from book of 1937.

600. LURJE, A. I. und POSTNIKOV, W. N.: Zur Theorie der Stabilität von Regelungssystemen. Angew. Math. Mech., vol. 7, 1944.

601. LURJE, A. I.: Zum Problem der Stabilität von Regelsystemen. PMM, vol. 15, 1951.

602. AIZERMAN, M. A. und GANTMACHER, F. R.: Die absolute Stabilität von Regelsystemen. Moskau 1963; Deutsche Ausgabe: Oldenbourg, München 1965.

603. LETOV, A. M.: Die Stabilität von Regelsystemen mit nachgebender Rückführung. Regelungstechnik-Tagung Heidelberg, Oldenbourg, München 1957.

604. LETOV, A. M.: The Theory of an Isodrome Controller. Appl. Math. Mech., Leningrad, vol. 12, No. 4, 1948.

605. LETOV, A. M.: Strictly unstable regulating systems. PMM, vol. 14, 1950, pp. 183-192.

606. LETOV, A. M.: Stability of Controlled Systems with two Control Mechanisms. Appl. Math. Mech., Leningrad, vol. 17, No. 4, 1953.

607. LETOV, A. M. und DUVAKIN, A. P.: (wie 606.) vol. 18, No. 2, 1954.

608. LETOV, A. M.: Stability of not yet Stabilized Motions of Controlled Systems. Appl. Math. Mech., Leningrad, vol. 19, No. 3, 1955.

609. YACUBOVICH, V. A.: One Type of Nonlinear Differential Equations. Dokl. Akad. Nauk SSSR, vol. 117, No. 1, 1957.

610. YACUBOVICH, V. A.: The Overall Limitations and Stability of the Solutions of Some Nonlinear Differential Equations. Dokl. Akad. Nauk SSSR, vol. 121, 1958.

611. PERSIDSKY, K. P.: One of Ljapunov's Theorems.
Dokl. Akad. Nauk SSSR, vol. 16, No. 9, 1937.

612. MASSERA, I. L.: On Ljapunov's Condition of Stability. Ann. Math., Princeton, vol. 50, No. 3, 1949.

613. BARBASHIN, E. A.: Cross-section Method in the Theory of Dynamic Systems. Rec. Math., Moscow, vol. 29, No. 2, 1951.

614. BARBASHIN, E. A. und KRASOVSKY, N. N.: Die Stabilität einer Bewegung im Ganzen. Dokl. Akad. Nauk SSSR, vol. 86, No. 3, 1952.

615. MALKIN, I. G.: Problem of Transforming Ljapunov's Theorem on Asymptotic Stability. Appl. Math. Mech., Leningrad, vol. 18, No. 2, 1954.

616. KRASOVSKY, N. N.: The Transformation of A. M. Ljapunov's and N. G. Chetayev's Theorems on Instability for Stable Differential Equations Systems. Appl. Math. Mech., Leningrad, vol. 18, No. 5, 1955.

617. KRASOVSKY, N. N.: Transformation of the Second-Order Ljapunov Theorem an Problems of the Stability of Motion in the First Approximation. Appl. Math. Mech., Leningrad, vol. 20, No. 2, 1956.

618. KRASOVSKY, N. N.: Some Problems of the Stability Theory. Fizmatgiz, Moscow, 1959.

619. AIZERMAN, M. A.: Über die Konvergenz von Regelvorgängen bei großen Anfangsabweichungen. AiT, vol. 7, 1946.

620. AIZERMAN, M. A.: Über ein Problem der Stabilität "im Großen" bei dynamischen Systemen. Usp. mat. nauk, vol. 4, 1949.

621. KALMAN, R. E.: Physical and Mathematical Mechanisms of Instability in Nonlinear Automatic Control Systems. Trans. ASME, vol. 79, No. 3, 1957, pp. 553-566.

622. PLISS, V. A.: Certain Problems in the Theory of Stability of Motion in the Large. Izdatelstvo Leningr. Univ., 1958.

623. FITTS, R. E.: Two Counterexamples to Aizerman's Conjecture. Trans. IEEE, vol. AC-11, No. 3, 1966, pp. 553-556.

624. WILLEMS, J. E.: Perturbation Theory for the Analysis of Instability in Nonlinear Feedback Systems. Allerton Conference Paper Circuit and System Theory, 1966.

625. MALKIN, I. G.: On a Problem of the Theory of Stability of Automatic Control Systems. PMM, vol. 16, 1952, pp. 365-368.

626. KRASOVSKY, N. N.: Theorems on the Stability of Motion determined by a System of two Equations. Appl. Math. Mech., Leningrad, vol. 16, No. 5, 1952.

627. KRASOVSKY, N. N.: Overall Stability of a Solution of a Nonlinear System of Differential Equations. Appl. Math. Mech., Leningrad, vol. 18, No. 6, 1954.

628. KRASOVSKY, N. N.: Über die Stabilität einer Bewegung im Ganzen bei dauernd wirkenden Störungen. PMM, vol. 18, 1954, pp. 95-102.

629. BARBASHIN, E. A.: The Stability of a Third-Order Nonlinear Equation. Appl. Math. Mech., Leningrad, vol. 16, No. 5, 1952.

630. BASS, R. W.: Diskussionsbemerkung zu einer Arbeit von Letov. Regelungstechnik-Tagung Heidelberg, Oldenbourg, München 1957.

631. AIZERMAN, M. A.: AiT, vol. 8, No. 1, 1947.

632. AIZERMAN, M. A.: Theorie der selbsttätigen Regelung von Motoren. Gostechisdat, Moskau 1952.

633. CHETAYEV, N. G.: Stability of Motion. GITTL, Moscow 1955.

634. LURJE, A. I. und ROZENVASSER, E. N.: On Methods of Constructing Ljapunov-Functions in the Theory of Nonlinear Control Systems. Proc. IFAC-Congress 1960, Moscow, vol. 2, pp. 928-933.

635. SCHULTZ, D. G.: The Generation of Ljapunov Functions. Advances in Control Systems, vol. 2, 1965.

636. GRAYSON, L. P.: The Status of Synthesis Using Ljapunov's Method. Automatica, vol. 3, 1965, pp. 91-121.

637. SZEGÖ, G. P.: A Contribution to Ljapunov's Second Method: Nonlinear Autonomous Systems. In: Intern. Symp. Nonlinear Differential Equations and Nonlinear Mechanics. Acadamic Press, N. Y. 1963, pp. 421-430.

638. ZUBOV, V. I.: Zur Theorie der Zweiten Methode von Ljapunov. DAN, vol. 99, 1954, pp. 341-344.

639. ZUBOV, V. I.: Fragen der Theorie der Zweiten Methode. Konstruktion der allgemeinen Lösung im Bereich der asymptotischen Stabilität. PMM, vol. 19, 1955, pp. 179-210.

640. ZUBOV, V. I.: Zur Theorie der Zweiten Methode von Ljapunov. DAN, vol. 100, 1955, pp. 857-859.

641. ZUBOV, V. I.: An Investigation of the Stability Problem for Systems of Equations with Homogenous Right Hand Members. DAN, vol. 114, 1957, pp. 942-944.

642. ZUBOV, V. I.: Methods of A. M. Ljapunov and Their Applications. Leningrad 1957.

643. RODDEN, J. J.: Numerical Application of Ljapunov's Stability Theory. Proc. Joint Autom. Control Conference 1963.

644. SCHULTZ, D. G. und GIBSON, J. E.: The Variable Gradient Method for Generating Ljapunov Functions. Trans. AIEE, vol. 81, pt. 2, 1962, pp. 203-210.

645. BERTRAM, J. E. und SARACHIK, P. E.: Stability of Circuits with Randomly Time-varying Parameters. Trans. IRE, PGIT-5, Special Supplement, 1959, pp. 260 ff.

646. KUSHNER, H. R.: On the Construction of Stochastic Ljapunov Functions. Trans. IEEE, AC-10, 1965, pp. 477 ff.

647. KUSHNER, H.: Stochastic Stability and Control. Academic Press, N. Y., 1967.

648. WONHAM, W. M.: Stochastic Problems in Optimal Control. IEEE Conv. Record, pt. 2, 1963, pp. 114-124.

649. KATS, I. I. und KRASOVSKY, N. N.: On the Stability of Systems with Random Parameters. PMM, vol. 24, 1960, pp. 809 ff.

650. HAHN, W.: Eine Bemerkung zur Zweiten Methode von Ljapunov. Math. Nachrichten, Bd. 14, 1956, S. 349-354.

651. HAHN, W.: Behandlung von Stabilitätsproblemen mit der Zweiten Methode von Ljapunov. Nichtlineare Regelungsvorgänge, Beihefte zur Regelungstechnik, München 1956.

652. HAHN, W.: Über das Prinzip der Zweiten Methode von Ljapunov. Regelungstechnik-Tagung Heidelberg, Oldenbourg, München 1957.

653. HAHN, W.: Theorie und Anwendung der direkten Methode von Ljapunov. Springer, Berlin 1959.

654. POPOV, V. M.: Criterii de stabilitate pentru sistemele de reglare automata, bazate pe utilizarea transformatei Laplace. Stut. Cercet.Energet., vol. 9, no. 1, 1959.

655. POPOV, V. M.: Criterii suficiente de stabilitate asimptotica in mare pentru sistemele automate cu mai multe organe de executie. (wie 654.) vol. 9, No.4, 1959.

656. POPOV, V. M.: Noi criterii de stabilitate pentru sistemele automate neliniare. (wie 654) vol. 10, No. 1, 1960.

657. POPOV, V. M.: Noi criterii grafice pentru stabilitatea sistamelor automate neliniare. (wie 654.) vol. 10, No. 3, 1960.

658. POPOV, V. M. und HALANAI, A.: Über die Stabilität nichtlinearer Regelsysteme mit Totzeit. AiT, vol. 23, 1962.

659. POPOV, V. M.: Criterii de stabilitate pentru sistemele automate continin elemente neunivoce. Probleme de automatizare, 1960.

660. YACUBOVICH, V. A.: Frequenzgangbedingungen für die absolute Stabilität von Regelsystemen mit Hysterese. Doklady AN SSSR, vol. 149, 1963.

661. ZYPKIN, Ja. S.: Über die Stabilität im Ganzen von nichtlinearen Impulsregelsystemen. Dokl. AN SSSR, vol. 145, 1962.

662. ZYPKIN, Ja. S.: Die absolute Stabilität nichtlinearer Impulsregelsysteme. Regelungstechnik, Bd. 11, 1963.

663. LEONHARD, A.: Die selbsttätige Regelung. Springer, Berlin 1949.

664. RUTHERFORD, C. I.: The Practical Application of Frequency Response Analysis to Automatic Process Control.
Proc. Inst. Mech. Engrs., vol. 162, 1950, pp. 334-354.

665. AHRENDT, W. R. und TAPLIN, J. F.: Automatic Feedback Control. MacGraw-Hill, N. Y. 1951.

666. OBRADOVIC, I.: Die Abweichungsfläche bei Schnellregelvorgängen. Beitrag zur Theorie der Schnellregelung. Arch. Elektrotechnik, Bd. 36, 1942, S.382-390.

667. SARTORIUS, H.: Die zweckmäßige Festlegung der frei wählbaren Regelungskonstanten. Diss. TH. Stuttgart, 1945.

668. NIMS, P. T.: Some Design Criteria for Automatic Controls. Trans. AIEE, vol. 70, pt. 1, 1951, pp. 606-611.

669. GRAHAM, D. und LATHROP, R. C.: The Synthesis of Optimum Transient Response: Criteria and Standard Forms. Trans AIEE, vol. 73, 1953, pp. 273-288.

670. FELDBAUM, A. A.: Integralkriterien der Regelgüte. AiT, vol. 9, No. 1, 1948.

671. OLDENBOURG, R. C. und SARTORIUS, H.: A Uniform Approach to the Optimum Adjustment of Control Loops. Trans. ASME, vol. 76, 1954, pp. 1265-1279.

672. BÜCKNER, H.: A Formula for an Integral Occuring in the Theory of Linear Servomechanisms and Control Systems. Quarterly of Applied Mathem. vol. 10, 1952, pp. 205-213, vol. 12, 1954, p. 206.

673. HAZEBROEK, P. und VAN DER WAERDEN, B. L.: Theoretical Considerations on the Optimum Adjustment of Regulators. Trans. ASME, vol. 72, 1950, pp. 309-315.

674. HAZEBROEK, P. und VAN DER WAERDEN, B. L.: The Optimum adjustment of regulators. (wie 673.) pp. 318 ff.

675. KRASOWSKY, A. A.: Über den Stabilitätsgrad linearer Systeme. Arbeiten der Shukowsky-Luftwaffen-Ing.-Akademie, 1948.

676. KRASOWSKY, A. A.: Integralkriterien und Auswahl der Parameter von Regelungssystemen. Kapitel 20 in [24].

677. KRASOWSKY, A. A.: Integralkriterien für die Güte von Regelungsprozessen. Maschgis, Moskau 1949.

678. ANKE, K.: Eine neue Berechnungsmethode der quadratischen Regelfläche. Zeitschrift Angew. Math. Phys., Bd 6, 1955, S. 327-331.

679. FULLER, A. T.: The Replacement of Saturation Constraints by Energy Constraints in Control Optimization Theory. Int. J. Control, vol. 6, 1967, No. 3, pp. 201-227.

680. SCHULTZ, M. A. und RIDEOUT, V. C.: The Selection and Use of Servo Performance Criteria. Trans. AIEE, Appl. Ind., 1958, pp. 383-388.

681. BOOTON, G. S., MATHEWS, M. V. und SEIFERT, M. W.: Nonlinear Servomechanisms with Random Inputs. Rep. MIT. No. 70, Appendix C, 1953.

682. WIENER, N.: Extrapolation, Interpolation and Smoothing of Stationary Time Series. Rep. Services 19, Res.-Proj. DIC-6037, MIT, 1942. Als Buch: Wiley, N. Y. 1949.

683. KOLMOGOROFF, A.: Interpolation und Extrapolation von stationären Zufallsfolgen. Bull. Acad. Sci. USSR, Math. Ser. 5, 1941, S. 3-14.

684. WIENER, N.: Acta Mathematica, vol. 55, 1930, pp. 118 ff.

685. KHINTCHINE, A.: Korrelationstheorie der stationären stochastischen Prozesse. Math. Ann., Bd. 109, 1934, S. 608 ff.

686. WIENER, N. und HOPF, E.: Über eine Klasse singulärer Integralgleichungen. Sitzungsberichte der Berliner Akademie der Wissenschaften, 1931, S. 696-706.

687. PHILLIPS und WEISS: Theoretical Calculation on Best Smoothing of Position Data for Gunnery Prediction. NDRC-Report Nr. 532, 1944.

688. BLACKMAN, BODE und SHANNON: Monograph on Data Smoothing and Prediction in Fire Control Systems. NDRC-Report, Febr. 1946.

689. PHILLIPS, R. S.: Servomechanisms. Rl Rep. Nr. 372, 1943.

690. ZIEGLER, J. G. und NICHOLS, N. B.: Optimum settings for automatic controllers. Trans. ASME, vol. 64, 1942, pp. 759-768.

691. CHIEN, K. L., HRONES, J. A. und RESWICK, J. B.: On the automatic control of generalized passive systems. Trans. ADME, vol. 74, 1952, pp. 175-185.

692. IZAWA, K. und HAYASHIBE, S.: Optimum Adjustment of Control Systems. Regelungstechnik-Tagung Heidelberg, Oldenbourg, München 1957.

693. KULEBAKIN, W. S.: Kinetik der Erregung von Synchronmaschinen. ONTI, Moskau 1937.

694. ZIEGLER, J. G.und NICHOLS, N. B.: Process lags in automatic control circuits. Trans ASME, vol. 65, 1943, pp. 433-444.

695. ZERMELO, E.: Jahresbericht der Deutschen Mathem. Vereinigung, 1930, S. 44ff

696. UTTLEY, A. M. und HAMMOND, P. H.: The Stabilization of On-Off Controlled Servomechanisms. Automatic and Manual Control, Buterworth, London 195[illegible]

697. McDONALD, D.: Nonlinear Techniques for Improving Servo Performance. Natl. Electronics Conf., 1950, pp. 400-421.

698. HOPKIN, A. M.: A Phase-Plane Approach to the Design of Saturating Servomechanisms. Trans. AIEE, vol. 70, 1951, pp. 631-639.

699. McDONALD, D.: Multiple Mode Operation of Servomechanisms. Review of Scient. Instruments, vol. 23, No. 1, 1952, pp. 22-30.

700. BUSHAW, D. W.: Differential Equations with a Discontinuous Forcing Term. Stevens Institute of Technology, Report No. 469, 1953.

701. FELDBAUM, A. A.: Optimum Processes in Automatic Regulation Systems. AiT, vol. 14, 1953, pp. 712-728.

702. BELLMAN, R., GLICKSBERG, I. und GROSS, O.: On the Bang-Bang Control Problem. Quarterly of Applied Math., vol. 14, 1956, pp. 11-18.

703. LASALLE, J. P.: Study of the Basic Principle Underlying the Bang-Bang Servo. Goodyear Aircraft Co., Report CER-5518, 1953. Bull. Am. Math. Soc., vol. 60, 1954.

704. NEWTON, G. C. Jr.: Compensation of Feedback control systems subject to saturation. J. Franklin Inst., vol. 254, 1952, pp. 281-296, 391-413.

705. NEWTON, G. C. Jr., GOULD, L. A. und KAISER, J. F.: Analytical Design of Linear Feedback Controls. Wiley, N. Y. 1957.

706. MASSÉ, P.: Sur les principes de la régulation d'un débit aléatoire par un réservoire. Comptes Rendus Acad. Sci. Paris, vol. 219, 1944, pp. 9-21, 150-151, 173-175.

707. MASSÉ, P.: Les réserves et la régulation de l'avenir dans la vie économique. Hermann, Paris 1946.

708. BELLMAN, R.: On the Application of the Theory of Dynamic Programming to the Study of Control Processes. Symp. Nonlinear Circuit Anal., Polytechn. Inst. Brooklyn, 1956.

709. BELLMAN, R.: Dynamic Programming. Princeton Univ. Press, Princeton 1957.

710. BELLMAN, R.: Adaptive Control Processes: A Guided Tour. Princeton Univ. Press, Princeton 1961; Deutsche Ausgabe: Dynamische Programmierung und selbstanpassende Regelprozesse. Oldenbourg, München 1967.

711. KALMAN, R. E. und BERTRAM, J. F.: General Synthesis Procedure for Computer Control of Single and Multi-loop Systems. Columbia Univ. Engrg. Rep. T-20/B, N. Y.,1957.

712. KALMAN, R. E. und KOEPCKE, R. W.: Optimal Synthesis of Linear Sampling Control Systems Using Generalized Performance Indexes. Trans. ASME, vol. 80, 1958, pp. 1820-1826.

713. BELLMAN, R. und KALABA, R.: Dynamic Programming and Feedback Control. Proc. IFAC-Congress 1960, Moscow, vol. 1.

714. PONTRJAGIN, L. S., BOLTYANSKY, V. G. und GAMKRELIDZE, R. V.: Über die Theorie optimaler Prozesse. Ber. Akad. Wiss. UdSSR, Bd. 110, Nr. 1, 1956, S. 7-10.

715. GAMKRELIDZE, R. V.: On the Theory of Optimum Processes in Linear Systems. Dokl. Akad. Nauk SSSR, vol. 116, 1957.

716. GAMKRELIDZE, R. V.: Theory of Processes which are Optimal in Speed of Response in Linear Systems. Bull. Acad. Sci. URSS, Ser. Math., vol. 22, 1958.

717. GAMKRELIDZE, R. V.: Processes which are Optimal in Speed of Response with Bounded Phase Coordinates. Ber. Akad. Wiss. UdSSR, Bd. 125, Nr. 3, 1959, S. 475-478.

718. BOLTYANSKY, V. G.: The Maximum Principle in the Theory of Optimal Processes. Ber. Akad. Wiss. UdSSR. Bd. 119, Nr. 6, 1958, S. 1070-1073.

719. GAMKRELIDZE, R. V.: Towards the General Theory of Optimal Processes. Ber. Akad. Wiss. UdSSR, Bd. 123, Nr. 2, 1958, S. 223-226.

720. PONTRJAGIN, L. S.: Optimal Control Processes. Uspekhi Matem. Nauk, vol. 14, 1959, No. 1, pp. 3-20.

721. PONTRJAGIN, L. S.: Diskussionsbemerkung zu dem Beitrag von Lasalle auf dem IFAC-Kongress 1960, Moskau, Bd. 1, S. 497.

722. PONTRJAGIN, L. S., BOLTYANSKY, V. G., GAMKRELIDZE, R. V. und MISCENKO: Mathematische Theorie optimaler Prozesse; Moskau 1961; Amer. Ausg.: Wiley, N. Y. 1962; Deutsche Ausgabe: Oldenbourg, München 1964.

723. ROZONOER, L. I.: L. S. Pontrjagin's Maximum Principle in the Theory of Optimum Systems. Autom. Remote Control, vol. 20, 1959, pp. 1288-1302, 1406-1421, 1517-1532.

724. CHANG, S. S. L.: Digitized Maximum Principle. Proc. IRE, 1960, pp. 2030-203

725. HALKIN, H., JORDAN, B. W., POLAH, E. und ROSEN, B.: Theory of optimum discrete-time systems. Proc. IFAC-Congress 1966, London, vol. 1, book 1.

726. DESOER, C.: Pontrjagin's Maximum Principle and the Principle of Optimality. J. Franklin Inst., 1961, pp. 361-367.

727. PONTRJAGIN, L. S., BOLTYANSKY, V. G. und GAMKRELIDZE, R. V.: Optimal Control Processes. Izv. Akad. Nauk SSSR, Ser. Math., vol. 24, No. 1, 1960, pp. 3-40.

728. LASALLE, J. P.: The Bang-Bang Principle. RIAS Techn. Report No. 59-5; also AFOSR TN-59-1142.

729. LASALLE, J. P.: Time Optimal Control Systems. Proc. Natl. Academy of Sciences, vol. 45, No. 4, 1959, pp. 573-577.

730. KRASOVSKY, N. N.: On the Theory of Optimum Regulation. Autom. Remote Control, vol. 18, 1957, pp. 1005-1016.

731. KRASOVSKY, N. N.: On the Theory of Optimum Control. PMM, vol. 23, No. 4, 1959, pp. 625-639.

732. KREIN, M. und AKHIEZER, N.: On some questions of the theory of moments. State United Scientific and Technical Press-NTVU, art. 4, 1938.

733. KULIKOWSKY, N. N.: On optimal control with constraints. a. o.: Bull. Acad. Polon. Sci., Ser. Tech., vol. 7, 1959, pp. 285-294, 391-399, 663-671; vol. 8, 1960, pp. 179-186.

734. KRANC, G. M. und SARACHIK, P. E.: An application of functional analysis to the optimal control problem. Joint Autom. Control Conf. 1962, paper 8-2, pp. 1-8.

735. KRASOVSKY, N. N.: On a problem of optimal control of nonlinear systems. PMM, vol. 23, No. 2, 1959, pp. 209-229.

736. LETOV, A. M.: The Analytical Design of Control Systems. AiT, vol. 22, No. 4, 1961, pp. 425-435.

737. BUTKOVSKY, A. G. und LERNER, A. Ya.: The optimal control of systems with distributed parameters. Autom. Remote Control, vol. 21, 1960, pp. 472-477

738. BUTKOVSKY, A. G.: Optimal Processes in Distributed Parameter Systems. Autom. Remote Control, vol. 22, No. 1, 1961, pp. 17-26.

739. BUTKOVSKY, A. G.: The Maximum Principle for Optimal Systems with Distributed Parameters. Autom. Remote Control, vol. 22, No. 10, 1961, pp. 1288-1301

740. LASALLE, J. P.: The time optimal control problem. In: Contrib. Theory Nonlinear Oscillations, vol. 5, Princeton Univ. Press, Princeton 1960.

741. SCHMAEDEKE, W. W.: The Existence Theory of Optimal Control Systems. In: Adv. Contr. Syst., vol. 3, Acad. Press, 1966.

742. KALMAN, R. E.: On the General Theory of Control Systems. Proc. IFAC-Congress 1960, Moscow, vol. 1, pp. 481-492.

743. KALMAN, R. E.: A new approach to linear filtering and prediction problems. J. Basic Eng., 1960, pp. 35-45.

744. KHLEBTSEVICH, I. S.: An electrical economy regulator. Author's certificate No. 231496, 1940.

745. KAZAKEVICH, V. V.: Extremum Control. Diss. Moscow Techn. Coll., 1945.

746. KAZAKEVICH, V. V.: An extremum regulator. Author's certificate No. 66335, 1943; Bull Izobretenii, No. 10, 1946.

747. OSTROVSKY, I. I.: Extremum Regulation. Autom. Remote Control, vol. 18, 1957, pp. 900-907,

748. EVELEIGH, W. V.: Adaptive Control and Optimization Techniques. MacGraw-Hill, N. Y. 1967.

749. Proceedings of the Self-Adaptive Flight Control Systems Symposium. WADS TR 59-49, Wright Air Development Center, Ohio, 1959, pp. 57 ff.

750. ASHBY, W. R.: Design for a Brain. Electronic Eng., vol. 20, 1948, pp. 379-383.

751. ASHBY, W. R.: Design for a Brain. Wiley, N. Y. 1952.

752. DRAPER, J. S. und LI, Y. T.: Principles of optimalizing control Systems and an application to the internal combustion engine. ASME, N. Y. 1951.

753. KEISER, B. E.: The linear input-controlled variable-pass network. Trans. IRE, vol. IT-1, 1955, pp. 34-39.

754. DRENICK, R. F. und SHABENDER, R. E.: Adaptive Servomechanisms. AIEE Trans. Paper No. 57-388, 1957.

755. BATKOV, A. M. und SOLODOWNIKOW, V. V.: The method for determining optimum characteristics of a certain class of self-adaptive control systems. AiT, vol. 18, 1957, pp. 377-391.

756. KULIKOWSKI, R.: Bull. Acad. Polon. Sci., Ser. Tech., vol. 9, 1961, pp. 477 ff.

757. ASELTINE, J. A., MANCINI, A. R. und SARTURE, C. W.: A survey of adaptive control systems. Trans. IRE, vol. AC-6, 1958, pp. 102-109.

758. OLDENBURGER, R.: Optimum Nonlinear Control. Trans. ASME, vol. 79, 1957, pp. 79 ff.

759. MITSUMAKI, T.: Modified Optimum Nonlinear Control. Proc. IFAC-Congress 1960, Moscow, vol. 1, pp. 520-528.

760. OGATA, K.: State Space Analysis of Control Systems. Prentice-Hall, New Jersey 1967.

761. TIMOTHY, L. K. und BONA, B. E.: State Space Analysis: an Introduction. MacGraw-Hill, N. Y. 1968.

762. DRENICK, R. F.: Die Optimierung linearer Regelsysteme. Oldenbourg, München 1967.

763. LEE, E. B. und MARKUS, L.: Foundations of Optimal Control Theory. Wiley, N. Y. 1967.

764. WONHAM, W. M.: Optimal Stochastic Control. Automatica, vol. 5, 1969, pp. 113-118.

765. BOOTON, R. C. Jr.: An optimization theory for time-varying linear systems with nonstationary statistical inputs. Proc. IRE, vol. 40, 1952, pp. 977-981.

766. WESTCOTT, J. H.: Synthesis of optimum feedback systems satisfying a power limitation. In: Frequency Response, MacMillan, N. Y. 1953, pp. 226-235.

767. PETERSON, E. L.: Statistical analysis and optimization of systems. Interscience N. A. 1961.

768. MAGDALENO, R. und WALKOVITCH, J.: Performance criteria for linear constant-coefficient systems with random inputs. Wright Patterson Air Force Base, Ohio, Aeron. Syst. Div. ASD-TDR-62-470, 1962.

769. SCHWARTZ, L.: Optimum filter technique for terrain avoidance under G-limiting constraint. Wright Air Development Div. TR 60-709, 1960.

770. BOOTON, R. C. Jr.: Optimum design of final-value control systems. Proc. Symp Nonlinear Circuit Anal., Polytechn. Inst. Brooklyn, 1956.

771. KALMAN, R. E.: New methods and results in linear prediction and estimation theory. Techn. Rep. 61-1, Res. Inst. Adv. Study, Baltimore, Maryland, 1961.

772. KALMAN, R. E. und BUCY, R. S.: New results in linear filtering and prediction theory. J. Basic Eng., vol. 83 D., 1961, pp. 95-108.

773. STEWART, E. C.: An explicit linear filtering solution for the optimization of guidance systems with statistical inputs. NASA TN D-685, 1961.

774. McLEAN, J. D., SCHMIDT, S. F. und McGEE, L. A.: Optimal filtering and linear prediction applied to a midcourse navigation system for the circumlunar mission. NASA TN D-1208, 1962.

775. TUNG, F.: Linear control theory applied to interplanetary guidance. Trans. IEEE, vol. AC-9, 1964.

776. RIDEOUT, V. und RAJARMAN, V.: A digest of adaptive systems. Trans. IEEE, vol. AC-1, 1962, pp. 10-27.

777. COX, H.: On the estimation of state variables and parameters for noisy dynamic systems. Trans. IEEE, vol. AC-9, 1964.

778. KUSHNER, H. J.: Some problems and recent results in stochastic control. Intern. Conv. Rec. IEEE, pt. 6, 1965.

779. KUSHNER, H. J.: On the dynamical equations of conditional probability density functions with applications to optimal stochastic control theory. J. Math. Anal. Appl., vol. 8, 1964.

780. WONHAM, W. M.: Stochastic analysis of a class of nonlinear control systems with random inputs. J. Basic Eng., 1963.

781. DREYFUS, S. E.: Some types of optimal control of stochastic systems. SIAM J. on Control, vol. 2, 1964, pp. 120-134.

782. RUINA, J. P. und VAN VALKENBURG, M. E.: Stochastic analysis of automatic tracking systems. Proc. IFAC-Congress 1960, Moscow, vol. 2, pp. 810-815.

783. ISAACS, R.: Differential games. Wiley, N. Y. 1965.

784. HO, Y. C.: Differential games and optimal control theory. Proc. NEC, vol. 21, 1965, pp. 613-615.

785. COHN, A.: Anzahl der Wurzeln einer algebraischen Gleichung im Einheitskreise. Math. Zeitschrift, Bd. 14, 1922, S. 110-148.

786. POINCARÉ, H.: Eclairage Electrique, März 1907.

Otto MAYR

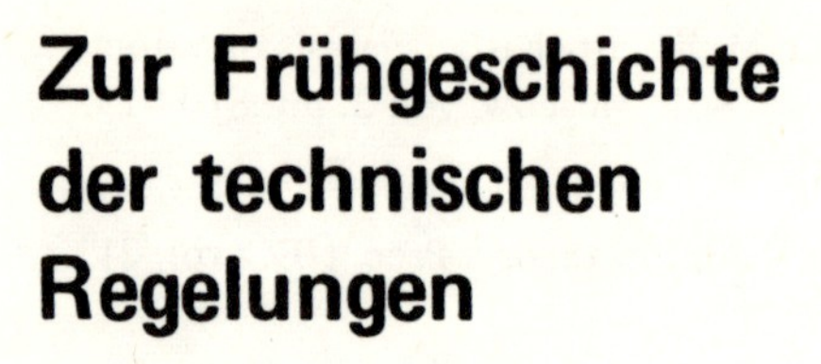

# Zur Frühgeschichte der technischen Regelungen

1969. 150 Seiten, 72 Abbildungen, Pappband DM 20,–

Aus dem Inhalt: Regelungen in der hellenistischen Technik – Schwimmerregelungen antiker Wasseruhren – Herons Pneumatik – Regelungstechnik im alten China – Temperaturregler – Schwimmerregelungen – Druckregelungen – Regelungen im Mühlenbau – Drehzahlenregelungen der Dampfmaschine – Pendule sympathique – Schlußbetrachtungen.

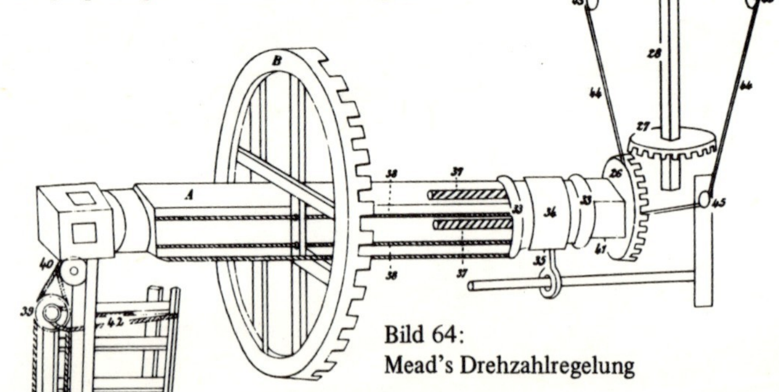

Bild 64:
Mead's Drehzahlregelung

Obwohl das Interesse für Kybernetik weitverbreitet ist, fehlte bisher eine historische Darstellung der Anfänge eines ihrer Kerngebiete, der Regelungstechnik. Das Wesen dieses Buches liegt nicht so sehr in der Erschließung neuen Materials, als darin, Bekanntes unter einem neuen Gesichtspunkt zu betrachten. Es bringt eine historisch geordnete Sammlung aller Erfindungen, die frühe Regelungen darstellen. Darüber hinaus legt der Verfasser großen Wert darauf, die Voraussetzungen der Erfindungen zu klären und ihre Wirkung zu verfolgen. Das Buch umfaßt Erfindungen von technischen Regelungen in allen Stadien der Verwirklichung, von der Idee bis zum industriell bewährten Apparat. Zeitlich umspannt die Arbeit den Raum von den Anfängen bis zum Beginn des 19. Jahrhunderts.

R. Oldenbourg Verlag München · Wien